高等职业教育航空装备类专业新形态教材

航空工程制图

主　编　邵伟芹　王丽芳
副主编　胡细东　邵绪威　卢　威
参　编　魏　莙　林　聪　丁镜之
　　　　文淄博　邬　达　张沐恩
主　审　倪士勇

机械工业出版社

本书与工程制图在职业教育航空装备类专业人才培养中的作用、地位相适应，按照项目任务式进行编写，可操作性强，便于学生学习。

本书包含8个项目，分别是航空工程制图基础、平面立体的投影、曲面立体的投影、组合体的投影、零件图的表达方法、连接件和常用件、航空零件图和航空装配图。每个项目包含若干个任务，均以航空装备相关的零部件作为载体，旨在通过任务实施，达成相应的知识目标、能力目标和素质目标。每个任务均按照任务描述、任务分析、知识储备、任务实施、任务评价和总结回顾等环节展开。

本书提供了教学PPT、模型素材等丰富的配套资源，凡选用本书作为教材的教师，均可登录机械工业出版社教育服务网（http://www.cmpedu.com），注册后免费下载。咨询电话：010-88379375。

本书可作为职业教育航空装备类专业中机械类和近机械类专业的制图课程教材，也可供相关工程技术人员参考。

图书在版编目（CIP）数据

航空工程制图 / 邵伟芹，王丽芳主编. -- 北京：机械工业出版社，2025.8. -- （高等职业教育航空装备类专业新形态教材）. -- ISBN 978-7-111-78987-1

Ⅰ．V22

中国国家版本馆CIP数据核字第2025WP8998号

机械工业出版社（北京市百万庄大街22号　邮政编码100037）
策划编辑：陈　宾　　　　责任编辑：陈　宾
责任校对：樊钟英　张　薇　封面设计：马若濛
责任印制：单爱军
北京瑞禾彩色印刷有限公司印刷
2025年9月第1版第1次印刷
184mm×260mm・17印张・421千字
标准书号：ISBN 978-7-111-78987-1
定价：49.80元

电话服务　　　　　　　　网络服务
客服电话：010-88361066　　机　工　官　网：www.cmpbook.com
　　　　　010-88379833　　机　工　官　博：weibo.com/cmp1952
　　　　　010-68326294　　金　书　网：www.golden-book.com
封底无防伪标均为盗版　机工教育服务网：www.cmpedu.com

前　言

为推动现代职业教育高质量发展，突出职业教育的教育特色，结合航空航天类企业的实际需求，根据现行的机械制图、技术制图相关的国家标准及飞机制图行业标准，在吸取同类教材优点后编写了本书，力求满足应用型本科和高等职业教育航空航天类专业人才培养对机械制图与识图课程的新要求。

本书针对机械工程制图职业技能等级证书的相关要求，按照生产实际和岗位需求设计开发教学内容，采用模块化、系统化的实训教学体系，旨在提升学生的实践能力。

本书包含 8 个项目，分别是航空工程制图基础、平面立体的投影、曲面立体的投影、组合体的投影、零件图的表达方法、连接件和常用件、航空零件图和航空装配图。同时，为满足航空装备类专业需要的相关飞机制图知识，本书增加了铆接图画法、焊接图画法等基础知识。

本书的主要特色如下：

（1）知识体系和教学内容符合专业教学要求　本书主体内容框架符合传统制图教学逻辑，注重基本知识的介绍，同时增加航空装备类专业的相关制图知识。

（2）采用现行国家标准　本书贯彻机械制图、技术制图等现行国家标准及飞机制图行业标准，通过项目引领，将理论知识与绘图技能有机融合，内容涵盖焊工、铆工、飞机铆接装配等国家职业标准的相关要求，促进学校"双证书"制度的贯彻与落实。

（3）将新技术、新工艺、新规范、典型生产案例及时纳入教学内容　根据生产技术的发展趋势，本书尽可能多地充实新知识、新技术、新设备和新工艺，体现教材的先进性。

（4）采用双色印刷，二维码链接　本书采用双色印刷，并配有二维码链接，将一些难以理解的理论知识通过微课的形式将零件结构、思维过程和作图过程清晰地展现出来，以使学生能够更直观地了解零件结构，理解作图过程。

本书在编写过程中得到了张家界航空职业技术学院领导的大力支持，在此表示衷心感谢。本书由邵伟芹、王丽芳任主编，胡细东、邵绪威、卢威任副主编，魏菁、林聪、丁镜之、文淄博、邬达、张沐恩参与编写。

由于编者水平所限，书中疏漏与不足之处在所难免，恳请广大读者批评指正。

编　者

二维码索引

名称	二维码	页码	名称	二维码	页码
1.绘图工具的使用		2	9.点的投影		30
2.相关国家标准(一)		4	10.直线的投影		31
3.相关国家标准(二)		8	11.平面的投影		36
4.几何作图		11	12.视图		98
5.尺寸标注		15	13.剖视图的形成		105
6.常见尺寸的注法		16	14.剖视图与剖切面的种类		108
7.投影法		22	15.断面图		118
8.三视图的形成及画法		24	16.局部放大图与简化画法		120

（续）

名称	二维码	页码	名称	二维码	页码
17.螺纹的基础知识		128	27.典型机械零件的表达方法		203
18.螺纹的规定画法、标注与测绘		130	28.装配图的内容		215
19.螺纹紧固件的标记		134	29.装配图的尺寸		216
20.螺纹紧固件的连接画法		135	30.装配图的技术要求		217
21.键的标记与画法		138	31.装配图的标题栏和明细栏		217
22.销的标记与画法		141	32.装配图上的零件序号		218
23.铆钉连接		145	33.装配图的规定画法和特殊画法		218
24.零件图的作用和内容		172	34.常见装配工艺结构		221
25.零件图的技术要求		176	35.识读装配图的方法和步骤		230
26.极限与配合		180	36.由装配图拆画零件图		234

目 录

前言
二维码索引
项目1　航空工程制图基础 …………… 1
　任务1　识读凸模图样 …………… 1
　任务2　绘制扳手轮廓图 …………… 10
项目2　平面立体的投影 …………… 21
　任务1　绘制发动机托架三视图 …………… 21
　任务2　绘制正三棱锥三视图 …………… 29
　任务3　绘制燕尾槽座三视图 …………… 40
项目3　曲面立体的投影 …………… 51
　任务1　绘制联轴器十字节三视图 …………… 51
　任务2　绘制顶尖三视图 …………… 57
　任务3　绘制三通管三视图 …………… 68
项目4　组合体的投影 …………… 79
　任务1　绘制支承连接板轴测图 …………… 79
　任务2　绘制轴承座三视图 …………… 87
项目5　零件图的表达方法 …………… 97
　任务1　泵盖零件图样的表达 …………… 97
　任务2　支架零件图样的表达 …………… 104
　任务3　主轴零件图样的表达 …………… 117
项目6　连接件和常用件 …………… 127
　任务1　识读与绘制标准件 …………… 127
　任务2　识读与绘制航空铆钉连接图 …………… 145
　任务3　识读与绘制支架焊接图 …………… 152
　任务4　识读与绘制齿轮零件图 …………… 160
项目7　航空零件图 …………… 170
　任务1　识读与绘制飞机整流罩零件图 …… 170
　任务2　识读与绘制飞机悬挂支臂
　　　　　零件图 …………… 188
　任务3　识读与绘制飞机钣金零件图 …………… 193
　任务4　测量与绘制飞机支架零件图 …………… 201
项目8　航空装配图 …………… 213
　任务1　识读齿轮泵装配图 …………… 213
　任务2　识读飞机结构装配图 …………… 226
　任务3　拆画齿轮泵零件图 …………… 233
　任务4　绘制千斤顶装配图 …………… 236
附录 …………… 245
参考文献 …………… 266

项目1　航空工程制图基础

任务1　识读凸模图样

【任务目标】

【知识目标】
（1）熟悉常用绘图工具、仪器及其使用方法。
（2）掌握制图相关的国家标准规定。

【能力目标】
（1）具备正常使用常用绘图工具的能力。
（2）能够正确运用国家标准关于制图的规定。

【素质目标】
（1）养成多思、勤练的学习习惯。
（2）养成仔细、严谨的工作态度。

【任务描述】

飞机钣金零件是飞机制造过程中重要的组成部分，其质量和精度将直接影响飞机的性能和安全性。凸、凹模设计是模具设计的核心环节，直接影响飞机钣金零件的成形质量和模具的寿命。在设计过程中，需要充分考虑零件的几何形状、尺寸精度及材料性能等因素，合理确定凸、凹模的形状、尺寸和布局。同时，还需要考虑凸、凹模的制造难度和成本，以实现设计的高效性和经济性。

请根据所学知识，绘制图 1-1 所示的凸模图样，并回答相关问题。

【任务分析】

工程图样是现代生产中不可缺少的技术资料，因此每个工程技术人员都必须熟悉和掌握有关制图的基本知识和技能。

机械制图与技术制图的国家标准是重要的技术基础标准，是工程界各种专业技术图样的通则性规定,是绘制、识读和使用图样的准绳,因此,必须认真学习和遵守有关规定。

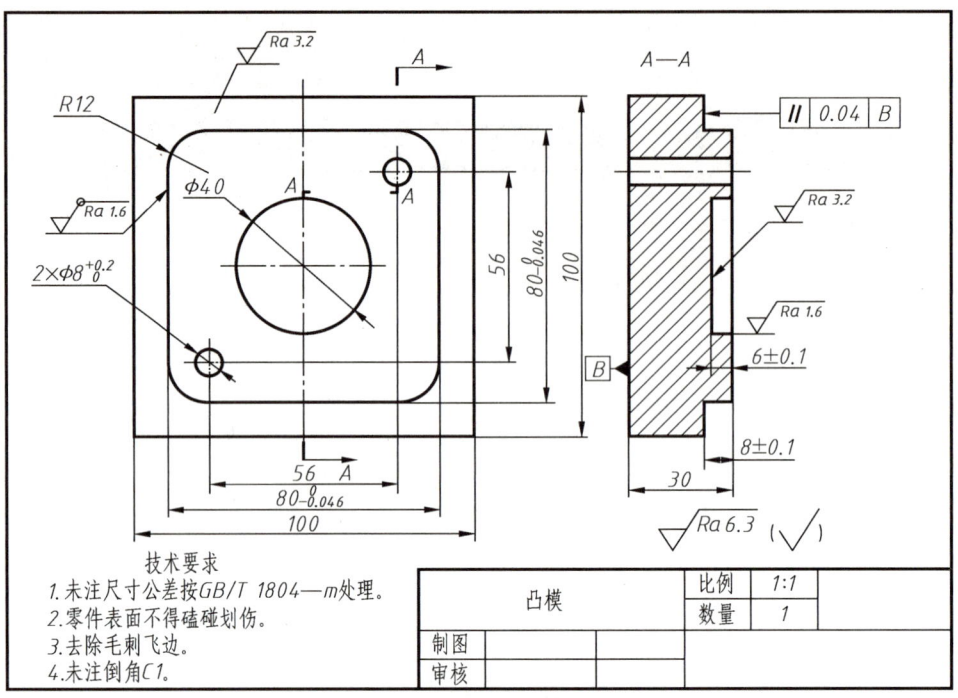

图 1-1　凸模图样

【知识储备】

知识点 1　绘图工具的使用

"工欲善其事,必先利其器"。正确地使用和维护制图工具,是保证绘图质量和加快绘图速度的一个重要方面,因此,必须养成正确使用、维护制图工具和用品的良好习惯。常用的制图工具和用品有：图板、丁字尺、三角板、圆规、图纸和铅笔等。

一、图板

如图 1-2 所示,图板是固定图纸用的矩形木板,板面及导边应光滑平直。

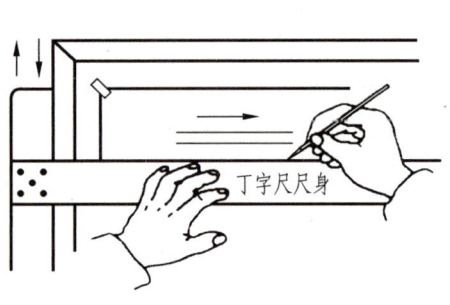

1. 绘图工具的使用

图 1-2　图板和丁字尺

二、丁字尺

丁字尺由尺头和尺身组成。尺头和尺身的导边应保持互相垂直，将尺头紧靠图板的左边，上下滑动，即可沿尺身的上边画出各种位置的水平线（图1-2）。

三、三角板

一副三角板一般有两块，一块两锐角均为45°，另一块两锐角分别为30°和60°。将三角板和丁字尺配合使用，可画出竖直线（图1-3a）、倾斜线和一些常用的特殊角度直线。

如将两块三角板配合使用，还可以画出已知直线的平行线或垂直线，具体作法如图1-3b所示。

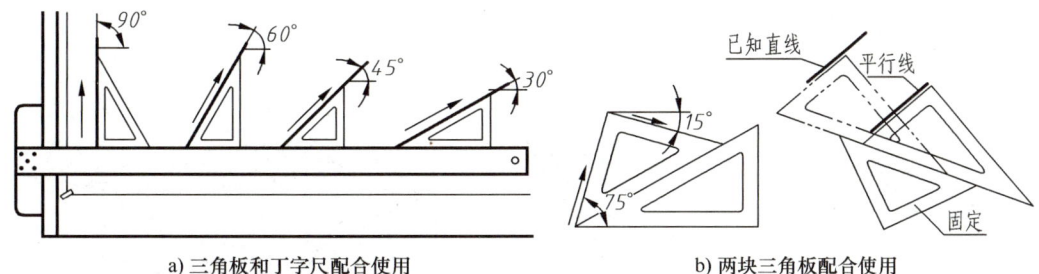

a) 三角板和丁字尺配合使用　　　　b) 两块三角板配合使用

图1-3　三角板和丁字尺

四、圆规

圆规主要用来画圆和圆弧。圆规的附件有钢针插脚、铅芯插脚、鸭嘴笔插脚和延伸杆等，如图1-4a所示。

画圆时，应使用圆规钢针有肩台的一端，并使肩台与铅芯尖平齐。圆规的使用方法如图1-4b所示。

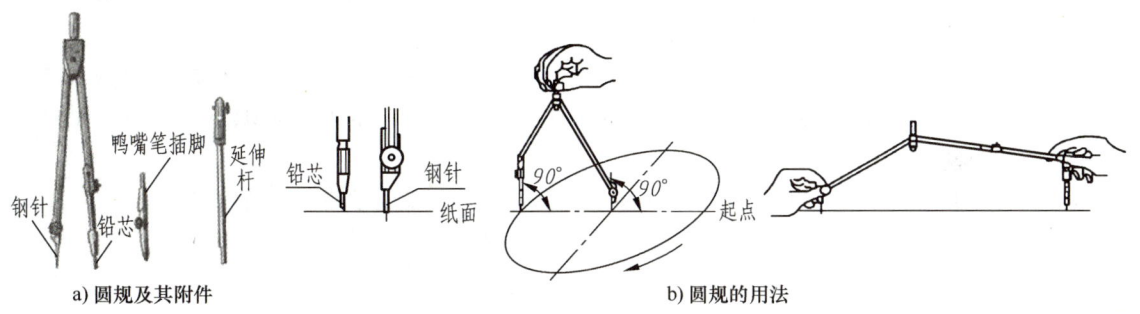

a) 圆规及其附件　　　　b) 圆规的用法

图1-4　圆规和圆规的使用方法

五、分规

分规是用来截取尺寸、等分线段和圆周的工具。

分规的两个针尖并拢时应对齐，调整分规两脚间的距离，用分规截取尺寸的方法如图1-5所示。

六、铅笔

铅笔分硬、中、软三种，标号有6H、5H、4H、3H、2H、H、HB、B、2B、3B、

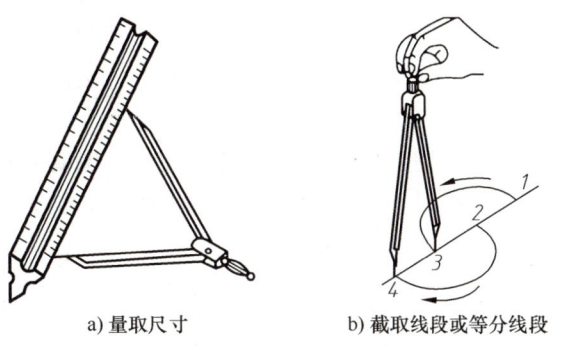

a) 量取尺寸　　b) 截取线段或等分线段

图1-5　分规的用法

4B、5B和6B共13种。其中，6H为最硬，HB为中硬度，6B为最软。

绘制图形底稿时，建议采用2H或3H铅笔，笔头削成尖锐的圆锥形；描黑底稿时，建议采用HB、B或2B铅笔，笔头削成扁铲形，如图1-6所示。铅笔应从没有标号的一端开始使用，以便保留软硬的标号。

七、曲线板

如图1-7所示，曲线板用于绘制不规则的非圆曲线。使用时，应先徒手将曲线上各点轻轻地依次连成光滑的曲线，然后在曲线上找出足够的点，至少可使画线边通过1、2、3点，在画出1、2、3点后，再移动曲线板，使其重新与3点相吻合，并画出3到4点乃至5点间的曲线，依次类推，完成非圆曲线的作图。

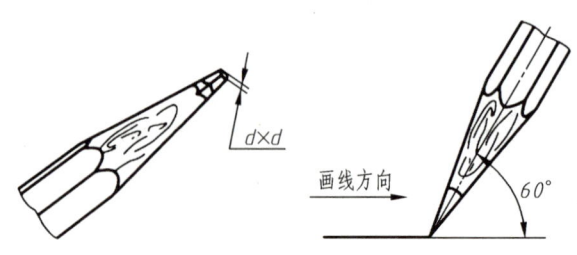

图1-6 绘图铅笔的削法和使用

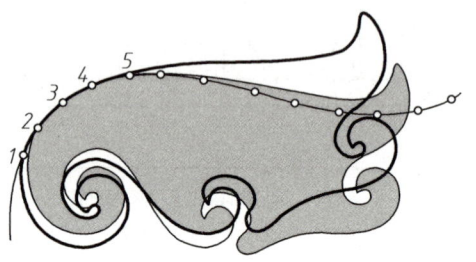

图1-7 曲线板

描画对称曲线时，最好先在曲线板上标上记号，然后翻转曲线板，便能方便地按记号的位置描画对称曲线的另一半。

八、图纸

图纸的质地应坚实，用橡皮擦拭不易起毛。必须用图纸的正面画图。识别方法是用橡皮擦拭几下，不易起毛的一面即为正面。

画图时，将丁字尺尺头靠紧图板，以丁字尺上缘为准将图纸摆正，然后铺平图纸，用胶带纸将其固定在图板上。当图幅不大时，图纸宜固定在图板左下方，图纸下方应留出足够放置丁字尺的空间。

除上述工具和用品外，必备的绘图用品还有橡皮、小刀、砂纸、胶带纸等。

知识点2 相关国家标准

国家标准（简称"国标"）由标准编号和标准名称两部分构成。如GB/T 4458.1—2002《机械制图 图样画法 视图》，"GB"是国标两字的拼音缩写，与GB用斜线相隔的"T"表示"推荐性标准"，"4458.1"表示标准的顺序号，"2002"表示标准的批准年号；标准名称表示机械制图标准图样画法中的视图部分。

一、图纸幅面

为了使图纸幅面统一，便于装订、保管及符合缩微复制原件的要求，绘制技术图样时，应按规定选用图纸幅面。优先采用表1-1所规定的基本幅面。

2. 相关国家标准（一）

表1-1 图纸基本幅面尺寸 （单位：mm）

幅面代号	A0	A1	A2	A3	A4
B×L	841×1189	594×841	420×594	297×420	210×297

(续)

a	25		
c	10		5
e	20		10

二、图框

在图纸上必须用粗实线画出图框，其格式分为不留装订边和留装订边两种，但同一产品的图样只能采用一种格式。

不留装订边时，图框格式如图1-8所示。

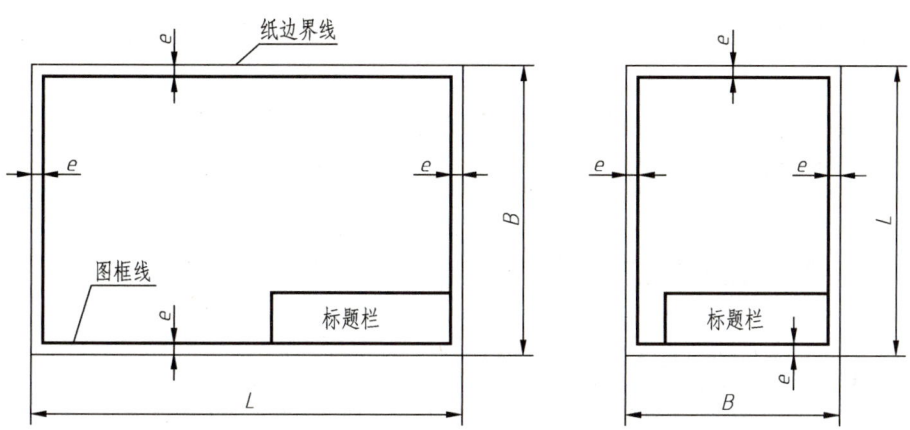

图1-8　不留装订边的图框格式

留装订边时，图框格式如图1-9所示。

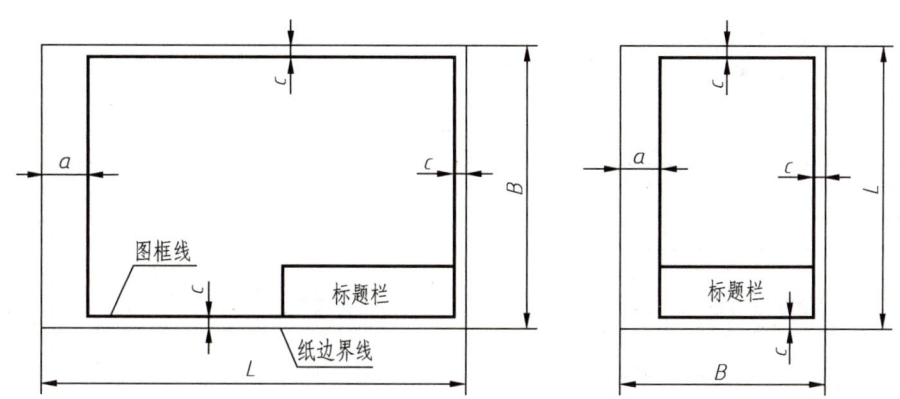

图1-9　留装订边的图框格式

加长幅面的图框尺寸，按比其基本幅面大一号的图框尺寸确定。基本幅面的图框及留边宽度等，按表1-1中的规定绘制。优先采用不留装订边的图框格式。

三、标题栏

每张图样都必须画出标题栏。标题栏的格式和尺寸应按GB/T 10609.1—2008《技术制图　标题栏》的规定绘制（标题栏的长度为180mm），如图1-10所示。

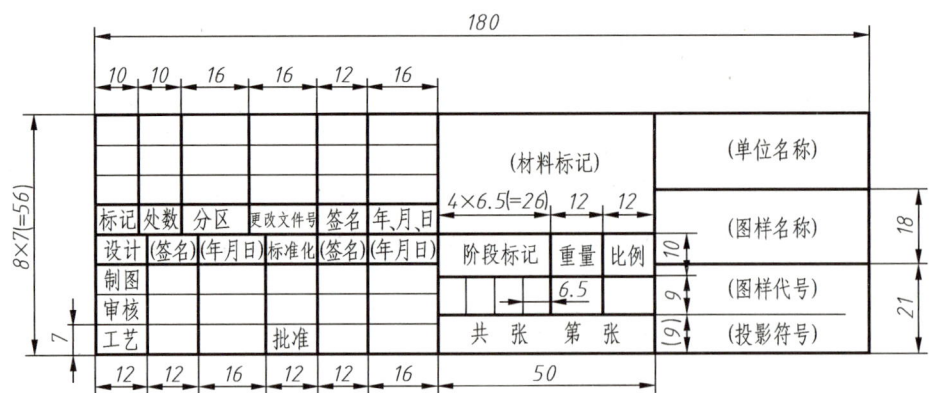

图 1-10　国家标准规定的标题栏

在学校的制图作业中，为了简化作图，建议采用图 1-11 所示的简化标题栏。标题栏的位置一般应位于图纸的右下角。

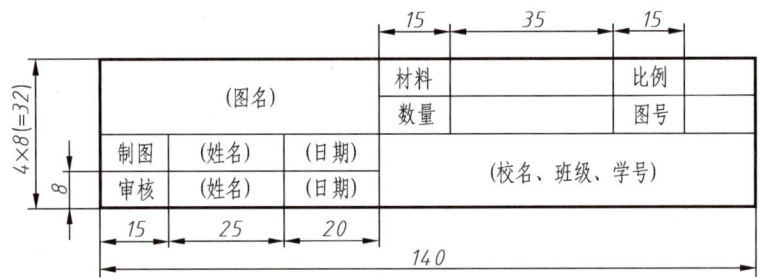

图 1-11　简化标题栏

四、比例

图中图形与其实物相应要素的线性尺寸之比，称为比例。比例分为原值比例、放大比例和缩小比例，见表 1-2。

表 1-2　比例系列

种类	优先选择系列	允许选择系列
原值比例	1∶1	—
放大比例	5∶1　2∶1 $5×10^n∶1$　$2×10^n∶1$　$1×10^n∶1$	4∶1　2.5∶1 $4×10^n∶1$　$2.5×10^n∶1$
缩小比例	1∶2　1∶5　1∶10 $1∶5×10^n$　$1∶2×10^n$　$1∶1×10^n$	1∶1.5　1∶2.5　1∶3　1∶4　1∶6 $1∶1.5×10^n$　$1∶2.5×10^n$　$1∶3×10^n$　$1∶4×10^n$　$1∶6×10^n$

绘制图样时，应由"优先选择系列"中选取适当的比例。必要时，也允许从"允许选择系列"中选取比例。

为了从图样上直接反映出实物的大小，绘图时应尽量采用原值比例。因各种实物的大小与结构千差万别，绘图时，应根据实际需要选取放大比例或缩小比例。绘图比例一般应填写在标题栏中的"比例"一栏内。

不论采用何种比例，图形中所标注的尺寸数值必须是实物的实际大小，与图形的比例无关，如图 1-12 所示。

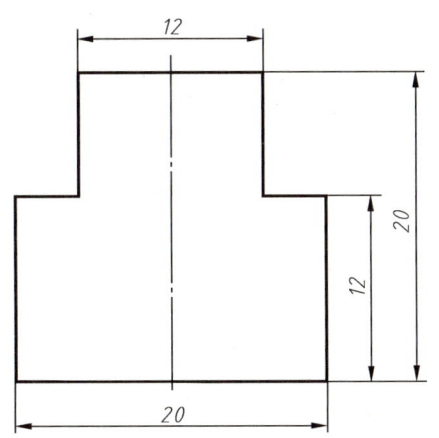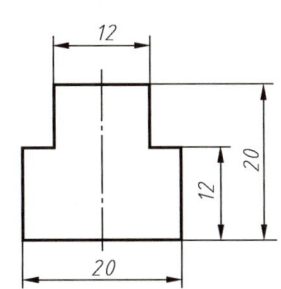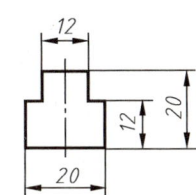

图 1-12　图形比例与尺寸数字

五、字体

1）在图样中书写的汉字、数字和字母，都必须做到"字体工整、笔画清楚、间隔均匀、排列整齐"。

2）字体高度（用 h 表示）的公称尺寸系列为：1.8mm、2.5mm、3.5mm、5mm、7mm、10mm、14mm、20mm。如需要书写更大的字，其字体高度应按 $\sqrt{2}$ 的比率递增。字体高度代表字体的号数。

3）汉字应写成长仿宋体字，并应采用国家正式公布的简化字。汉字的高度 h 不应小于 3.5mm，其字宽一般为 $h/\sqrt{2}$。

书写长仿宋体字的要领是：横平竖直、注意起落、结构对称、填满方格。

4）字母和数字

① 字母和数字分 A 型和 B 型。A 型字体的笔画宽度（d）为字高（h）的 1/14，B 型字体的笔画宽度（d）为字高（h）的 1/10。在同一图样上，只允许选用一种型式的字体。

② 字母和数字可写成斜体和直体。斜体字字头向右倾斜，与水平基准线成 75°

字体示例见表 1-3。

表 1-3　字体示例

字体		示例
长仿宋体汉字		字体工整　笔画清楚　间隔均匀　排列整齐
拉丁字母	大写	ABCDEFGHIJKLMNOPQRSTUVWXYZ *ABCDEFGHIJKLMNOPQRSTUVWXYZ*
	小写	abcdefghijklmnopqrstuvwxyz *abcdefghijklmnopqrstuvwxyz*
阿拉伯数字	直体	0123456789
	斜体	*0123456789*

六、图线

机械制图中，为了能够准确地表达物体的形状及可见性，通常需要使用不同线型和线宽来表达不同对象，见表1-4。

图样中的线条统称为图线，其线宽有粗、细两种。粗线的宽度 d 应按图样的大小和复杂程度，在 0.25mm、0.35mm、0.5mm、0.7mm、1mm、1.4mm 及 2mm 中选择（优先选用 0.5mm 或 0.7mm），粗、细图线的线宽之比为 2∶1。

3. 相关国家标准（二）

表1-4　图线的名称、线型、线宽及一般应用　　　　　　（单位：mm）

名称	线型	线宽	一般应用
粗实线	——————	d	1）可见轮廓线 2）可见棱边线 3）相贯线
细实线	——————	$d/2$	1）尺寸线及尺寸界线 2）剖面线 3）过渡线
细虚线	– – – – – –	$d/2$	1）不可见轮廓线 2）不可见棱边线
细点画线	— · — · — · —	$d/2$	1）轴线 2）对称中心线 3）剖切线
波浪线	～～～～	$d/2$	1）断裂处的边界线 2）视图与剖视图的分界线
双折线	—⋀—⋁—	$d/2$	1）断裂处的边界线 2）视图与剖视图的分界线
粗虚线	▬ ▬ ▬ ▬	d	允许表面处理的表示线
粗点画线	▬ · ▬ · ▬	d	限定范围的表示线
细双点画线	— ·· — ·· —	$d/2$	1）相邻辅助零件的轮廓线 2）可动零件的极限位置的轮廓线 3）成形前的轮廓线 4）轨迹线

机械图样中粗线、细线的宽度比例为 2∶1（粗线宽度为 d，细线宽度为 $d/2$）。图线的宽度应根据图纸幅面的大小和所表达对象的复杂程度，在 0.13mm、0.18mm、0.25mm、0.35mm、0.5mm、0.7mm、1mm、1.4mm、2mm 数系中选取（常用的为 0.25mm、0.35mm、0.5mm、0.7mm、1mm）。在同一图样中，同类图线的宽度应一致。

图线的应用示例如图1-13所示。

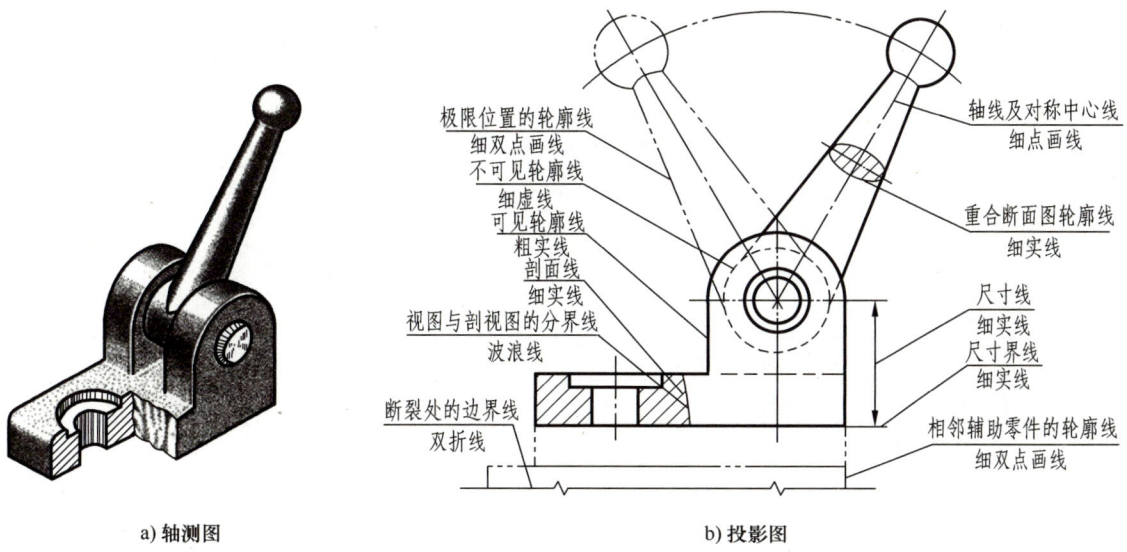

图 1-13 图线的应用示例

【任务实施】

1）识读凸模图样，具体方法和步骤见表 1-5。

表 1-5 识读凸模图样的方法和步骤

序号	读图要点	读图内容
1	读标题栏	了解零件的名称为凸模，采用 1∶1 的比例绘制图样
2	读图样	采用一个主视图和左视图表达零件形状，通过两个视图知道零件结构形状，猜测零件各部分结构的用途和连接关系
3	读尺寸	该零件的尺寸为 100mm×100mm×30mm，明确各部分结构大小和位置关系
4	读技术要求	技术要求，未注倒角 $C1$

2）绘制凸模图样。

【任务评价】

请完成表 1-6 中的学习评价。

表 1-6　任务 1 学习评价检查项目

序号	检查项目	评分标准	结果评估	自评分
1	能否正确选取绘图工具	15		
2	能否正确使用绘图工具	15		
3	绘图步骤是否正确	20		
4	绘制的图样是否符合国家标准的规定	25		
5	是否提升了看图、分析图形的能力	25		

【总结回顾】

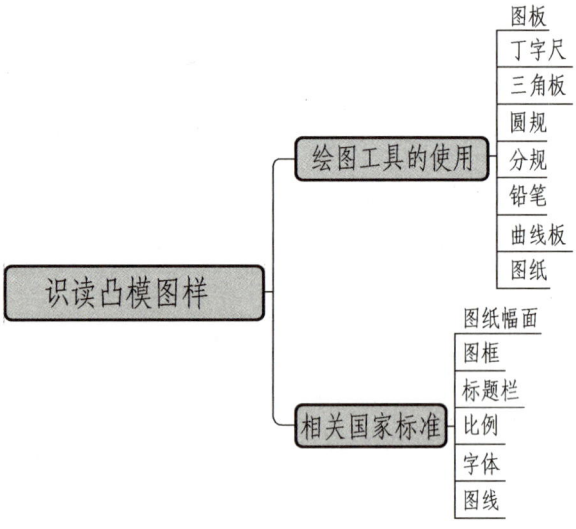

任务 2　绘制扳手轮廓图

【任务目标】

【知识目标】

（1）熟悉几何作图的方法。

（2）掌握国家标准规定的正确的尺寸标注方法。

【能力目标】

（1）能正确绘制基本曲线和图形。

（2）能正确进行尺寸标注。

【素质目标】

（1）养成多思、勤练的学习习惯。

（2）养成仔细、严谨的工作态度。

项目1 航空工程制图基础

【任务描述】

飞机在装配时,工人师傅经常会使用扳手拧紧螺栓,请根据所学知识,绘制图1-14所示的扳手轮廓图,并回答相关问题。

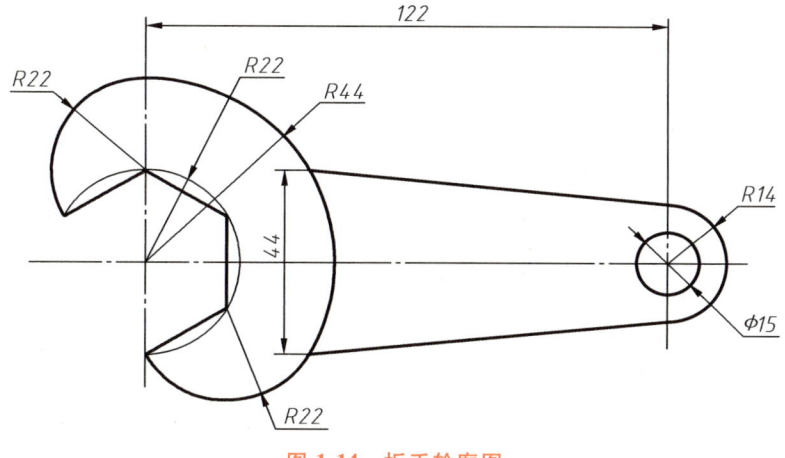

图1-14 扳手轮廓图

【任务分析】

平面图形是由若干直线或曲线封闭连接组合而成的,这些线段之间的相对位置和连接关系是根据给定的尺寸来确定的。在平面图形中,有些线段的尺寸已知,可以直接画出,而有些线段要按相切的连接关系画出。因此,绘图前应对所绘图形进行分析,从而确定正确的作图方法和步骤。

【知识储备】

知识点1 几何作图

4. 几何作图

机件的形状虽然多种多样,但它们都是由各种基本的几何图形所组成的。因此,绘制机械图样时,应当首先掌握常见几何图形的作图原理和作图方法。

一、基本作图方法

常见几何图形的作图方法见表1-7。

表1-7 常见几何图形的作图方法

种类	作图步骤	说明
等分已知线段		1)将线段 AB 五等分,可先过 A 点作任意直线 AC,并在 AC 上以适当长度截取 5 个等分点。 2)然后连接 5B,并过 AC 线上其余各点作 5B 的平行线,并与线段 AB 相交,交点即为所求的等分点

11

(续)

种类	作图步骤	说明
圆的三等分		用 30°、60° 三角板和丁字尺配合作图
圆的四等分		用 45° 三角板和丁字尺配合作图
圆的六等分及作正六边形		用 30°、60° 三角板和丁字尺配合作图。如需改变三角形和正六边形的方位，可通过调整圆心的位置或三角板的位置来实现。
圆的五等分及作正五边形		1）二等分半径 OA，得点 B 2）以点 B 为圆心，BC 长为半径画弧，与直径相交于点 D 3）线段 CD 即为正五边形的一个边长，以此长度在圆周上连续截取，即得五个等分点，过各等分点依次连线即为圆的内接正五边形
斜度		斜度是指一直线对另一直线或一平面对另一平面的倾斜程度，其大小用两直线或两平面间夹角的正切来表示，即 $\tan\alpha = H/L$ 在图样上常以 $1:n$ 的形式标注，并在其前加注斜度符号"∠"，且倾斜边方向应与斜度的方向一致

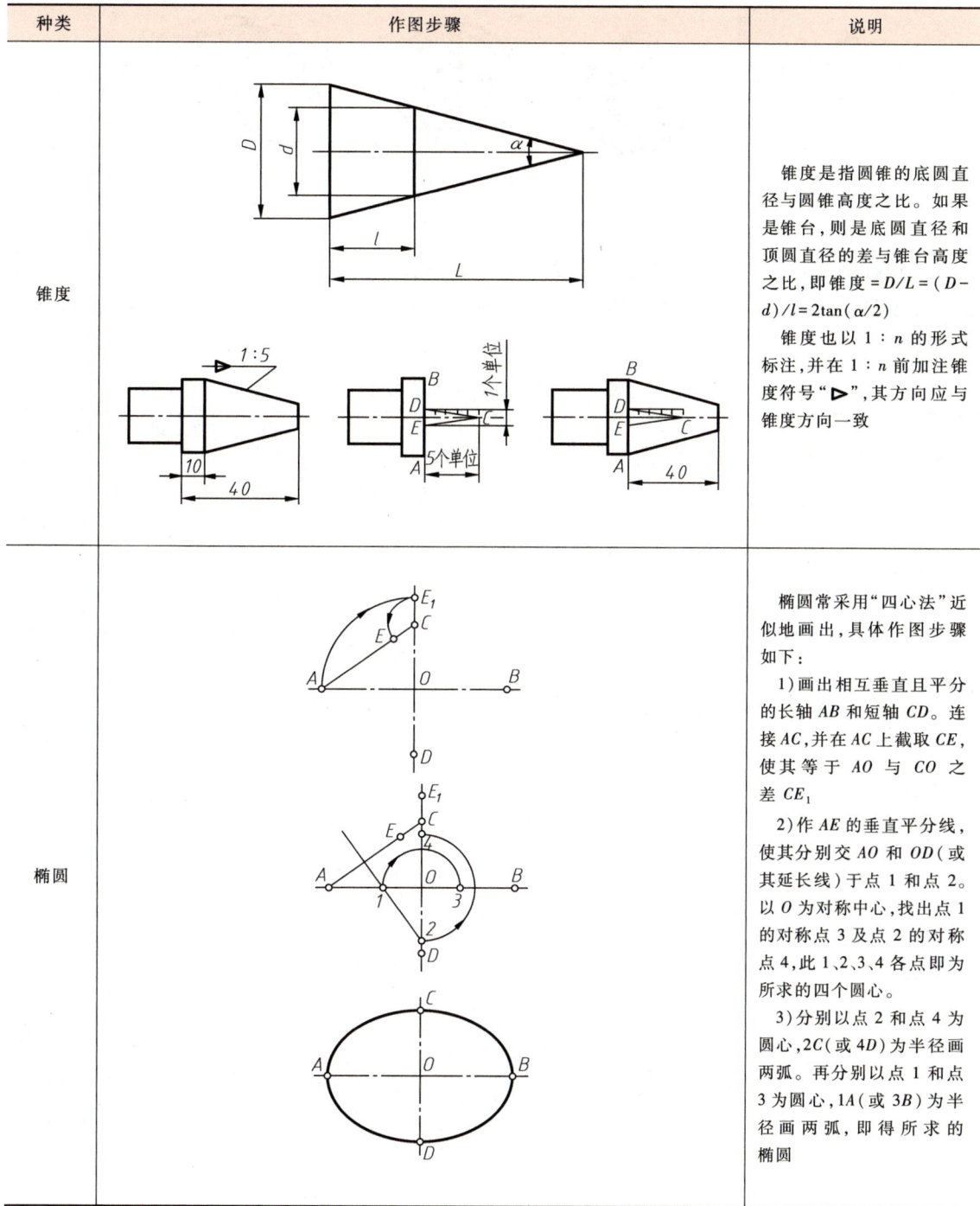

二、圆弧连接

有些机件常常具有光滑连接的表面（图 1-15）。因此，在绘制它们的图形时，就会遇到圆弧连接的问题。例如，图 1-15a 所示的扳手轮廓图，就是由圆弧与直线或圆弧与圆弧光滑连接起来的。这种由一圆弧光滑连接相邻两线段的作图方法，称为圆弧连接。

   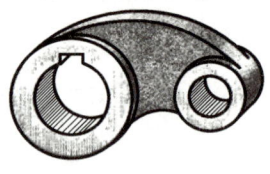

a) 扳手　　　　　b) 吊钩　　　　　c) 手轮　　　　　　d) 连杆

图 1-15　机件的连接形式

　　为保证圆弧连接光滑，作图时必须先准确地作出连接圆弧的圆心及连接圆弧与已知线段或圆弧的切点，以保证连接圆弧与已知线段或圆弧在连接处相切。圆弧连接的作图方法见表 1-8。

表 1-8　圆弧连接的作图方法

种类	已知条件与作图过程	作图方法和步骤		
		1. 求圆弧连接的圆心 O	2. 求切点 A、B	3. 画连接圆弧并加粗
圆弧连接两已知线段		作与已知两线段分别相距为 R 的平行线，交点 O 即为连接弧圆心	过 O 点分别向已知两线段作垂线，垂足 M 和 N 即为切点	以 O 为圆心，R 为半径，在两切点 M 和 N 之间画连接圆弧即可
圆弧连接已知直线和圆弧		作直线平行于已知直线（其间距离为 R）；再以 O_1 为圆心，$R+R_1$ 为半径画圆弧，交已知直线的平行线得连接弧的圆心 O	过 O 作垂线得 A 点；连接 OO_1，交已知圆弧于 B，A、B 即为切点	以 O 为圆心，R 为半径，在两切点 A 和 B 之间画连接圆弧即可
圆弧外切连接两已知圆弧		分别以 O_1 和 O_2 为圆心，$R+R_1$ 和 $R+R_2$ 为半径画圆弧，两圆弧交点即为连接弧的圆心 O	连接 OO_1 和 OO_2，分别交两已知圆弧得切点 A、B	以 O 为圆心，R 为半径画弧即可
圆弧内切连接两已知圆弧		分别以 O_1 和 O_2 为圆心，$R-R_1$、$R-R_2$ 为半径画弧，两圆弧交点即为连接弧的圆心 O	连接 OO_1 和 OO_2，分别交两已知圆弧得切点 A、B	以 O 为圆心，R 为半径画弧即可

(续)

种类	已知条件与作图过程	作图方法和步骤		
		1. 求圆弧连接的圆心 O	2. 求切点 A、B	3. 画连接圆弧并加粗
圆弧分别内外切连接两已知圆弧	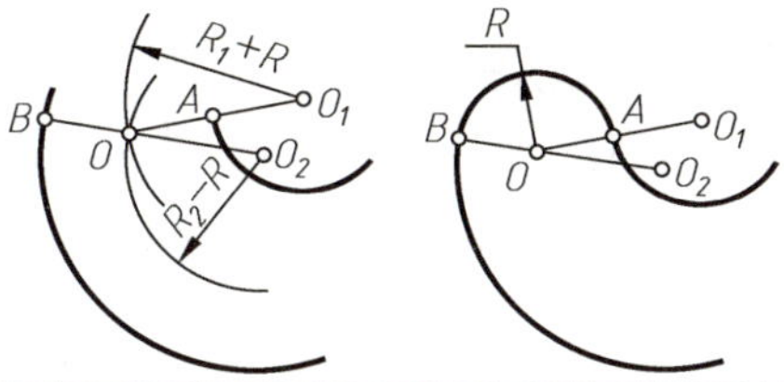	分别以 O_1 和 O_2 为圆心，R_1+R 和 R_2-R 为半径画圆弧，两圆弧交点即为连接弧的圆心 O	连接 OO_1，交已知圆弧得切点 A，连接 OO_2 并延长，交已知圆弧得切点 B	以 O 为圆心，R 为半径画弧即可

知识点 2　尺寸标注

尺寸（包括线性尺寸和角度尺寸）是图样中的重要内容之一，是制造机件的直接依据，也是图样中指令性最强的部分。因此，制图标准 GB/T 4458.4—2003《机械制图　尺寸注法》、GB/T 19096—2003《技术制图　图样画法　未定义形状边的术语和注法》对尺寸标注进行了专门规定，这是在绘制、识读图样时必须遵守的，否则会引起混乱，甚至给生产带来损失。

一、标注尺寸的基本规则

1）机件的真实大小应以图样上所注的尺寸数值为依据，与图形的大小及绘图的准确度无关。

2）图样中的尺寸以毫米（mm）为单位时，不需标注单位的符号或名称，如采用其他单位，则必须注明相应的单位符号。

3）对机件的每一尺寸，一般只标注一次，并应标注在反映该结构最清晰的图形上。

4）标注尺寸的符号和缩写词，应符合表 1-9 中的规定。

5. 尺寸标注

表 1-9　常用的符号或缩写词

名称	符号或缩写词	名称	符号或缩写词	名称	符号或缩写词
直径	ϕ	厚度	t	沉孔或锪平	⊔
半径	R	正方形	□	埋头孔	∨
球直径	$S\phi$	45°倒角	C	均布	EQS
球半径	SR	深度	↧	弧长	⌒

二、尺寸的组成

一个完整的尺寸，一般应包括尺寸数字、尺寸线、尺寸界线和表示尺寸线终端的箭头或斜线（图 1-16）。

1）尺寸界线和尺寸线均用细实线绘制。线性尺寸的尺寸线两端要有箭头与尺寸界线接触。尺寸线和轮廓线的距离不应小于 7mm，如图 1-16 所示。

轮廓线或中心线可代替尺寸界线。但应记住：尺寸线不可被任何图线或其延长线代替，必须单独画出。

2）尺寸线终端可以有箭头、斜线两种形式。箭头的形式如图 1-17a 所示，适用于各种类型的图样（机械图样中一般采用箭头）；图1-17b所示斜线用细实线绘制其方向，以尺寸线为准，逆时针旋转45°。当尺寸线的终端采用斜线形式时，尺寸线与尺寸界线必须相互垂直。同一张图样中，只能采用一种尺寸线终端形式。图1-17c所示的画法不正确。

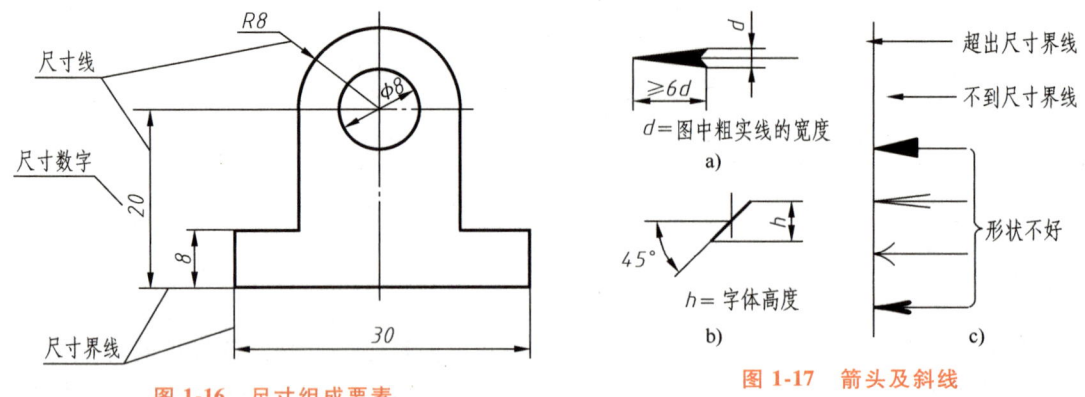

图1-16 尺寸组成要素　　　　　　图1-17 箭头及斜线

3）线性尺寸的尺寸数字，一般应填写在尺寸线的上方（也允许注在尺寸线的中断处）。尺寸数字的方向应按图1-18所示的方向填写，并应尽可能避免在图示30°范围内标注，当无法避免时，可按图1-19所示的形式标注。

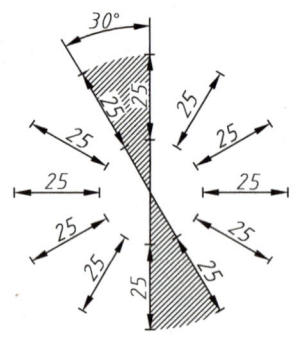
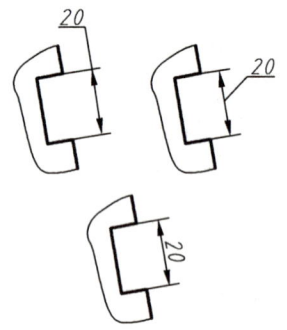

图1-18 尺寸数字的方向　　　　　图1-19 30°范围内尺寸数字注法　　　6. 常见尺寸的注法

尺寸数字不允许被任何图线所通过，当不可避免时，必须把图线断开。

三、常见尺寸的标注方法

常见尺寸的标注方法见表1-10。

表1-10 常见尺寸的标注方法

类型	常见尺寸的标注方法	图例
线性尺寸	标注线性尺寸时，尺寸线必须与所标注的线段平行。尺寸界线一般应与尺寸线垂直，并超出尺寸线2~3mm。当有几条互相平行的尺寸线时，大尺寸应注在小尺寸外面，以免尺寸线与尺寸界线相交	

（续）

类型	常见尺寸的标注方法	图例
圆、圆弧及球面尺寸	标注直径时，在尺寸数字前加注符号"φ"；标注半径时，在尺寸数字前加注符号"R"；标注球面的直径或半径时，应在符号"φ"或"R"前加注符号"S"	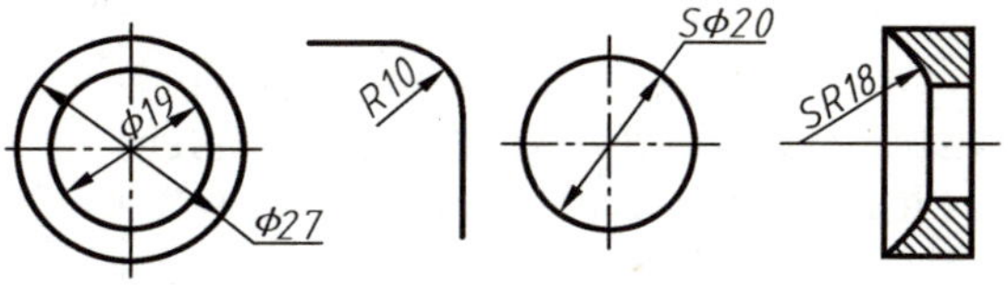
小尺寸的注法	当标注的尺寸较小，没有足够的位置画箭头或写尺寸数字时，箭头可画在外面，或用小圆点代替箭头；尺寸数字也可写在外面或引出标注	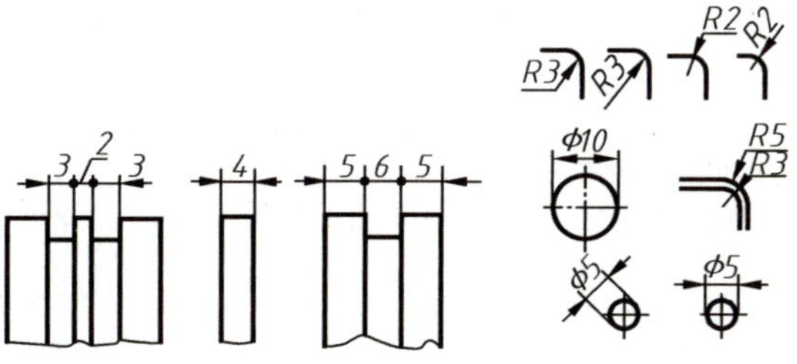
角度尺寸的注法	标注角度尺寸时，角度的尺寸界线必须沿径向引出，尺寸线应画成圆弧，其圆心为该角的顶点；角度的数字一律写成水平方向，一般注写在尺寸线的中断处，必要时允许写在外面，或引出标注	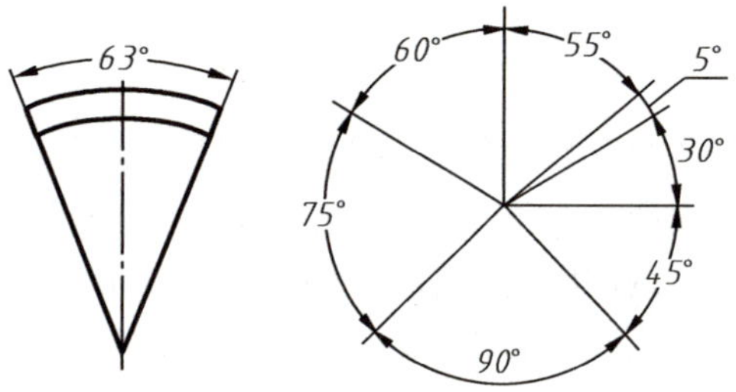
弦长尺寸的注法	标注弦长的尺寸时，其尺寸界线应平行于该弦的垂直平分线	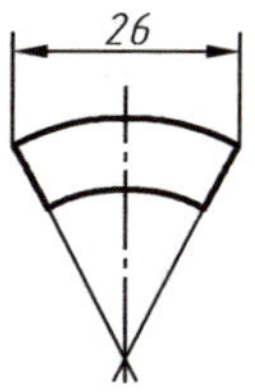
弧长尺寸的注法	标注弧长的尺寸时，其尺寸界线应平行于该弧所对圆心角的角平分线。标注较大的弧长时，其尺寸线可沿径向引出	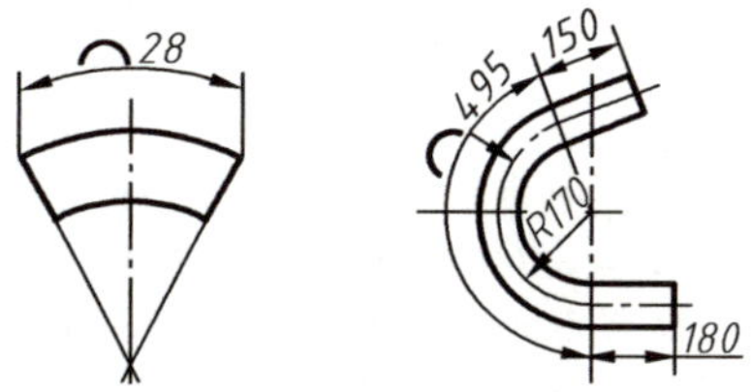
光滑过渡处的尺寸注法	尺寸界线一般与尺寸线垂直，必要时才允许倾斜，如图 a 例所示；当在光滑过渡处标注尺寸时，应用细实线将轮廓线延长，从它们的交点处引出尺寸界线，如图 b 例所示	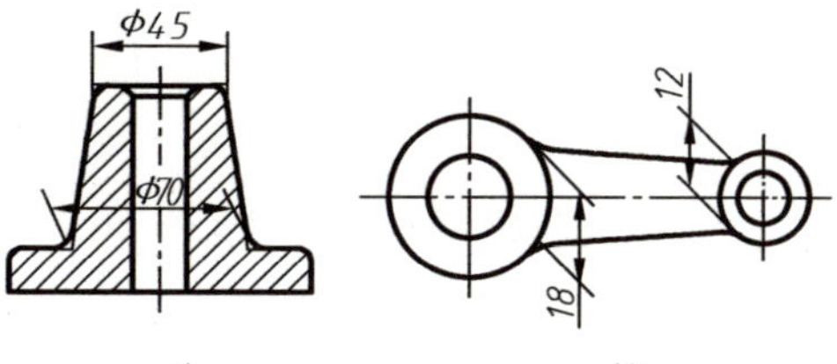 a)　　　b)

(续)

类型	常见尺寸的标注方法	图例
大圆弧圆心的尺寸注法	当圆弧的半径过大或在图纸范围内无法标出其圆心位置时,可按图 a 例的形式标注;若不需要标注其圆心位置时,可按图 b 例的形式标注	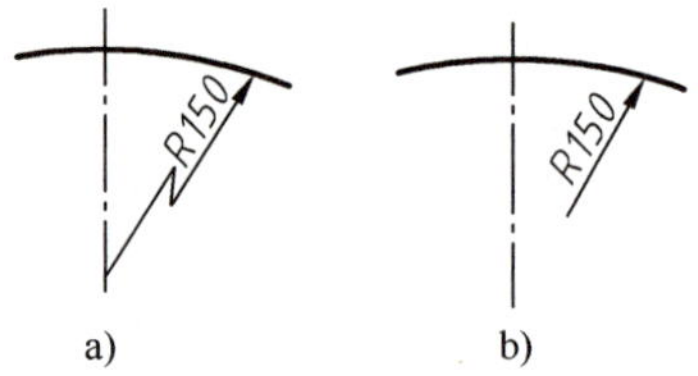 a) R150 b) R150
对称图形的尺寸注法	当对称机件的图形只画出一半或略大于一半时,尺寸线应略超过对称中心线或断裂处的边界,此时仅在尺寸线的一端画出箭头	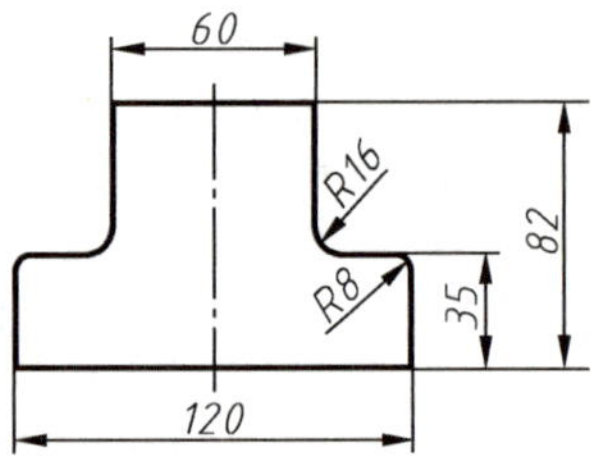 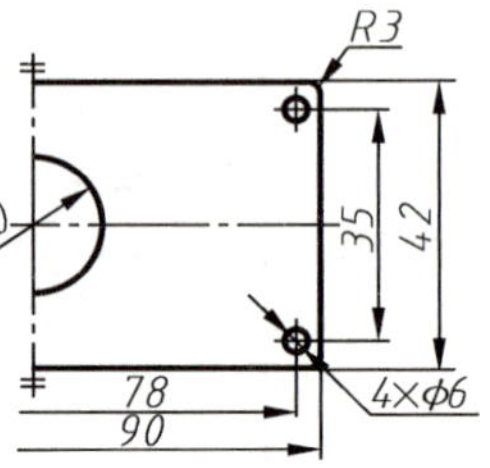 (图示:60、R16、R8、35、82、120;φ20、R3、35、42、78、90、4×φ6)

【任务实施】

完成扳手轮廓图的绘制,绘制步骤见表 1-11。

平面图形由许多线段连接而成,这些线段之间的相对位置和连接关系,根据给定的尺寸来确定。画图时,只有通过分析尺寸和线段间的关系,才能明确该平面图形应从何处着手,以及按什么顺序作图。

表 1-11 扳手轮廓图绘制步骤

序号	绘制要点	图示
1	绘制作图基准线,明确图形位置	
2	绘制已知线段和圆弧:根据中心距尺寸"122"确定中心线;根据尺寸"R14"和"φ15"绘制同心圆;根据圆的直径尺寸"44",画出内接正六边形	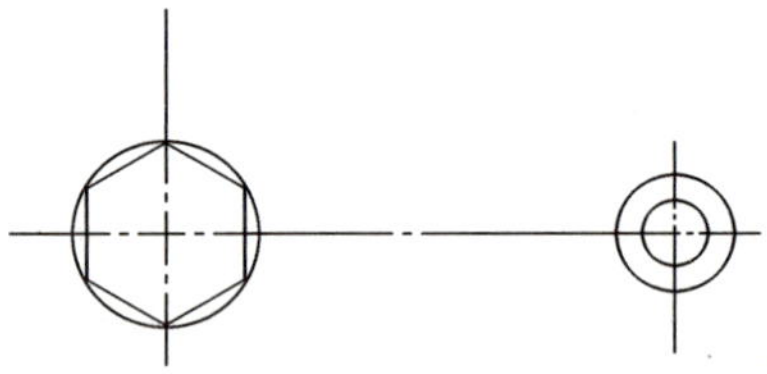
3	根据尺寸"R22"、"R44"绘制连接圆弧	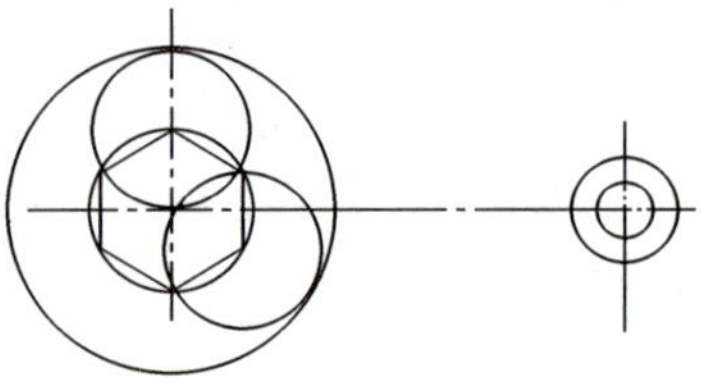

（续）

序号	绘制要点	图示
4	根据尺寸"44",绘制连接直线	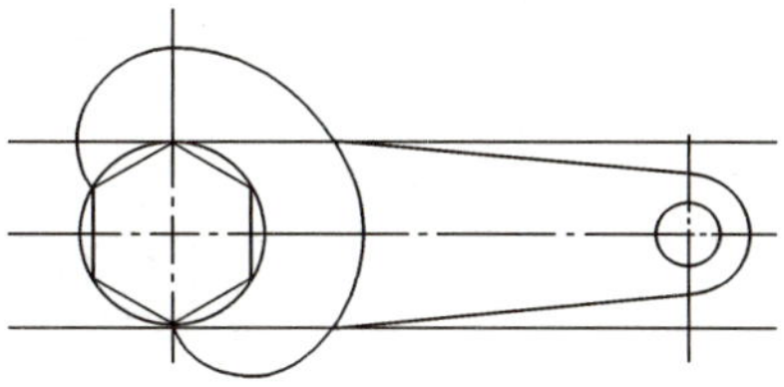
5	全面检查底稿,修正错误,擦除多余的图线,加粗图线	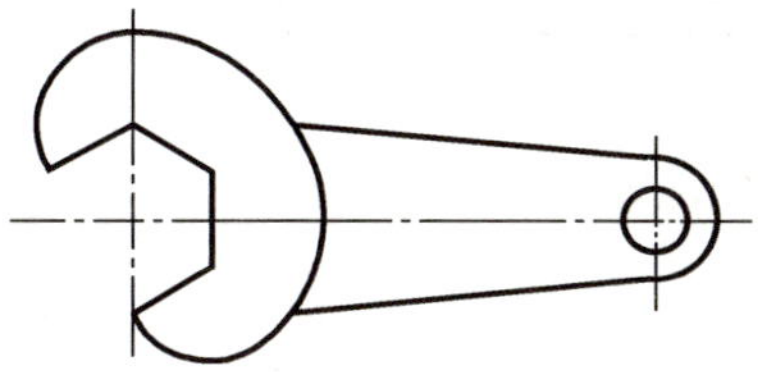
6	标注尺寸	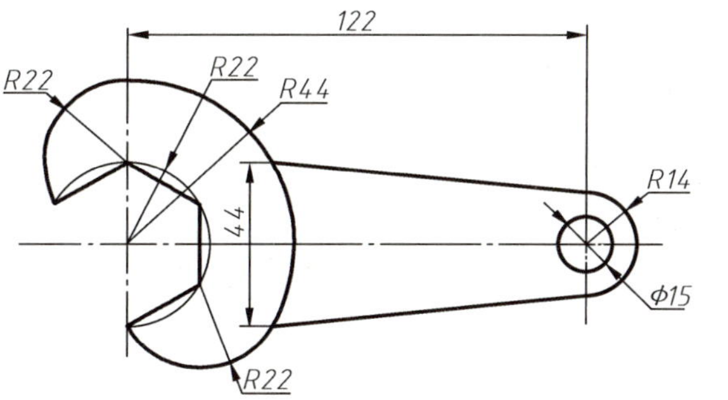

【任务评价】

请完成表 1-12 中的学习评价。

表 1-12　任务 2 学习评价检查项目

序号	检查项目	评分标准	结果评估	自评分
1	能否正确选用绘图工具	5		
2	绘图步骤是否正确	20		
3	能否选用恰当的作图方法	25		
4	绘制的图形是否符合国家标准的规定	30		
5	在绘制图形过程中,是否遇到了问题？在解决问题的过程中是否提升了查阅资料、沟通交流的能力	20		

【总结回顾】

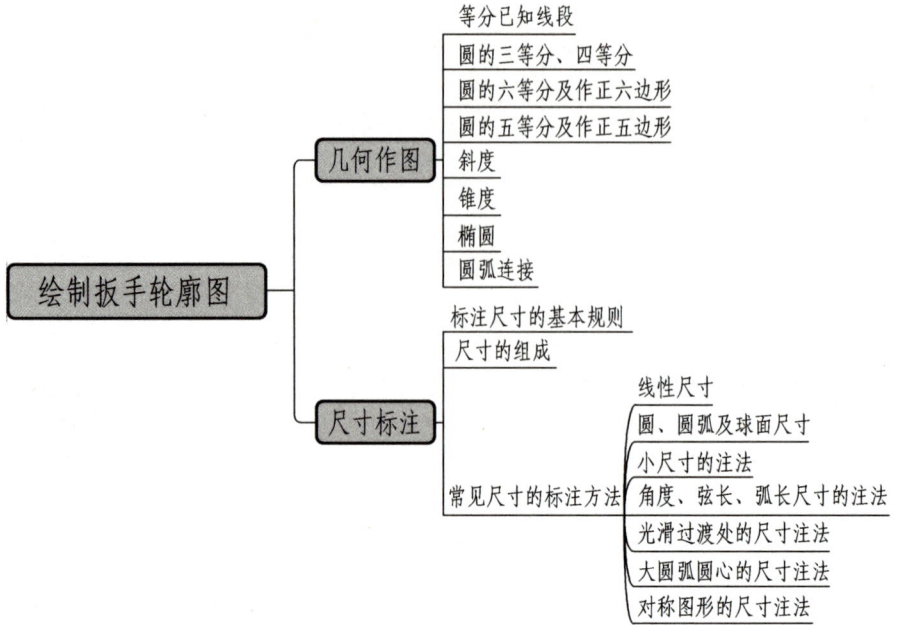

项目2　平面立体的投影

任务1　绘制发动机托架三视图

【任务目标】

【知识目标】

（1）了解投影的基本概念及其分类。
（2）掌握正投影的基本特性。
（3）了解三投影面体系和三视图的形成。
（4）掌握三视图的画法和投影关系。

【能力目标】

（1）能够正确绘制三视图。
（2）能够根据正投影绘制支架三视图。

【素质目标】

（1）具有一丝不苟、精益求精的工作作风。
（2）具有在分析和解决问题时查阅资料、独立思考的能力。

【任务描述】

图 2-1 所示是发动机托架，请绘制其三视图并回答问题。

图 2-1　发动机托架

【任务分析】

生活中，投影现象随处可见。在阳光下，各种物体都在地面上留下其落影；在灯光下，桌椅也都在地板或墙面上投下其影子。人们根据生产活动的需要，对这种现象经过科学的抽象，总结出了影子和物体之间的几何关系，逐步形成了投影法。

【知识储备】

知识点 1　投影法

一、投影法的概念

如图 2-2 所示，投影法，就是投射线通过物体，向选定的面投射，并在该面上得到图形的方法。

7. 投影法

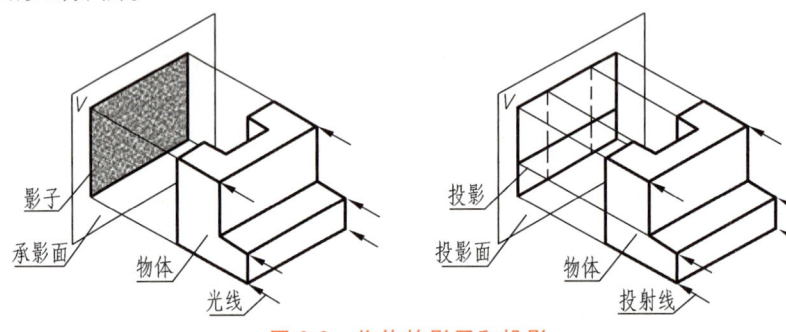

图 2-2　物体的影子和投影

二、投影法的分类

投影法分为两大类，即中心投影法和平行投影法。

1. 中心投影法

要获得投影，必须具备投射线、物体和投影面三个基本条件。如图 2-3 所示，将薄板 ABC 平行地放在投影面 P 和投射中心 S 之间，自 S 分别向 A、B、C 引投射线并延长，使它们与投影面 P 交于 a、b、c，则△abc 即是空间△ABC 在投影面 P 上的投影。这种投射线汇交一点的投影法，称为中心投影法。

分析图 2-3 可知，如改变物体和投射中心的距离，则物体投影的大小将发生变化。由于它不能反映物体的真实形状和大小，因此在机械图样中较少使用。

采用中心投影法绘制的图样，具有较强的立体感，因而在建筑工程的外形设计中经常使用，如图 2-4 所示。

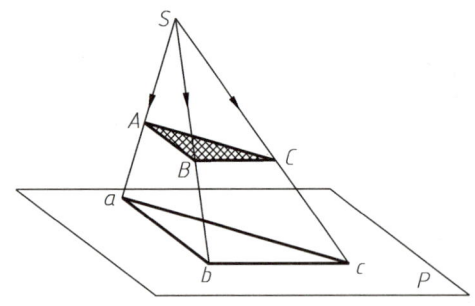

图 2-3　中心投影法

图 2-4　中和殿透视图

2. 平行投影法

投射线相互平行的投影法称为平行投影法。

如图 2-5 所示,在平行投影法中,若投射线与投影面倾斜,则为斜投影法;若投射线与投影面垂直,则为正投影法。

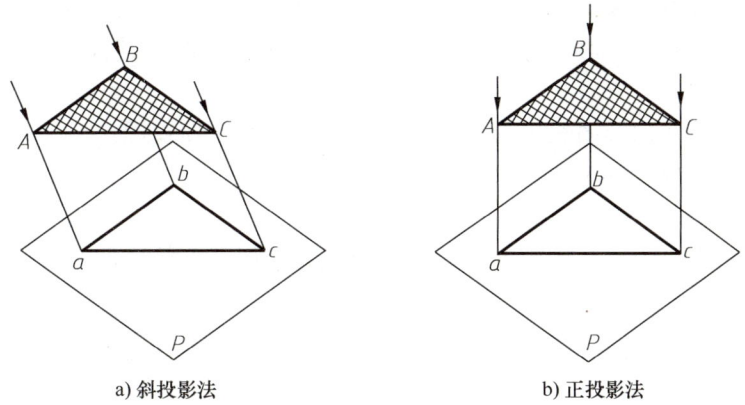

a) 斜投影法　　　　　　　　b) 正投影法

图 2-5　平行投影法

由于正投影法的投射线相互平行且垂直于投影面,所以,当空间平面图形平行于投影面时,其投影将反映该平面图形的真实形状和大小,即使改变它与投影面之间的距离,其投影形状和大小也不会改变,而且作图简便,具有很好的度量性,因此绘制机械图样主要采用正投影法。

三、正投影的基本性质

1. 实形性

如图 2-6a 所示,当直线或平面与投影面平行时,则直线的投影反映实长,平面的投影反映实形的性质,称为实形性。

2. 积聚性

当直线或平面与投影面垂直时,则直线的投影积聚成一点,平面的投影积聚成一条直线的性质,称为积聚性(图 2-6b)。

3. 类似性

当直线或平面与投影面倾斜时,直线的投影仍为直线,平面图形的投影仍与原来的形状相类似的性质,称为类似性(图 2-6c)。

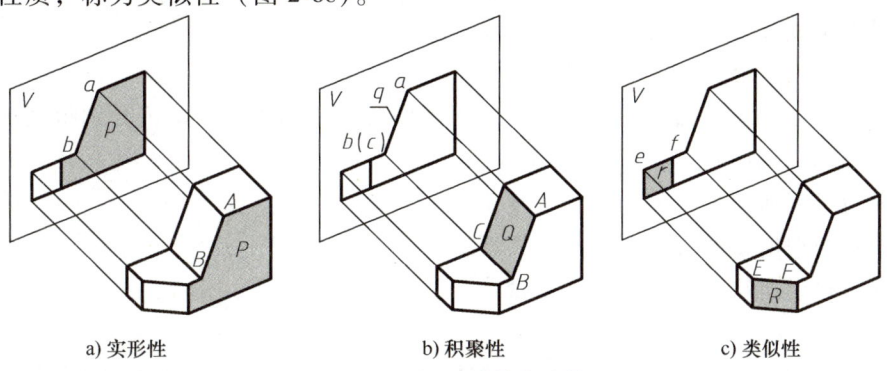

a) 实形性　　　　　　b) 积聚性　　　　　　c) 类似性

图 2-6　正投影的基本特性

知识点 2 三视图

一、视图的基本概念
用正投影法绘制出的物体图形，称为视图。

把物体放在观察者和投影面之间，将观察者的视线设想成一组相互平行且与投影面垂直的投射线，对物体进行投射所获得的正投影图，其投射情况如图 2-7 所示。

8. 三视图的形成及画法

工程上一般需用多面视图表示物体的形状，常用的是三面视图。

二、三视图的形成过程

1. 三投影面体系

三投影面体系由三个相互垂直的投影面所组成，如图 2-8 所示。

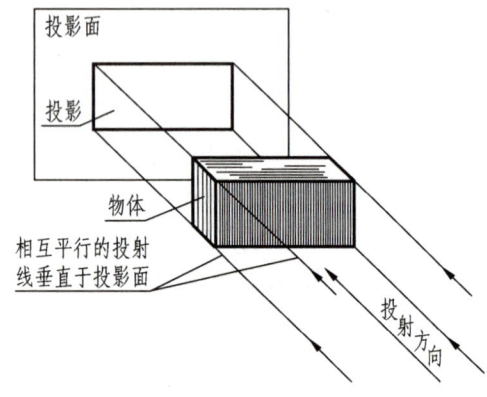

图 2-7 获得视图的投射情况

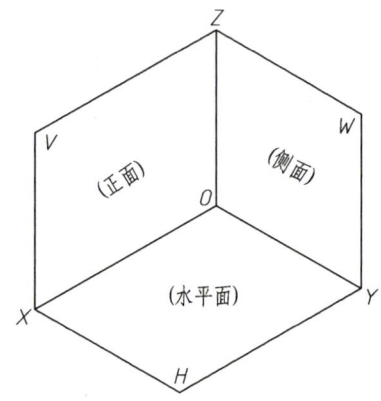

图 2-8 三投影面体系

1）正立投影面，简称正面，用 V 表示。
2）水平投影面，简称水平面，用 H 表示。
3）侧立投影面，简称侧面，用 W 表示。

相互垂直的投影面之间的交线，称为投影轴，它们分别是：

① OX 轴（简称 X 轴），是 V 面与 H 面的交线，它代表长度方向。
② OY 轴（简称 Y 轴），是 H 面与 W 面的交线，它代表宽度方向。
③ OZ 轴（简称 Z 轴），是 V 面与 W 面的交线，它代表高度方向。

三根投影轴相互垂直，其交点 O 称为原点。

2. 物体在三投影面体系中的投影

将物体放置在三投影面体系中，按正投影法向各投影面投射，即可分别得到物体的正面投影、水平投影和侧面投影，如图 2-9a 所示。

由前向后投射所得的视图，称为主视图。
由左向右投射所得的视图，称为左视图。
由上向下投射所得的视图，称为俯视图。

3. 三投影面的展开

为了画图方便，需要将三个投影图画在同一张图纸上，并保持它们之间的对应投影关

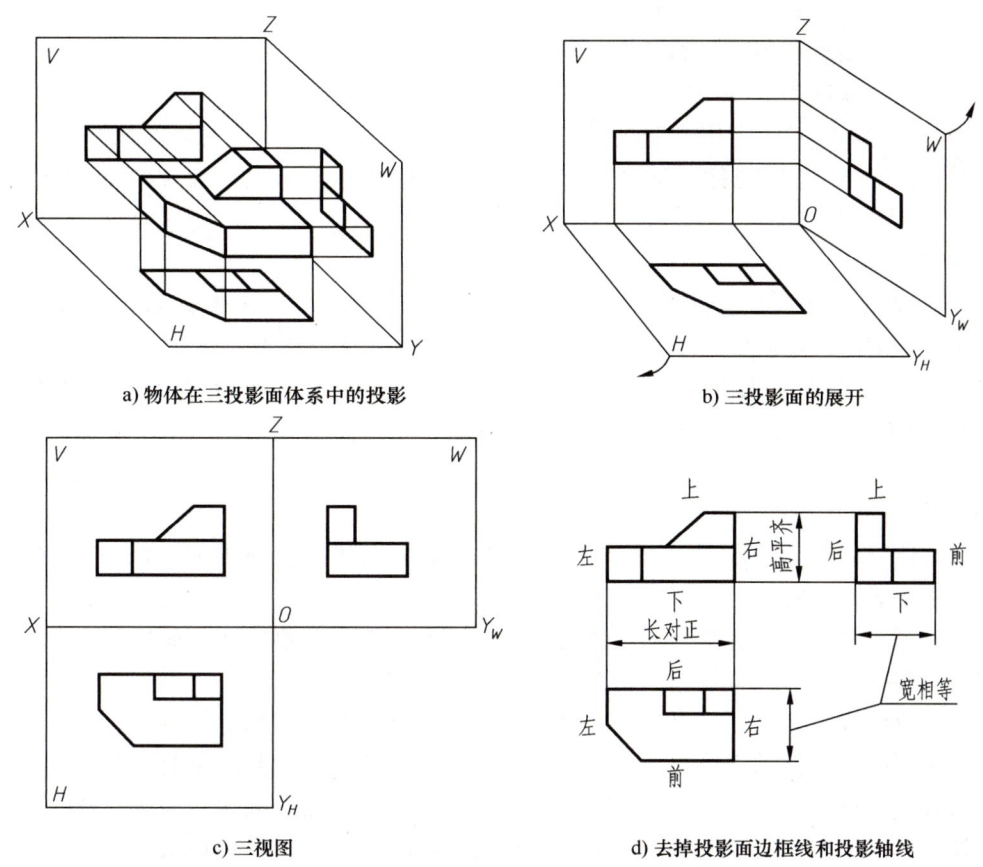

图 2-9 三视图的形成过程

系。其展开方法是：V 面位置保持不动，将 H 面绕 OX 轴向下旋转 $90°$，将 W 面绕 OZ 轴向右旋转 $90°$，分别使其与 V 面处于同一平面。这时，OY 轴被分成两条，分别用 OY_H（在 H 面上）和 OY_W（在 W 面上）表示，如图 2-9b 所示。

展开在一个平面上的三个视图，称为物体的三视图，如图 2-9c 所示。

由于投影面是假想的，因此投影面的大小并不影响投影图的形状和大小，故在实际绘图时，不必画出投影面的边框线和投影轴线，如图 2-9d 所示。

三、三视图间的投影关系

1. 位置关系

由图 2-9 所示三视图的形成及展开过程可知：三视图之间的相对位置是固定的，即主视图定位后，左视图在主视图的右方；俯视图在主视图的下方。各视图的名称不需标注。

2. 投影规律

1) V 面投影反映物体的长度（X 方向）和高度（Z 方向）尺寸，以及物体上平行于正立面的平面实形。

2) H 面投影反映物体的长度和宽度（Y 方向），以及物体上平行于水平面的平面实形。

3) W 面投影反映物体的高度和宽度，以及物体上平行于侧立面的平面实形。

由于三个投影图表示的是同一个物体，所以它们之间存在如下投影规律。

主、俯视图长度相等——长对正。
主、左视图高度相等——高平齐。
俯、左视图宽度相等——宽相等。

"长对正、高平齐、宽相等"的"三等"关系反映了三个视图的内在联系,不仅物体的整体投影要符合上述规律,物体上的每一个平面、棱边和顶点都必须遵从上述投影规律。

3. 方位关系

物体有左右、前后、上下六个方位,搞清楚三视图的六个方位关系,对画图、识图十分重要。从图 2-9d 中可以看出,每一个视图只能反映物体两个方向的位置关系,即:主视图反映物体的左、右和上、下位置关系(前、后重叠);左视图反映物体的上、下和前、后位置关系(左、右重叠);俯视图反映物体的左、右和前、后位置关系(上、下重叠)。

四、三视图的画法

根据物体(或轴测图)画三视图时,应先选定主视图的投射方向,然后将物体摆正,使物体的主要表面平行于正面(V面)。

绘制三视图时,可设想分别从物体的前方、左侧和上方观察物体,如果棱边和轮廓线可见,则用粗实线表示;如果棱边和轮廓线不可见,则用细虚线表示。当粗实线与虚线或点画线重合时,应画成粗实线;当虚线与点画线重合时,则应画成虚线。

画三视图时,物体的每一组成部分,最好是三个视图配合着画。不要先把一个视图画完后,再画另一个视图。这样,不但可以提高绘图速度,还能避免漏线、多线。画物体某一部分的三视图时,应先画反映形状特征的视图,再按投影关系画出其他视图。

【任务实施】

根据图 2-1 所示发动机托架立体图,画出其三视图,见表 2-1。

表 2-1 发动机托架三视图绘制过程

序号	绘图要点	图示
1	先画出对称中心线、基准线,确定三视图的位置	
2	该物体由 3 部分组成,应分部分画出。先绘制长方形底板	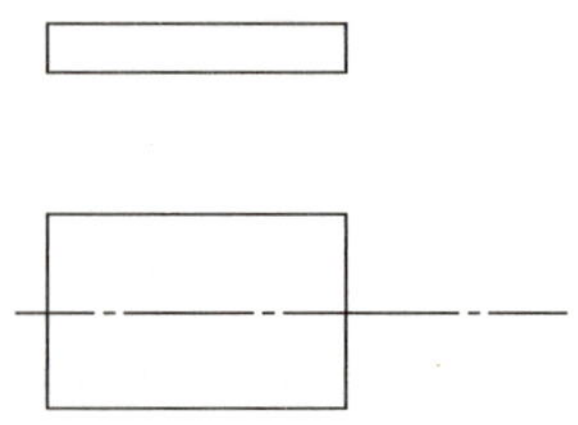

（续）

序号	绘图要点	图示
3	绘制三角形底板	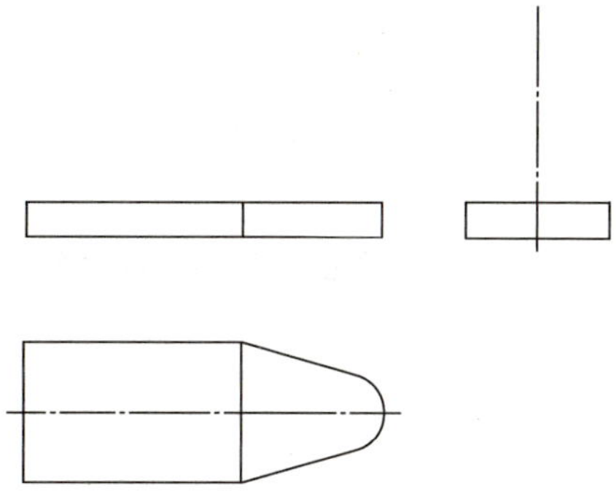
4	绘制长方形立板和加强筋	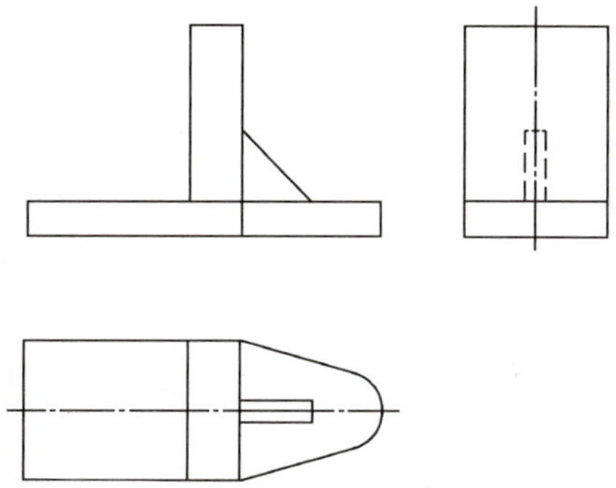
5	绘制底板切除的圆角和圆孔	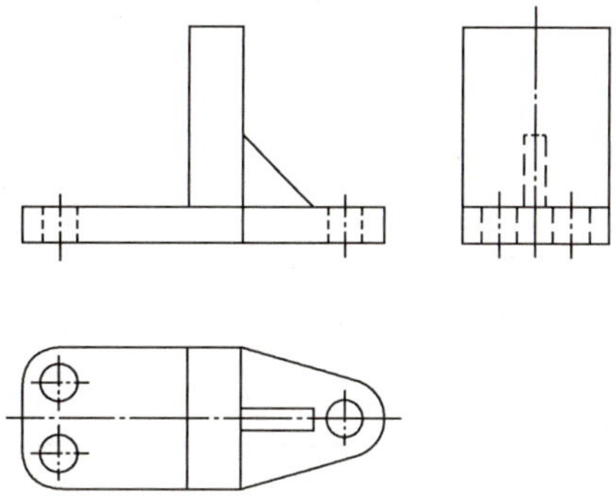
6	绘制立板的圆角和圆孔	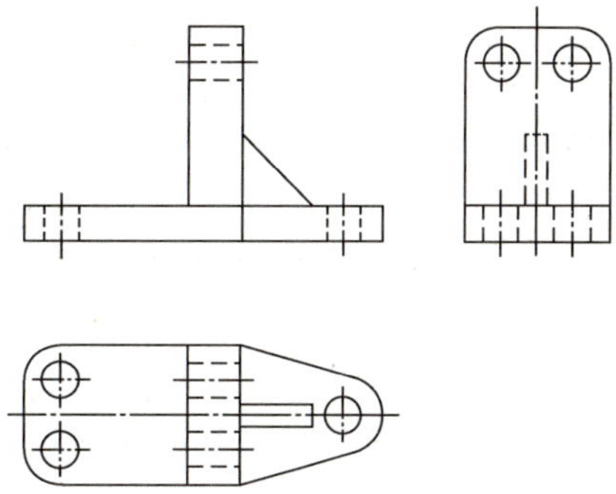

（续）

序号	绘图要点	图示
7	全面检查底稿，修正错误，注意虚线画法，加粗图线	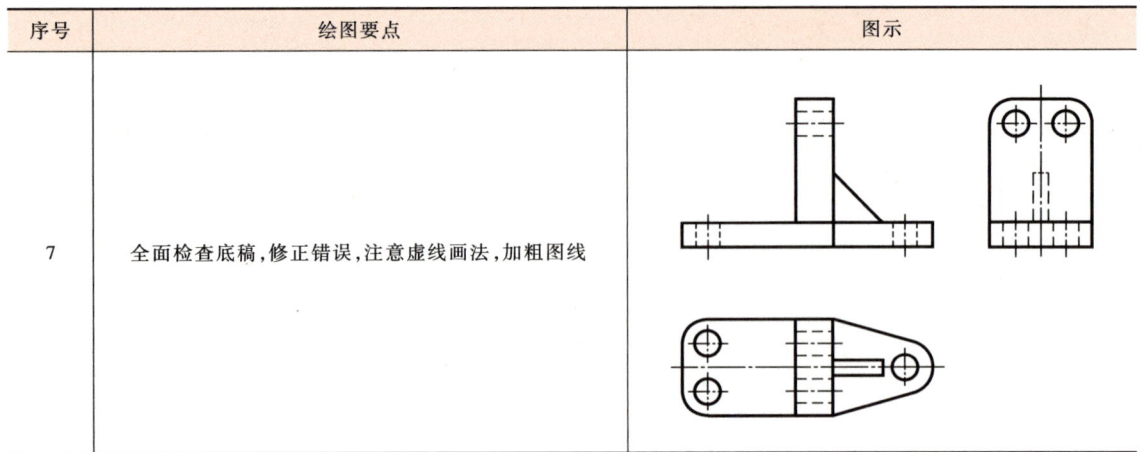

绘制完成的发动机托架三视图如图 2-10 所示。

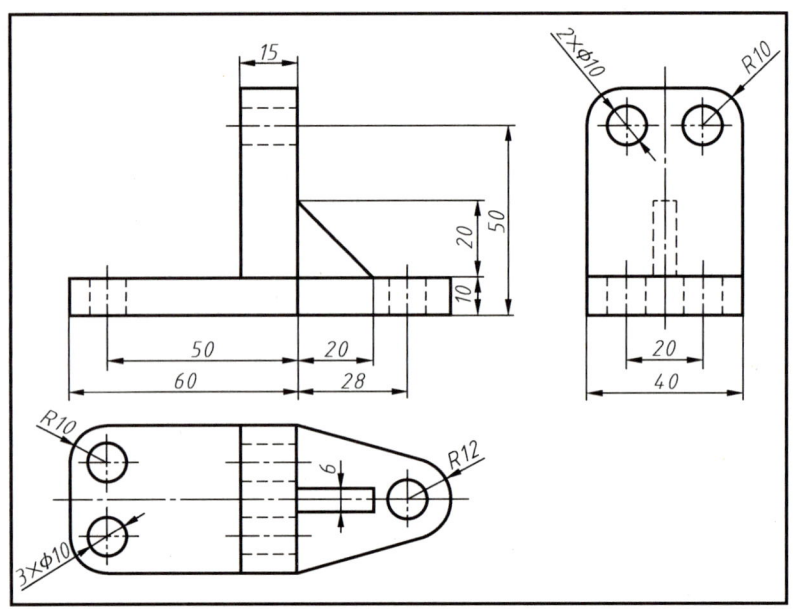

图 2-10 发动机托架三视图

【任务评价】

请完成表 2-2 中的学习评价。

表 2-2 任务 1 学习评价检查项目

序号	检查项目	评分标准	结果评估	自评分
1	是否了解投影法的概念	10		
2	能否清楚投影法的分类及特性	10		
3	能否掌握三视图的形成及投影规律	20		

（续）

序号	检查项目	评分标准	结果评估	自评分
4	能否正确绘制发动机托架的三视图	20		
5	所绘制图形的线型和位置是否符合制图标准	20		
6	在绘制图形过程中,是否遇到了问题？在解决问题的过程中是否提升了查阅资料、沟通交流的能力	20		

【总结回顾】

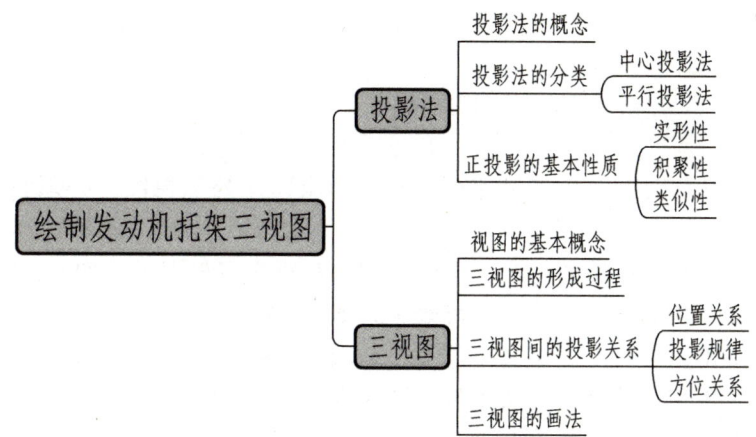

任务2　绘制正三棱锥三视图

【任务目标】

【知识目标】

（1）了解点、线、面的三面投影。

（2）掌握各种位置线、面的投影。

（3）掌握点、线、面之间的关系，了解线与线的关系。

【能力目标】

（1）能够正确识读点、线、面的投影。

（2）能够绘制点、线、面的投影。

【素质目标】

（1）具有良好的沟通合作、团队协作的能力。

（2）具有多思勤练的学习习惯。

【任务描述】

请绘制图 2-11 所示的正三棱锥的三视图，并回答相关问题。

【任务分析】

点、线、面是构成物体表面的最基本的几何元素。图 2-11 所示的正三棱锥，就是由四个平面、六条棱线、四个顶点构成的。画出正三棱锥的三视图，实际上就是画出构成正三棱锥表面的这些点、直线和平面的投影。为了迅速、正确地画出物体的三视图，必须首先掌握这些几何元素的投影规律和作图方法。

【知识储备】

知识点 1　点的投影

一、点的三面投影

点是最基本的几何要素。为了迅速而正确地画出物体的三视图，必须掌握点的投影规律。

图 2-11　正三棱锥

9. 点的投影

首先，对空间点及其投影的标记，空间点用大写英文字母表示，如 A、B、C……。

点的水平投影用相应的小写英文字母表示，如 a、b、c……。

点的正面投影用相应的小写英文字母加一撇表示，如 a'、b'、c'……。

点的侧面投影用相应的小写英文字母加两撇表示，如 a''、b''、c''……。

空间点在任意投影面上的投影永远是点。若将空间点 A 置于三投影面体系中，然后分别向 H、V、W 三个投影面投射，投射线在三个投影面上的垂足 a、a'、a'' 分别为空间点 A 的水平面投影、正面投影和侧面投影，如图 2-12 所示。

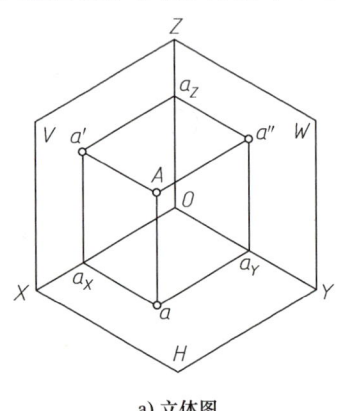

a) 立体图　　　　　　　　　　b) 投影图

图 2-12　点的投影

二、点的三面投影规律

1. 点的两面投影连线，必定垂直于相应的投影轴，即 $aa' \perp OX$ 轴，$a'a'' \perp OZ$ 轴，$aa_{Y_H} \perp OY_H$，$a''a_{Y_W} \perp OY_W$。

2. 点的投影到投影轴的距离，等于空间点到对应的投影面的距离，即 $a'a_x = a''a_{Y_W} = A$ 点到 H 面的距离 Aa；

$aa_x = a''a_z = A$ 点到 V 面的距离 Aa'；

$aa_{Y_H} = a'a_z = A$ 点到 W 面的距离 Aa''。

根据点的投影规律，在点的三面投影中，只要知道任意两个面的投影，即可求出第三面投影。

三、点的投影与直角坐标系的关系

点的每两面投影的连线，必垂直于这两个投影面的交线（即相应的投影轴），如图 2-12b 中 $aa' \perp OX$，$a'a'' \perp OZ$。

空间点到某一投影面的距离，等于另外两个投影面上的投影到与该投影面相交的投影轴的距离。

若将三投影面体系看作直角坐标系，则可将三个投影面当作坐标面，三个投影轴当作坐标轴，O 点当作坐标原点。

四、两点的相对位置

空间两点的相对位置是指两点的上下、左右及前后的相对位置关系，这由两点的坐标差来确定，如图 2-13 所示。

1）两点的左右位置：由 X 坐标差 $X_A X_B$ 确定（反映在主视图和俯视图上）。哪个点的 X 坐标值大，哪个点就在左侧。

2）两点的上下位置：由 Z 坐标差 $Z_A Z_B$ 确定（反映在主视图和左视图上）。哪个点的 Z 坐标值大，哪个点就在上方。

3）两点的前后位置：由 Y 坐标差 $Y_A Y_B$ 确定（反映在俯视图和左视图上）。哪个点的 Y 坐标值大，哪个点就在前方。

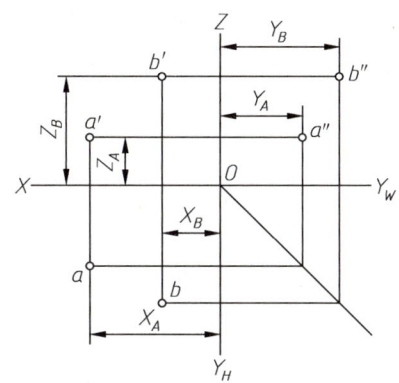 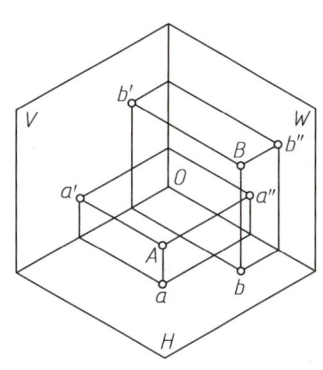

图 2-13 判断两点的相对位置

如果空间不同位置的两个点在某个投影面上的投影重合，称这两个点为该投影面的重影点。此时，在重影点所在的视图中，不可见点的投影应加圆括号，并注写在可见点的后面，如 $a'(b')$。

知识点 2　直线的投影

一、一般位置直线的投影

一般位置直线的投影作图步骤见表 2-3。

10. 直线的投影

表 2-3　一般位置直线的投影作图步骤

序号	绘图要点	图示
1	直线的投影一般仍是直线	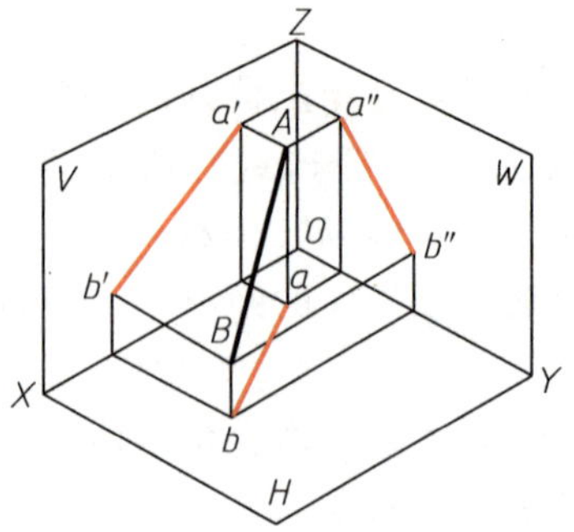
2	分别作出直线两端点的三面投影	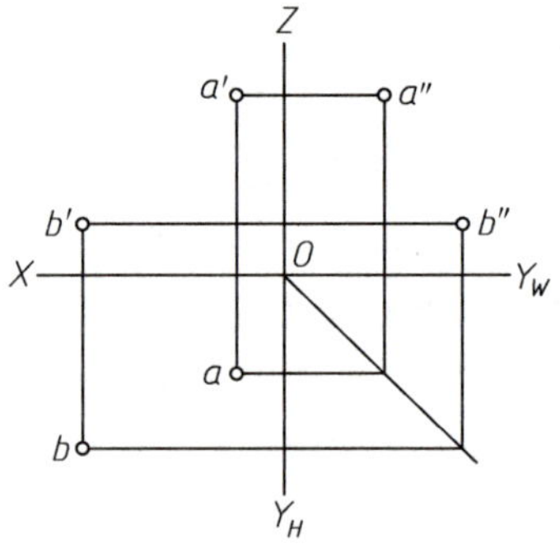
3	将同一投影面上的投影连接起来，即得到直线的三面投影	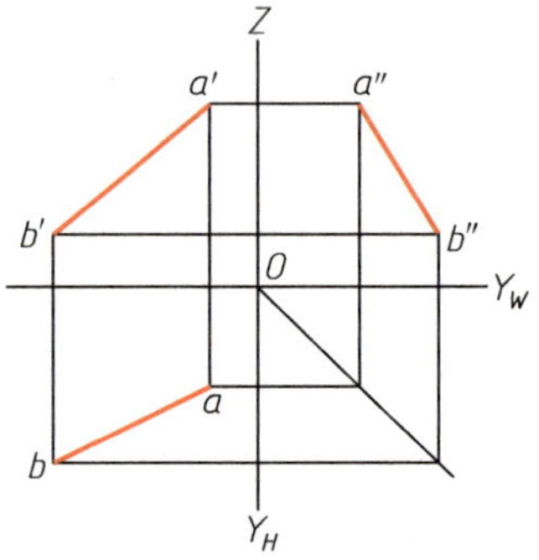

二、投影面平行线

平行于某一个投影面且与其他两个投影面都倾斜的直线，称为投影面平行线。

平行于 H 面的直线称为水平线。

平行于 V 面的直线称为正平线。

平行于 W 面的直线称为侧平线。

投影面平行线的投影特性见表 2-4。

表 2-4　投影面平行线

名称	正平线	水平线	侧平线
立体图			
投影图			
投影特性	1) 正面投影直线 $a'b'$ 的长度等于空间直线 AB 的实长 2) 水平面投影 ab 平行于 X 轴，侧面投影 $a''b''$ 平行于 Z 轴，且均不反映实长 3) $a'b'$ 与 X 轴和 Z 轴的夹角 α、γ 等于 AB 对 H 面、W 面的倾角	1) 水平面投影直线 ab 的长度等于空间直线 AB 的实长 2) 正面投影 $a'b'$ 平行于 X 轴，侧面投影 $a''b''$ 平行于 Y_W 轴，且均不反映实长 3) ab 与 X 轴和 Y_H 轴的夹角 β、γ 等于 AB 对 V 面、W 面的倾角	1) 侧面投影直线 $a''b''$ 的长度等于空间直线 AB 的实长 2) 水平面投影 ab 平行于 Y_H 轴，正面投影 $a'b'$ 平行于 Z 轴，且均不反映实长 3) $a''b''$ 与 Y_W 轴和 Z 轴的夹角 α、β 等于 AB 对 H 面、V 面的倾角

由表 2-4 可知，投影面平行线的投影特性如下。

1) 直线在与其平行的投影面上的投影反映实长，同时反映该直线与另外两个投影面倾角的实际大小。

2) 该直线在另外两个投影面上的投影分别平行于相应的投影轴，且长度缩短。

三、投影面垂直线

若空间一直线垂直于某一个投影面，则该直线必定平行于另外两个投影面，这样的直线称为投影面垂直线。

垂直于 H 面的直线称为铅垂线。

垂直于 V 面的直线称为正垂线。

垂直于 W 面的直线称为侧垂线。

投影面垂直线的投影特性见表 2-5。

表 2-5　投影面垂直线

名称	正垂线	铅垂线	侧垂线
立体图	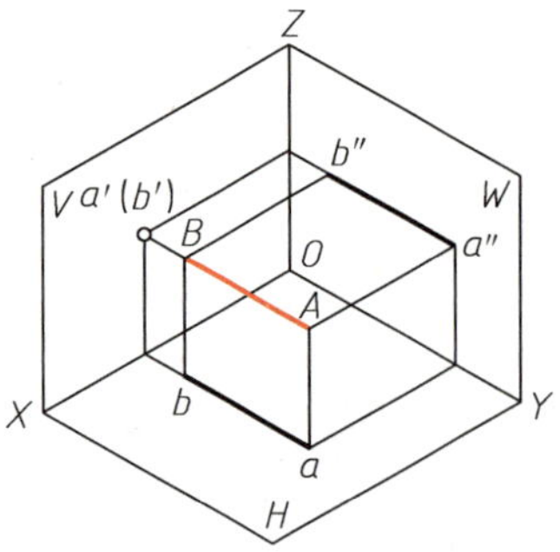	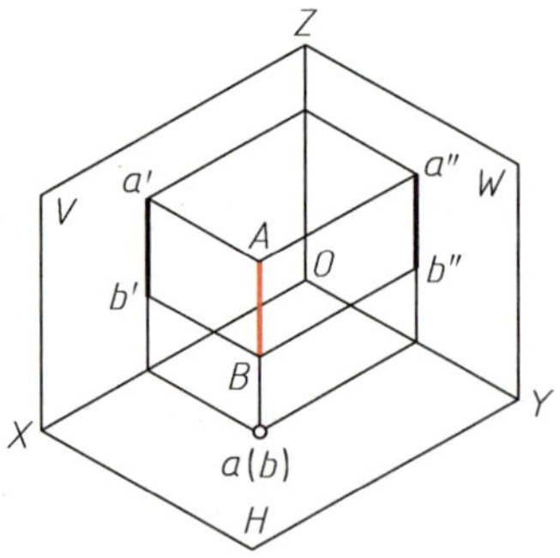	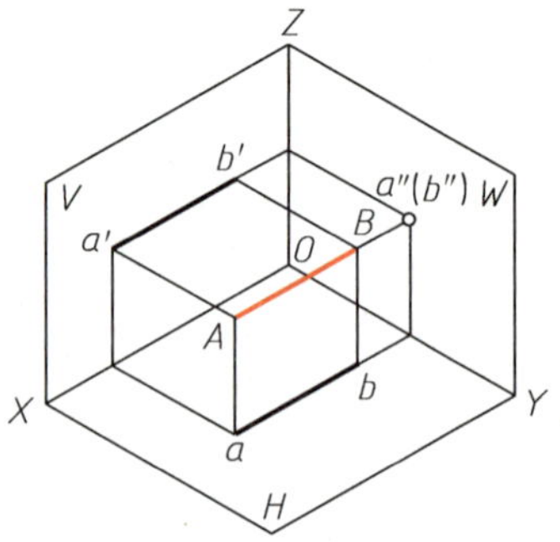
投影图	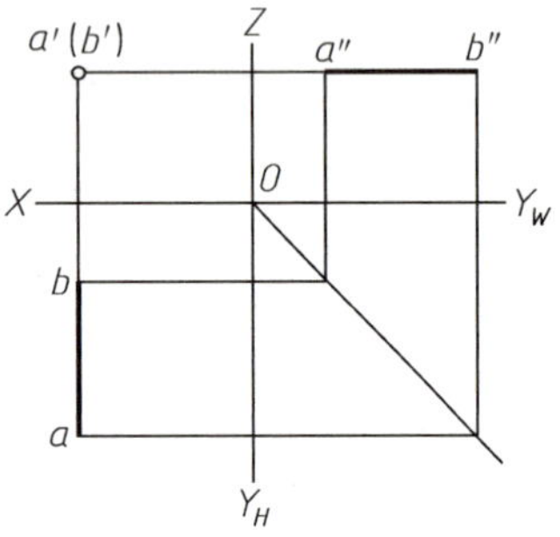	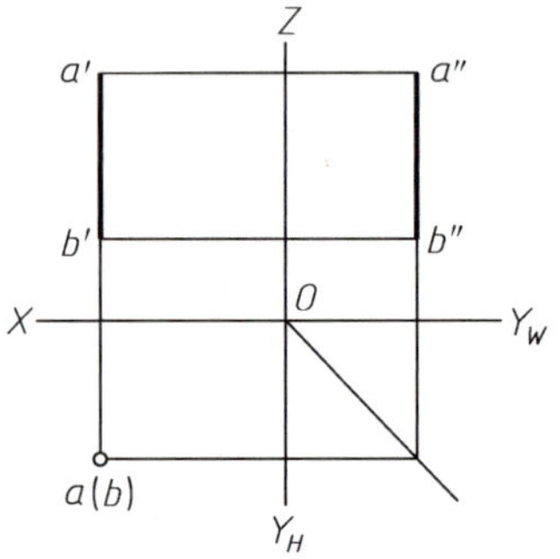	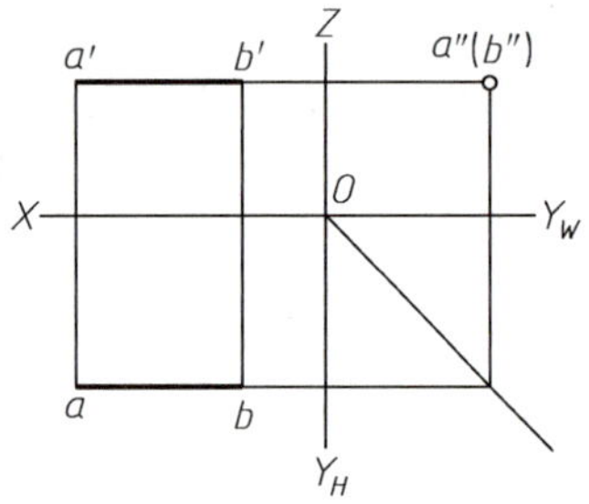
投影特性	1）正面投影积聚成一点 a'，b' 位于 a' 下方，用圆括号括起来 2）$ab = a''b''$，等于空间直线 AB 的实长，且 ab 垂直于 X 轴，$a''b''$ 垂直于 Z 轴	1）水平投影积聚成一点 a，b 位于 a 下方，用圆括号括起来 2）$a'b' = a''b''$，等于空间直线 AB 的实长，且 $a'b'$ 垂直于 X 轴，$a''b''$ 垂直于 Y_W 轴	1）侧面投影积聚成一点 a''，b'' 位于 a'' 下方，用圆括号括起来 2）$ab = a'b'$，等于空间直线 AB 的实长，且 ab 垂直于 Y_H 轴，$a'b'$ 垂直于 Z 轴

由表 2-5 可知，投影面垂直线的投影特性如下。

1) 直线在与其垂直的投影面上的投影积聚为一点。

2) 该直线的另外两个投影垂直于相应的投影轴，且反映该直线的实长。

四、直线上点的投影

属于直线上的点，其投影具有以下两个特性。

（1）从属性　直线上任一点的投影必在该直线的同面投影上。反之，点的投影中只要有一个不在直线的投影上，则该点不在该直线上。

（2）定比性　线段上的点将线段分割后，则各分割线段的长度之比与各分割线段投影的长度之比相等。

如图 2-14 所示，点 K 在线段 AB 上，它把线段 AB 分成 AK 和 KB 两段，则有 AK 比 KB 等于 ak 比 kb 等于 $a'k'$ 比 $k'b'$ 等于 $a''k''$ 比 $k''b''$。

要作直线上点的第三面投影，或判断某一点是否在指定直线上，可利用补投影法来确定。

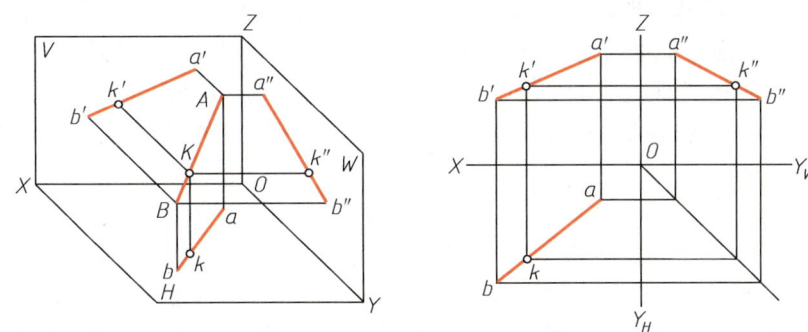

图 2-14 直线上点的投影特性

五、两直线的相对位置

空间两直线的相对位置有平行、相交和交叉三种情况，它们的投影特性如下。

1. 两直线平行

如图 2-15 所示，空间相互平行的两直线，它们的各组同面投影也一定相互平行。反之，如果两直线的各组同面投影都相互平行，则可判定它们在空间也一定相互平行。

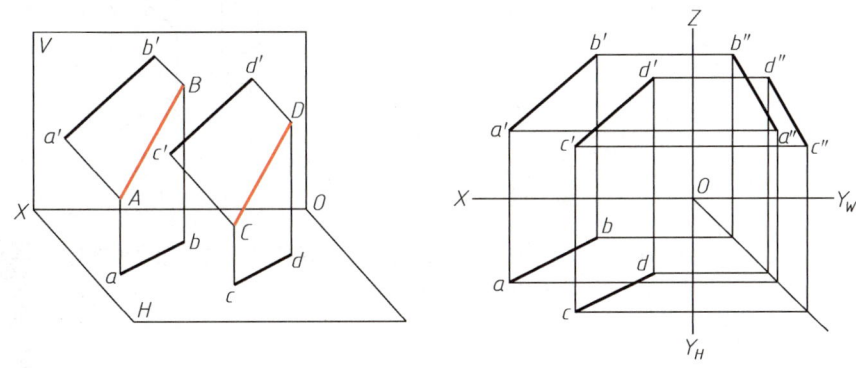

图 2-15 平行两直线的投影

2. 两直线相交

空间相交的两直线，它们的同面投影也一定相交，交点为直线的共有点，且应符合点的投影规律。

如图 2-16 所示，直线 AB 与 CD 相交于点 K，点 K 为直线 AB 和 CD 的共有点。根据点属

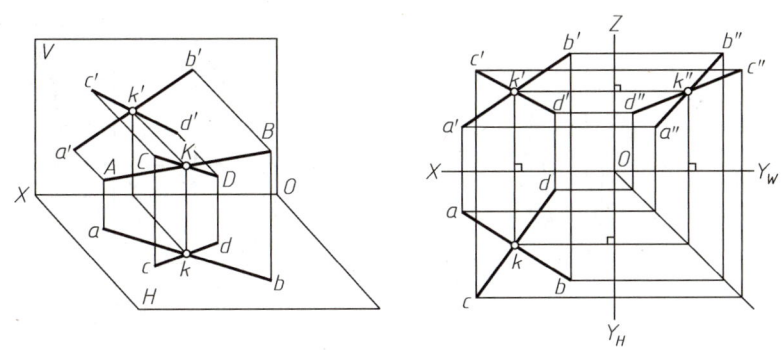

图 2-16 相交两直线的投影

于直线的投影特性，可知 k 既属于 ab，也属于 cd，即 k 一定是 ab 与 cd 的交点。同理，k' 必定是 a'b' 和 c'd' 的交点；k" 也必定是 a"b" 和 c"d" 的交点。由于 k、k'、k" 是同一点 K 的三面投影，因此，k 和 k' 的连线垂直于 OX 轴，k' 和 k" 的连线垂直于 OZ 轴。

反之，如果两直线的各组同面投影都相交，且交点符合点的投影规律，则可判定这两直线在空间也一定相交。

3. 两直线交叉

在空间既不平行也不相交的两直线，称为交叉直线，又称为异面直线。

因 AB、CD 不平行，它们的各组同面投影不会都平行（可能有一组平行）；又因 AB、CD 不相交，各组同面投影交点的连线不会垂直于相应的投影轴，即不符合点的投影规律。

反之，如果两直线的投影不符合平行或相交两直线的投影规律，则可判定为两直线空间交叉。

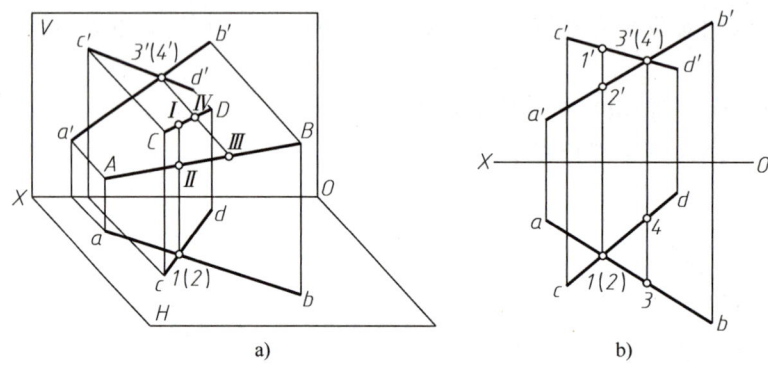

图 2-17 交叉两直线的投影

如图 2-17a 所示，直线 AB 和 CD 为交叉直线，则这两条直线的正面投影和水平面投影均相交，但正面投影的交点与水平面投影中的交点并非同一点，其投影图如图 2-17b 所示。

知识点 3 平面的投影

11. 平面的投影

一、一般位置平面的投影

平面图形的边和顶点，是由一些线段（直线段或曲线段）及其交点组成的。因此，这些线段的投影的集合，就表示该平面图形。

如图 2-18 所示，先画出平面图形各顶点的投影，然后将各点的同面投影依次连接，即

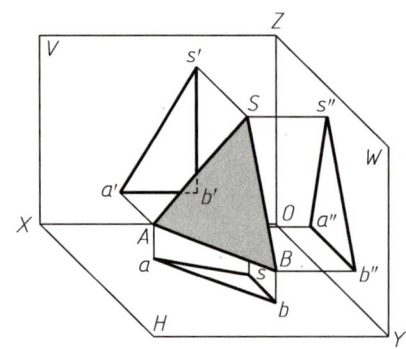
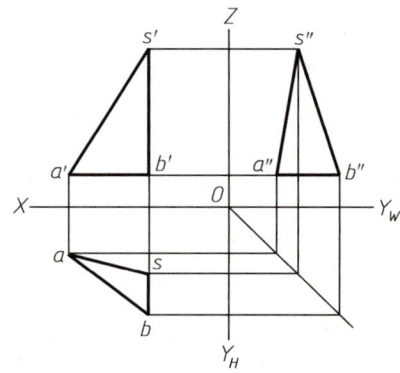

图 2-18 一般位置平面

为平面图形的投影。

平面相对于投影面的位置共有三种情况：平行于投影面、垂直于投影面和倾斜于投影面。

二、投影面平行面

若空间一平面平行于一个投影面，则该平面必与另外两个投影面都垂直，这样的平面称为投影面平行面。

其中，平行于 H 面的平面称为水平面；平行于 V 面的平面称为正平面；平行于 W 面的平面称为侧平面，见表 2-6。

表 2-6 投影面平行面

名称	正平面	水平面	侧平面
立体图			
投影图			
投影特性	1）正面投影反映实形 2）水平面投影为有积聚性的直线段，且平行于 OX 轴 3）侧面投影为有积聚性的直线段，且平行于 OZ 轴	1）水平面投影反映实形 2）正面投影为有积聚性的直线段，且平行于 OX 轴 3）侧面投影为有积聚性的直线段，且平行于 OY_W 轴	1）侧面投影反映实形 2）水平面投影为有积聚性的直线段，且平行于 OY_H 轴 3）正面投影为有积聚性的直线段，且平行于 OZ 轴

由表 2-6 可知，投影面平行面的投影特性如下。

1）空间平面在与其平行的投影面上的投影反映实形。

2）该平面的另外两面投影积聚成直线段，且分别平行于相应的投影轴。

三、投影面垂直面

垂直于一个投影面而与另外两个投影面都倾斜的平面称为投影面垂直面。

其中，垂直于 H 面的平面称为铅垂面，垂直于 V 面的平面称为正垂面，垂直于 W 面的平面称为侧垂面，见表 2-7。

表 2-7　投影面垂直面

名称	正垂面	铅垂面	侧垂面
立体图	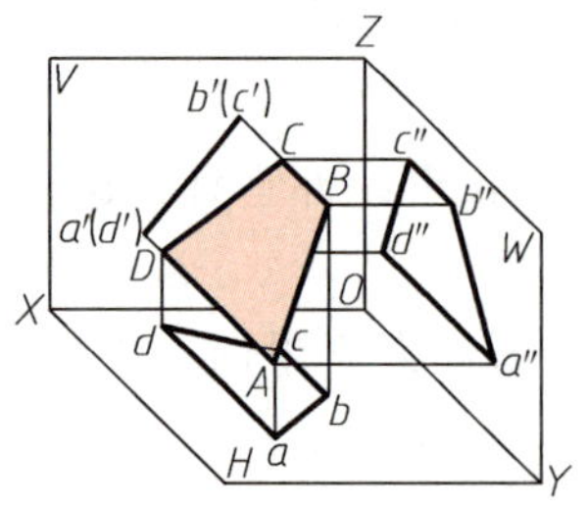	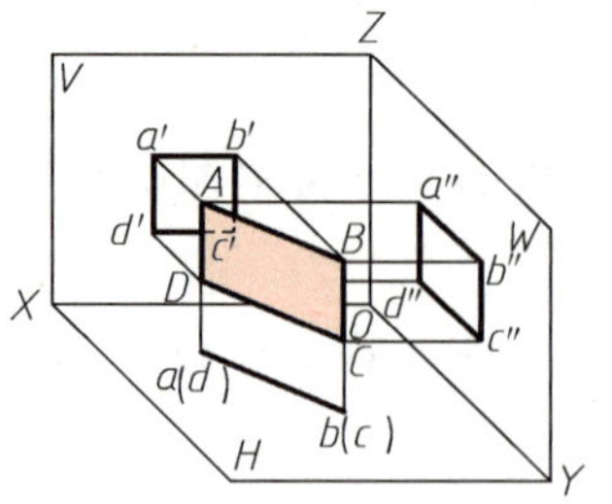	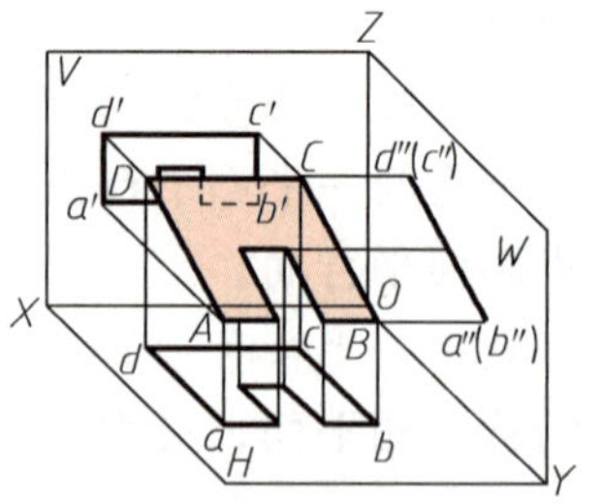
投影图	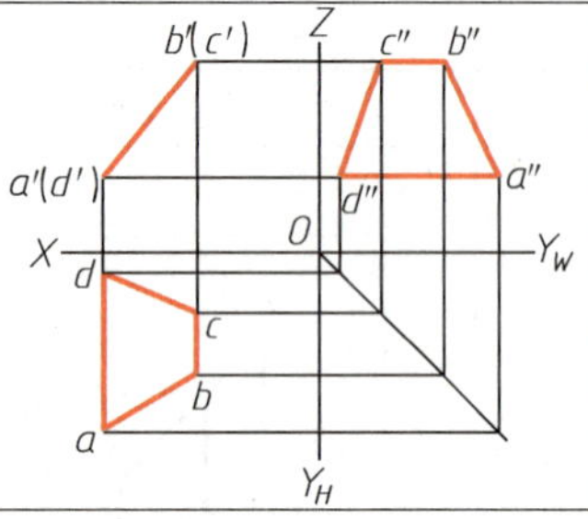	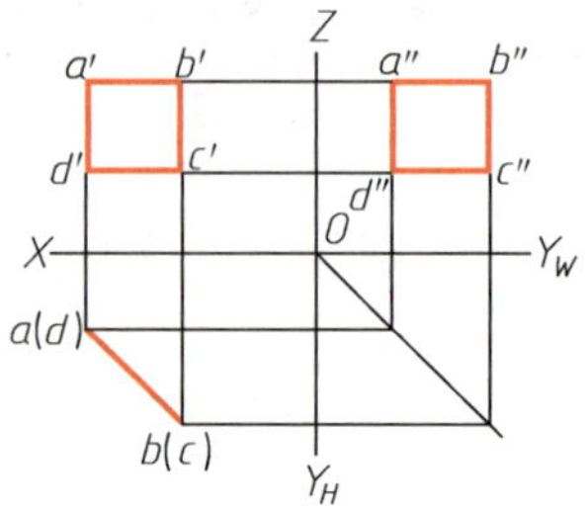	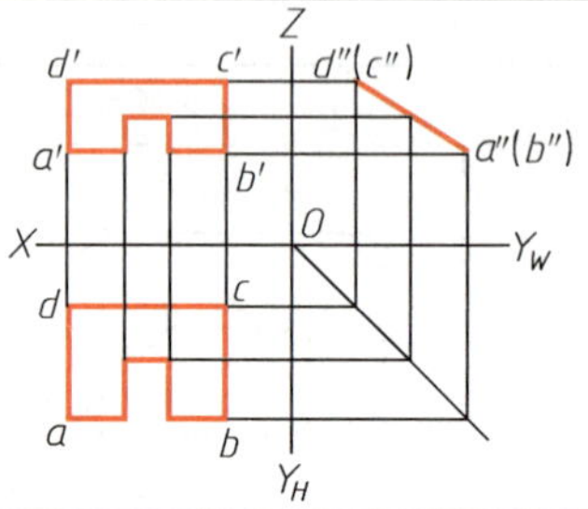
投影特性	1) 正面投影积聚成一条与投影轴倾斜的直线 2) 水平面投影和侧面投影均为原形的类似形	1) 水平面投影积聚成一条与投影轴倾斜的直线 2) 正面投影和侧面投影均为原形的类似形	1) 侧面投影积聚成一条与投影轴倾斜的直线 2) 正面投影和水平面投影均为原形的类似形

由表 2-7 可知，投影面垂直面的投影特性如下。

1) 平面在与其垂直的投影面上的投影积聚为一条线段，且与投影轴倾斜。
2) 该平面在另外两个投影面上的投影为该平面的类似形。

【任务实施】

一、绘制正三棱锥的三视图

正三棱锥的三视图绘制过程见表 2-8。

表 2-8　正三棱锥的三视图绘制过程

序号	绘制要点	图示
1	绘制基准线，合理布置图样	
2	绘制底面△ABC 的俯视图	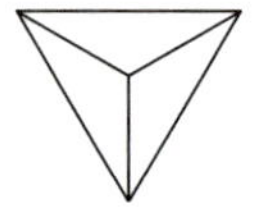
3	根据正三棱柱的高度和长对正原则，画出主视图	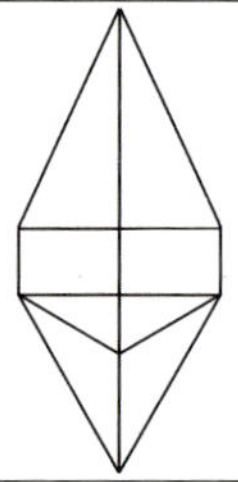

(续)

序号	绘制要点	图示
4	借助45°辅助线和宽相等原则,绘制左视图	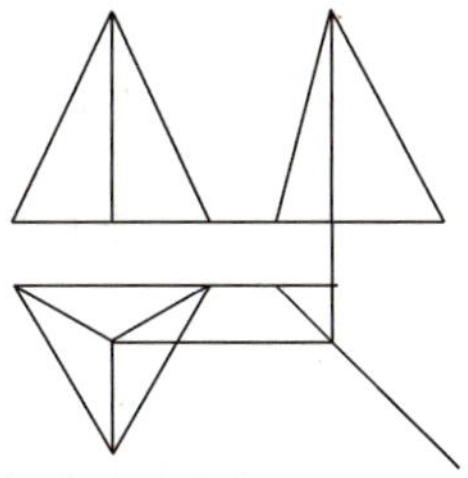
5	检查,描深	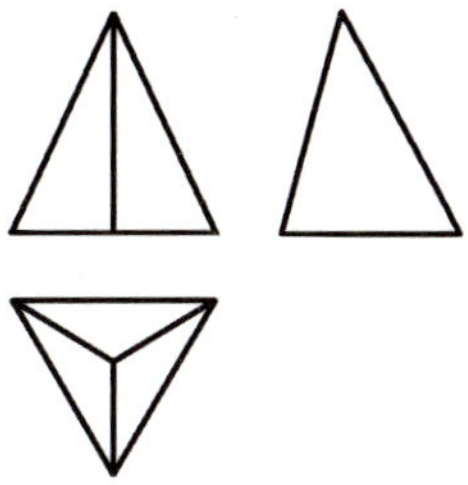

二、回答下列问题

（1）如何确定正三棱锥的四个面？

_____

（2）请根据三视图分析正三棱锥中线段 SA、SB、SC 的空间位置，S 为三棱锥的顶点。

_____

_____

【任务评价】

请完成表2-9中的学习评价。

表2-9　任务2学习评价检查项目

序号	检查项目	评分标准	结果评估	自评分
1	能否确定正三棱锥的投射方向	15		
2	能否正确运用点、线、面的投影规律	15		
3	正三棱锥的三视图绘制是否正确	20		
4	能否正确说出线段 SA、SB、SC 的空间位置	15		
5	所绘制图形的线型和位置是否符合制图标准	15		
6	对自己的空间想象能力及图形绘制能力是否满意	20		

【总结回顾】

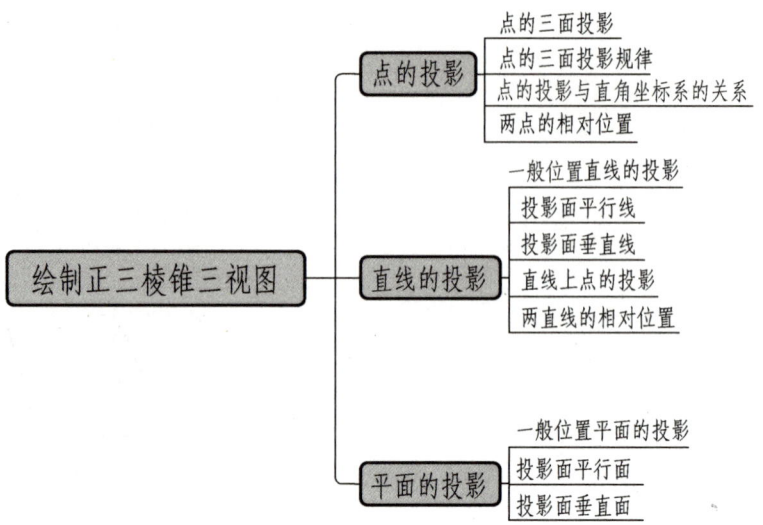

任务3　绘制燕尾槽座三视图

【任务目标】

【知识目标】

（1）了解基本体的分类。

（2）掌握平面立体的投影特点。

（3）掌握平面立体表面取点的方法。

【能力目标】

（1）能够正确绘制平面立体截切后的投影。

（2）能够正确标注平面立体的尺寸。

【素质目标】

（1）具有相互沟通的团队协作精神。

（2）具有科学严谨、一丝不苟的工作作风。

【任务描述】

轴向燕尾形榫头是发动机中应用最为广泛的结构，榫头的剖面做成燕尾形，即呈上窄下宽的梯形，榫头与叶型方向一致，如图2-19所示。

燕尾槽是一种常见的机械连接结构，其形状类似于燕子尾巴的轮廓，因此得名，燕尾槽座如图2-20所示。燕尾槽通常用于连接两个零件，其中一个零件上有一个凸起的燕尾，另一个零件上有一个与之匹配的凹槽。这种设计提供了良好的连接强度和稳定性，使零件能够在不易脱落的情况下连接在一起。

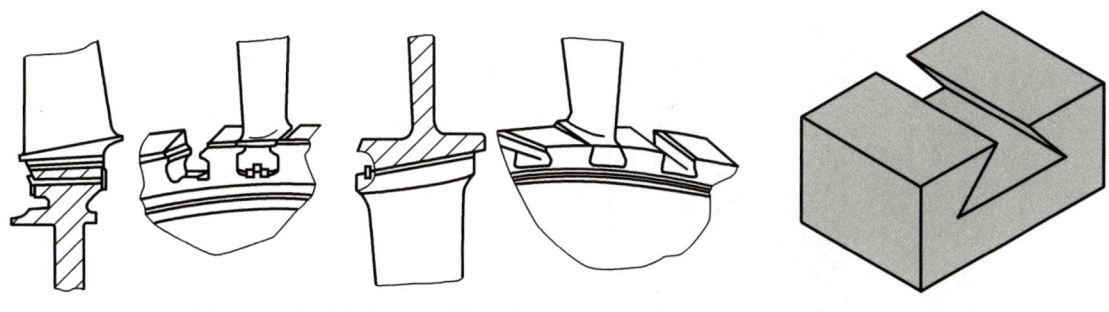

图 2-19 发动机上轴向燕尾形榫头　　　　图 2-20 燕尾槽座轴测图

【任务分析】

机件是由棱柱、棱锥、圆柱、圆锥、圆球、圆环等基本形体，或带切口、切槽等结构不完整的基本形体所组成的组合体。为了正确表达机件，必须对基本形体和经过组合后的组合体，进行形体分析和投影分析。

按立体表面不同，基本体可分为平面立体和曲面立体两类。其中，平面立体是指表面均为平面的基本体，曲面立体是指表面由曲面或曲面和平面组成的基本体。

【知识储备】

由于平面立体的表面都是平面，因此绘制平面立体的三视图，就可归结为绘制各个表面（棱面）的投影的集合。由于平面图形由直线段组成，而每条线段都可由其两端点确定，因此作平面立体的三视图，又可归结为其各表面的交线（棱线）及各顶点的投影的集合。

在立体的三视图中，有些表面和表面的交线处于不可见位置，在图中用虚线表示。

熟记形体特征和视图特征，丰富其形象储备，是深入学习复杂图形三视图的识读与绘制的基础。

知识点 1　棱柱

一、棱柱的形体特征

棱柱一般是由顶面、底面和侧棱面组成的。棱柱有直棱柱和斜棱柱之分，这里仅介绍直棱柱。

直棱柱的顶面和底面是全等且互相平行的多边形，这两个多边形决定棱柱的形状，因此，顶面和底面称为特征面；直棱柱的矩形侧面、侧棱垂直于顶面和底面。

如图 2-21a 所示，正六棱柱的顶面、底面是全等且互相平行的正六边形，六个矩形侧面和六个侧棱都垂直于正六棱柱的顶面和底面。

二、棱柱投影分析

如图 2-21b 所示，正六棱柱的顶面和底面均为水平面，它们的水平面投影重合并反映实形。六个棱面中的前、后两个面为正平面，它们的正面投影反映实形，水平面投影及侧面投影分别积聚为直线；其余四个棱面均为铅垂面，它们的水平面投影均积聚为直线，正面投影和侧面投影均为类似形。

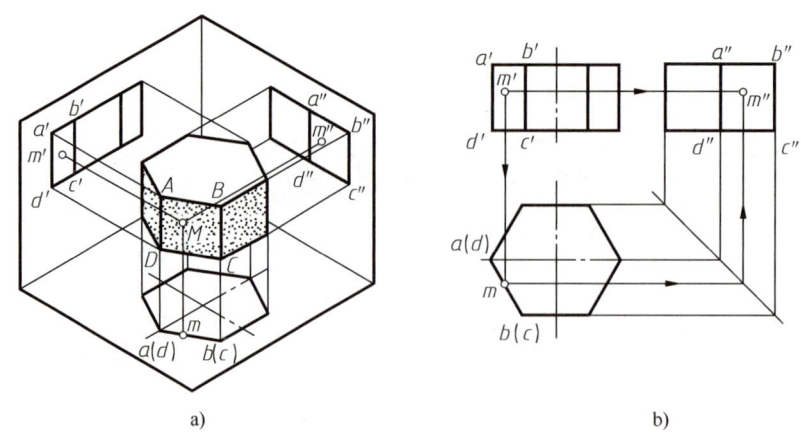

图 2-21 正六棱柱的投影及表面取点

三、棱柱三视图的特点及其作图步骤

棱柱三视图的特点如下。

1）特征面在与特征面平行的投影面上的投影为多边形，并反映特征面的实形。此多边形线框称为特征形线框，此视图称为特征视图。

2）另两个投影面上的投影均由一个或多个相邻的矩形组成，它们为一般视图。

棱柱三视图的作图步骤如下。

1）画特征视图（多边形）。

2）画另外两个一般视图（矩形）。

四、棱柱表面上点的投影

当点属于几何体的某个表面时，则该点的投影必在它所从属的表面的各同面投影范围内。若该表面的投影为可见，则该点的同面投影也可见，反之为不可见。

因此在求立体表面上点的投影时，应首先分析该点所在平面的投影特性，然后再根据点的投影规律求得。

如图 2-21b 所示，已知 m'，求 m 和 m'' 的方法如下。

按 m' 的位置和可见性，可判定点 M 属于六棱柱的左侧棱面。因点 M 所属的平面 $ABCD$ 为铅垂面，因此其水平面投影 m 必落在该平面有积聚性的水平投影 $abcd$ 上。再根据 m' 和 m 求出侧面投影。由于点 M 属于六棱柱的左侧面，该棱面的侧面投影可见，故 m'' 为可见。

五、棱柱的截交线

1. 截交线的概念

平面与立体表面的交线，称为截交线。截切立体的平面，称为截平面。

由于立体的形状和截平面的位置不同，因此截交线的形状也各不相同，但它们都具有以下两个基本性质。

1）截交线是一个封闭的平面图形。

2）截交线既在截平面上，又在立体表面上，所以截交线是截平面和立体表面的共有线，截交线上的点都是截平面与立体表面上的共有点。

2. 截交线的画法

根据截交线的性质，平面立体的截交线是一个封闭的平面多边形，它的顶点是截平面与平面立体的棱线的交点，它的边是截平面与平面立体表面的交线。因此，求平面立体截交线的投影实质上就是求截平面与平面立体各被截棱线的交点的投影。

例 1 求正六棱柱截交线的三面投影（图 2-22）

分析：截平面 P 为正垂面，它与正六棱柱的六条棱线和六个棱面都相交，故截交线是一个六边形。由于截平面 P 的正面投影积聚成一直线 P_V（截平面 P 与 V 面的交线），所以截平面 P 与正六棱柱各侧棱线的六个交点的正面投影 $1'$、$2'$、$3'$、$4'$、$5'$、$6'$ 都在 P_V 上，即截交线的正面投影是已知的，故只需求出截交线的水平投影和侧面投影。

求正六棱柱截交线的作图方法见表 2-10。

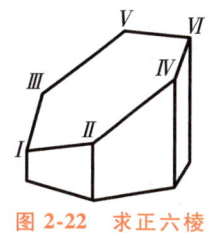

图 2-22 求正六棱柱截交线

表 2-10 求正六棱柱截交线的作图方法

序号	操作要点	图示
1	画出正六棱柱的三视图	
2	利用截平面的积聚性投影，找出截交线各顶点的正面投影 $1'$、$2'$、$3'$、$4'$、$5'$、$6'$	
3	根据直线上点的投影特性，求出各顶点的水平面投影 1、2……及侧面投影 $1''$、$2''$……	

(续)

序号	操作要点	图示
4	依次连接各顶点的同面投影，即为截交线的水平面投影和侧面投影（均为六边形的类似形）	
5	考虑形体其他轮廓线投影的可见性问题，直至完成三视图，检查，描粗 尺寸标注：截断体除了注出基本形体的尺寸外，还应注出截平面的位置尺寸	

知识点 2　棱锥

一、棱锥的三视图

图 2-23a 所示为正三棱锥的投射情况。棱锥由底面 △ABC 以及三个相等的棱面 △SAB、△SBC 和 △SAC 所组成。底面为水平面，其水平面投影反映实形，正面和侧面投影积聚为一直线。棱面 △SAC 为侧垂面，因此侧面投影积聚为一直线，水平面投影和正面投影都是类似形。棱面 △SAB 和 △SBC 为一般位置平面，它们的三面投影均为类似形。棱线 SB 为侧平线，棱线 SA、SC 为一般位置直线，棱线 AC 为侧垂线，棱线 AB、BC 为水平线。

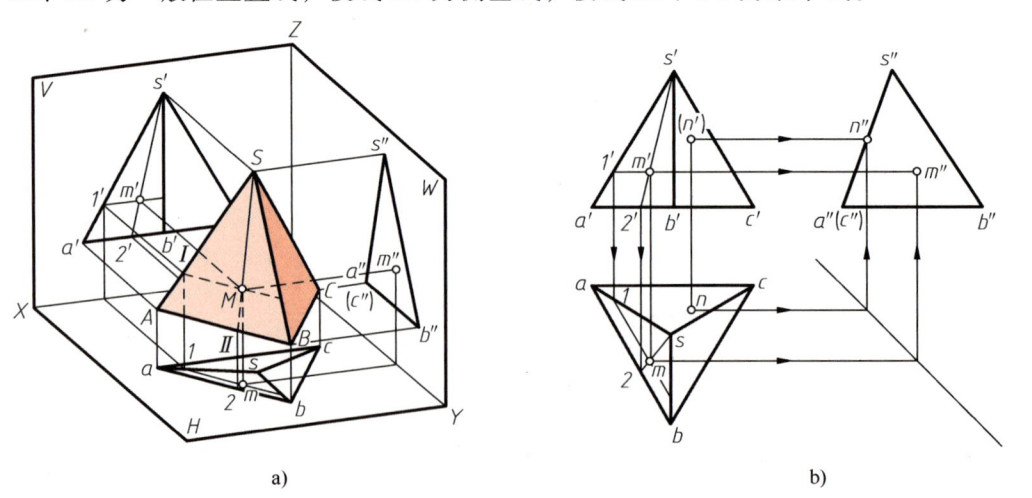

图 2-23　正三棱锥的投影及表面取点

画正三棱锥的三视图时，先画出底面△ABC的各个投影，再画出锥顶S的各个投影，连接各顶点的同面投影，即为正三棱锥的三视图，如图2-23b所示。

二、棱锥体表面上的点

正三棱锥的表面有特殊位置平面，也有一般位置平面。属于特殊位置平面的点的投影，可利用该平面投影的积聚性直接作图。属于一般位置平面的点的投影，可通过在平面上作辅助线的方法求得。

如图2-23b所示，已知棱面△SAB上点M的正面投影m′和棱面△SAC上点N的水平面投影n，试求点M、N的其他投影。因棱面△SAC是侧垂面，它的侧面投影s″a″(c″)具有积聚性，因此n″在直线s″a″(c″)上，再由n和n″求得n′。棱面△SAB是一般位置平面，过锥顶S及点M作一辅助线SⅡ（图2-23b中即过m′作s′2′，其水平投影为s2，然后根据直线上的点的投影特性，求出其水平面投影m，再由m′、m求出侧面投影m″。若过点M作一水平辅助线ⅠM，同样可求得点M的其余两投影。

三、正棱锥体形体特征

正棱锥体的形体由一个正多边形底面和若干个具有公共顶点的等腰三角形侧面所组成，且锥顶位于过底面中心的垂直线上。其三视图的特征是：一个视图的外形轮廓为正多边形，其他两视图的外形轮廓均为三角形线框。

四、棱台

棱锥体被平行于底面的平面截去其上部，所剩的部分称为棱锥台，简称棱台，如图2-24所示。其三视图的形体特征是：一个视图的内、外轮廓为两个相似的正多边形（分别反映两个底面的实形），其他两个视图的外形轮廓均为梯形线框。

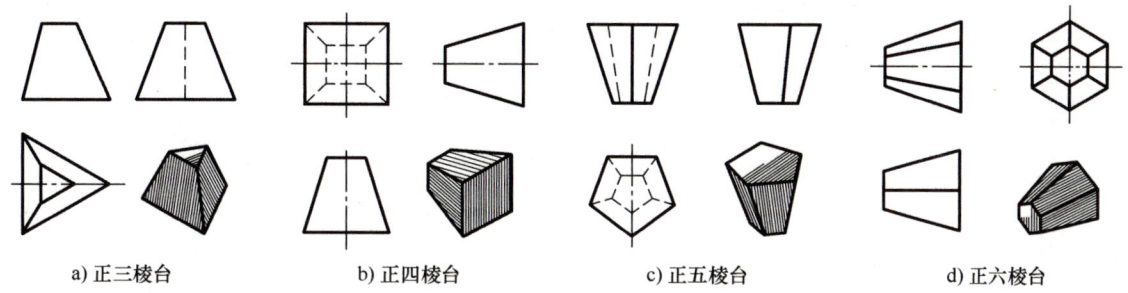

a) 正三棱台　　b) 正四棱台　　c) 正五棱台　　d) 正六棱台

图 2-24　棱锥台及其三视图

五、棱锥体的截交线

例 2　如图2-25所示，已知带切口正三棱锥的正面投影，求其另两面投影。

分析： 该正三棱锥的切口是由两个相交的截平面切割而形成的。两个截平面中，一个是水平面，一个是正垂面，它们都垂直于正面，因此切口的正面投影具有积聚性。水平截面与三棱锥的底面平行，因此它与棱面△SAB和△SAC的交线DE、DF必分别平行于底边AB和AC，水平截面的侧面投影积聚成一条直线。正垂截面分别与棱面△SAB和△SAC交于直线GE、GF。由于两个截平面都垂直于正面，所以两截平面的交线一定是正垂线，作出以

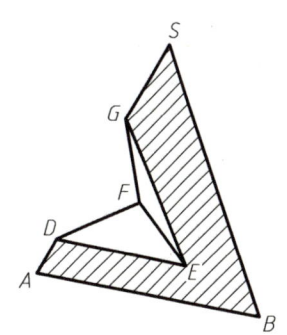

图 2-25　带切口正三棱锥

上交线的投影即可得出所求投影。

带切口正三棱锥三视图投影的作图步骤见表 2-11。

表 2-11　带切口正三棱锥三视图投影的作图步骤

序号	操作要点	图示
1	画出正三棱锥的三视图	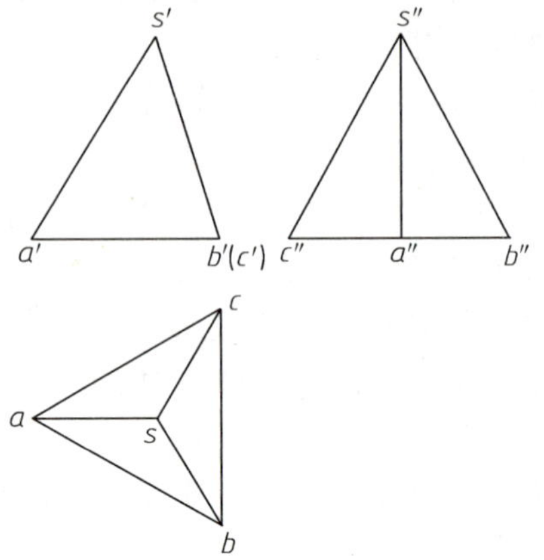
2	利用截平面 △DEF 和 △EFG 的积聚性投影，找出截交线各顶点的正面投影 d'、e'、f'、g'	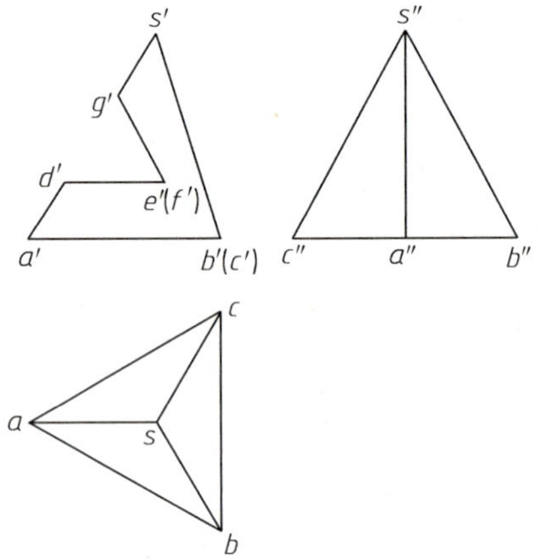
3	根据直线上点的投影特性，先求出各顶点的水平面投影 d、e、f 和侧面投影 d''、e''、f''	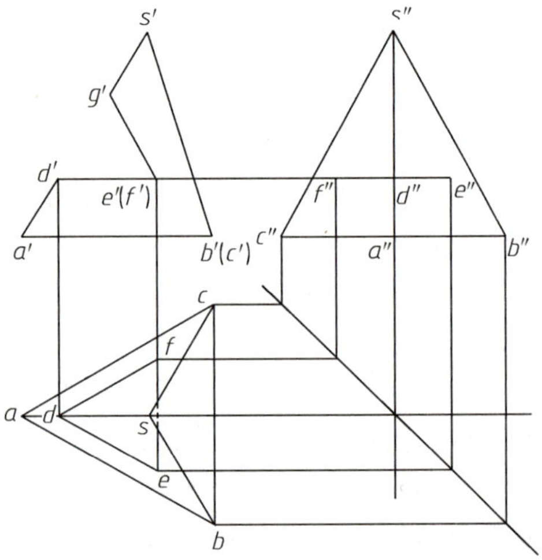

(续)

序号	操作要点	图示
4	利用截平面△EFG的积聚性投影和根据直线上点的投影特性,求出各顶点的水平投影 e、f、g 及侧面投影 e″、f″、g″	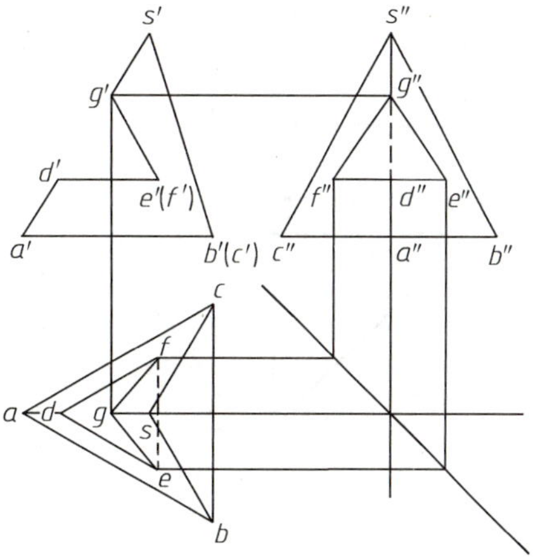
5	考虑形体其他轮廓线投影的可见性问题,直至完成三视图,检查,描粗	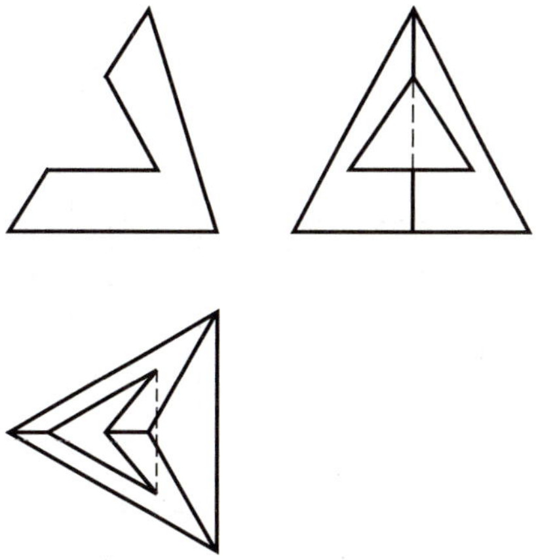

知识点 3　平面立体的尺寸标注

一、几何体的尺寸标注

平面立体一般标注长、宽、高三个方向的尺寸。棱柱和棱锥应标注确定底面大小的尺寸及高度尺寸;棱台应标注确定上下底面大小的尺寸及高度尺寸。为了便于读图,确定底面形状的两个方向尺寸,一般应集中标注在反映实形的视图(即特征视图)上,如图 2-26 所示。其中,标注正方形的尺寸时可在边长尺寸数字前加注"□"符号;正棱柱、正棱锥也可标注其底的外接圆直径和高。

二、带切口、凹槽几何体的尺寸注法

如图 2-27 所示,除了标注几何体长、宽、高三个方向的尺寸,还应标注切口的位置尺寸或凹槽的定形尺寸和定位尺寸。

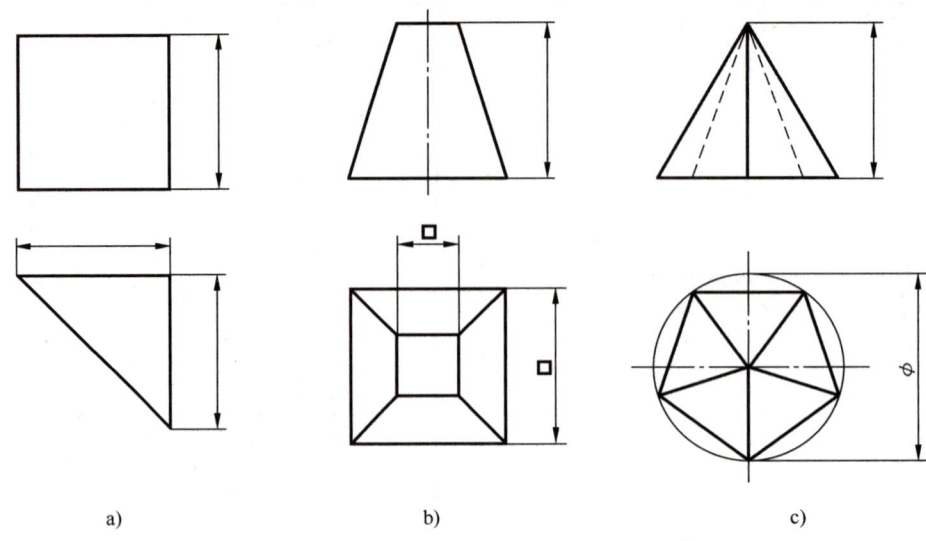

图 2-26　棱柱、棱台、棱锥的尺寸标注

三、截断体的尺寸标注

如图 2-28 所示，截断体除了注出基本形体的尺寸，还应注出截平面的位置尺寸。

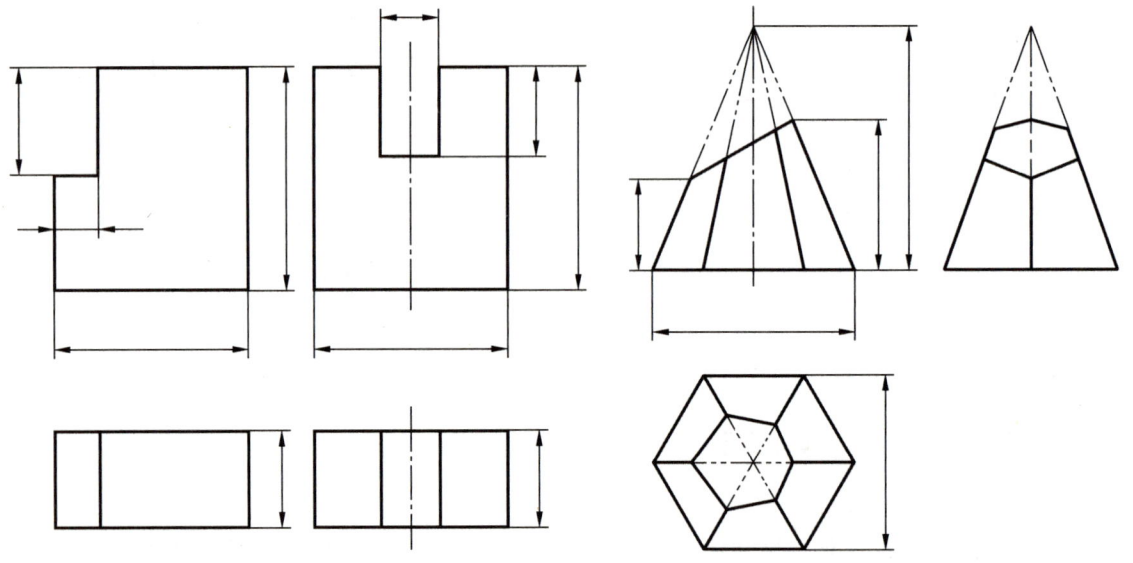

图 2-27　带切口、凹槽几何体的尺寸注法　　　图 2-28　截断体的尺寸标注

【任务实施】

一、绘制燕尾槽座的三视图

绘制图 2-20 所示燕尾槽座的轴测图，具体绘制过程见表 2-12。

表 2-12　燕尾槽座三视图绘制过程

序号	绘制要点	图示
1	绘制长方体的三视图	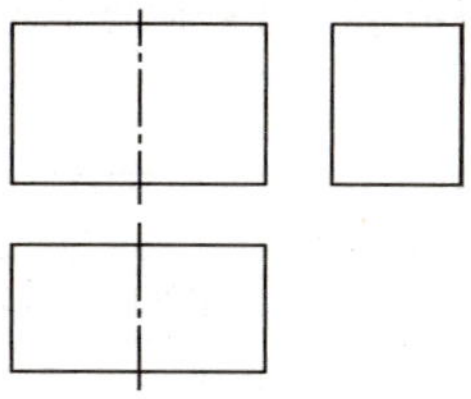
2	分析燕尾槽得知主视图是其特征视图,先绘制燕尾槽的正面投影	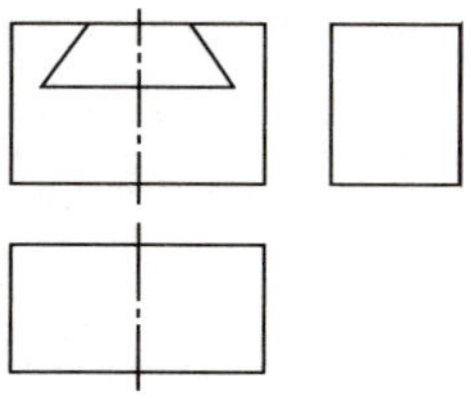
3	根据长对正,绘制燕尾槽的水平面投影图	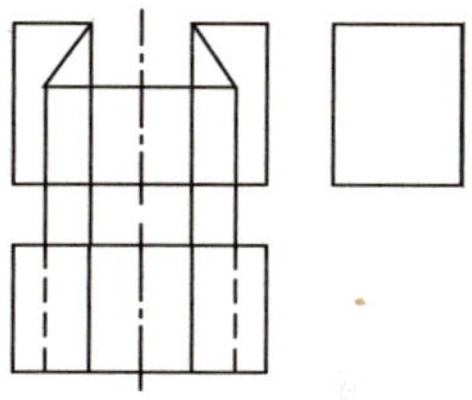
4	根据高平齐,绘制燕尾槽的侧面投影图	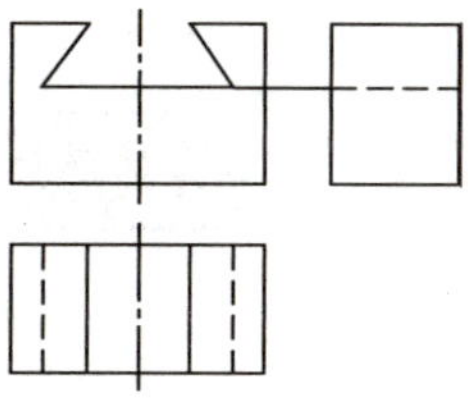
5	检查校对图形,加粗,标注尺寸,除了标注几何体长、宽、高三个方向的尺寸,还应标注切口的位置尺寸或凹槽的定形尺寸和定位尺寸	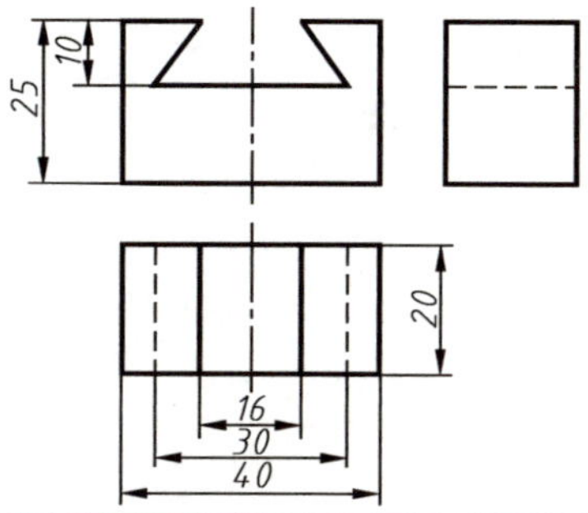

二、回答下列问题

（1）如何在坐标系中摆放燕尾槽座并进行投影？

（2）绘制燕尾槽座三视图过程中,应遵循哪些原则？

【任务评价】

请完成表 2-13 中的学习评价。

表 2-13 任务 3 学习评价检查项目表

序号	检查项目	评分标准	结果评估	自评分
1	能否将燕尾槽座摆放在方便作图的位置	20		
2	能否正确运用点、线的投影规律	20		
3	燕尾槽座三视图位置布置是否得当	20		
4	三视图绘制是否正确；线型是否标准	15		
5	对自己的空间想象能力及图形绘制能力是否满意	15		
6	在绘制图形过程中，是否遇到了问题；在解决问题过程中是否提升了查阅资料、沟通交流的能力	10		

【总结回顾】

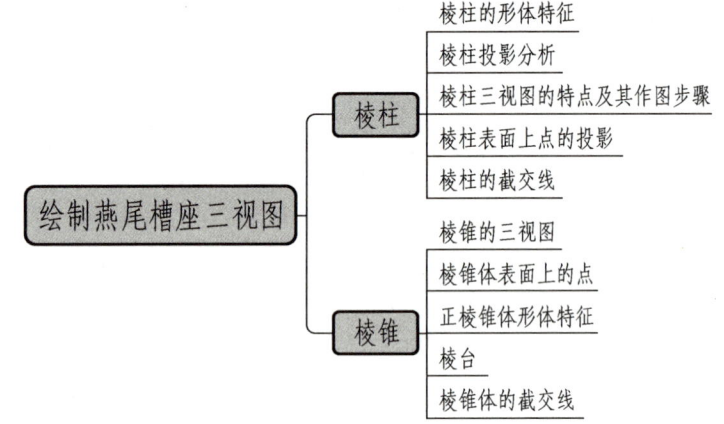

项目3　曲面立体的投影

任务1　绘制联轴器十字节三视图

【任务目标】

【知识目标】
（1）掌握圆柱体的三视图及标注方法。
（2）掌握圆柱体被截切后的投影及尺寸标注。

【能力目标】
（1）能绘制圆柱的三视图并正确标注尺寸。
（2）能绘制圆柱表面上点的三面投影。
（3）能绘制圆柱切割体的三视图并正确标注尺寸。

【素质目标】
（1）养成相互沟通的团队协作精神。
（2）具有科学严谨、一丝不苟的工作作风。

【任务描述】

联轴器是用来连接不同机构中的两根轴（主动轴和从动轴），使之共同旋转以传递转矩的机械零件。图3-1所示的联轴器十字节是联轴器中的重要零件，也是圆柱体切割的典型案例。根据所学知识，正确绘制联轴器十字节的三视图并进行尺寸标注。

【任务分析】

由一条母线（直线或曲线）围绕轴线回转而形成的表面，称为回转面；由回转面或回转面与平面所围成的立体，称为回转体。

圆柱、圆锥、球等都是回转体，它们的画法和回转面的形成条件有关，下面分别介绍。画回转体的三视图时，轴线的投影用细点画线绘制，圆的中心线用相互垂直的细点画线绘制，其交点为圆心。所画的细点画线均应超出轮廓线3~5mm。

通过绘制联轴器十字节的三视图，在熟悉圆柱体三视图绘制和尺寸标注的基础上，熟练

a) 联轴器

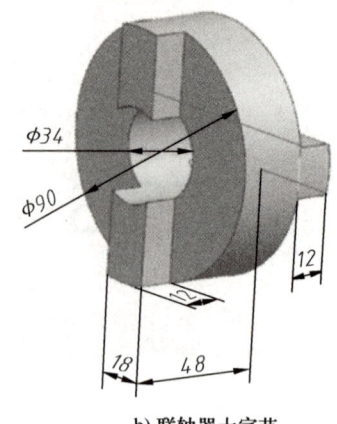
b) 联轴器十字节

图 3-1　联轴器及十字节

完成圆柱表面上点的三面投影绘制，绘制圆柱切割体的三视图并正确标注尺寸。

【知识储备】

知识点 1　圆柱体

一、圆柱体的形成

如图 3-2 所示，圆柱面可看作一条直线 AA_1 围绕与它平行的轴线 OO_1 回转而成。OO_1 称为回转轴，直线 AA_1 称为母线，母线转至任一位置时，称为素线。

圆柱体的表面由圆柱面和上、下底圆平面所围成。

二、圆柱体的三视图

图 3-3 所示为圆柱体的投射情况及三视图。由于圆柱轴线为铅垂线，圆柱面上的所有素线都是铅垂线，所以其水平面投影积聚成一个圆。圆柱体的上、下两底圆均平行于水平面，其水平面投影反映实形，为与圆柱面水平投影重合的圆。

主视图的矩形表示圆柱面的投影，其上、下两边分别为上、下底面的积聚性投影；左、右两边分别为圆柱面最左、最右素线的投影，这两条素线的水平投影积聚成两个点，其侧面投影与轴线的侧面投影重合。最左、最右素线将圆柱面分为前、后两半，是圆柱面由前向后的转向线，也是圆柱面在正面投影中可见与不可见部分的分界线。可对左视图的矩形线框进行与主视图的矩形线框类似的分析。

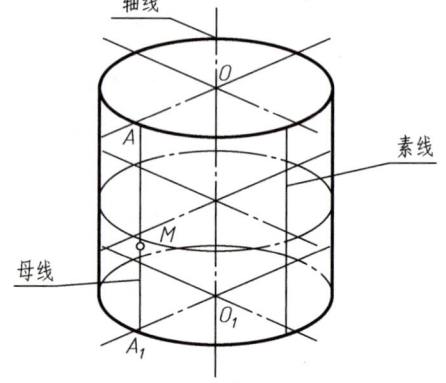

图 3-2　圆柱体的形成图

圆柱的形体特征：圆柱由两个相等的圆底面和一个与其垂直的圆柱面所围成；其三视图的特征是：一个视图为圆，其他两个视图均为相等的矩形线框。

画圆柱体的三视图时，先用细点画线画出轴线的投影和圆的两条中心线，再画出圆柱面有积聚性的投影（圆），最后根据圆柱体的高度和投影规律画出其他两视图。

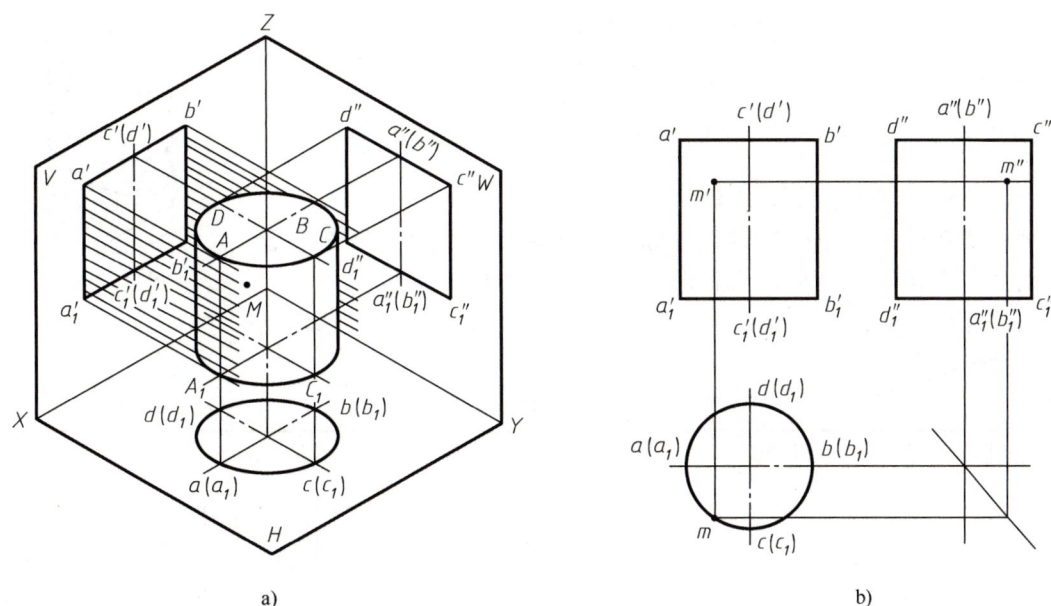

图 3-3 圆柱体的三视图

三、圆柱体表面上的点

如图 3-3b 所示，已知圆柱面上点 M 的正面投影 m'，求 m 和 m''。由于圆柱的轴线为铅垂线，圆柱面上所有素线均是平行于轴线的铅垂线，圆柱面的水平面投影积聚成一个圆，所以点 M 的水平面投影一定重影在圆周上。据此，作图时应先求出 m，再由 m 和 m' 求出 m''。因点 M 位于圆柱的侧前面，所以其水平面投影 m 为可见。

四、圆柱切割体的三视图绘制

根据截交线的性质，圆柱体被截平面切割后产生的交线因截平面与圆柱轴线的相对位置不同而不同，圆柱体的截交线见表 3-1。

表 3-1 圆柱体的截交线

截平面位置	与轴线平行	与轴线垂直	与轴线倾斜
截交线形状	矩形	圆	椭圆
轴测图			
投影图			

例 1 已知圆柱切割体的轴测图（图 3-4）求作其三视图。圆柱切割体三视图的绘制过程见表 3-2。

知识点 2 　 圆柱体的尺寸标注

一、圆柱体的尺寸标注规定

圆柱体在进行尺寸标注时，应标注直径和高度尺寸，并在直径数字前加注直径符号"ϕ"。直径尺寸一般标注在非圆视图上。

当尺寸集中标注在一个非圆视图上时，一个视图即可表达清楚圆柱体的形状和大小。

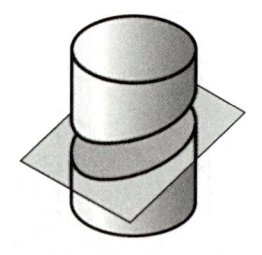

图 3-4　圆柱切割体

表 3-2　圆柱切割体三视图绘制过程

序号	操作要点	图示
1	先画出完整圆柱的三视图	
2	求特殊点：根据圆柱的积聚性投影 1、2、3、4 和 V 面投影 1'、2'、3'、4'，求出四个特殊位置点的侧面投影 1″、2″、3″、4″	
3	求一般点：在 Ⅱ、Ⅲ 点之间作辅助水平面，与截平面交于 Ⅵ、Ⅶ 两点，求出 6'、7'，同理在 Ⅰ、Ⅱ 之间作辅助水平面，与截平面交于 Ⅴ、Ⅷ 两点，求出 5'、8'，再求得 5、6、7、8，得侧面投影 5″、6″、7″、8″，光滑顺序连接各点，擦掉切去的部分，得到三视图	
4	检查、描粗	

二、圆柱截断体尺寸标注

对于带切口的圆柱体，除了标注圆柱体的尺寸，还要注出确定截平面位置的尺寸，但注意尺寸不应标注在切口交线处。图3-5中画"×"的尺寸为多余尺寸。

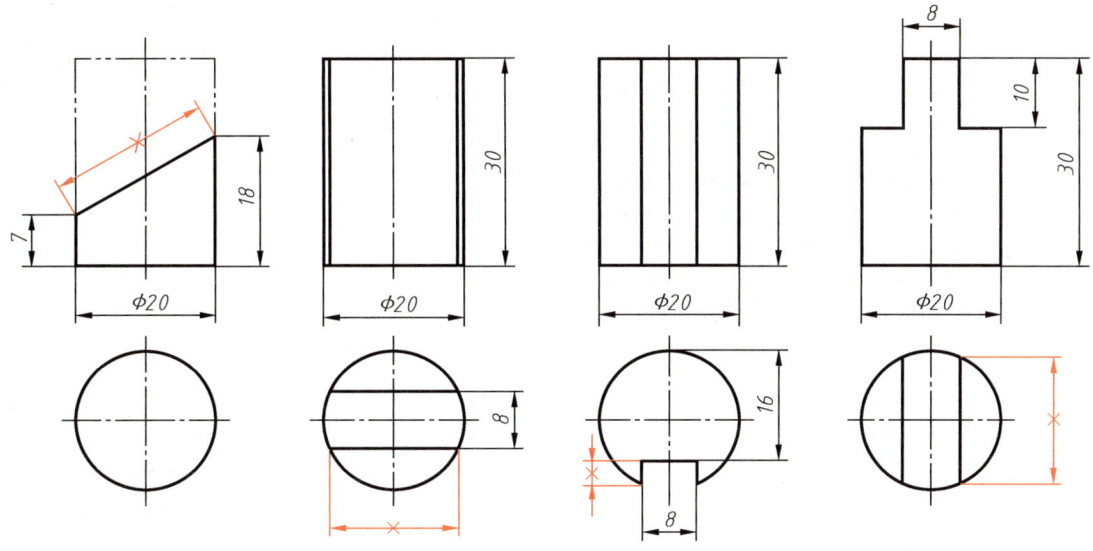

图 3-5　圆柱截断体尺寸标注

【任务实施】

绘制联轴器十字节三视图的步骤见表3-3。

表 3-3　绘制联轴器十字节三视图的步骤

序号	绘制要点	图示
1	绘制圆柱体的三视图 根据联轴器十字节的工作位置，正确选择主视图方向，先用细点画线画出轴线和对称中心线，然后绘制三视图	

（续）

序号	绘制要点	图示
2	截平面的投影分析 联轴器十字节左侧可以看成是被对称的两个侧平面和正平面切割，然后中间被同轴圆孔穿过。两个正平面平行于轴线切割圆柱体，截交线为矩形，左视图和俯视图上的投影具有积聚性，积聚为直线，在主视图上的投影反映实形，但被直径较大的圆孔截断为两个小矩形，注意圆孔和矩形截交线相交的位置（主、左视图上的辅助线）	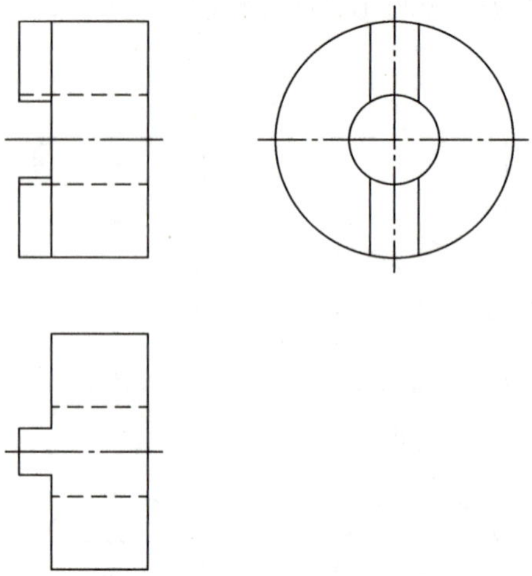
3	两个侧平面垂直于圆柱轴线切割圆柱体，因未左右割通，截交线由一段圆弧和一条直线组成，在左视图上的投影反映实形，中间部分被圆孔切割，在主、俯视图上的投影具有积聚性，积聚为直线 联轴器十字节的左右两侧的切割情况相同，右侧相对于左侧进行90°旋转，在此只分析左侧，右侧参考左侧自行分析	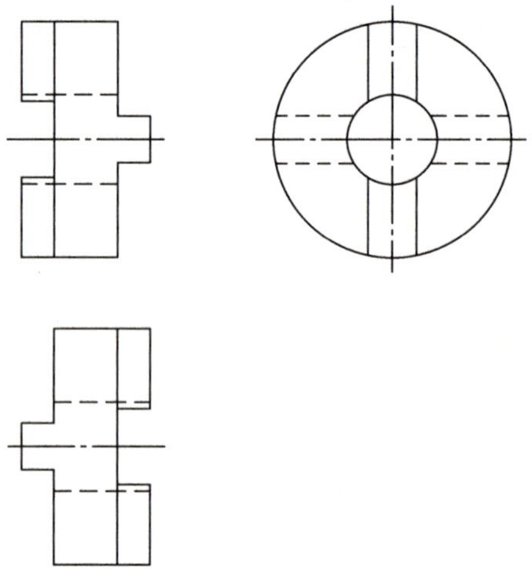
4	全面检查，加粗轮廓线，并标注尺寸，除了标注几何体长、宽、高三个方向的尺寸，还应标注切口的位置尺寸或凹槽的定形尺寸和定位尺寸 注意小尺寸在内，大尺寸在外	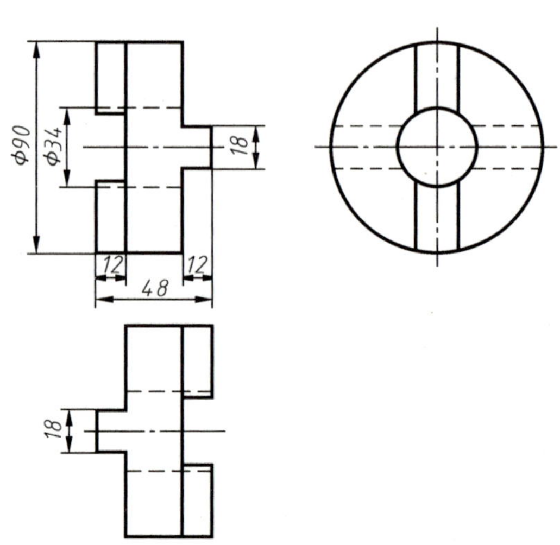 $\phi90$ $\phi34$ 18 12 12 48 18

【任务评价】

请完成表3-4中的学习评价。

表3-4 任务3学习评价检查项目表

序号	检查项目	评分标准	结果评估	自评分
1	能否将圆柱摆放在方便作图的位置	20		
2	能否正确运用点、线的投影规律	20		
3	联轴器十字节三视图位置布置是否得当	20		
4	三视图绘制是否正确；线型是否标准	15		
5	对自己的空间想象能力及图形绘制能力是否满意	15		
6	在绘制图形过程中,是否遇到了问题；在解决问题过程中是否提升了查阅资料、沟通交流的能力	10		

【总结回顾】

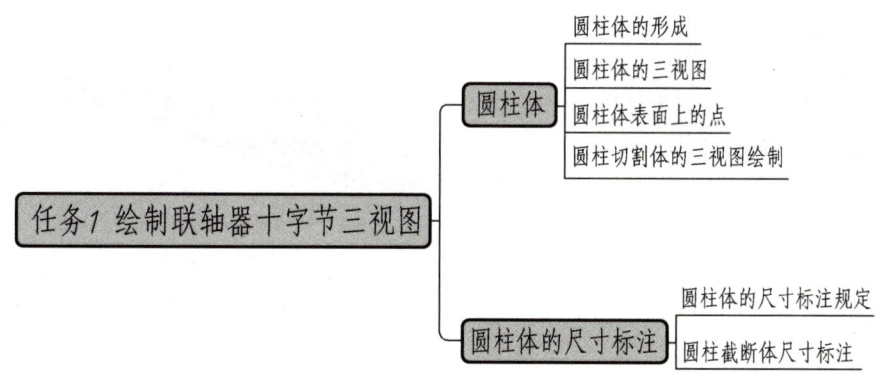

任务2　绘制顶尖三视图

【任务目标】

【知识目标】
（1）掌握圆锥体三视图的绘制及尺寸标注。
（2）掌握圆锥体被不同位置平面切割后的截交线形状规律。
（3）掌握圆锥切割体的尺寸标注方法。

【能力目标】
（1）能够熟练绘制圆锥体的三视图并进行尺寸标注。
（2）能够熟练完成圆锥体的表面取点。
（3）能够绘制圆锥切割体的三视图。
（4）能够正确对圆锥切割体进行尺寸标注。

【素质目标】
(1) 养成相互沟通的团队协作精神。
(2) 具有科学严谨、一丝不苟的工作作风。

【任务描述】

可调顶尖座是一种用于机械加工中的装置，可以在加工过程中控制工件的位置和角度。加工时，控制系统会根据工件的形状要求，通过液压或气压调整顶尖机构的位置和角度，使顶尖与工件接触。工件随着机床主轴旋转，顶尖机构也会跟随工件表面的变化而进行相应的前后和旋转运动，从而实现对工件形状的加工。

可调顶尖座主要由底座、顶尖、顶尖套、升降螺杆等零件组成。图 3-6b 所示的顶尖，是可调顶尖座的重要零件，顶尖的前端是圆锥切割体的典型结构。根据所学知识，正确绘制顶尖的三视图并标注尺寸。

a) 可调顶尖座

b) 顶尖

图 3-6　可调顶尖座及顶尖

【任务分析】

通过对顶尖零件三视图的绘制，在熟悉圆锥体三视图绘制和尺寸标注的基础上，能熟练完成圆锥体表面点的三面投影，绘制圆锥切割体的三视图并正确标注尺寸。

【知识储备】

知识点 1　圆锥体

一、圆锥体的形成

如图 3-7 所示，圆锥面可看作是一条直母线 SA 围绕和它相交的轴线 OO_1 回转而成。圆锥体的表面由圆锥面和一个垂直于轴线的底圆平面所围成。

二、圆锥体的三视图

图 3-8 所示为一圆锥体的投射情况及其三视图。由于圆锥轴线为铅垂线，底面为水平面，所以它的水平投影为一圆，反

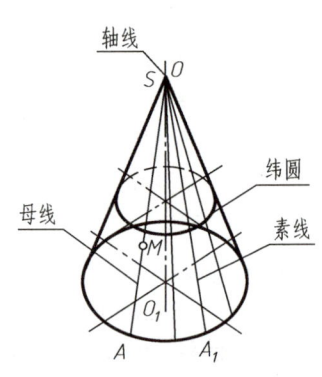

图 3-7　圆锥体的形成

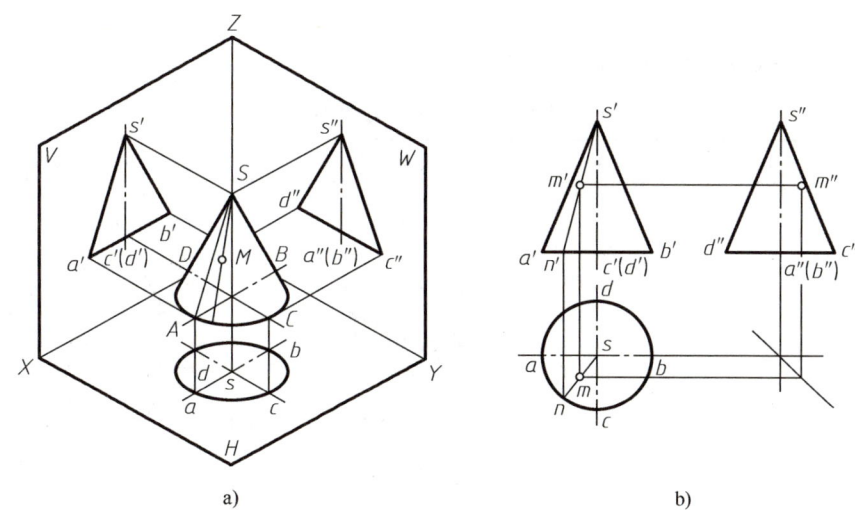

a)   b)

图 3-8 圆锥体的三视图

映底面的实形，同时也表示圆锥面的投影。

主视图、左视图均为等腰三角形，其下边均为圆锥底面的积聚性投影。主视图中三角形的左、右两边，分别表示圆锥面最左、最右素线的投影（反映实长），它们是圆锥面的正面投影中可见与不可见的分界线；左视图中三角形的两边，分别表示圆锥面最前、最后素线的投影（反映实长），它们是圆锥面的侧面投影中可见与不可见的分界线。

圆锥的形体特征是：由一个圆底面和一个锥顶位于与底面相垂直的中心轴线上的圆锥面所围成。其三视图的特征是：一个视图为圆，其他两视图均为相等的等腰三角形。

画圆锥体的三视图时，应先依次画出轴线的投影、圆的中心线、底圆及顶点的各投影，再画出四条特殊位置素线的投影。

三、圆锥体表面上的点

如图 3-8b 所示，已知圆锥体表面上点 M 的正面投影 m'，求 m 和 m''。根据点 M 的位置和可见性，可判定点 M 在前、左圆锥面上，因此，点 M 的三面投影均为可见。

作图可采用如下两种方法。

1. 辅助素线法

如图 3-8b 所示，过锥顶 S 和点 M 作一辅助素线，即连接 $s'm'$，并延长到与底面的正面投影相交于 n'，进而求得 sn，再根据点在线上的投影规律由 m' 求出 m，最后由 m' 和 m 求出 m''。

2. 辅助圆法

如图 3-9 所示，过点 M 在圆锥面上作垂直于圆锥轴线的水平辅助圆，该圆的正面投影积聚为一直线，即过 m' 所作的 $2'3'$，其水平面投影为一直径等于 $\overline{23}$ 的圆。由于点 M 的投影应在辅助圆的同面投影上，即可由 m' 求得 m，再由 m' 和 m 求得 m''。

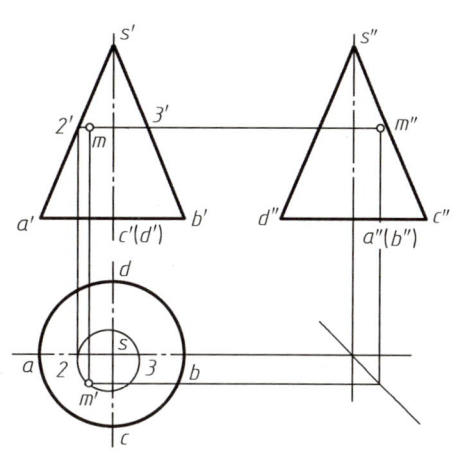

图 3-9 圆锥体表面上的点的求法

四、圆锥切割体的三视图绘制

圆锥体的截交线有五种情况，见表 3-5。

表 3-5　圆锥体的截交线

截平面位置	截交线形状	轴测图	投影图
垂直于轴线	圆		
倾斜于轴线	椭圆		
平行于一条素线	抛物线		
平行于两条素线（平行于轴线）	双曲线		
过锥顶	两相交直线		

五、圆锥体截交线的画法

例 2 求正平面截切圆锥的截交线的投影。

正平面截切圆锥体的截交线作图步骤见表 3-6。

表 3-6　正平面截切圆锥体的截交线作图步骤

序号	绘制要点	图示
1	**分析**：因为截平面为正平面，与圆锥的轴线平行，所以截交线为一以直线封闭的双曲线。其水平面投影和侧面投影分别积聚为一直线，只需求出正面投影	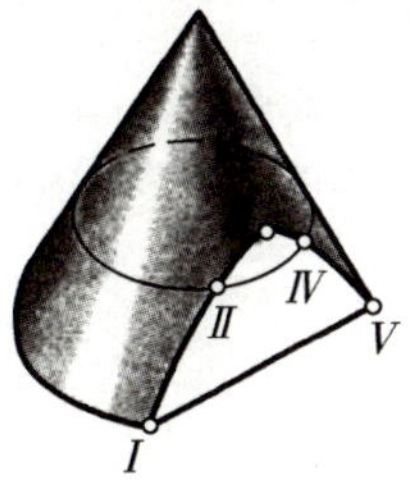
2	绘制圆锥体的三视图	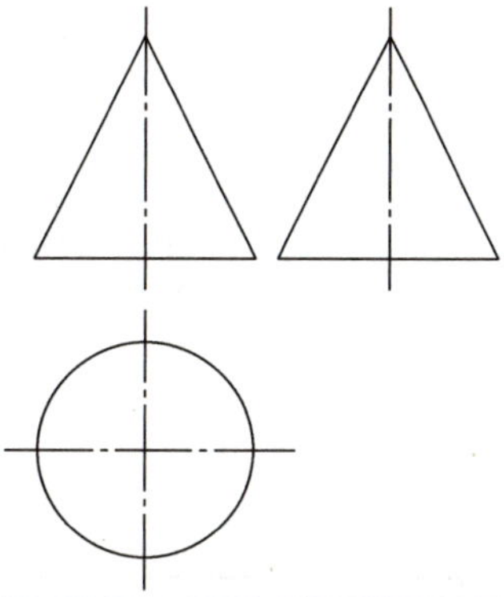
3	求特殊点：点Ⅲ为最高点，它在最前素线上，故根据3″可直接作出 3 和 3′	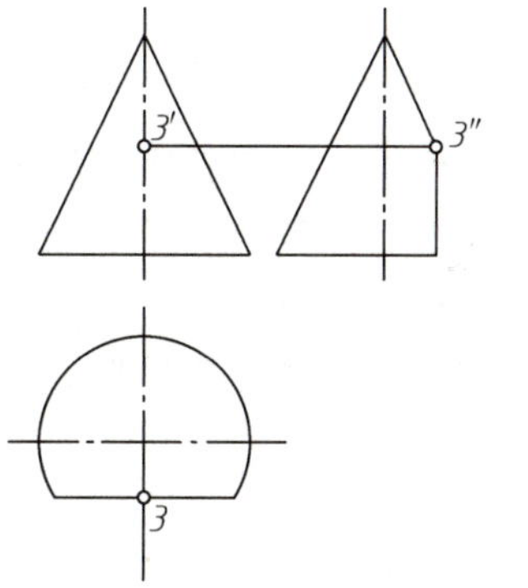
4	点Ⅰ、Ⅴ为最低点，也是最左、最右点，其水平投影 1、5 在底圆的水平面投影上，据此可求出 1′、5′ 及 1″、5″	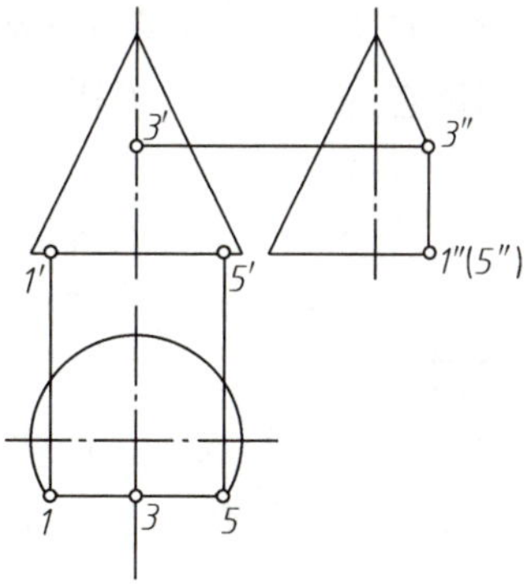

(续)

序号	绘制要点	图示
5	求一般点:可利用辅助圆法(也可用辅助素线法),即在正面投影 3′与 1′、5′之间画一条与圆锥轴线垂直的水平线,与圆锥最左、最右素线的投影相交,以两交点之间的距离为直径,在水平面投影中画一圆,它与截交线的积聚性投影(直线)相交于 2 和 4,据此求出 2′、4′	
6	依次将 1′、2′、3′、4′、5′连成光滑的曲线,即为截交线的正面投影,检查、描粗	

知识点 2　圆台

圆锥体被平行于其底面的平面截去其上部,所剩的部分称为圆锥台,简称圆台。圆台及其三视图如图 3-10 所示,其三视图的特征是:一个视图为两个同心圆,其他两个视图均为相等的等腰梯形。

知识点 3　圆球

一、圆球的形成

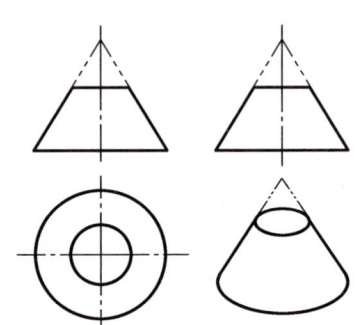

图 3-10　圆台的投影和立体图

如图 3-11 所示,圆球由圆球面围成。球面可看作一圆母线围绕它的直径回转而成(球体的任何直径都可视为回转轴线)。

二、圆球的三视图

图 3-11 所示为圆球的立体图及其三视图。三视图都是与球直径相等的圆,均表示球面的投影。球的各个投影虽然都是圆,但各个圆的意义却不相同。

主视图中的圆是平行于 V 面的圆素线 B(前、后半球的分界线,球面正面投影的可见与不可见的分界线)的投影;按此进行类似分析,俯视图中的圆,是平行于 H 面的圆素线 A 的投影;左视图中的圆,是平行于 W 面的圆素线 C 的投影。这三条圆素线的其他两面投影,都与圆的相应中心线重合。

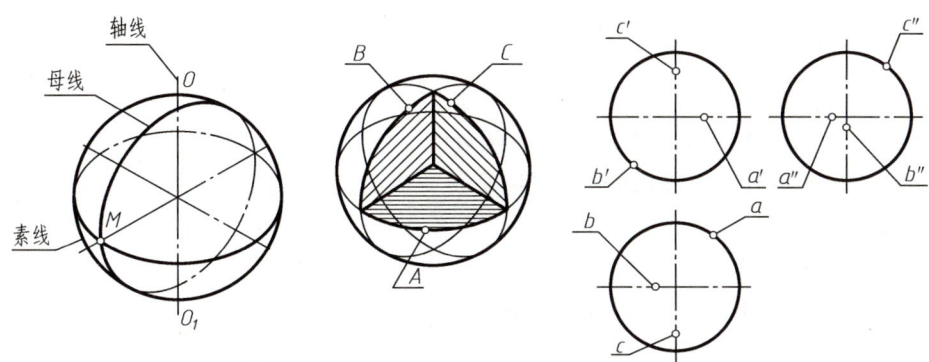

图 3-11 圆球的立体图和三视图

三、圆球表面上的点

如图 3-12a 所示,已知圆球面上点 M 的水平面投影 m,求其他两面投影。根据点 M 的位置和可见性,可判定点 M 在前半球的左上部分,因此点 M 的三面投影均为可见。

如图 3-12b 所示,作图应采用辅助圆法。即过点 M 在球面上作一平行于正面的辅助圆(也可作平行于水平面或侧面的圆)。因点在辅助圆上,故点的投影必在辅助圆的同面投影上。

作图时,先在水平面投影中过 m 作 ef//OX,ef 为辅助圆在水平面上的积聚性投影,再画正面投影为直径等于 ef 的圆,由 m 作 OX 轴的垂线,其与辅助圆正面投影的交点(因 m 可见,应取上面的交点)即为 m′,再由 m、m′求得 m″。

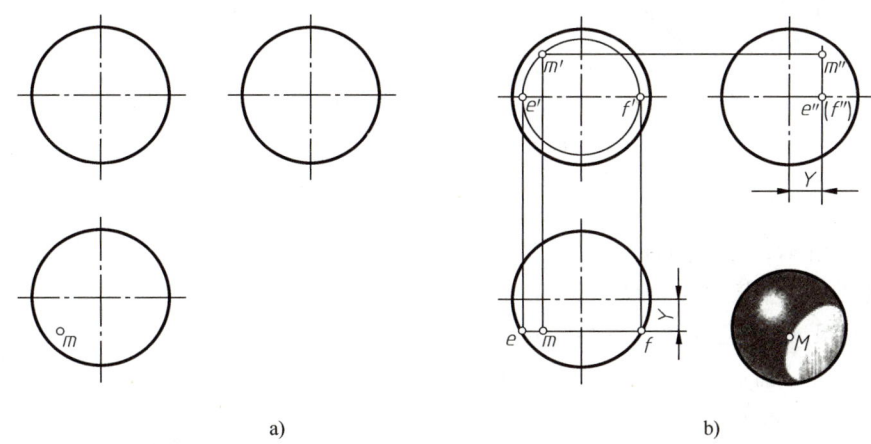

图 3-12 圆球表面上的点

四、圆球的截交线画法

圆球被任意方向的平面截切,其截交线都是圆。当截平面为投影面平行面时,截交线在所平行的投影面上的投影为一圆,其余两面投影积聚为直线,如图 3-13 所示。该直线的长度等于圆的直径,直径的大小与截平面至球心的距离有关。

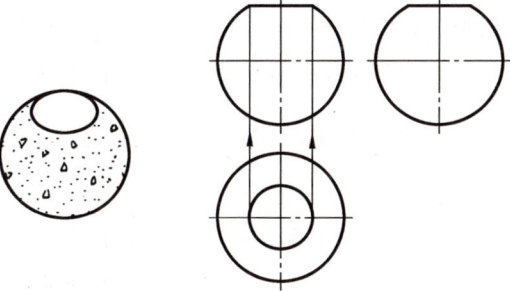

图 3-13 平行于投影面的平面截切圆球

知识点 4　圆环

一、圆环体的形成

如图 3-14a 所示，圆环体可看成是由一圆母线，绕着与圆平面共面但不通过圆心的轴线旋转而成的。圆环体的内、外环面是由圆弧旋转而成的。

二、圆环的三视图

如图 3-14b 所示，圆环体轴线垂直于 V 面，正面投影中的两个同心圆是前半圆环体和后半圆环体的分界线（圆环体最大圆和最小圆）的投影，也是圆环体的正面轮廓线；细点画线圆表示母线圆中心运动轨迹。

在水平面投影中，两个小圆是圆环体最左、最右素线圆的水平面投影，由于内环面从上往下看为不可见，所以靠近轴线的两个半圆用虚线表示；与两个小圆相切的轮廓线，是内、外环面分界圆的投影。

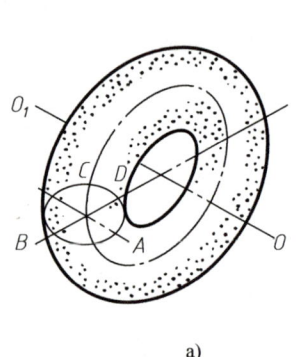
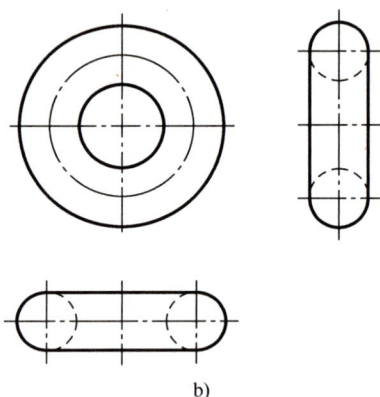

图 3-14　圆环体的投影

三、圆环表面上的点

如图 3-15 所示，已知圆环面上点 M 的正面投影 m'（可见），求其他两面投影。

分析：根据 m' 的位置和可见性，可判定点 M 在外环面的左、前、上方，所以水平面投影 m 应在左前方，是可见的。

具体作图时，可应用辅助圆法，即过 m' 作水平线，该水平线即为辅助圆的正面投影。据此作出辅助圆的水平面投影，由 m' 作 OX 轴的垂线与辅助圆的交点即为 m，再由 m'、m 求得 m''。

图 3-15　圆环表面上的点

知识点 5　曲面立体的尺寸标注

一、基本体的尺寸标注

圆锥、圆台、圆环在进行尺寸标注时，应标注圆的直径和高度尺寸，并在直径数字前加注直径符号"ϕ"。直径尺寸一般标注在非圆视图上。当尺寸集中标注在一个非圆视图上时，一个视图即可表达清楚圆柱体的形状和大小，如图 3-16 所示。

在标注圆球体尺寸时，在直径数字前加注球直径符号"Sϕ"或球半径符号"SR"。

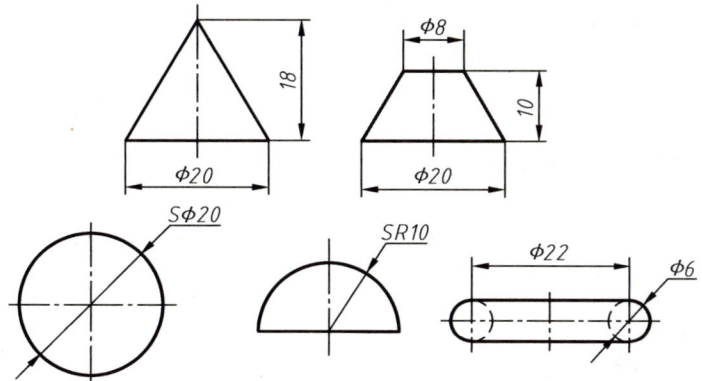

图 3-16　基本体的尺寸标注

二、截断体的尺寸标注

对于带切口的几何体，除了标注几何体尺寸，还要注出确定截平面位置的尺寸，但注意尺寸不应标注在切口交线处。图 3-17 中画"×"的尺寸为多余尺寸。

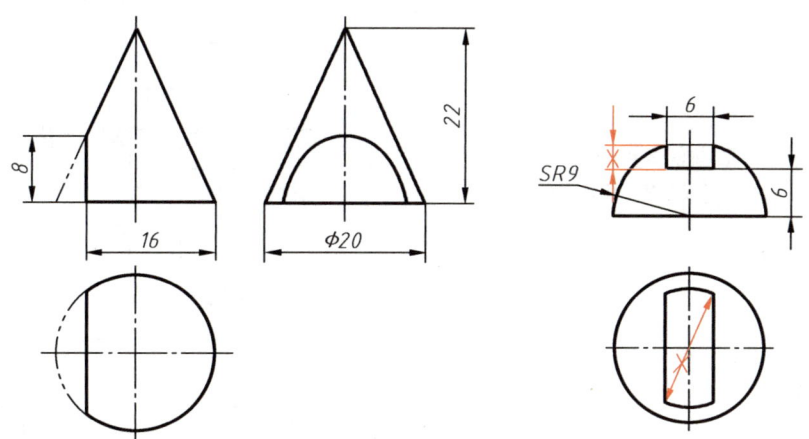

图 3-17　截断体的尺寸标注

【任务实施】

绘制图 3-18 所示顶尖的三视图，作图步骤见表 3-7。

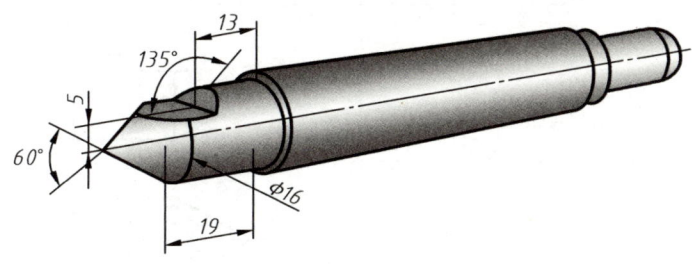

图 3-18　顶尖轴测图

表 3-7 绘制顶尖三视图的作图步骤

序号	绘制要点	图示
1	绘制圆柱体和圆锥体组合的三视图	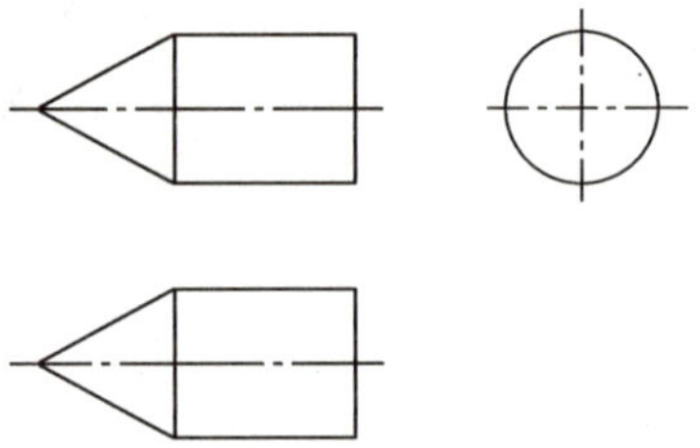
2	分析截交线： 圆锥体被水平面 P 截切，截交线的水平投影为双曲线 圆柱体被水平面 P（截交线为两直素线）和正垂面 Q（截交线是椭圆的一部分）截切 故截交线由三部分组成：其正面投影与截平面的投影重合（积聚为两直线）、侧面投影分别与圆柱面的投影（圆）及截平面的投影（一直线）重合。因此，只须求截交线的水平投影	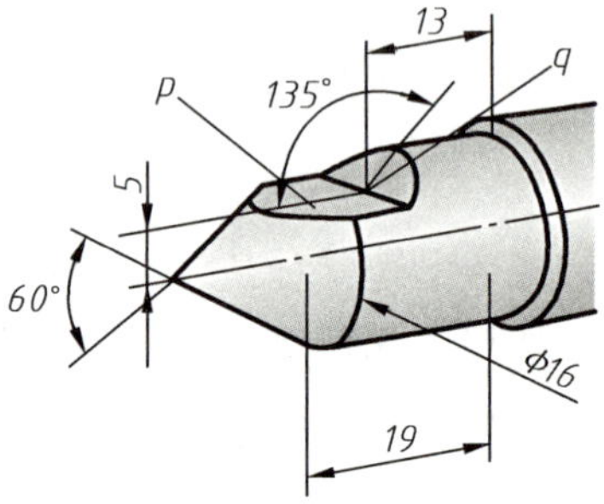
3	求一般点：利用在正面的积聚性投影求出一般点的水平面投影；用辅助圆法求出一般点的水平面投影	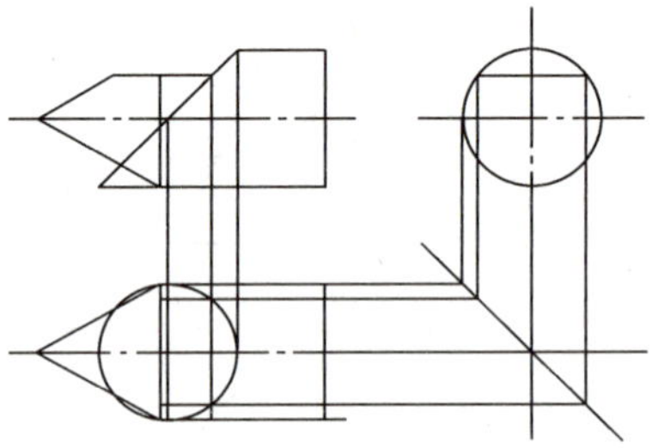
4	将各点的水平面投影并依次光滑地连接起来，即为所求截交线的水平面投影	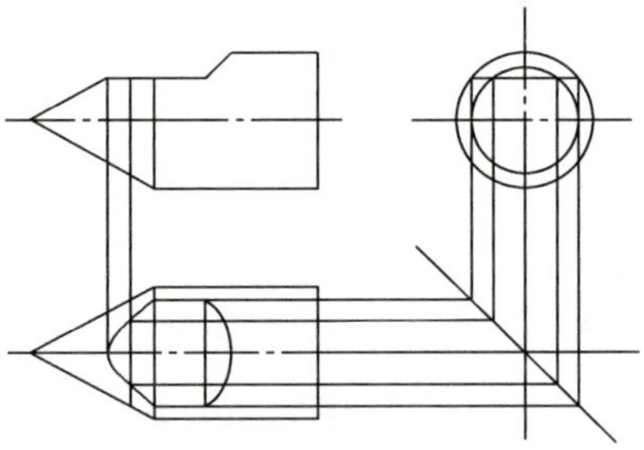
5	检查，整理，描粗，擦除多余线条	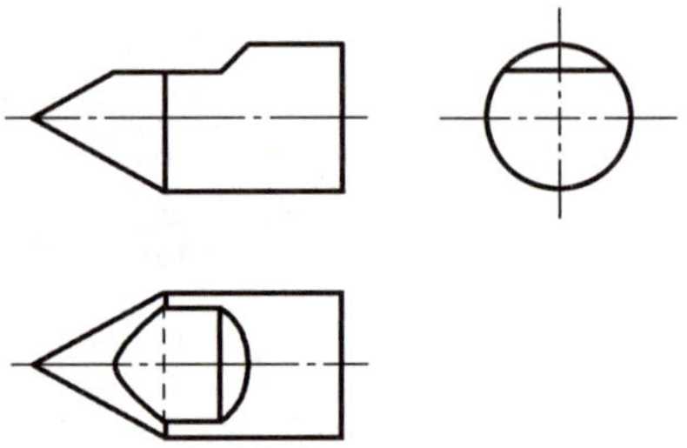

(续)

序号	绘制要点	图示
6	标注圆柱、圆锥被截切后的尺寸	

【任务评价】

请完成表 3-8 中的学习评价。

表 3-8　任务 2 学习评价检查项目

序号	检查项目	评分标准	结果评估	自评分
1	能否将顶尖摆放在方便作图的位置	20		
2	能否正确运用点、线的投影规律	20		
3	顶尖三视图位置布置是否得当	20		
4	三视图绘制是否正确；线型是否标准	15		
5	对自己的空间想象能力及图形绘制能力是否满意	15		
6	在绘制图形过程中,是否遇到了问题;在解决问题过程中是否提升了查阅资料、沟通交流的能力	10		

【总结回顾】

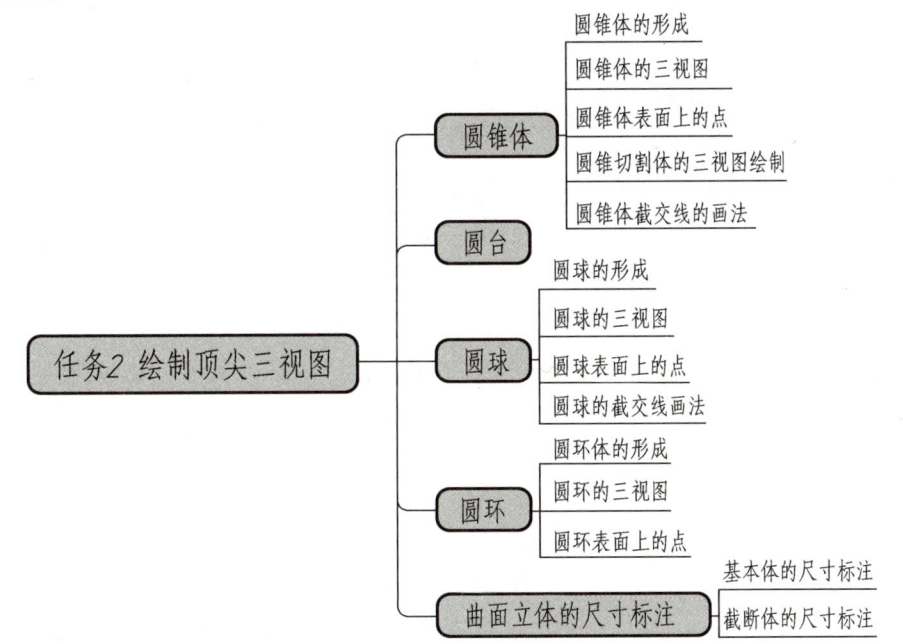

任务3　绘制三通管三视图

【任务目标】

【知识目标】
（1）了解相贯体、相贯线的概念。
（2）掌握回转体相贯线的画法。

【能力目标】
（1）能正确绘制回转体的相贯线。
（2）培养空间想象能力和思维能力。

【素质目标】
（1）具有认真负责的工作态度和一丝不苟的工作作风。
（2）具备用"事物是普遍联系的"观点分析问题的能力。

【任务描述】

飞机上的管路系统非常复杂，大致是由管子、管套、外套螺母、密封件、管卡、管接头等组成。在飞机上管路系统适用于液压油、燃油、润滑油、氧气、空气、水等介质的输送和能量传递，堪称无处不在。无论是在机头、机身还是机尾、机翼，都能看到穿越其中的管路系统。

有三个开口的管接头称为三通管。许多轻型单发飞机中，一般采用左右机翼油箱汇流供油的方式（左右机翼油箱中燃油经增压泵增压、三通管汇流后向发动机供油）。枝杈管件一般可按形状分为十字形四通管、直三通管（T形管）、斜三通管（Y形管）三类，各种管件的形状如图3-19。根据所学知识，绘制三通管的三视图。

a）十字形四通管

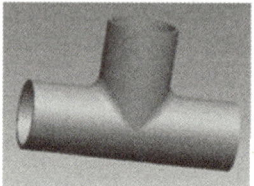
b）T形三通管

c）Y形三通管

图3-19　管件

【任务分析】

为了正确传递零件制造信息，在相贯体的投影图中，必然涉及绘制相贯线的投影问题。

【知识储备】

知识点1　相贯线

一、相贯线的概念

两立体相交，在其表面上产生的交线称为相贯线，如图3-20所示的三通管和球阀的

项目3 曲面立体的投影

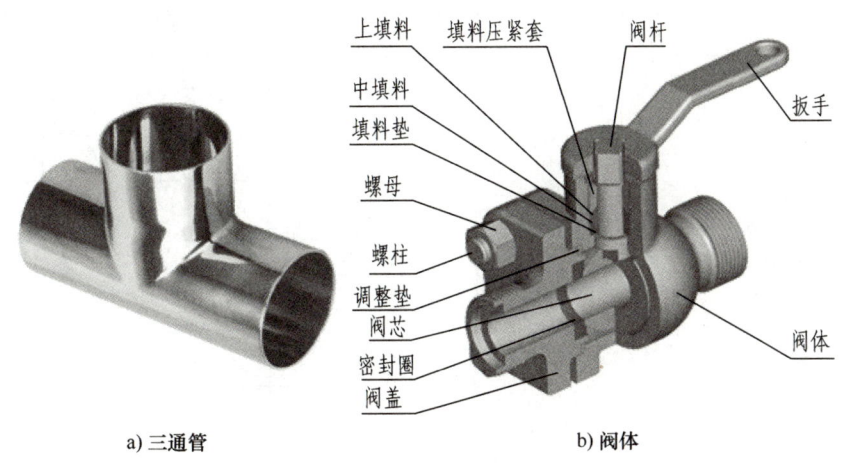

a) 三通管　　　　　　　　b) 阀体

图 3-20　三通管和阀体

阀体。

二、相贯线的性质

两回转体相交，其相贯线具有如下基本性质。

1）相贯线是两回转体表面上的共有线，也是两回转体表面的分界线，所以相贯线上的点是两回转体表面上的共有点。

2）相贯线一般为封闭的空间曲线，特殊情况下可能是平面曲线或直线。

知识点 2　相贯线的画法

求相贯线常采用"表面取点法"和"辅助平面法"。作图时，首先应根据两立体的相交情况分析相贯线的大致伸展趋势，依次求出特殊点和一般点，再判别可见性，最后将求出的各点光滑地连接成曲线。

一、表面取点法

当圆柱的轴线垂直于某一投影面时，圆柱面在这个投影面上的投影具有积聚性，因而相贯线的投影与其重合，根据这个已知投影，就可用表面取点法求出其他投影。

例 3　求正交两圆柱的相贯线的投影（图 3-21）。

分析：由图 3-21 可以看出，两圆柱的轴线垂直正交，小圆柱面的水平面投影和大圆柱面的侧面投影都有积聚性，相贯线的水平面投影和侧平面投影分别与两圆柱的积聚性投影重合，两圆柱面的正面投影都没有积聚性，故只需用表面取点法求出相贯线的正面投影，具体作图步骤见表 3-9。

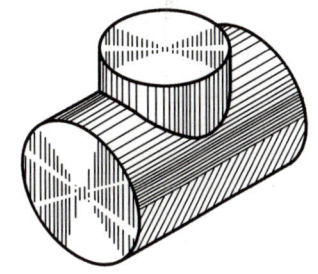

图 3-21　正交两圆柱

当两圆柱部分相交时，相贯线是一条封闭的空间曲线，其变化情况如图 3-22 所示。

当在圆筒上钻有通孔时（图 3-23），则孔与圆筒外表面及内表面均有相贯线。内、外相贯线的画法相同，内相贯线的投影应以大圆柱孔的半径为半径画弧（细虚线）。图 3-24 所示为在圆柱体上钻通孔的相贯线投影，也是用近似画法画出的。

表 3-9　正交两圆柱相贯线的作图步骤

步骤	说明	图示
画出轮廓	根据三视图原理，绘制两圆柱轮廓的三视图	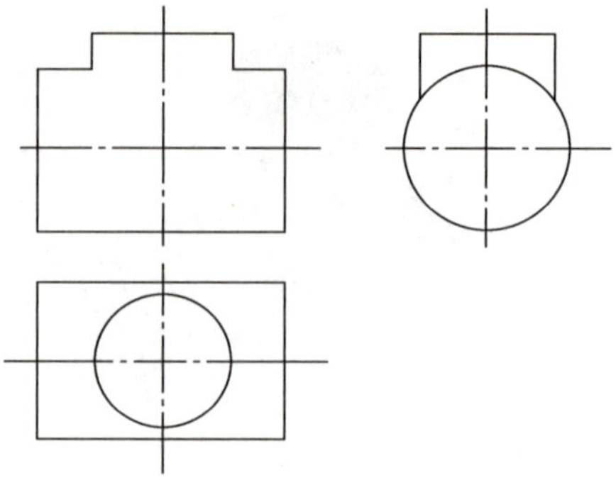
求特殊点	相贯线上的特殊点：小圆柱与大圆柱的正面轮廓线交点 1′、5′是相贯线上的最左、最右（也是最高）点，其投影可直接画出；小圆柱的侧面轮廓线与大圆柱面的交点 3″、7″是相贯线上的最前、最后（也是最低）点，根据 3″、7″和 3、7 可求出正面投影 3′、(7′)	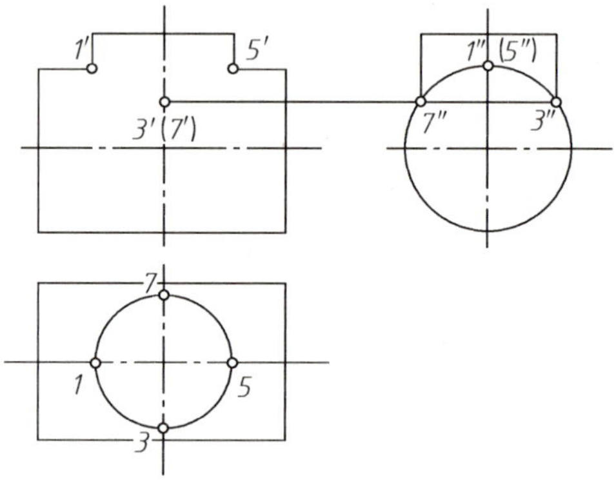
求一般点	在小圆柱的水平面投影中取 2、4、6、8 四点，作出其侧面投影 2″、(4″)、(6″)、8″，再求出正面投影 2′、4′、(6′)、(8′)	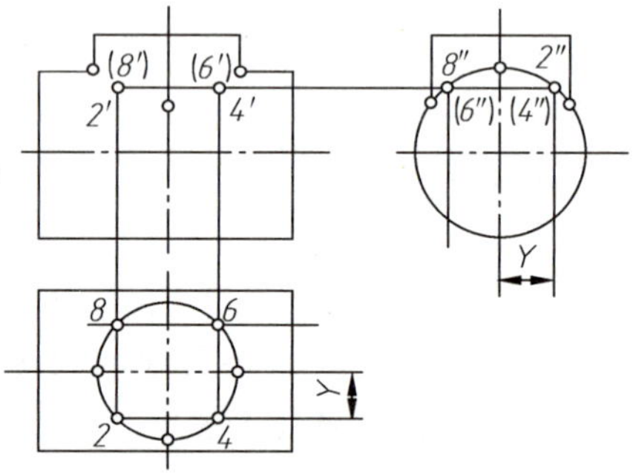
连线	顺次光滑地连接点 1′、2′、3′、4′、5′，即得相贯线的正面投影，并对图形进行加粗描深	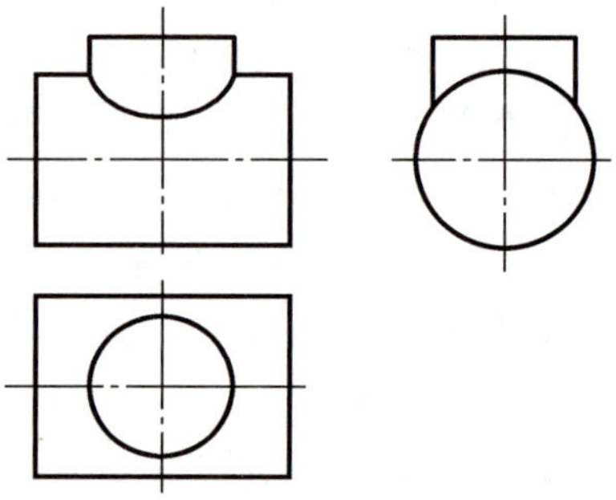

（续）

步骤	说明	图示
简化画法	以大圆柱的半径为半径画弧，两圆柱的轴线由垂直相交逐渐分开时，相贯线由两条封闭的空间曲线变为一条封闭的空间曲线	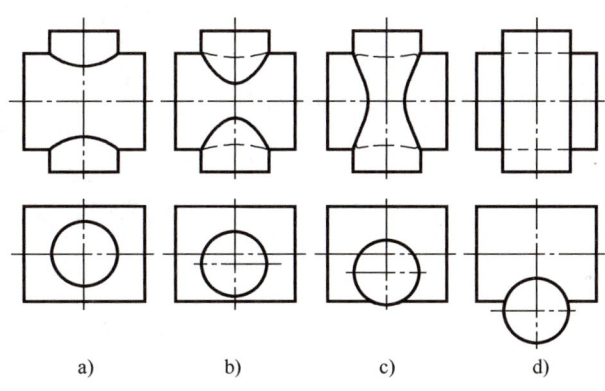

图 3-22　两圆柱相交相贯线的变化

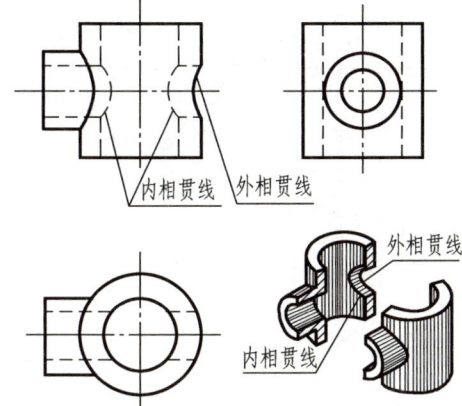

图 3-23　在圆柱筒上钻通孔的画法

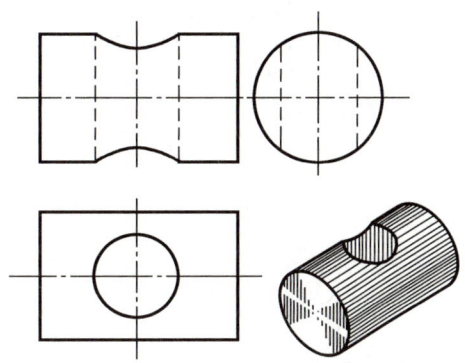

图 3-24　在圆柱体上钻通孔的画法

二、辅助平面法

用一辅助平面同时切割两相交体，则得两组截交线，两组截交线的交点即为相贯线上的点。这种求相贯线投影的方法，称为辅助平面法。

选择辅助平面的原则是：选取特殊位置平面（一般为投影面平行面），使其切得的截交线简单、易画，即为直线或圆。

例4 圆柱与圆锥台相交，求相贯线的投影（图3-25）。

分析：圆锥台的轴线为铅垂线，圆柱的轴线为侧垂线，两轴线正交且都平行于正面，所以相贯线前、后对称，其正面投影重合。因圆柱的侧面投影为圆，相贯线的侧面投影积聚在该圆上，故只须求作相贯线的水平面投影和正面投影。本例用辅助平面法作图较为方便，具体作图步骤见表3-10，选择的辅助平面为水平面，如图3-25所示。

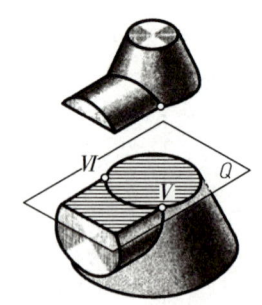

图 3-25　圆柱与圆锥台相交

表 3-10　圆柱与圆锥台相交相贯线的作图步骤

步骤	说明	图示
画出轮廓	根据三视图原理，绘制圆柱与圆锥台轮廓的三视图	
求特殊点	由侧面投影可知，1″、2″是相贯线上最高点和最低点的投影，它们是两回转体正面投影外形轮廓线（即特殊位置素线的投影）的交点，可直接确定出 1′、2′，并由此投影确定出水平面投影 1、(2)； 3″、4″是相贯线上最前点、最后点的侧面投影，它们在圆柱水平面投影外形轮廓线上。可过圆柱轴线作水平面 P 为辅助平面（画出 P），求出平面 P 与圆锥面截交线圆的水平投影，该圆与圆柱面水平投影的外形轮廓线交于 3、4 两点，可求出 3′、(4′)	

(续)

步骤	说明	图示
求一般点	作水平面 Q 为辅助平面,首先画出 Q_v 和 Q_w,再求出 Q 与圆锥面的截交线圆的水平投影,并画出 Q 与圆柱面的截交线(两条直线)的水平投影,则圆与两条直线的交点 5、6 即为一般点 V、Ⅵ 的水平面投影,最后在 Q_v 上确定出 5′和(6′);同理,再作一水平辅助面 R,可求出(7)、(8)及 7′、(8′)	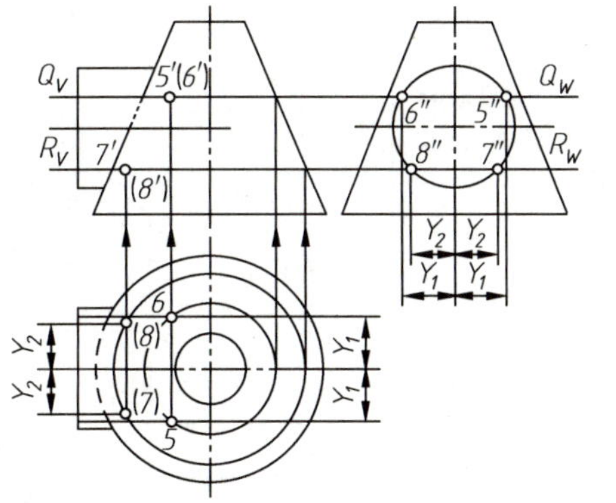
连线	因曲线前、后对称,所以在正面投影中,用粗实线画出可见的前半部曲线即可;水平面投影中,由 3、4 点分界,在上半圆柱面上的曲线可见,将点 3、5、1、6、4 之间的曲线画成粗实线,其余部分不可见,画成细虚线	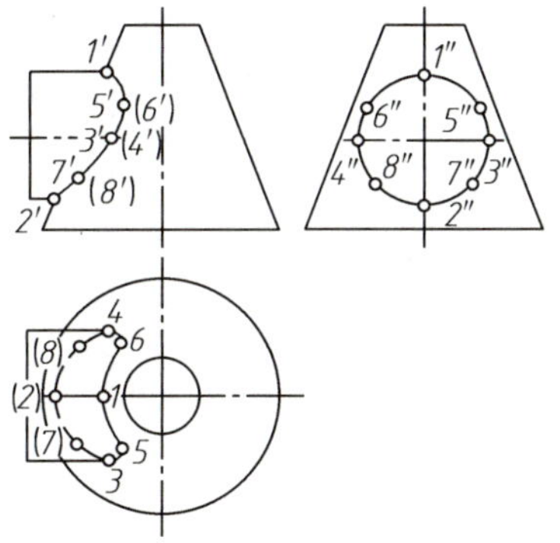
完成作图	检查,整理,描粗,擦除多余线条	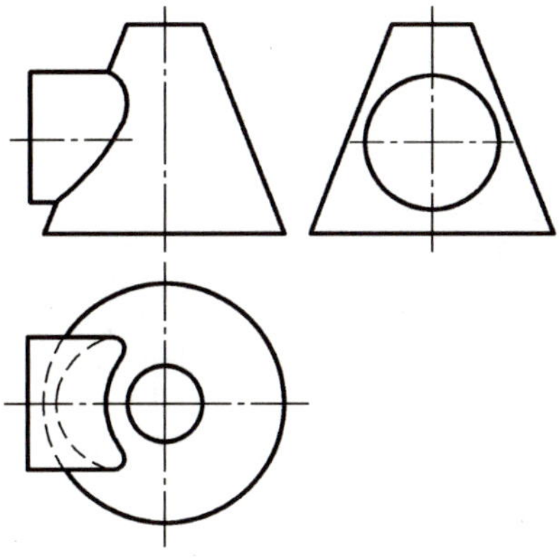

三、相贯线的特殊情况

两回转体相交,在一般情况下,表面交线为空间曲线。但在特殊情况下,表面交线则为平面曲线或直线,详见表 3-11。

表 3-11 相贯线的特殊情况

特殊情况	说明	轴测图	投影图
两正交圆柱体相贯线的近似画法			
圆柱体与圆柱体等径正交（公切于一圆球）	当圆柱与圆柱、圆柱与圆锥相交，并公切于一个球时，相贯线为两个椭圆，它们在与两轴线平行的投影面上的投影，为相交的两条直线		
圆柱体与圆锥体正交（公切于一圆球）			
圆柱体与圆球同轴相交	当两同轴回转体相交时，相贯线是垂直于轴线的圆		
圆锥体与圆球同轴相交			

（续）

特殊情况	说明	轴测图	投影图
两相交圆柱体的轴线平行	当两轴线平行的圆柱及共锥顶的两个圆锥相交时，相贯线为两条直线		
两圆锥体共顶			

在求两回转体的交线时，如果遇到上述特殊情况，可以将交线的投影直接画出，而不必利用辅助面法求得了。

四、相贯线的简化画法

从相贯线的形成、相贯线的性质以及相贯线画法的论述中可知，两相交体的形状、大小及其相对位置确定后，相贯线的形状和大小是完全确定的。为了简化作图，国家标准规定了相贯线的简化画法。即在不致引起误解时，图形中的相贯线可以简化。例如，用圆弧或直线代替非圆曲线。图3-26 所示为两正交圆柱体相贯线的简化画法。

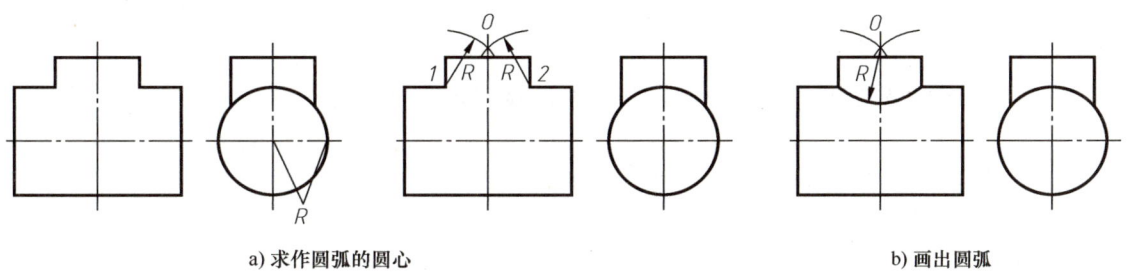

a) 求作圆弧的圆心　　　　　　　　　　　b) 画出圆弧

图 3-26　两正交圆柱体相贯线的简化画法

知识点 3　相贯体尺寸标注

相贯体除了标注出参与相交的两个基本体的尺寸外，还应注出确定两基本体相对位置的尺寸，并应注在反映两形体相对位置特征的视图上，如图3-27a 所示。

当两相交基本体的形状、大小及相对位置确定后，相贯线的形状、大小及位置也就确定了，因此，相贯线不能再注尺寸，如图 3-27b～f 所示，图中打"×"的尺寸都是错误的注法。

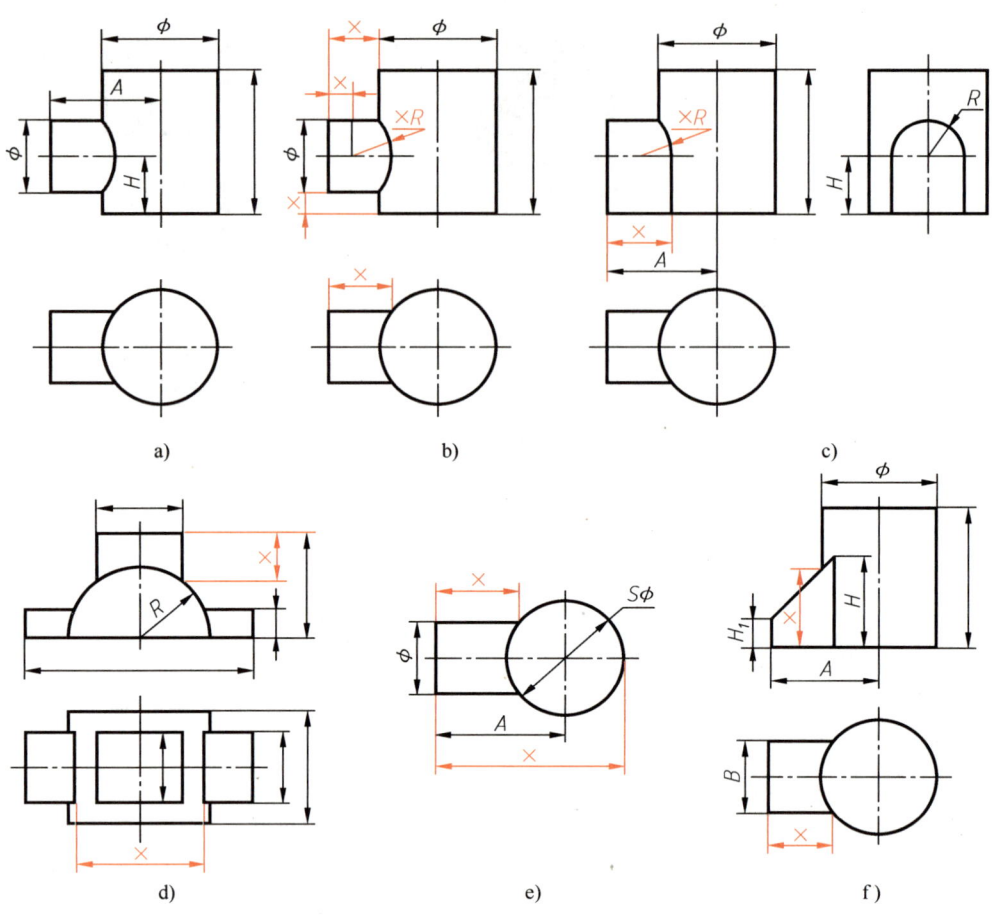

图 3-27　相贯体的尺寸标注

【任务实施】

绘制三通管（图 3-28）的三视图，其作图步骤见表 3-12。

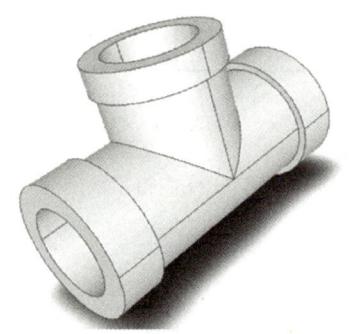

图 3-28　三通管

表 3-12　三通管三视图的作图步骤

序号	绘制要点	图示
1	绘制大圆筒	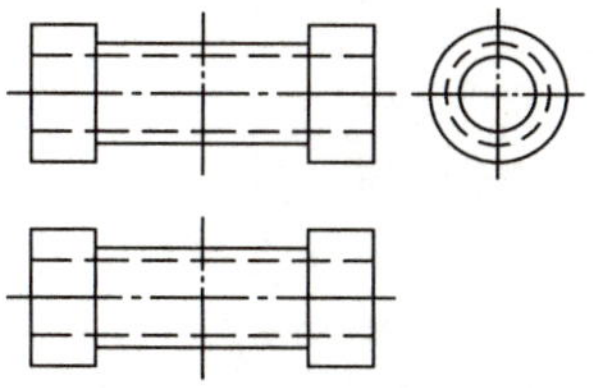
2	绘制小圆筒	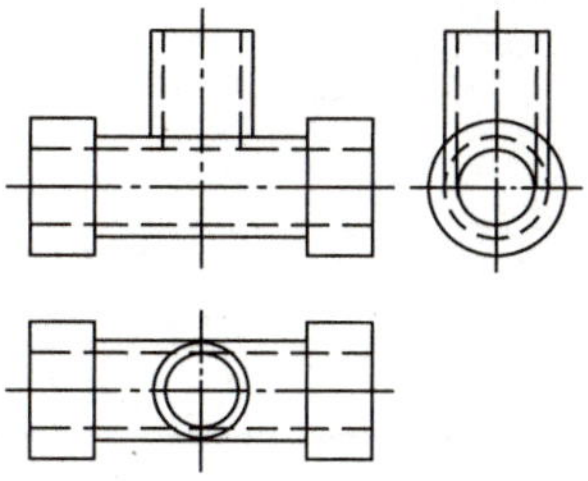
3	绘制相贯线	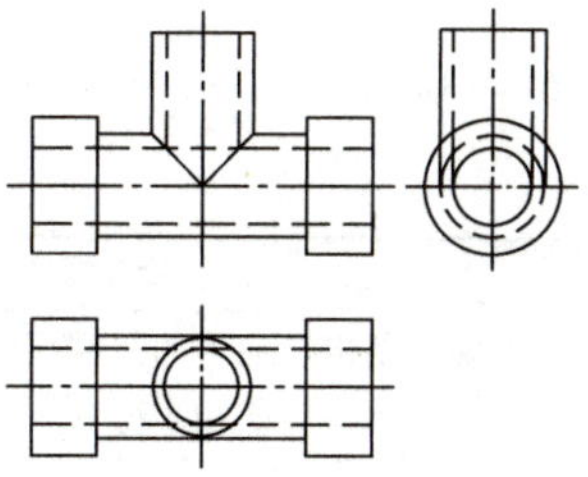
4	绘制上凸板	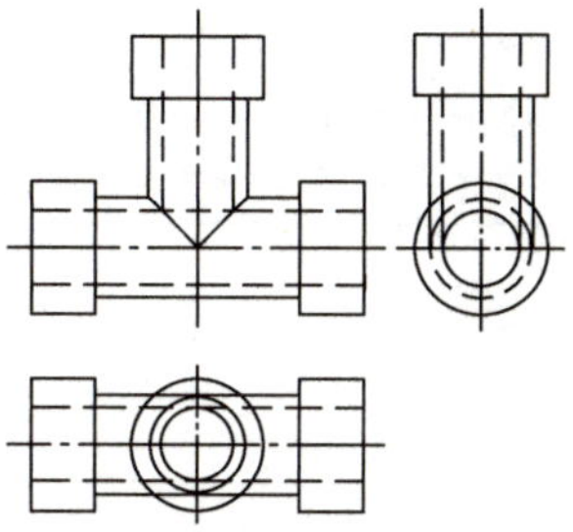
5	检查，调整中心线，描粗，完成三视图绘制	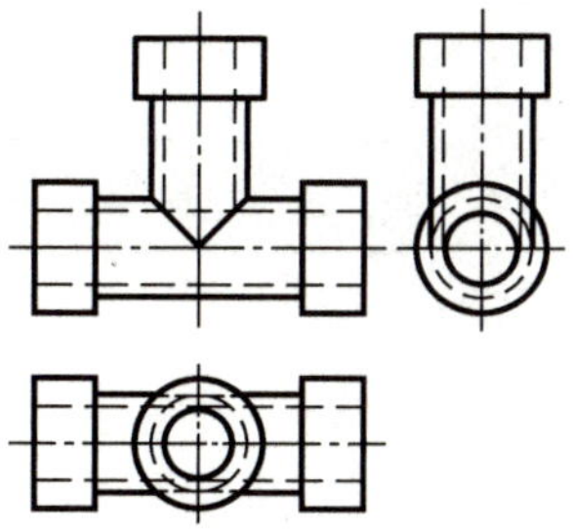

(续)

序号	绘制要点	图示
6	尺寸标注:相贯体除了标注出相贯两基本形体的尺寸,还应标注出两相贯体的相对位置尺寸	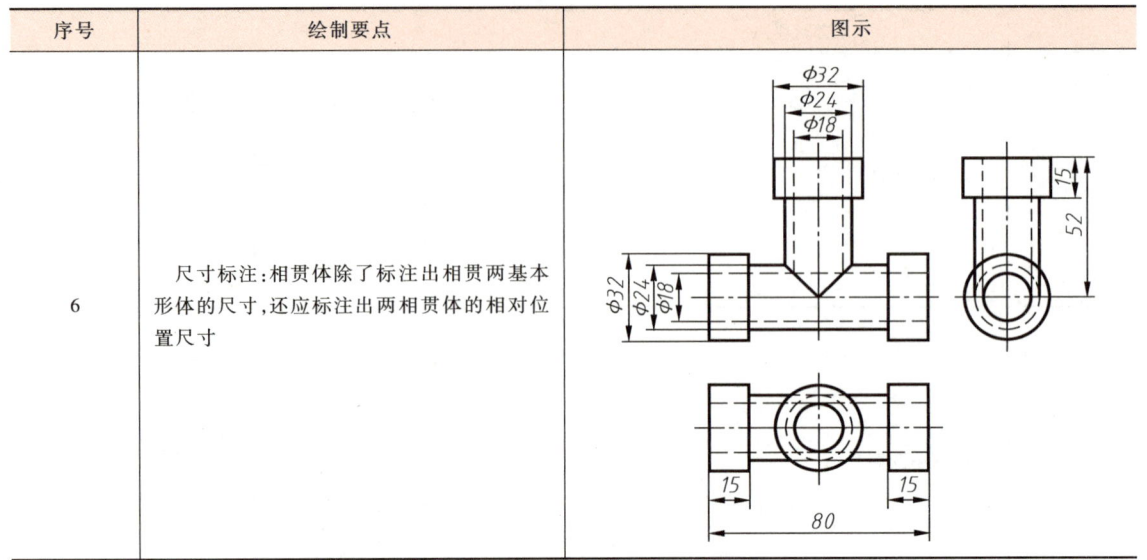

【任务评价】

请完成表 3-13 中的学习评价。

表 3-13 任务 3 学习评价检查项目

序号	检查项目	评分标准	结果评估	自评分
1	能否正确绘制出三通管的三视图	20		
2	能否想象出三通管的相贯线	20		
3	所绘制图形是否完整;是否正确地表达三通管的形状	10		
4	所绘制图形的线型和位置是否符合制图标准	20		
5	能否列举出生活中常见的相贯线的例子	10		
6	在绘制图形过程中,是否遇到了问题;在解决问题过程中是否提升了查阅资料、沟通交流的能力	20		

【总结回顾】

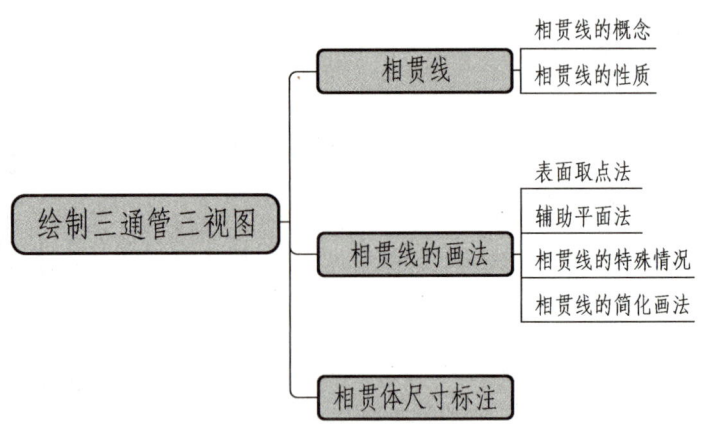

项目4　组合体的投影

任务1　绘制支承连接板轴测图

【任务目标】

【知识目标】

（1）了解轴测图的形成及特点。

（2）掌握正等轴测图和斜二等轴测图的轴间角及轴向伸缩系数。

【能力目标】

（1）能够绘制几何体的轴测图。

（2）能够选择恰当的轴测图类型绘制机件的轴测图。

【素质目标】

（1）具有适应不同职业岗位需求的能力。

（2）养成细致、严谨的工作态度。

【任务描述】

图 4-1 所示为支承连接板的三视图及轴测图，根据所学知识绘制出其正等轴测图。

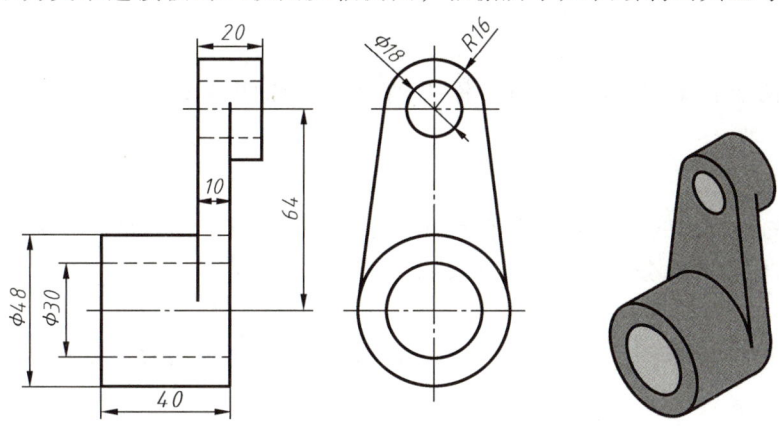

图 4-1　支承连接板的三视图及轴测图

【任务分析】

在机械图样中，主要是通过视图和尺寸来表达物体的形状和大小的。由于轴测图能同时反映出物体长、宽、高三个方向的形状，所以具有立体感。但轴测图的度量性差，作图复杂，因此在机械图样中只能用作辅助图样。

【知识储备】

知识点1 轴测图的基本知识

一、轴测图的形成

将物体连同其参考直角坐标系，沿不平行于任一坐标平面的方向，用平行投影法将其投射在单一投影面上所得到的图形，称为轴测图，如图4-2所示。

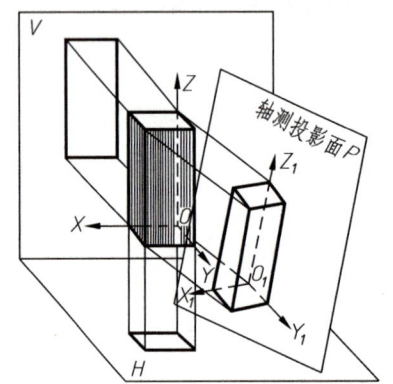 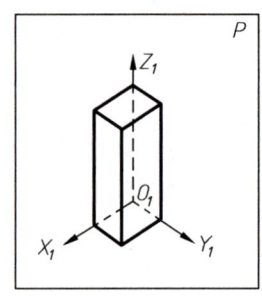

图4-2 轴测图的形成

二、术语和定义（GB/T 4458.3—2013）

1. 轴测轴

空间直角坐标轴在轴测投影面上的投影，称为轴测轴，如图4-2中的 O_1X_1、O_1Y_1、O_1Z_1 轴。

2. 轴间角

轴测图中两轴测轴之间的夹角，称为轴间角，如图4-2中的 $\angle X_1O_1Y_1$、$\angle Y_1O_1Z_1$、$\angle Z_1O_1X_1$。

3. 轴向伸缩系数

轴测轴上的单位长度与相应投影轴上的单位长度的比值，称为轴向伸缩系数。OX、OY、OZ 轴上的轴向伸缩系数分别用 p、q、r 表示。

三、轴测图的分类

按照投射方向的不同，轴测图一般可分为正等轴测图（图4-3）和斜二等轴测图（图4-4）。

正等轴测图和斜二等轴测图的轴间角和轴向伸缩系数见表4-1。

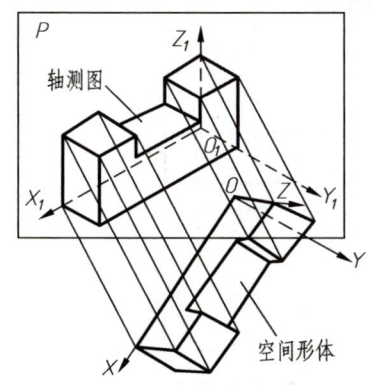

图 4-3 正等轴测图

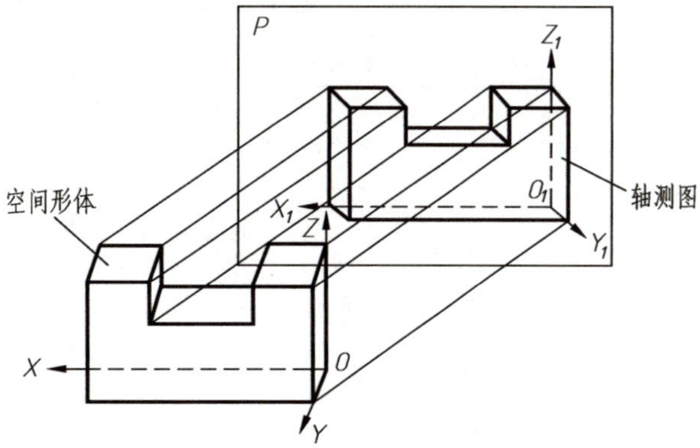

图 4-4 斜二等轴测图

表 4-1 正等轴测图和斜二等轴测图的轴间角和轴向伸缩系数

类别	轴间角	轴向伸缩系数	图示
正等轴测图	$\angle XOZ = \angle XOY = \angle YOZ$，均为 120°	各轴向伸缩系数都相等，$p=q=r=0.82(1)$	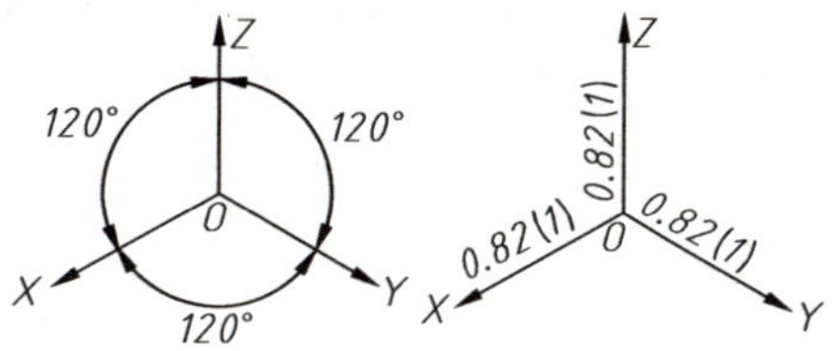
斜二等轴测图	$\angle XOZ = 90°$，$\angle XOY = \angle YOZ = 135°$	$p=r=1$，$q=0.5$	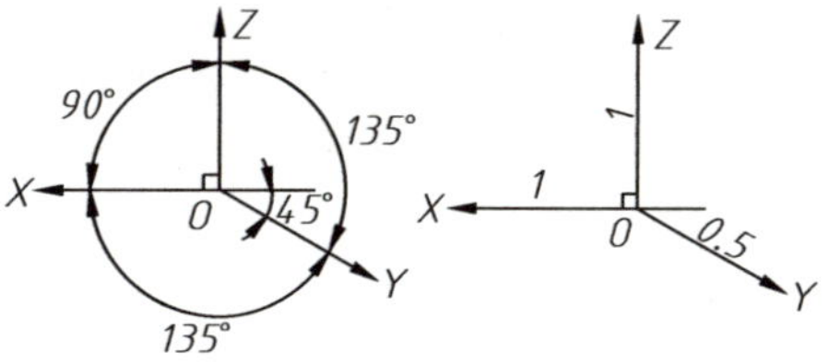

画正等轴测图时，为了避免计算，一般用 1 代替 0.82，称为简化系数。

四、轴测图的基本性质

1）物体上与坐标轴平行的线段，它的轴测投影必与相应的轴测轴平行。

2）物体上相互平行的线段，它们的轴测投影也相互平行。

知识点 2　正等轴测图的画法

绘制正等轴测图的常用方法有：坐标法、叠加法、切割法和综合法。

一、坐标法

画平面立体的轴测图常用坐标法。画图时，首先应选好坐标轴并画出轴测轴，然后根据坐标画出物体上各点的轴测图，再由点连成线，由线连成面，从而画出物体的轴测图。上述点、直线、平面的轴测图都是按坐标法绘制的。

如图 4-5 所示，已知正六棱柱的三视图，用坐标法画出其正等轴测图，见表 4-2。

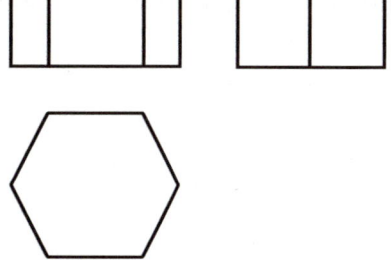

图 4-5 正六棱柱的三视图

表 4-2　坐标法绘制正六棱柱正等轴测图

序号	绘制要点	图示
1	在视图上定坐标轴	
2	绘制轴测轴 OX、OY、OZ 轴，根据尺寸点 S、D，定出点 Ⅰ、Ⅱ、Ⅲ、Ⅳ	
3	绘制六棱柱顶面关键点投影：过点 Ⅰ、Ⅱ 作直线平行于 OX，并在所作两直线上各取 $a/2$，连接各顶点	
4	绘制可见棱柱投影：过各顶点竖直向下取尺寸 H 画侧棱；画底面各边并描深，即完成全图	

二、叠加法

绘制叠加型组合体的轴测图时，先将组合体分解成若干个基本体，然后按照相对位置的叠加顺序，逐一画出各个基本体的轴测图，进而完成整个组合体轴测图的绘制。

三、切割法

绘制切割型组合体的轴测图时，先绘制完整形体的轴测图，再按照其结构特点逐个切去多余的部分，最后完成切割后形体的轴测图。

图 4-6 所示是典型的叠加和切割型组合体，其正等轴测图的绘制见表 4-3。

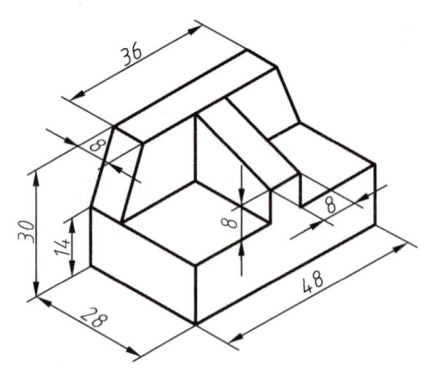

图 4-6　典型的叠加和切割型组合体

表 4-3 叠加法和切割法绘制组合体的正等轴测图

序号	绘图要点	图示
1	在视图上定坐标轴	
2	绘制 L 型立体的轴测图	
3	切割三棱柱,绘制切割后的三视图	
4	叠加中间的长方体,切割三棱柱,绘制轴测图	
5	检查、整理,删除多余线条,并描深	

知识点 3　斜二等轴测图的画法

在斜二等轴测图中,由于 XOZ 平面平行于轴测投影面 P,所以轴间角 ∠XOZ = 90°,轴向伸缩系数 p = r = 1。轴测轴 OY 的方向和轴向伸缩系数 q 随着投射方向的变化而变化。为了简化作图,国家标准规定,选取轴间角 ∠XOY = ∠YOZ = 135°,q = 0.5。根据轴测图的性质,物体上平行于 XOZ 平面的特征均能在斜二等轴测图上反映真实形状,所以,当物体上有圆或圆弧特征时,多采用斜二等轴测图表达。图 4-7 所示为支架组合体,用叠加

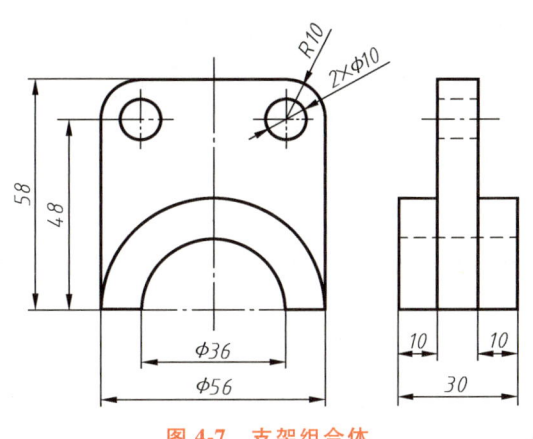

图 4-7　支架组合体

法和切割法绘制其斜二等轴测图，见表4-4。

表 4-4 叠加法和切割法绘制支架组合体的斜二等轴测图

序号	绘制要点	图示
1	绘制轴测轴 OX、OY、OZ 轴	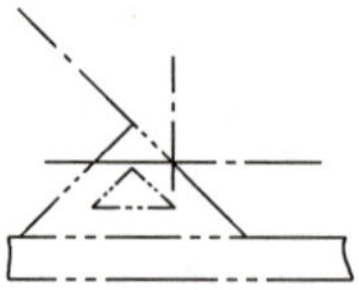
2	绘制圆心，分层定出各圆的中心线，确定各圆的圆心	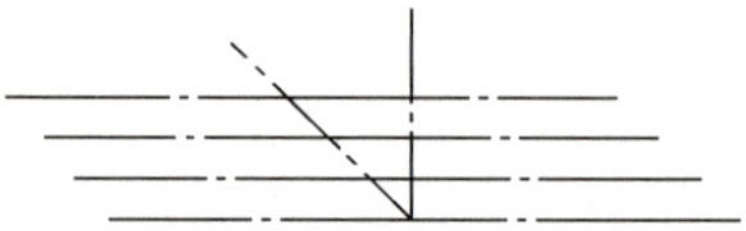
3	绘制立板，画四棱柱	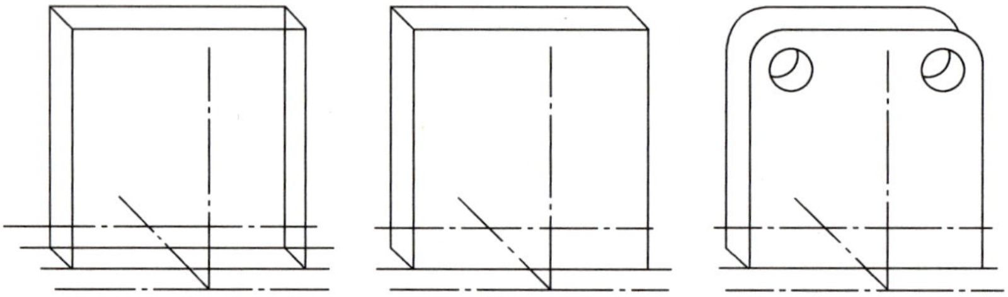
4	绘制曲面立体，画空心半圆柱及棱柱上的两个通孔	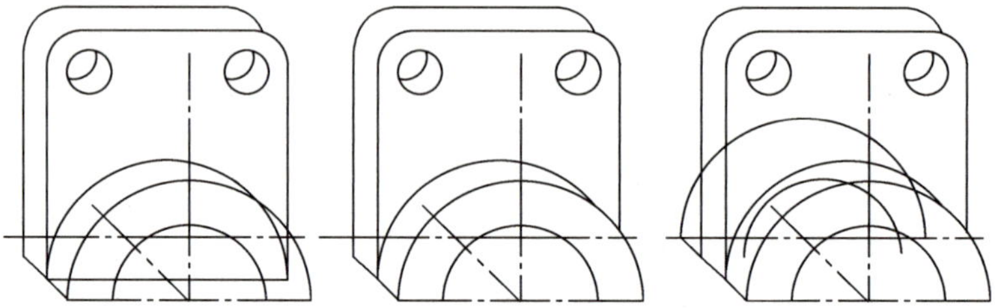
5	描粗，完成全图	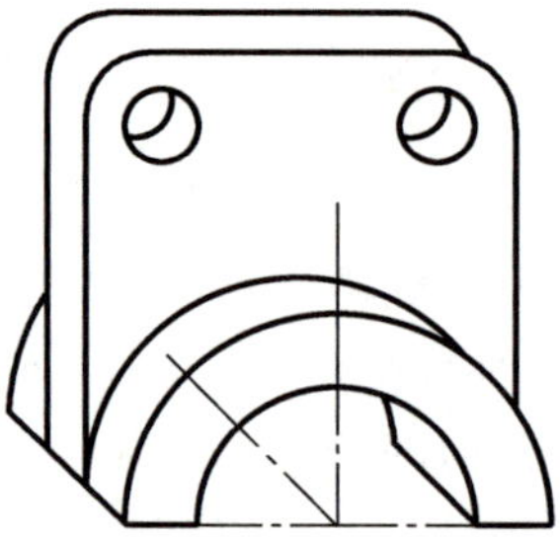

【任务实施】

绘制支承连接板正等轴测图。对支承连接板进行形体分析，其正等轴测图的绘制过程见表 4-5。

表 4-5　支承连接板正等轴测图绘制过程

序号	绘制要点	图示
1	形体分析：支承连接板由两个圆柱筒和支承板组成 绘制轴测轴 OX、OY、OZ，按照投射方向在 XOZ 投影面上绘制支承连接板的中心面投影	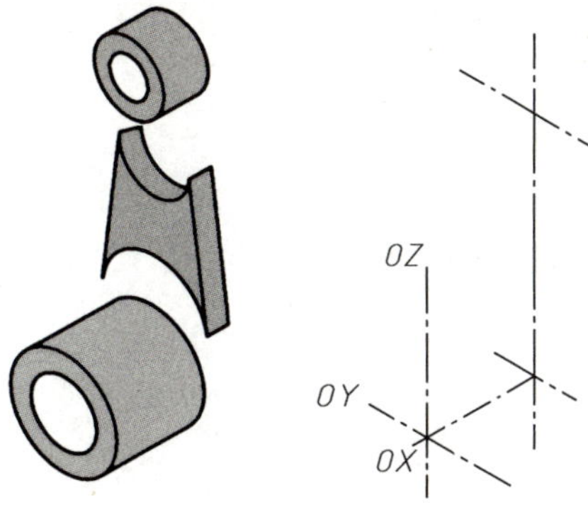
2	绘制下面的圆柱筒轴测图，删除不可见线，补齐可见线	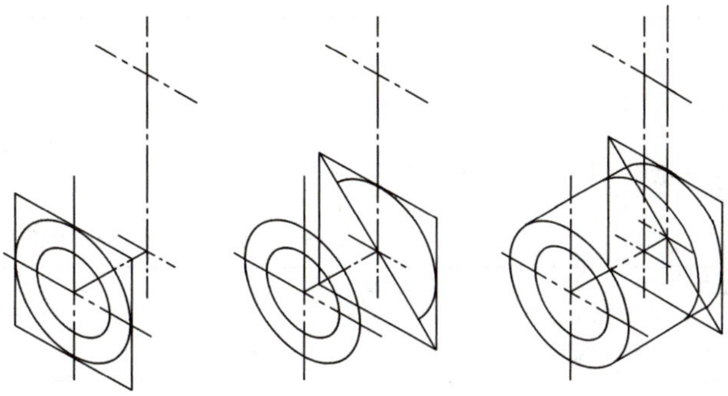
3	绘制上方圆柱筒	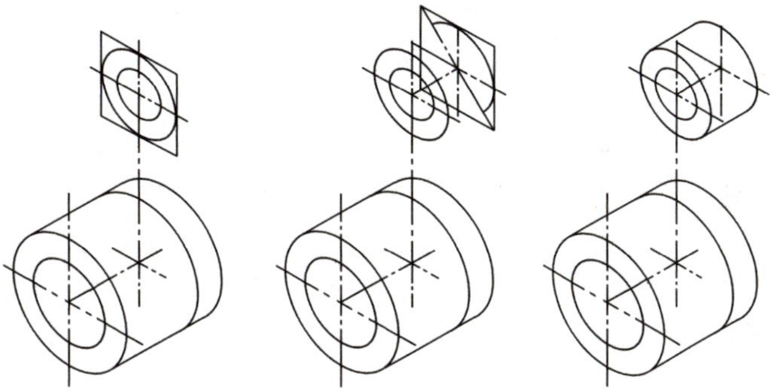
4	绘制连接板部分	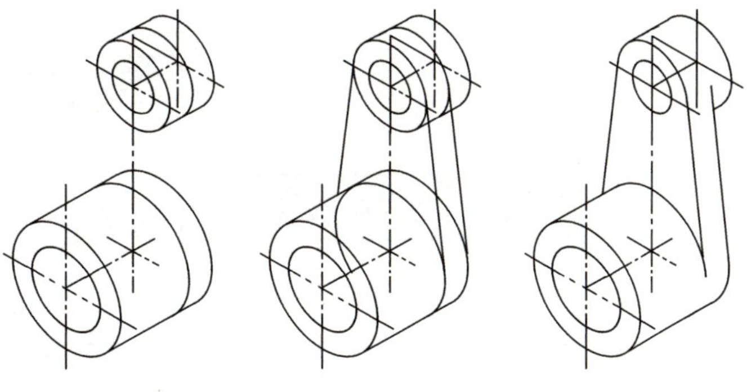

(续)

序号	绘制要点	图示
5	检查、整理、描粗，并标注尺寸	![图示](支承连接板轴测图，标注 R16、φ18、φ48、φ30、4、10、40 等尺寸)

【任务评价】

请完成表 4-6 的学习评价。

表 4-6　任务 1 学习评价检查项目

序号	检查项目	评分标准	结果评估	自评分
1	能否对支承连接板进行正确的形体分析	10		
2	能否正确地画出支承连接板的三视图	30		
3	在绘制支承连接板正等轴测图过程中，遵循了哪些作图原则	5		
4	所绘制图形是否标准、美观	15		
5	所绘制图形的线型和位置是否符合制图标准	20		
6	在绘制图形过程中，是否遇到了问题；在解决问题过程中是否提升了查阅资料、沟通交流的能力	20		

【总结回顾】

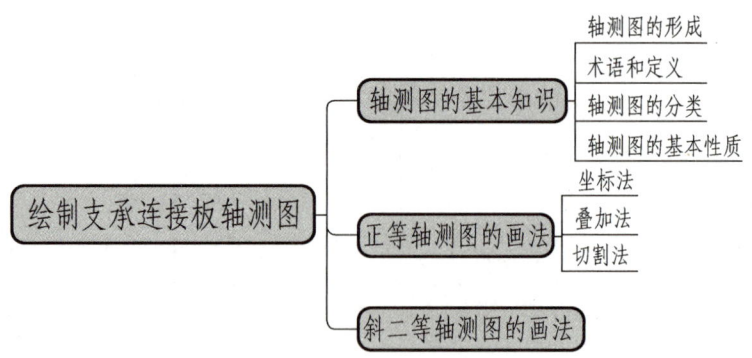

任务 2　绘制轴承座三视图

【任务目标】

【知识目标】
（1）了解组合体的概念、组合体的组合形式。
（2）掌握组合体视图的画法。

【能力目标】
（1）能正确绘制轴承座三视图。
（2）能正确标注组合体的尺寸。

【素质目标】
（1）养成认真负责的态度和严谨细致的工作作风。
（2）具有独立思考能力和团队合作精神。

【任务描述】

轴承座（图 4-8）是用来支承轴承的部件，通常与轴承一起使用，起到固定轴承、承受载荷和保证轴承正常运转的作用。轴承座的主要作用是支承旋转轴，承受轴向和径向载荷，并通过其内部的润滑油润滑轴承，减少摩擦和磨损，保证轴承长期稳定运行。

请运用空间想象力，想象该轴承座由哪些基本体组成，画出其三视图。

【任务分析】

由两个或两个以上基本几何体所组成的物体，称为组合体。本任务重点介绍组合体三视图的画法、尺寸标注和看图方法，为学习零件图打下基础。

图 4-8　轴承座立体图

【知识储备】

知识点 1　组合体的形体分析

一、形体分析法

任何复杂的物体，仔细分析起来，都可看成是由若干个基本几何体组合而成的。如图 4-9a 所示的轴承座，可看成是由两个尺寸不同的长方体和一个半圆柱体（图 4-9b）叠加起来后，再切出一个较大圆柱体和两个小圆柱体而成的，如图 4-9c 所示。既然如此，画组合体的三视图时，就可采用"先分后合"的方法。就是说，先在想象中把组合体分解成若干个基本几何体，然后按其相对位置逐个画出各基本几何体的投影，综合起来，即得到整个组合体的视图。这样，就可把一个复杂的问题分解成几个简单的问题加以解决。这种为了便于画图和看图，通过分析将物体分解成若干个基本几何体，并搞清它们之间相对位置和组合形式的方法，称为形体分析法。

a) 组合体　　　　　　b) 两个长方体和一个半圆柱体叠加　　　　　　c) 挖去三个圆柱体

图 4-9　组合体形体分析

组合体的组合方式有叠加式、切割式和综合式。

二、组合体的表面连接关系

组合体表面的连接关系，一般可分为相交（含相贯）、相接、相切三种形式，见表 4-7。

表 4-7　组合体表面的连接关系

类型	说明	图示
相交	当两基本体表面相交时，结合处产生交线，该交线应在投影图中画出	
相接	表面平齐。当两基本体叠加时，若同一方向上的表面处在同一个平面上，则称这两个表面平齐（又称共面），此时，两平齐面之间不画分界线	
相接	表面不平齐。当两基本体叠加时，若同一方向上的表面处在不同的平面上，则称该表面不平齐（又称相错），此时不平齐面之间要画分界线	

(续)

类型	说明	图示
相切	当两基本体表面相切时,两相邻表面形成光滑过渡,其结合处不存在分界线,因此投影图上一般不画分界线	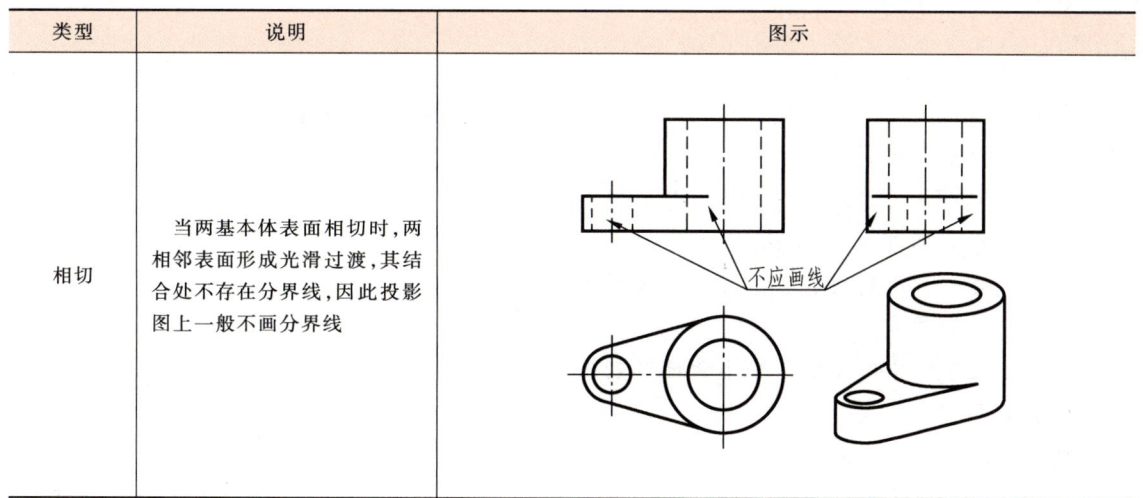

知识点 2　组合体视图的画法

画组合体三视图的方法与步骤如下。

1. 形体分析

画图之前,首先应对组合体进行形体分析,将其分解成几个组成部分,明确组合形式并进一步了解相邻两形体之间分界线的特点,然后考虑视图的选择。

2. 选择主视图

主视图一般应能明显地反映出物体形状的主要特征,同时还要考虑物体的正常位置并力求使主要平面和投影面平行,以便使投影获得实形。

3. 选比例、定图幅

视图确定以后,便要根据物体的大小和复杂程度,按标准规定选定作图比例和图幅。应注意,所选的幅面要比绘制视图所需的面积大一些,即留有余地,以便标注尺寸和画标题栏等。

4. 布置视图

布置视图时,应将视图匀称地布置在幅面上,视图间应留有足够的空间,保证能标注全所需的尺寸。

5. 绘制底稿

1) 画图的先后顺序,一般应从形状特征明显的视图入手。先画主要部分,后画次要部分;先画看得见的部分,后画看不见的部分;先画圆或圆弧,后画直线。

2) 画图时,物体的每一组成部分,最好是三个视图配合着画。这样,不但可以提高绘图速度,还能避免漏线、多线。

6. 检查描深

底稿完成后,应认真进行检查;在三视图中依次核对各组成部分的投影对应关系是否正确,分析清楚相邻两形体衔接处的画法有无错误,是否多线或漏线,再以模型或轴测图与三视图对照,确认无误后,再描深图线,完成全图。

知识点 3　组合体的尺寸标注

一、尺寸标注的基本要求

视图只能表达物体的形状，而物体各部分的大小及相对位置则要通过尺寸来确定。标注组合体尺寸的要求如下。

（1）正确　尺寸注法符合国家标准规定。
（2）完整　所注尺寸不多、不少、不重复。
（3）清晰　尺寸标注在明显部位，排列整齐，便于看图。

二、尺寸种类

为了将尺寸标注得完整，在组合体的视图上，一般需标注下列几种尺寸：

1. 定形尺寸

确定组合体各组成部分的长、宽、高三个方向大小的尺寸，称为定形尺寸。

2. 定位尺寸

表示组合体各组成部分相对位置的尺寸，称为定位尺寸。

3. 总体尺寸

表示组合体外形大小的总长、总宽和总高的尺寸，称为总体尺寸。

三、尺寸基准

尺寸基准就是标注尺寸的起点。

一般可选组合体的对称平面、底面、重要端面，以及回转体的轴线等作为尺寸基准。

知识点 4　识读组合体视图

一、读图的基本知识

1. 几个视图联系起来看

一般情况下，一个视图不能完全确定物体的形状。图 4-10a 与图 4-10b、图 4-10c 与

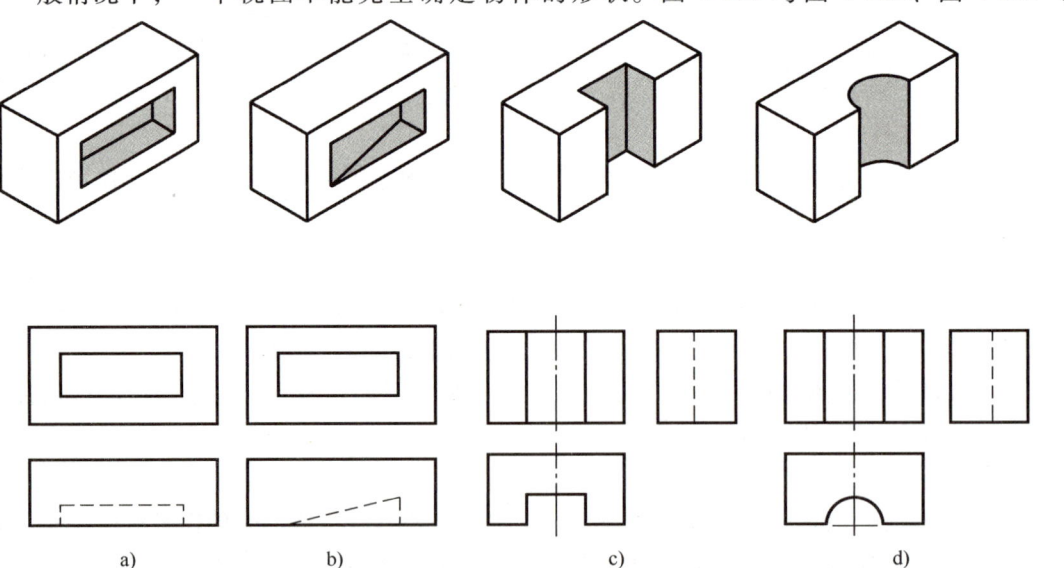

图 4-10　一个视图不能确定物体的形状

图4-10d的主视图都各自相同，但实际上是不同形状的物体。

2. 寻找特征视图

所谓特征视图，就是把物体的形状特征及相对位置反映得最充分的那个视图，如图4-11中的俯视图及图4-12中的左视图。找到特征视图，再配合其他视图，就能较快地明确物体的形状。

但是，由于组合体的组合形式不同，物体的形状特征及相对位置并非总是集中在一个视图上，有时是分散于各个视图上，因此，在读图时，要抓住反映特征较多的视图。

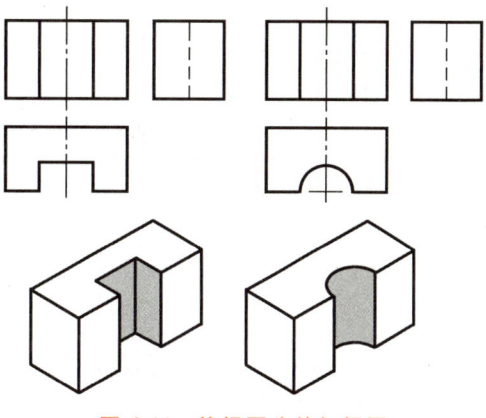

图4-11 俯视图为特征视图

3. 了解视图中线框和图线的含义

弄清视图中线框和图线的含义是读图的基础，下面以图4-12为例说明。

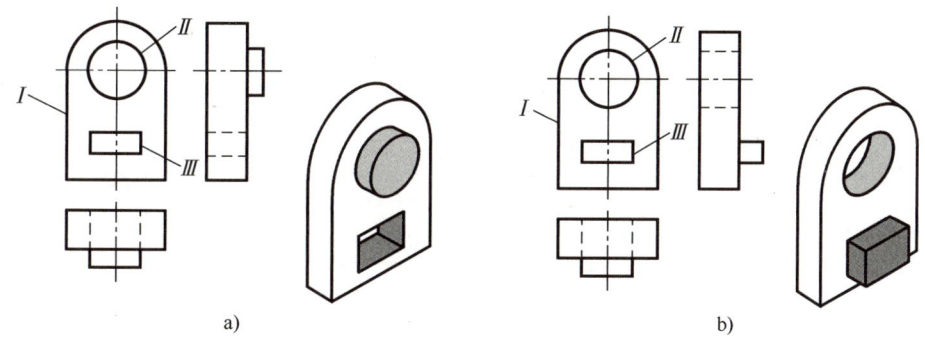

a)　　　　　　　　　　　　　b)

图4-12 左视图为特征视图

视图中每个封闭线框，可以是形体上不同位置平面和曲面的投影，也可以是孔的投影。如图4-12a中线框Ⅰ和Ⅲ为平面的投影，线框Ⅱ为曲面的投影，圆线框表示为圆柱体的投影。而图4-12b中的圆线框Ⅱ则为通孔的投影。

二、读图的方法

1. 形体分析法

形体分析法是识读组合体视图的基本方法，详见表4-8。形体分析法的着眼点是"体"，即组成物体的各基本体，如"柱、锥、球、环"等；其核心是"分部分"，即将组成物体的各个基本体分解出来。这样，读图时就可把一组复杂的图形分解成几组简单的图形，通过识读这些基本体的视图，将"难"变"易"。

综合想象表4-8中三视图对应轴测图的形状，如图4-13所示。

在抓特征部分时，无论哪个视图或视图中的哪个部位，只要其形状特征明显，就应从那里入手，而能够看清的部分则没有必要细分。此外，看图时应先看主要部分，后看次要部分；先看容易确定的部分，后看难以确定的部分；先看大体形状，后看细部形状。

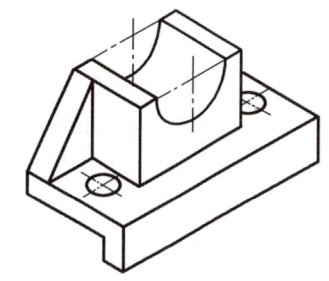

图4-13 综合想象整体的形状

2. 线面分析法

将物体的表面进行分解，弄清各个表面的形状和相对位置的分析方法，称为线面分析法。

表 4-8　利用形体分析法想象各形体的形状

序号	读图要点	图示
1	抓住特征分部分，划分线框，分析形体	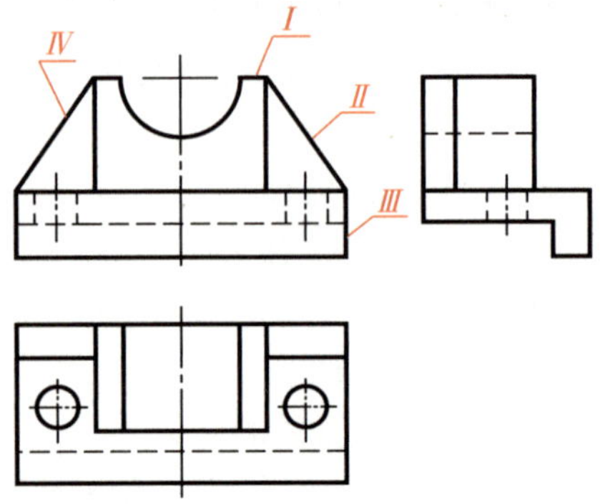
2	对照投影，想象线框Ⅰ对应的形体形状	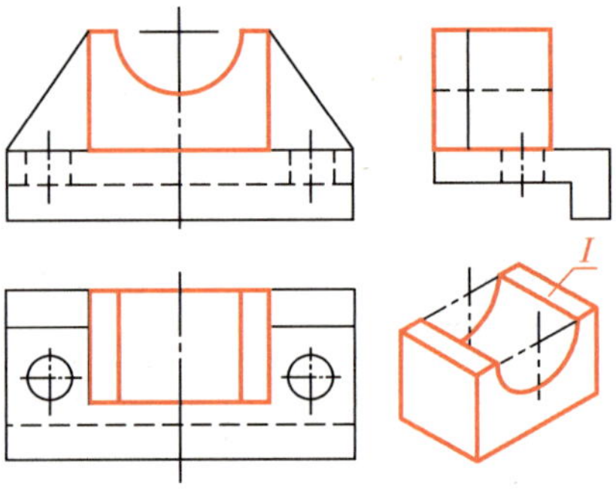
3	对照投影，想象线框Ⅱ、Ⅳ对应的形体的形状	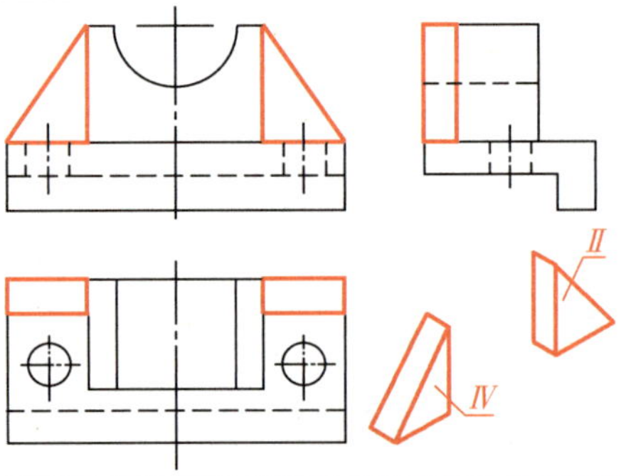
4	对照投影，想象线框Ⅲ对应形体的形状	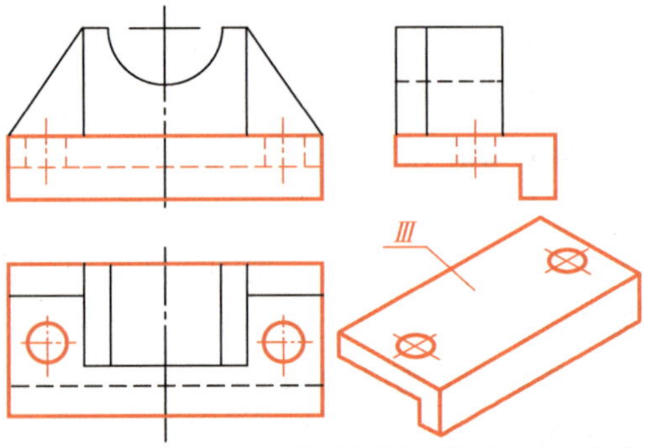

运用线面分析法看图，其实质就是以线框分析为基础，通过分析"面"的形状和位置来想象物体的形状。线面分析法常用于分析视图中局部投影复杂之处，可将它作为形体分析法的补充。但在看切割体的视图时，主要利用线面分析法。

如图 4-14 所示切割体，利用线面分析法想象其形体，详见表 4-9。

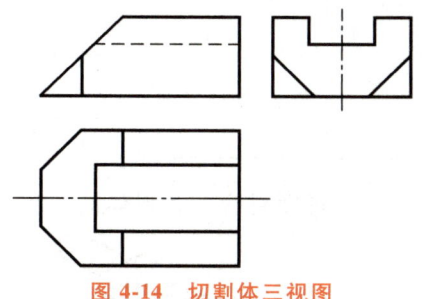

图 4-14　切割体三视图

表 4-9　利用线面分析法想象其形体的形状

序号	读图要点	图示
1	切割前的整体为四棱柱。用一个正垂面斜切掉一个三棱柱，其投影为 s、s' 和 s''	
2	前后两个铅垂面斜切物体，其投影为 t、t' 和 t''	
3	左视图中间，由一个水平面和两个侧平面切了一个通槽，由主俯视图可看出，水平面为四边形；由主、左视图可以看出侧平面为梯形	

(续)

序号	读图要点	图示
4	综合起来,想象整体	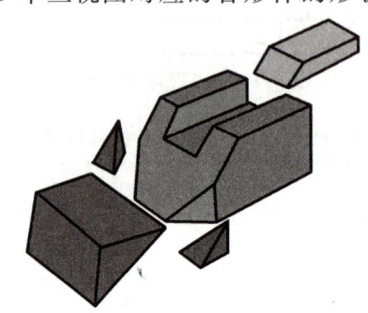

利用线面分析法想象表 4-9 中三视图对应的各形体的形状,如图 4-15 所示。

图 4-15 利用线面分析法想象各形体的形状

【任务实施】

绘制轴承座三视图,对轴承座进行形体分析,其绘制过程见表 4-10。

表 4-10 轴承座三视图的绘制步骤

序号	绘图要点	图示
1	**形体分析**:轴承座是由底板、圆筒、肋板和支承板组成的,底板、肋板和支承板之间的组合形式为叠加;支承板的左右侧面与圆筒外表面相切,肋板和圆筒属于相贯,其相贯线为圆弧和直线	
2	**选择主视图**:主视图一般应能明显地反映出物体形状的主要特征,同时还要考虑物体的正常位置并力求使主要平面和投影面平行,以便使投影获得实形。从图示中箭头方向看去得到轴承座的主视图,主视图投射方向选定以后,俯视图和左视图的投射方向也就随着确定了	

（续）

序号	绘图要点	图示
3	布置视图并画出基准线	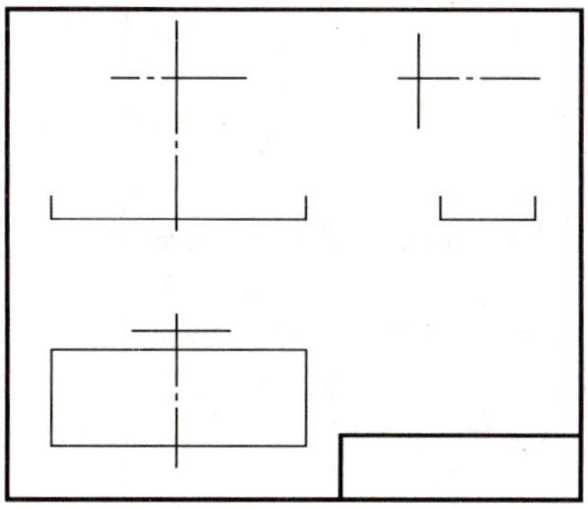
4	绘制圆柱筒和底板	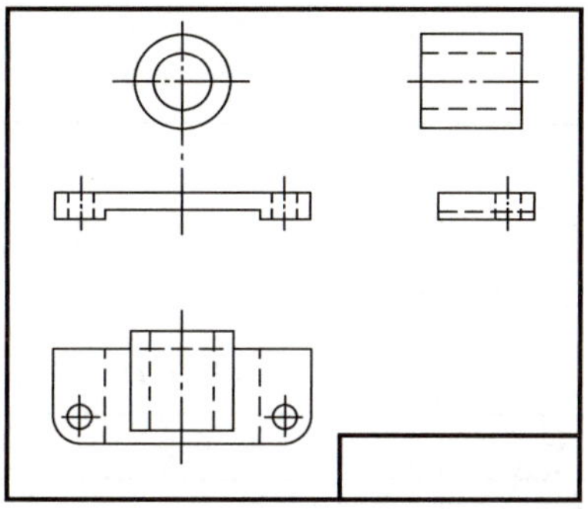
5	绘制支承板和肋板	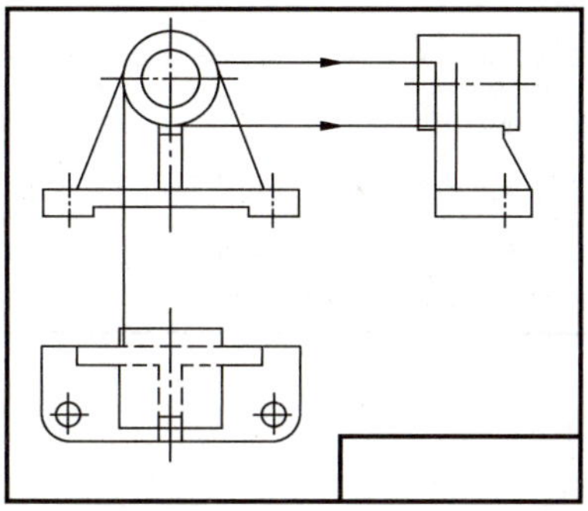
6	绘制细节,补虚线,描深,完成全图	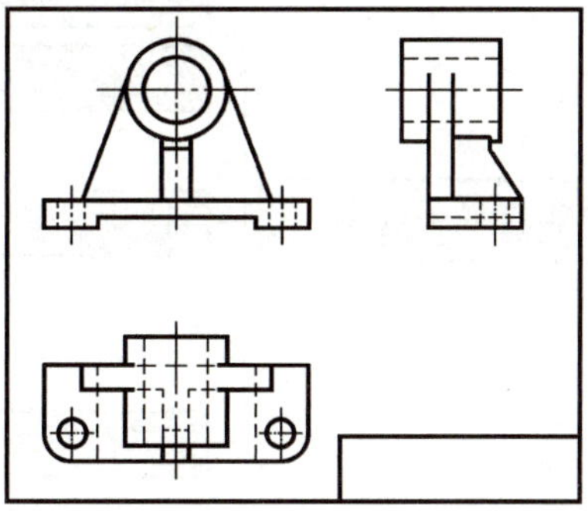

(续)

序号	绘图要点	图示
7	尺寸标注:确定圆柱筒的定形尺寸"φ22""φ14""24";底板的定形尺寸"60""22""6";底板上的两个"φ6"孔的相对位置,标注尺寸"48"和"16"	

【任务评价】

请完成表 4-11 中的学习评价。

表 4-11　任务 2 学习评价检查项目

序号	检查项目	评分标准	结果评估	自评分
1	能否正确选出主视图的方向	5		
2	能否说出轴承座表达方案	20		
3	所绘制图形是否完整、正确地表达了轴承座的形状	5		
4	能否正确标注尺寸	30		
5	所绘制图形的线型和位置是否符合制图标准	20		
6	在绘制图形过程中,是否遇到了问题;在解决问题过程中是否提升了查阅资料、沟通交流的能力	20		

【总结回顾】

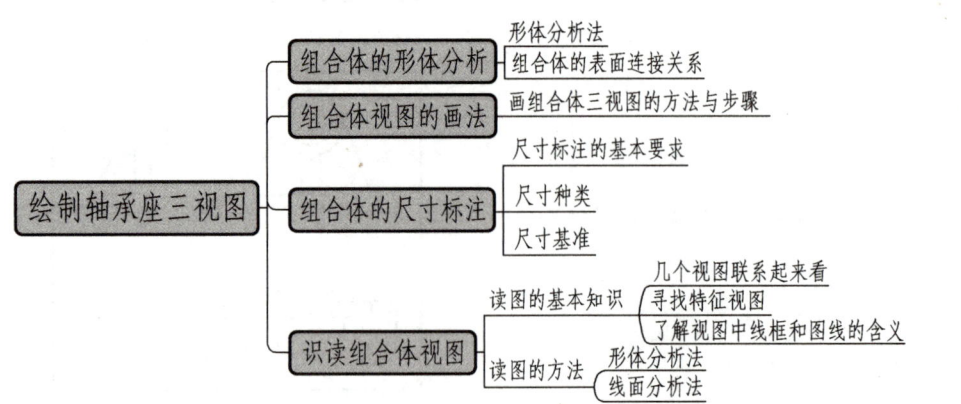

项目5　零件图的表达方法

任务1　泵盖零件图样的表达

【任务目标】

【知识目标】
(1) 了解视图的种类及适用场合。
(2) 掌握基本视图、向视图、斜视图、局部视图的画法、配置与标注。

【能力目标】
(1) 能正确绘制机件的基本视图、向视图、斜视图和局部视图。
(2) 能根据具体的形状特点选择恰当的视图表达机件的外部形状。

【素质目标】
(1) 养成细致、严谨的工作作风。
(2) 培养绘制和识读中等复杂程度机械图样的基本能力。

【任务描述】

飞机液压系统中常用的有齿轮泵和柱塞泵，图5-1所示为齿轮泵的工作原理图，图5-2

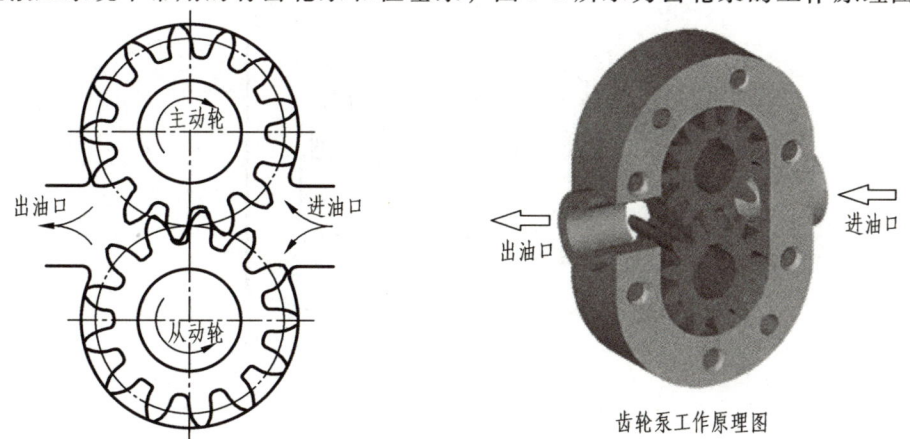

图5-1　齿轮泵工作原理图

所示为泵盖立体图，请据此选用恰当的视图表达其外形，并回答相关问题。

【任务分析】

在生产实际中，有些简单的机件只用一个或两个视图并注上尺寸，就可以表达清楚了。然而，有些复杂的机件，用三个视图也难以将其内外结构形状清楚地表达出来。因此，还必须增加表示方法，扩充表达手段。技术制图和机械制图相关的国家标准中的相应规定，为确切地表达各种机件、力求制图简便、看图方便提供了依据。

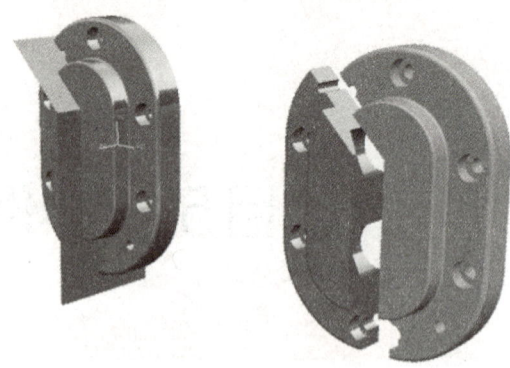

图 5-2　泵盖立体图

视图主要用来表达机件的外部结构和形状，一般只画出机件的可见部分，必要时才用细虚线表达其不可见部分。视图通常有基本视图、向视图、局部视图和斜视图四种。

【知识储备】

知识点 1　基本视图

物体向基本投影面投射所得的视图，称为基本视图。

当机件的形状比较复杂，且三视图不能准确、完整、清晰地表达其外部形状和结构时，需要在原来三个投影面的基础上再添加三个投影面。这六个投影面形成了一个六面体，六面体的六个面称为基本投影面。将机件放置于六面体中并向这六个基本投影面投射，这样得到的六个视图称为基本视图，如图 5-3a 所示。

基本视图的名称、投射方向及配置关系除了主视图、俯视图和左视图外，还有后视图（从后方向前方投射）、仰视图（从下方向上方投射）和右视图（从右方向左方投射）。六

12. 视图

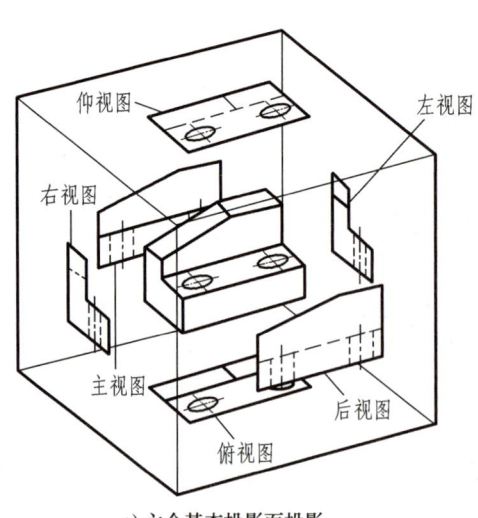

a) 六个基本投影面投影

图 5-3　基本视图的形成及配置

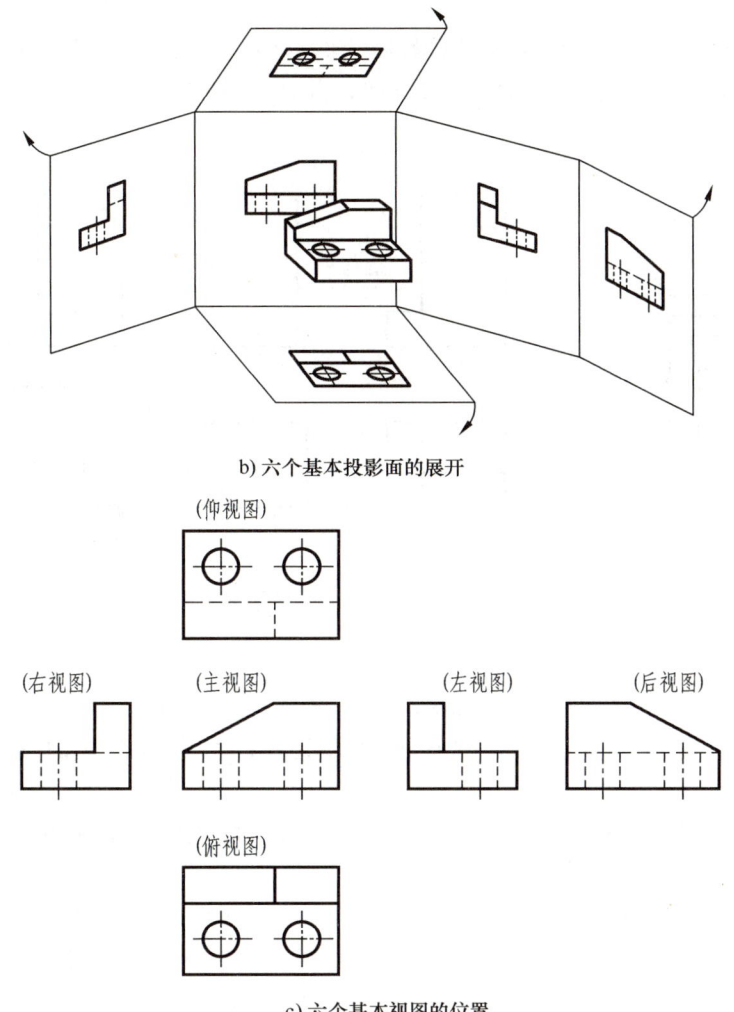

b) 六个基本投影面的展开

c) 六个基本视图的位置

图 5-3　基本视图的形成及配置（续）

个基本投影面的展开方法为：正投影面保持不动，其余各投影面按照图 5-3b 中箭头所指方向展开。展开后，六个基本视图的配置关系为：原有三视图位置不变，右视图在主视图正左方，仰视图在主视图的正上方，后视图在左视图的正右方。

如图 5-3c 所示，基本视图之间仍然保持"长对正、高齐平、宽相等"的"三等"投影关系。除后视图外，各视图的里边图线（靠近主视图的一边）均表示机件的后面轮廓；各视图的外边图线（远离主视图的一边）均表示机件的前面轮廓。

在同一张图样上，如果机件的各视图按照基本视图的位置配置时，一律不标注视图的名称。

知识点 2　向视图

在实际绘图中，有时不能同时将六个基本视图都画在同一张图纸上。为了解决这一问题，以及识别读图问题，国家标准规定了一种可以自由配置的视图——向视图，即图样上视图和剖视图自由配置的表示法。

但需要在向视图的正上方标注视图的名称"×"(×为大写拉丁字母,即 A,B,C,…),然后在对应的基本视图上用箭头标出投射方向,并注写同样的字母,如图 5-4 中的向视图 D、E、F。

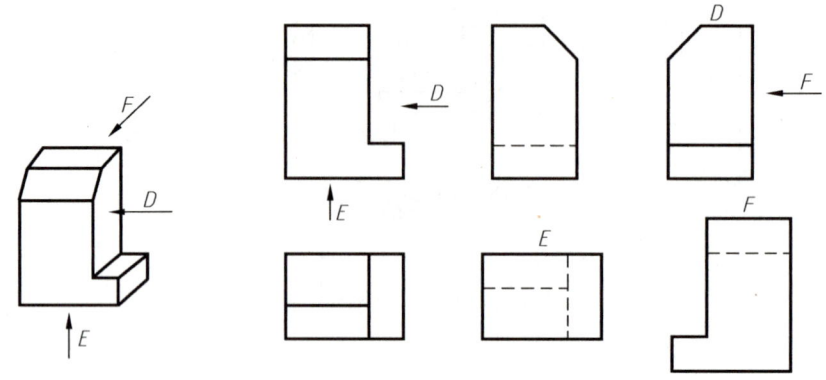

图 5-4 向视图及其标注

在实际应用时,要注意以下几点:

(1) 由于向视图的位置可随意配置,为使看图者不产生误解,所以必须予以明确标注。无论名称是注在箭头旁还是注在视图的上方,均应与正常的读图方向相一致,以便于识别。

(2) 向视图是基本视图的另一种表达方式,是移位配置的基本视图。向视图是正射获得的,既不能斜射,也不可旋转配置。

(3) 向视图不能只画出部分图形,必须完整地画出投射所得的图形。

(4) 表示投射方向的箭头尽可能配置在主视图上,以使所获视图与基本视图相一致。表示后视图投射方向的箭头,配置在左视图或右视图上。

知识点 3　局部视图

将机件的某一部分向基本投影面投射所得到的视图,称为局部视图。如图 5-5 所示,机件在选用主视图和俯视图后,只有 A、B 两个方向凸起部分的结构尚未表达清楚。为此,可采用 A、B 两个局部视图加以补充表达。这样既简化作图,又使表达简单明了。

局部视图的配置、标注及画法如下:

(1) 局部视图一般需要标注投射方向和视图名称,但当其按基本视图位置配置,且中间没有其他图形隔开时,则不必标注,如图 5-5b 所示的字母 A 及箭头均可省略。

(2) 局部视图也可按向视图的配置形式配置在合适位置,此时需要在局部视图的上方用大写拉丁字母标出视图的名称"×",在相应的视图附近用箭头指明投射方向,并标注同样的字母,如图 5-5b 中的局部视图 B。

(3) 局部视图断裂处的边界线用波浪线或双折线表示,如图 5-5b 所示的局部视图 A。但当所表达的局部结构是完整的,且外形轮廓线呈封闭状态时,波浪线可省略不画,如图 5-5b 中的局部视图 B。

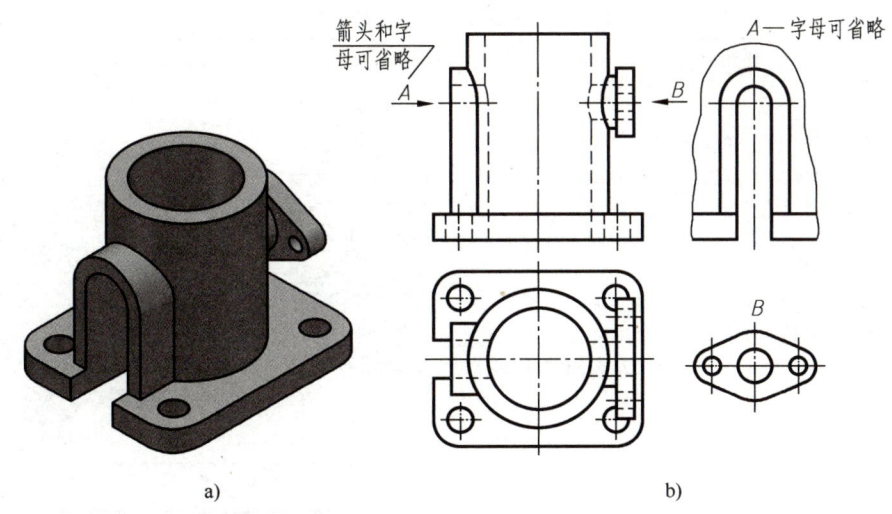

图 5-5 局部视图

知识点 4　斜视图

将机件向不平行于任何基本投影面的平面投射所得的视图，称为斜视图，如图 5-6a 所示。画斜视图的目的是表达机件上倾斜部分的实形，所以斜视图通常都画成局部视图，即只画出机件上倾斜部分的实形，其余部分无需全画出，并在视图的合适位置用波浪线或双折线断开，如图 5-6b 所示。

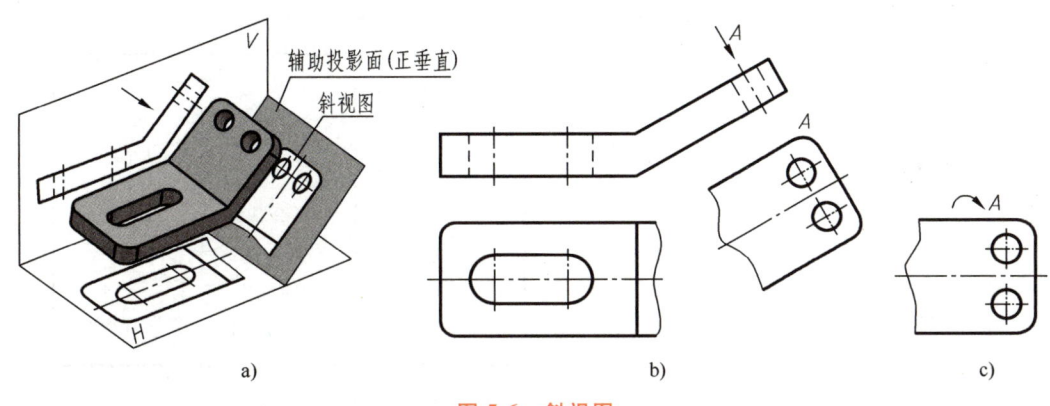

图 5-6 斜视图

斜视图的配置与标注通常按照向视图的相关规定，必要时允许将斜视图旋转配置。旋转配置时，应在视图上方画出旋转符号"↷"（表示顺时针旋转）或"↶"（表示逆时针旋转），且表示该视图名称的大写拉丁字母"×"应靠近旋转符号的箭头端，箭头方向由旋转方向确定，如图 5-6c 所示。

【任务实施】

一、绘制泵盖零件图

泵盖零件图的绘制过程见表 5-1。

表 5-1　泵盖零件图的绘制过程

序号	绘图要点	图示
1	泵盖零件属于轮盘类零件,因此,主视图一般按加工位置原则将轴线水平放置,并将垂直于轴线的方向作为投射方向,其表达方法多采用主视图和左视图(或右视图) 其中,主视图采用剖视图表达其内部结构;左视图(或右视图)常用来表达零件的外形及零件上孔、肋板、轮辐等的分布情况	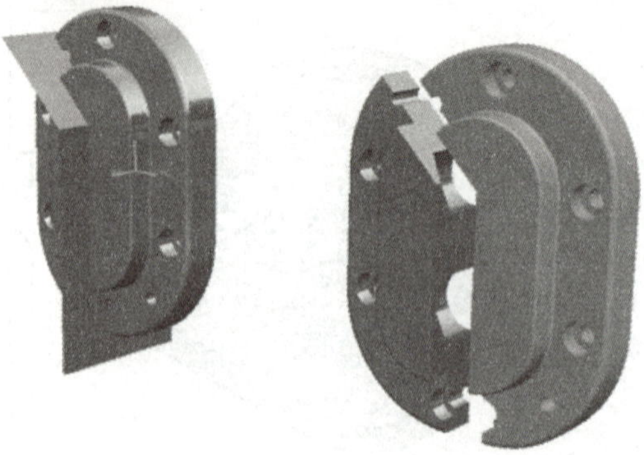
2	图样布局,画基准线	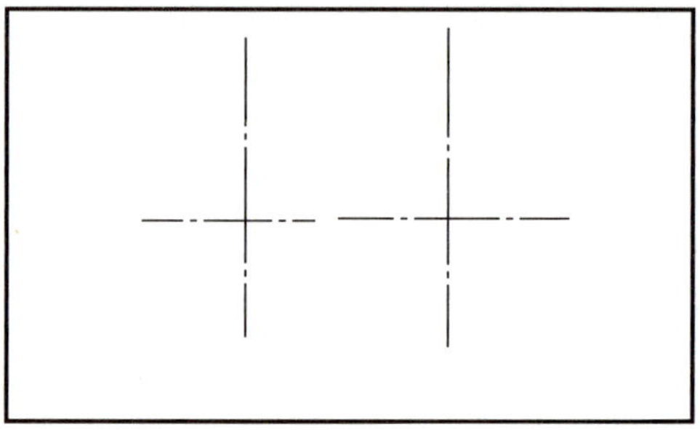
3	绘制泵盖的主体部分	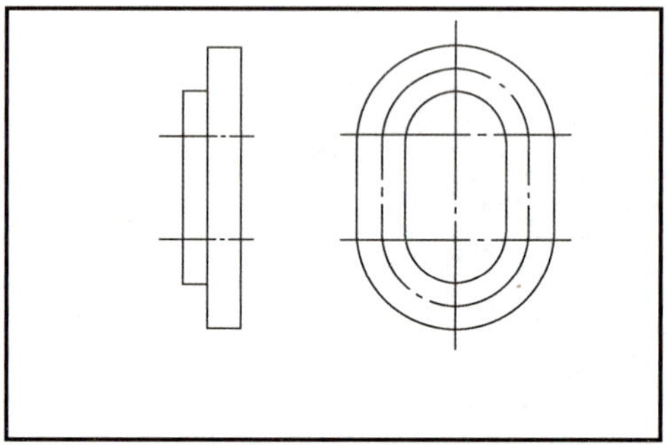
4	绘制零件上的孔	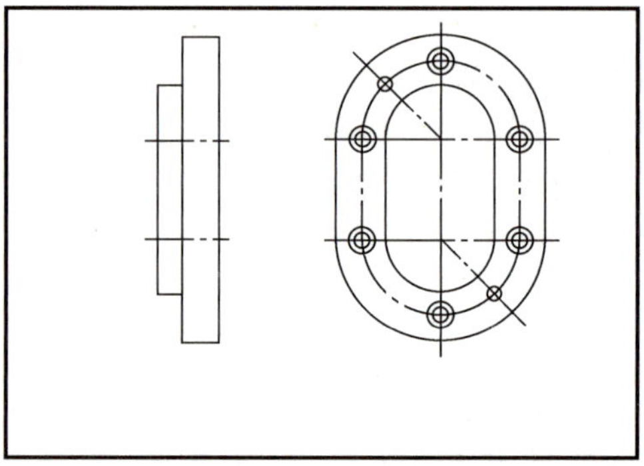

项目5 零件图的表达方法

（续）

序号	绘图要点	图示
5	描粗，标注尺寸	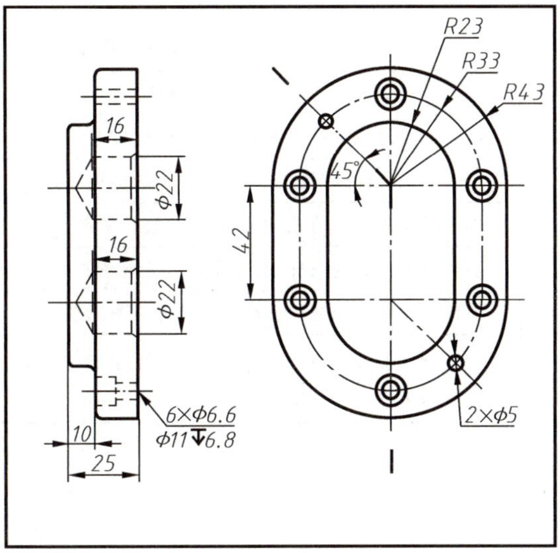
6	填写标题栏	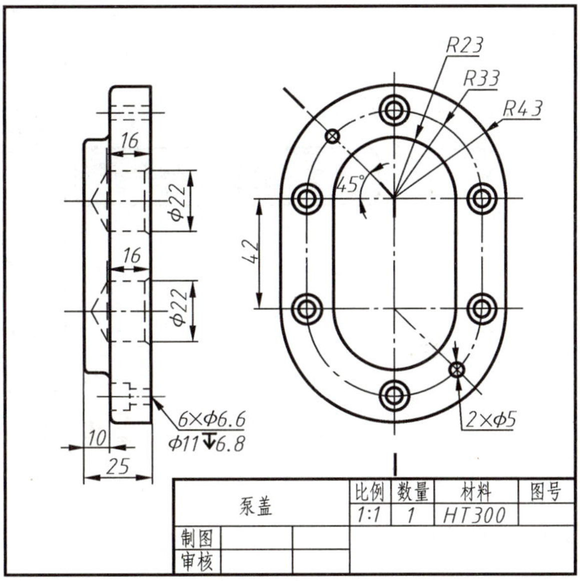

二、回答下列问题

（1）在绘制图形前，是如何在空间坐标系中摆放泵盖位置的？这样摆放有什么好处？

_____

_____

（2）在绘制图形的过程中，是如何做到没有漏画图线的？

_____

_____

【任务评价】

请完成表 5-2 中的学习评价。

表 5-2　任务 1 学习评价检查项目

序号	检查项目	评分标准	结果评估	自评分
1	能否完整地说出机件外部形状的表达方案	5		
2	能否说出机件外部形状各表达方案的适用场合	20		
3	在开始绘制图形前,能否将泵盖摆放在最恰当的位置	5		
4	所绘制图形是否完整、正确地表达了泵盖的形状	30		
5	所绘制图形的线型和位置是否符合制图标准	20		
6	在绘制图形过程中,是否遇到了问题;在解决问题过程中是否提升了查阅资料、沟通交流的能力	20		

【总结回顾】

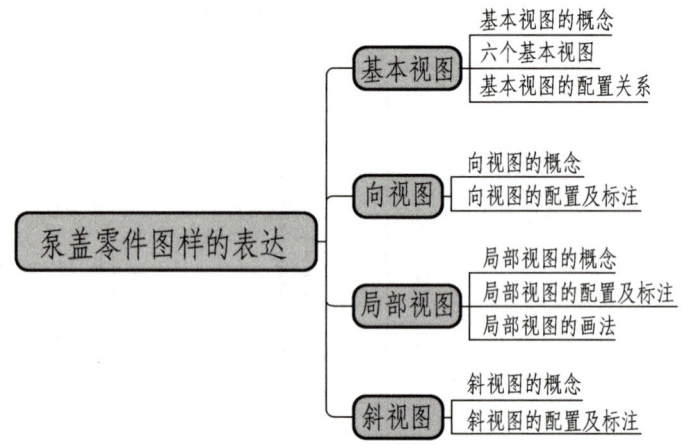

任务 2　支架零件图样的表达

【任务目标】

【知识目标】

（1）了解剖视图的种类、剖切面的种类以及它们的使用场合。

（2）掌握剖视图的画法及标注。

【能力目标】

（1）能正确绘制机件的剖视图。

（2）能根据具体的结构特点选择恰当的剖视图,以表达机件的内部结构。

【素质目标】

（1）养成细致、严谨的工作态度。

（2）培养绘制和识读中等复杂程度机械图样的基本能力。

【任务描述】

在飞机的系统工程中，飞机保障设备是重要组成部分。尤其在维修过程中，飞机托架几乎是不可或缺的设备。机身托架、机翼托架等设计得好，就能有效降低维保成本。图 5-7 所示为一个支架零件，请根据其立体图确定该支架的表达方案，并回答相关问题。

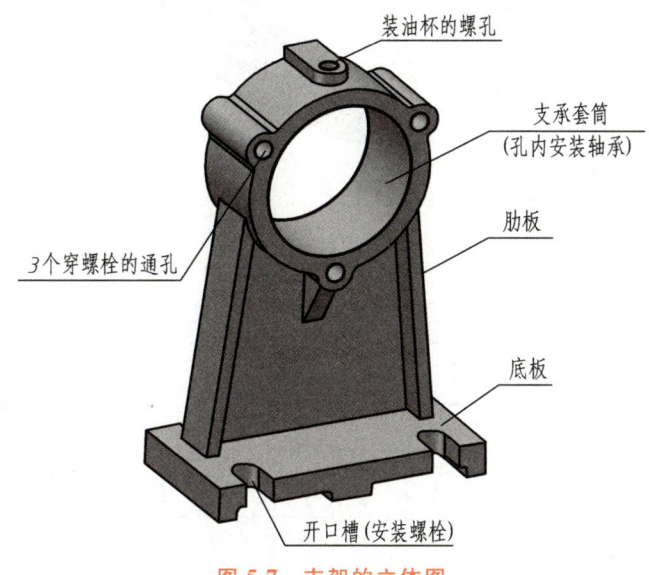

图 5-7　支架的立体图

【任务分析】

当机件的内部结构比较复杂时，视图中的细虚线较多，这些细虚线以及它们与实线之间往往重叠交错，大大地影响了图形的清晰度，既不便于画图、看图，也不便于标注尺寸。为解决这些问题，国家标准规定了剖视图的基本表示法。

【知识储备】

知识点 1　剖视图

一、剖视图的形成

如图 5-8a 所示，假想用一剖切面将机件剖开，将处在观察者和剖切面之间的部分移去，将剩下的部分向基本投影面投射所得到的视图，称为剖视图。

如图 5-8b、c 所示，将视图与剖视图相比较，可以看出，由于主视图采用了剖视图的画法，将机件上不可见的部分变成了可见的，图中原有的细虚线变成了粗实线，再加上剖面线的作用，使机件内部结构形状的表达既清晰，又有层次感。同时，画图、看图和标注尺寸也都更为简便。

二、剖面符号

机件被假想剖开后，剖切面与机件的接触部分称为剖面区域。为了区分机件的实心部分与空心部分，国家标准规定被剖切到的面上要画出剖面符号，并且不同的材料要用不同的剖面符号。各种材料的剖面符号见表 5-3。

13. 剖视图的形成

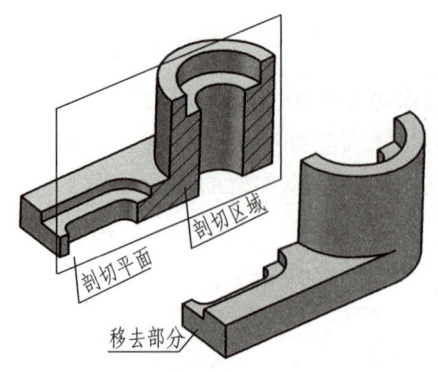

a) 立体图

b) 视图　　　　c) 剖视图　　　　d) 省略箭头、字母

图 5-8　剖视图的形成

表 5-3　剖面符号

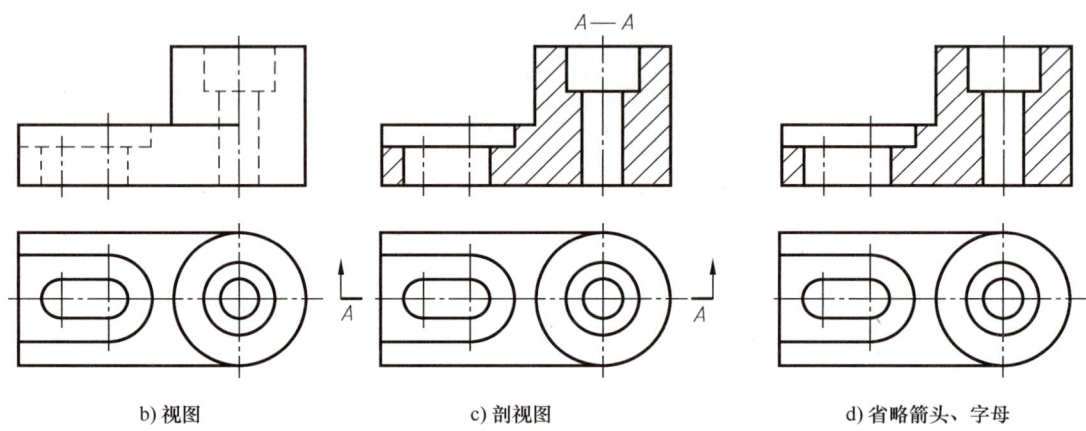

材料名称	剖切符号	材料名称	剖面符号
金属材料（已有规定剖面符号者除外）		混凝土	
非金属材料（已有规定剖面符号者除外）		钢筋混凝土	
型砂、填砂、粉末冶金、砂轮、陶瓷刀片、硬质合金刀片等		砖	
线圈绕组元件		玻璃及其他透明材料	
木材　纵断面		液体	
木材　横断面			

画金属的剖面符号时，应遵守以下规定。

1）国家标准规定，表示剖面区域的剖面线，应以适当角度的细实线绘制，最好与主要轮廓线或剖面区域的对称线成45°，如图5-9所示。

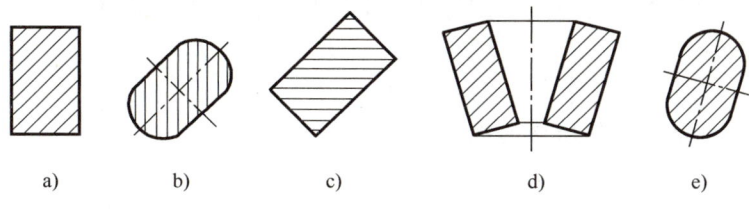

图5-9 剖面线的角度

2）同一物体的各个剖面区域，其剖面线的画法应一致——间距相等、方向相同。

3）当图形的主要轮廓线与水平成45°时，该图形的剖面线应画成与水平成30°或60°的平行线，其倾斜方向仍与其他图形的剖面线一致，如图5-10所示。

三、画剖视图的注意事项

1）因为剖切是假想的，并不是真的把机件切开并拿走一部分（但画剖视的图形时则应以假当真），因此当一个视图取剖视后，其余视图应按完整机件画出，如图5-8c中俯视图所示。

2）注意细虚线的取舍。当剖视图中看不见的结构形状，如图5-11中的俯视图，在其他视图中已表达清楚时，细虚线可省略不画。

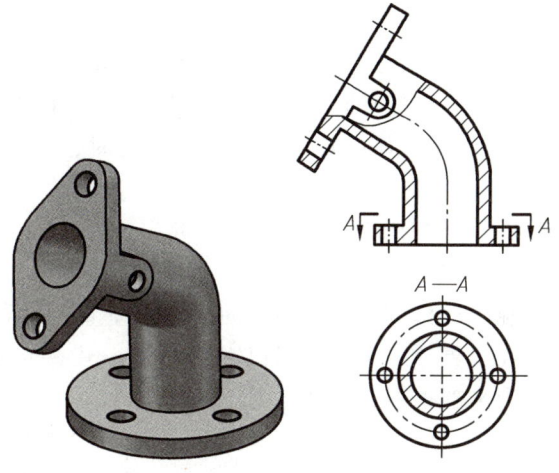

图5-10 特殊角度的剖面线画法

对尚未表达清楚的结构形状，也可用细虚线表达，如图5-11所示左视图中画出少量细虚线，既不影响剖视图的清晰度，还可减少一个视图（右视图）。

3）不可漏画可见的轮廓线。在剖切面后面的可见轮廓线，应全部用粗实线画出，如图5-11中的两个圆孔和相贯线的投影等必须画出。

四、剖视图的标注与配置

为了便于读图，一般应在剖视图上方用字母标出视图名称"×—×"（×为大写拉丁字母，即A，B，C，…），并在相应的视图上画出剖切符号（用长为5~10mm，宽为1~1.5倍粗实线线宽的粗短线表示剖切位置，用箭头表示投射方

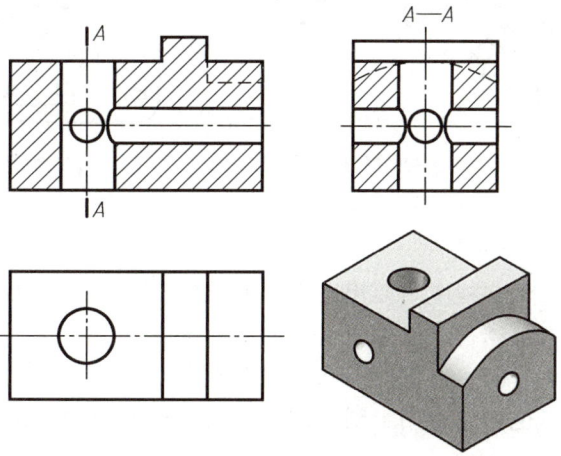

图5-11 剖视图中细虚线和粗实线的应用

向），且需要注上同样的字母，如图 5-8c 所示。

知识点 2　剖视图的种类

机件按剖切范围分类，可分为全剖视图、半剖视图和局部剖视图。

一、全剖视图

1. 概念

用剖切面完全地剖开机件所得的视图，称为全剖视图。

2. 应用

全剖视图主要用于表达内部形状复杂的不对称机件，或外形简单的对称机件，如前面所讲的案例，均为全剖视图。

3. 标注

1）当平行于基本投影面的单一剖切平面通过机件的对称平面剖切机件，且剖视图按规定的投影关系配置时，粗短线、箭头、字母、图名均可省略，如图 5-8d 中主视图所示。

2）当剖视图按规定投影关系配置时，可省略表示投射方向的箭头，如图 5-11 中左视图所示。

二、半剖视图

1. 概念

当机件具有中心对称平面时，向垂直于对称平面的投影面上投射所得到的图形，以对称中心线为界，一半画视图以表达外形，另一半画剖视图以表达内部结构，这样组合而成的图形称为半剖视图，如图 5-12 所示。

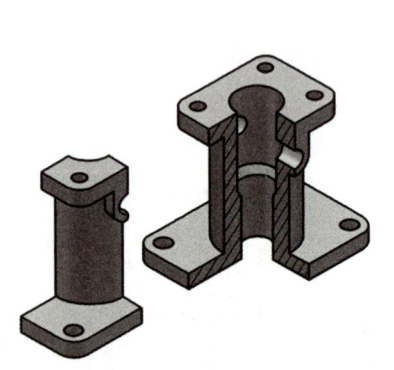
a) 主视图剖切位置

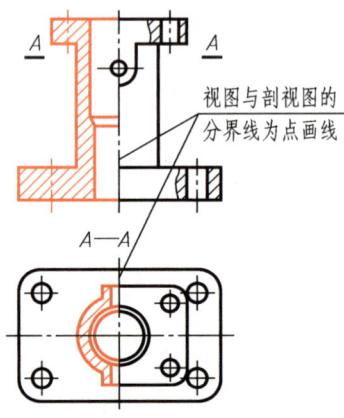
b) 半剖视图

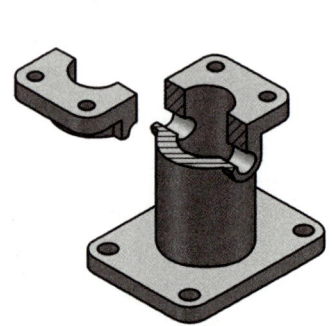
c) 俯视图剖切位置

图 5-12　半剖视图的形成

2. 应用

半剖视图主要用于内、外结构形状都需要表达的对称机件。半剖视图既充分表达了机件的内部结构，又保留了机件的外部形状。

有时，机件的形状接近于对称，即具有对称平面，且不对称部分已另有视图表达清楚时，也可以采用半剖视图，以便将机件的内外结构形状简明地表达出来。

3. 标注

半剖视图的标注方法与全剖视图相同。图 5-12a 所示的机件为左右对称，图 5-12b 中主视图所采用的剖切平面通过机件的前后对称平面，所以不需要标注；而俯视图所采用的剖切平面并非通过机件的对称平面，所以必须标出剖切位置和名称，但箭头可以省略。

4. 画半剖视图的注意事项

1）视图与剖视图的分界线只能是对称中心线，即分界线用细点画线画出。

2）机件的内部形状在半剖视图中已表达清楚时，在另一半视图中就不必再画出细虚线，但对于孔或槽等，应画出中心线的位置。

3）对称机件的轮廓线与对称中心线的投影重合时，不宜画成半剖视图，如图 5-13 所示（一般应采用局部剖视图）。

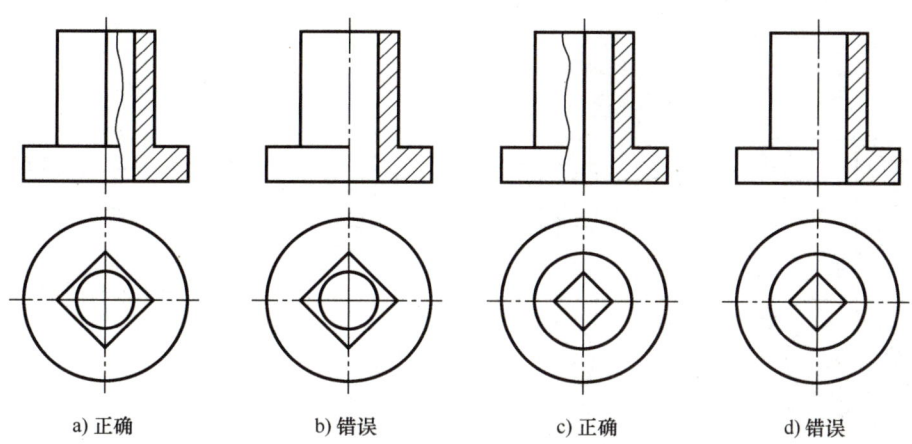

a) 正确　　b) 错误　　c) 正确　　d) 错误

图 5-13　对称机件不宜画成半剖视图的情形

三、局部剖视图

1. 概念

用剖切面局部地剖开机件所得的视图，称为局部剖视图，如图 5-14 所示。

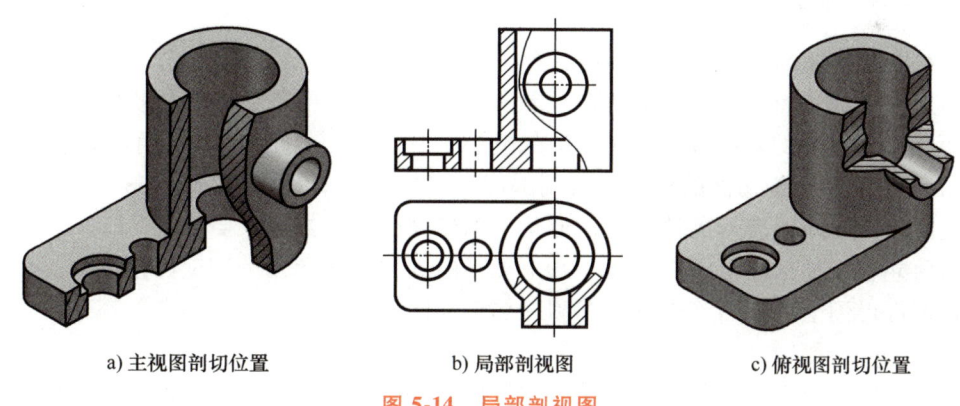

a) 主视图剖切位置　　b) 局部剖视图　　c) 俯视图剖切位置

图 5-14　局部剖视图

2. 应用

局部剖视图不受机件是否对称的限制，可根据机件的结构形状特点灵活地选择剖切位置和范围，适用于内、外形状都需要表达的不对称机件。

3. 标注

局部剖视图的标注方法和全剖视图相同。如果局部剖视图的剖切位置非常明显，则可以不标注。

4. 画局部剖视图的注意事项

1）在一个视图中，局部剖切的次数不宜过多，否则就会显得凌乱，甚至影响图形的清晰度。

2）视图与局部剖视图的分界线（波浪线）不能超出视图的轮廓线，不应与轮廓线重合或画在其他轮廓线的延长位置上，也不可穿空（孔、槽等）而过。图5-15所示为波浪线的画法。

当对称机件在对称中心线处有图线而不便于采用半剖视图时，应采用局部剖视图表示，如图5-15所示。

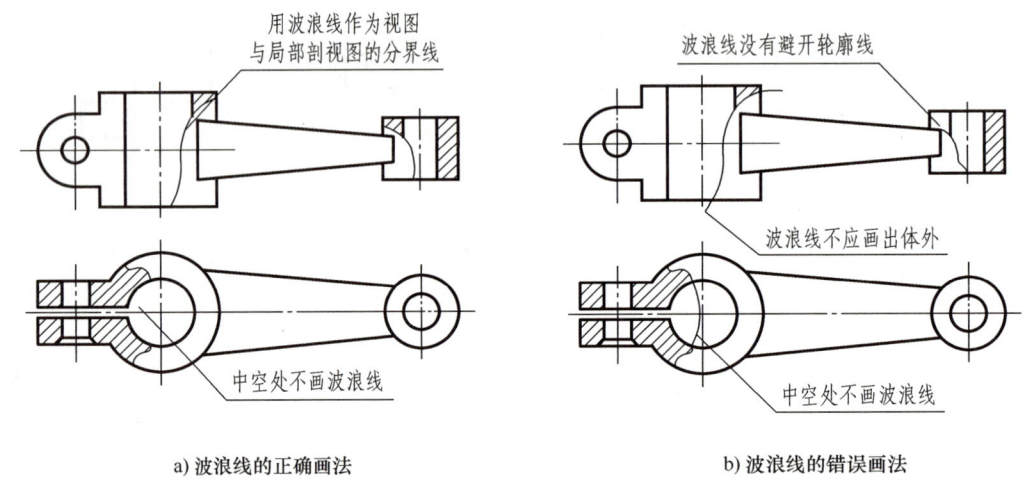

图 5-15　波浪线的画法

知识点 3　剖切面的种类

剖切被表达物体的假想平面或曲面，称为剖切面。

在图形中，剖切面的位置用剖切符号表示。即在剖切面的起、止和转折处画上短画粗实线（尽可能不与图形的轮廓线相交），并在粗短画的两端外侧用箭头指明剖切后的投射方向，如图5-16所示。剖切面的位置也可用剖面线（细点画线）表示。

剖视图能否清晰地表达机件的结构形状，剖切面的选择是很重要的。

剖切面共有三种，即单一剖切面、几个平行的剖切平面和几个相交的剖切面。运用其中任何一种都可得到全剖视图、半剖视图和局部剖视图。

一、单一剖切面

仅用一个剖切面剖开机件，称为单一剖切面，简称单一剖。当机件的内部结构位于一个剖切平面上时，可选用单一剖切面剖开机件，如图5-16所示。单一剖切面包括单一剖切平面、单一斜剖切面和单一剖切柱面。

1）单一剖切平面是用平行于基本投影面的平面剖切机件，如图5-16所示，$A—A$剖视图采用单一剖切平面。

2）单一斜剖切面是用不平行于基本投影面的平面剖切机件，如图5-16所示的$B—B$剖视图。由单一斜剖切面剖切所得到的剖视图，一般配置在与倾斜部分保持投影关系的位置。

但在不致引起误解的情况下，为了看图方便，也允许将图形旋转配置，此时必须加注旋转符号"⤸"或"⤹"，如图 5-16 所示。

3）单一剖切面还可以是回转形的柱形剖切面，称为单一剖切柱面，如图 5-17 所示。

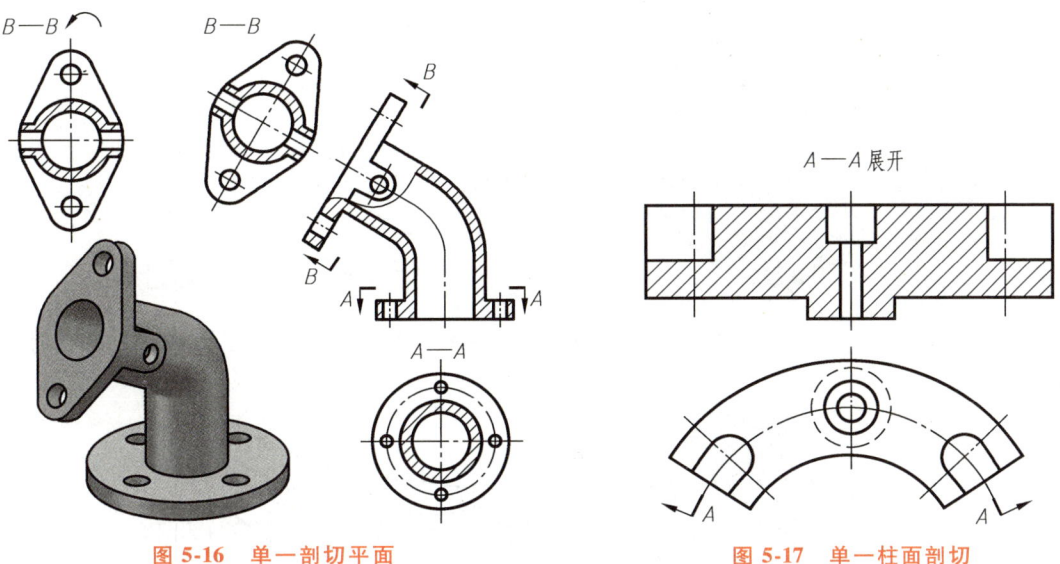

图 5-16　单一剖切平面　　　　　　　图 5-17　单一柱面剖切

二、几个平行的剖切平面

当机件上具有几种不同的结构要素（如孔、槽），而它们的中心平面互相平行且在同一方向的投影无重叠时，可用几个平行的剖切平面剖开机件，这种剖切也称为阶梯剖。如图 5-18 所示的机件，就是用三个互相平行的剖切平面将机件剖开，得到 A—A 剖视图。

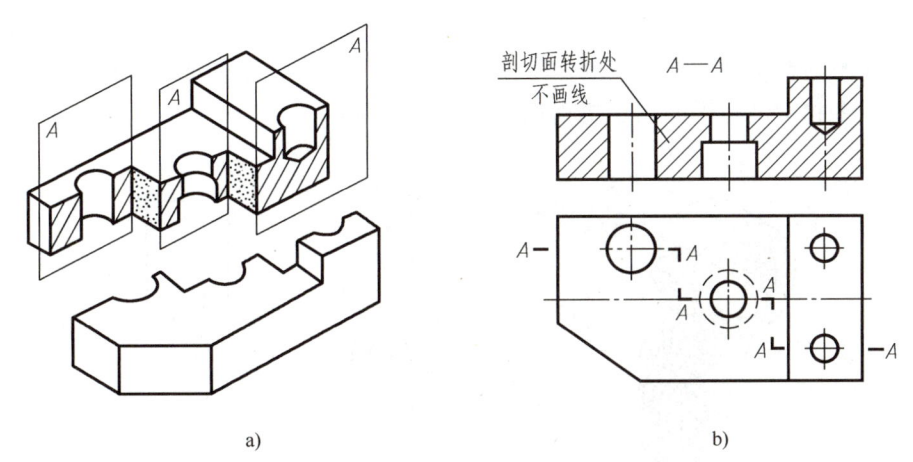

a)　　　　　　　　　　　　　　b)

图 5-18　几个平行的剖切平面

三、几个相交的剖切面

当用单一剖切面或几个平行的剖切平面不能完整表达机件的内部结构（如具有回转轴的机件）时，可利用几个相交的剖切面将其剖开，然后将剖面的倾斜部分旋转到与基本投影面平行时再进行投射。这种"先剖切→后旋转→再投射"的投影方法称为旋转剖，如图 5-22 所示。

旋转剖除了可以表达回转机件上的孔、槽等结构（图 5-19），还可以用于表达机件上与主要内形结构相倾斜的结构中的孔、槽等，如图 5-20 所示的连杆。

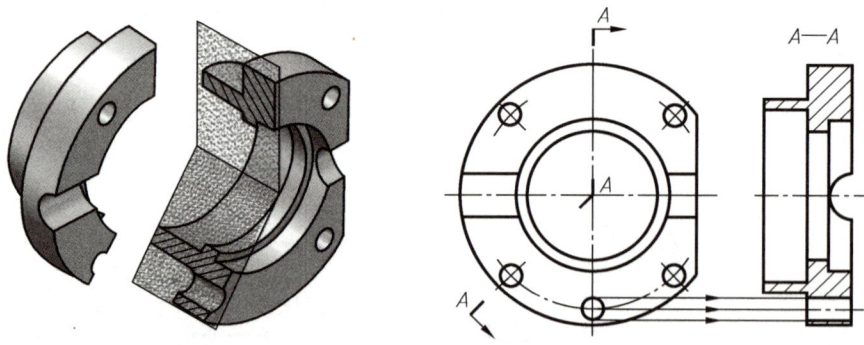

图 5-19　两相交剖切平面的全剖视图

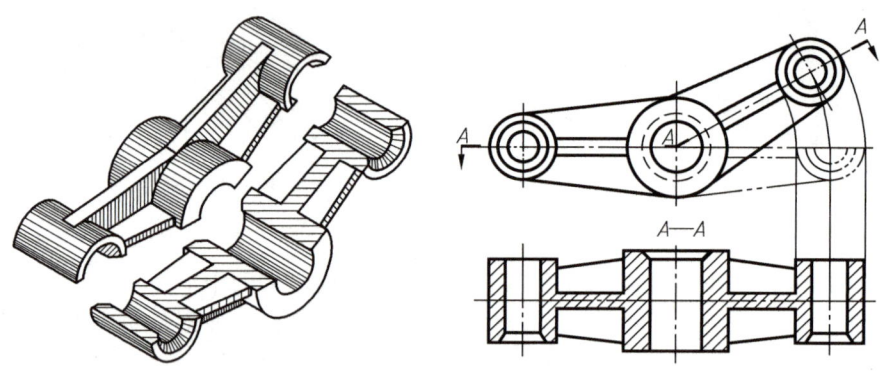

图 5-20　连杆

几个相交的剖切面可以是几个剖切平面相交，也可以是剖切平面和剖切柱面的组合。图 5-21 所示为三个相交剖切平面剖切机件内部结构的实例。

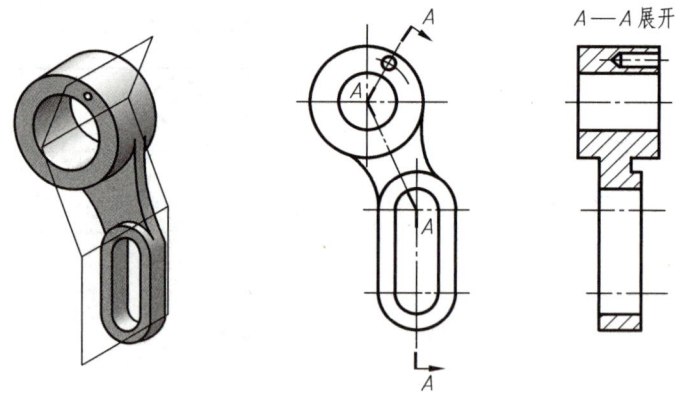

图 5-21　三个相交剖切平面的全剖视图

几个相交的剖切面的标注必须用带字母的剖切符号表示出剖切平面的起、止和转折位置，用箭头表示投射方向，剖视图上方注出视图名称"×—×"，如图 5-19～图 5-21 所示。

【任务实施】

一、绘制支架的零件图

支架零件图的绘制过程见表 5-4。

表 5-4 支架零件图的绘制过程

序号	绘图要点	图示
1	形体分析：支架由圆筒、底板、连接板三部分组成。圆筒主要起支承作用，用于支承轴；底板用于将支架与其他部件连接在一起；连接板将圆筒和底板连接在一起，起加强作用。 视图表达：主视图表达支架各组成部分的基本形状特征；左视图采用两个平行剖切平面形成全剖视图，以表达安装油杯的螺孔、肋板及底板上开口槽的形状。 为了反映支架的底板形状和安装孔、销孔的位置，俯视图采用局部剖视图	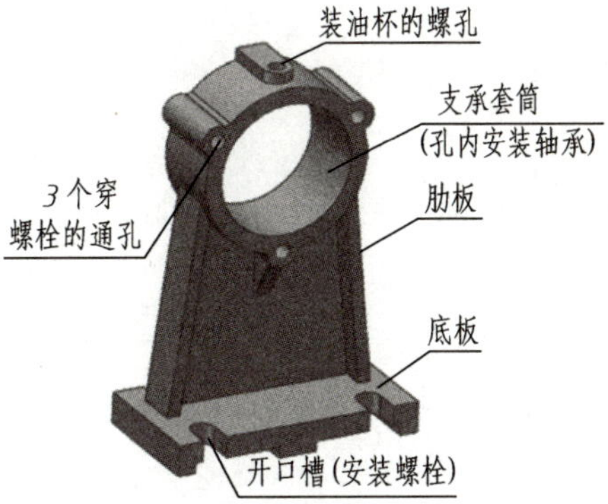 装油杯的螺孔、支承套筒（孔内安装轴承）、3个穿螺栓的通孔、肋板、底板、开口槽（安装螺栓）
2	采用 A4 图纸，竖放，图样布局	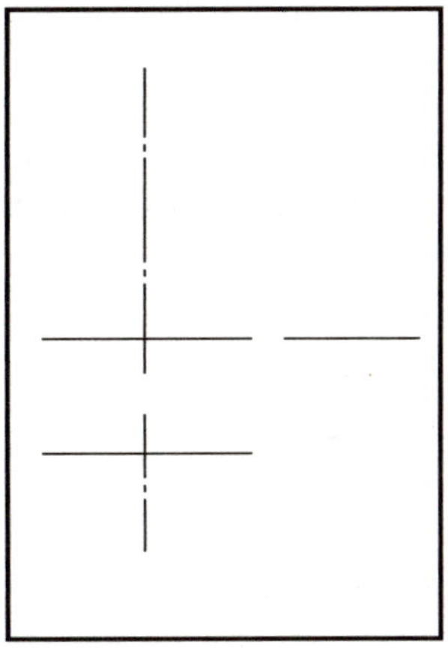
3	绘制底板及安装孔、销孔	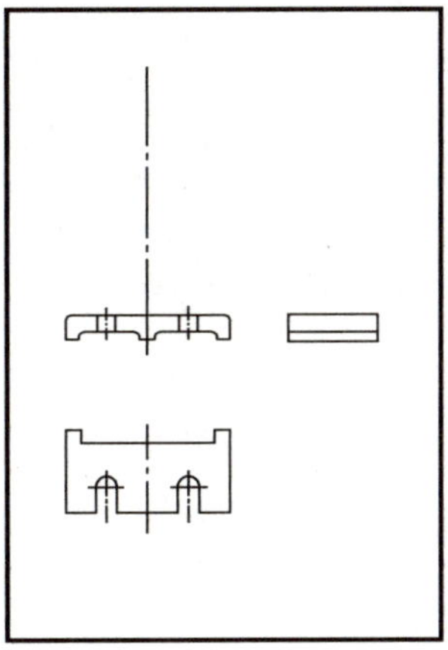

（续）

序号	绘图要点	图示
4	绘制圆筒	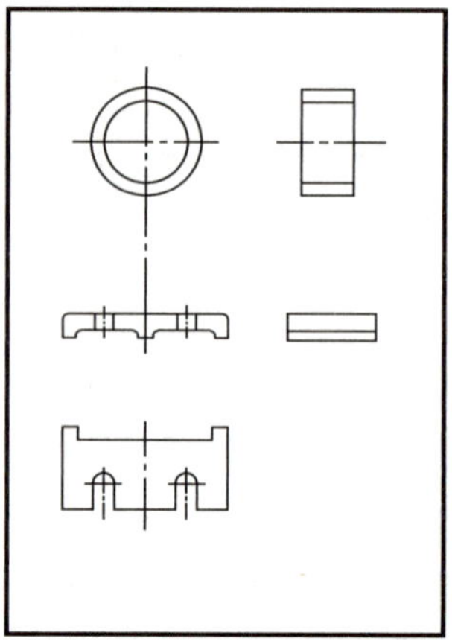
5	绘制圆筒端面上通孔、凸台和螺孔	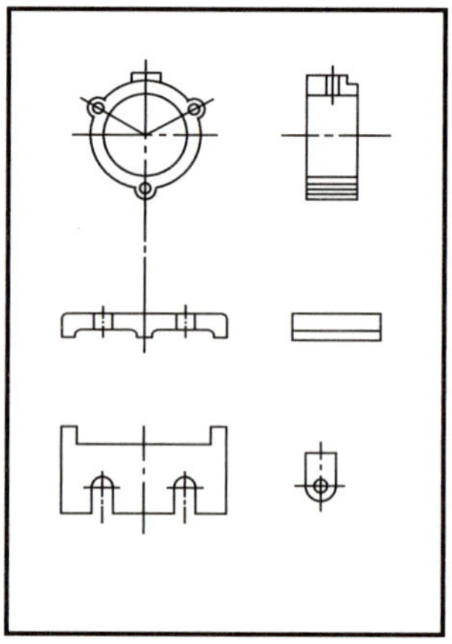
6	绘制连接部分及肋板	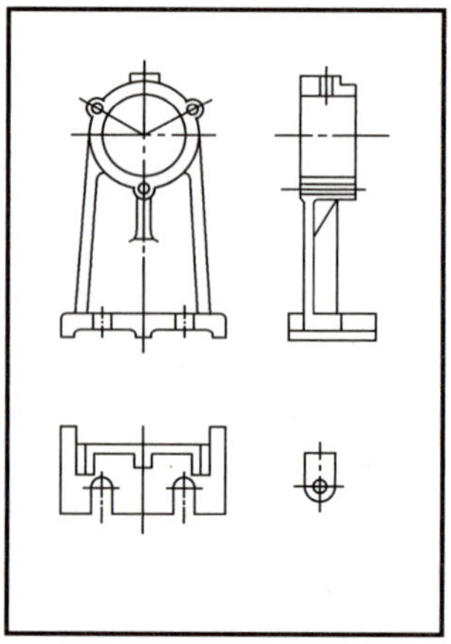

序号	绘图要点	图示
7	描粗,绘制剖面线	

支架的完整零件图如图 5-22 所示。

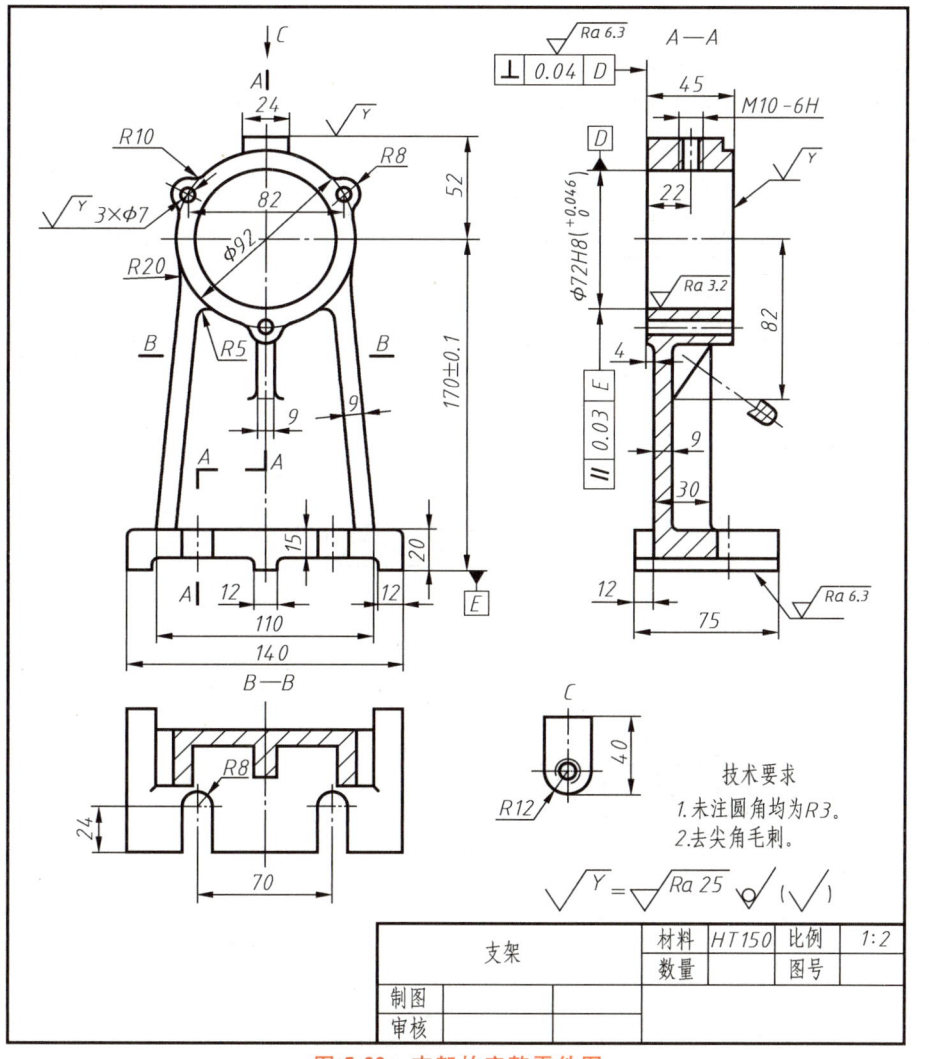

图 5-22 支架的完整零件图

二、回答下列问题

（1）在确定支架表达方案的过程中，都选取了哪些表达方案？选取依据是什么？

_____

_____

（2）如果不采取上述支架内部结构的表达方案，能否清楚地将其内部结构表达出来？这样的表达方案有哪些不足？

_____

_____

【任务评价】

请完成表 5-5 中的学习评价。

表 5-5　任务 2 学习评价检查项目

序号	检查项目	评分标准	结果评估	自评分
1	能否完整地说出机件内部结构的表达方案	5		
2	能否说出机件内部结构各表达方案的适用场合	15		
3	在开始绘制图形前，是否对机件进行了正确的假想剖切	5		
4	所绘制图形是否完整、正确地表达了支架内部的结构	20		
5	所绘制图形的线型和位置是否符合制图标准	15		
6	能否在已知机件三视图的情况下，正确想象出其轴测图	20		
7	在绘制图形过程中，是否遇到了问题；在解决问题过程中是否提升了查阅资料、沟通交流的能力	20		

【总结回顾】

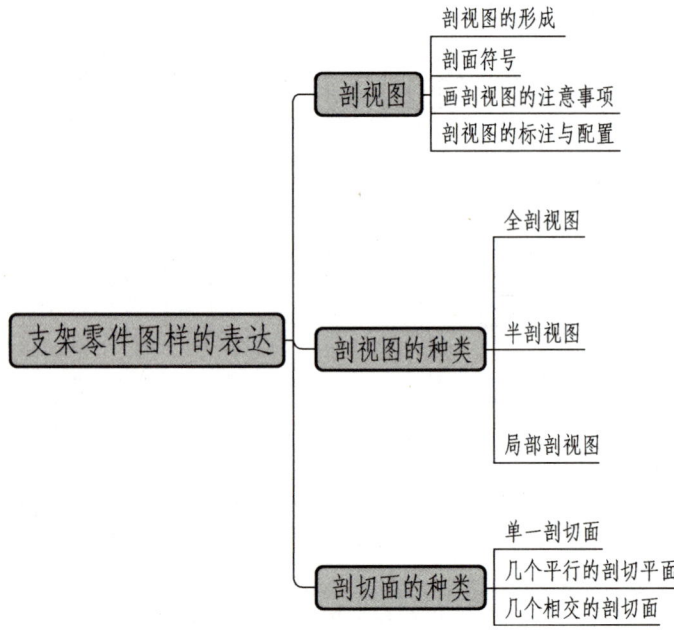

项目5 零件图的表达方法

任务3 主轴零件图样的表达

【任务目标】

【知识目标】
（1）了解断面图的种类。
（2）掌握断面图、局部放大图和简化画法的画法、标注及适用场合。

【能力目标】
（1）能正确绘制机件的断面图。
（2）能正确绘制细小结构的局部放大图。
（3）能选择恰当的简化画法表达机件常见的特殊结构。

【素质目标】
（1）养成细致、严谨的工作作风。
（2）培养绘制和识读中等复杂程度机械图样的基本能力。

【任务描述】

航空发动机零件包括涡轮盘、整体叶盘、机匣、轴和主轴等。其中，主轴是航空发动机核心零部件之一，该零件不仅材料切削难度大，更因其结构特点，使得加工难度成倍上升。

图 5-23 所示为轴类零件图，请根据其图形想象轴的整体形状。

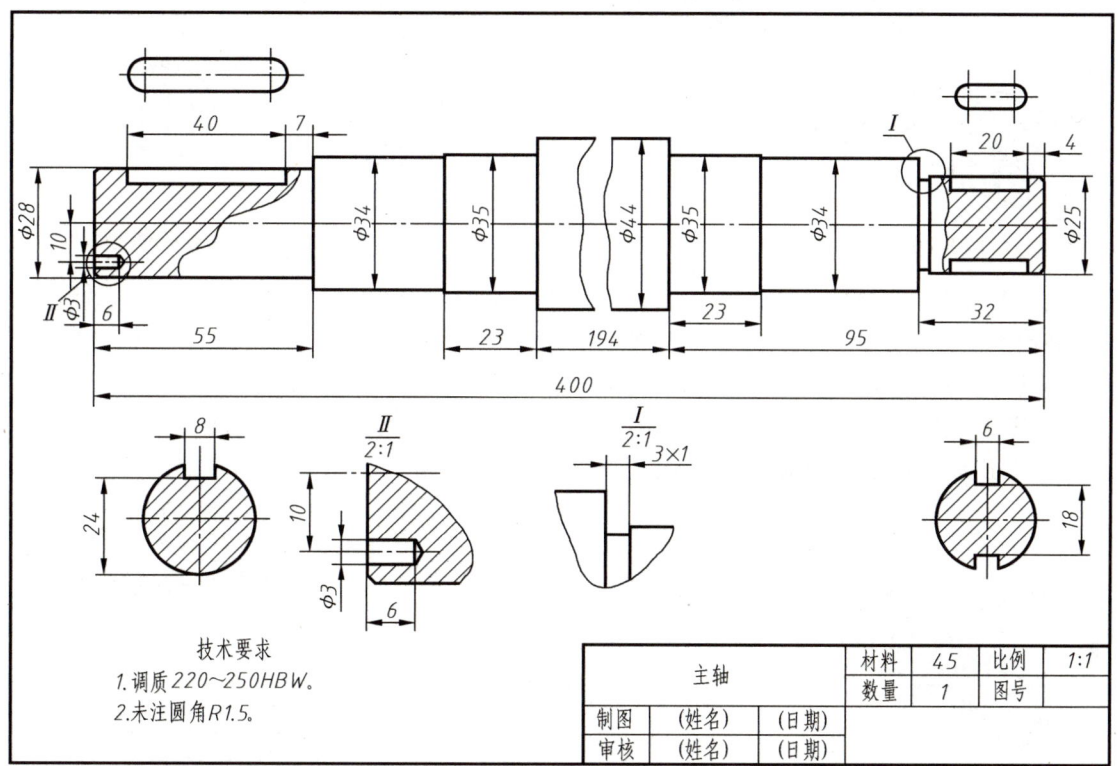

图 5-23 主轴零件图

【任务分析】

如图 5-23 所示，轴的左右两侧均有键槽结构，如果只画出轴的主视图，虽然可以表达键槽的形状位置，却无法表达其深度。若绘制轴的左视图，会出现很多虚线。为了看图方便、画图简单，国家标准还规定了其他一些表达方法，如表达某些部分的断面形状，采用断面图表达；对于机件上细小结构的形状，采用局部放大图表达；对于某些特殊结构，国家标准规定了技术图样中通用的简化画法。

【知识储备】

知识点 1　断面图

一、断面图的概念

假想用剖切平面将机件某处切断，仅画出剖切平面与机件接触部分的图形，称为断面图。断面图和剖视图的区别在于：断面图只画机件被剖切后的断面形状，而剖视图除了画出断面形状之外，还必须画出机件上位于剖切平面后面的其他可见部分的投影，如图 5-24 和图 5-25 所示。

15. 断面图

图 5-24　轴的立体示意图

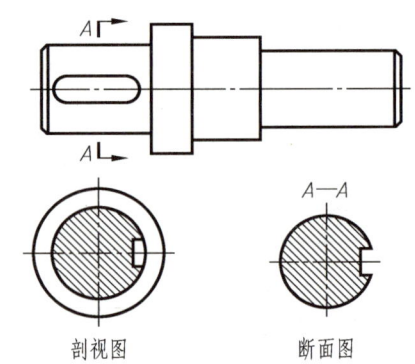

图 5-25　轴上键槽断面图和剖视图的区别

二、断面图的分类及画法

断面图主要用来表达机件上某一局部的断面形状，如机件上的肋板、轮辐，以及轴上的键槽和孔等。根据其位置不同，断面图可分为移出断面图和重合断面图。

1. 移出断面图的画法

1）移出断面图的图形对称时，可配置在视图的中断处，如图 5-26 所示。

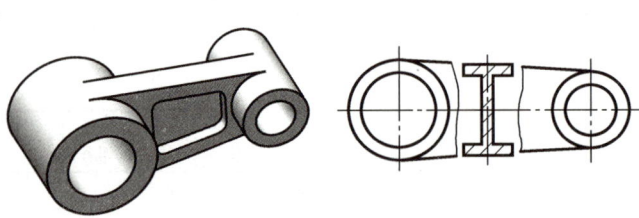

图 5-26　断面图配置在视图的断开处

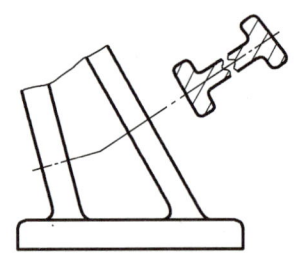

图 5-27　断面图中间断开

2）由两个或多个相交的剖切平面剖切所得到的移出断面图，中间一般应断开，如图 5-27 所示。

3）当剖切平面通过由回转曲面形成的孔或凹坑的轴线时，这些结构应按剖视图绘制，如图 5-28 所示。

4）必要时可将移出断面图配置在其他适当位置。在不致引起误解时，允许将图形旋转，但必须标注旋转符号，如图 5-29 所示。

5）当剖切平面通过非回转曲面的孔或槽时，会导致出现完全分离的断面，此时这些结构也按剖视图绘制，如图 5-29 所示。

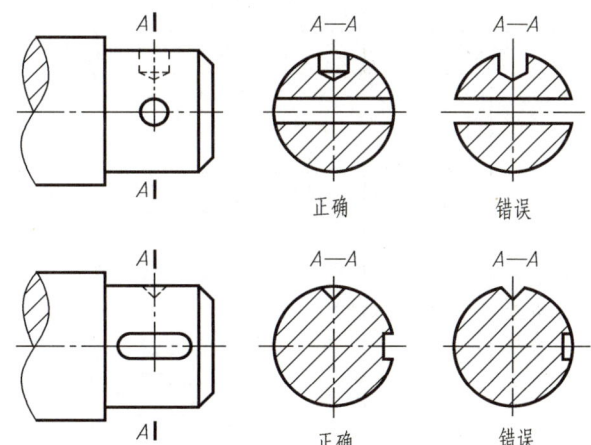

图 5-28　剖切平面通过孔或凹坑的轴线时的画法

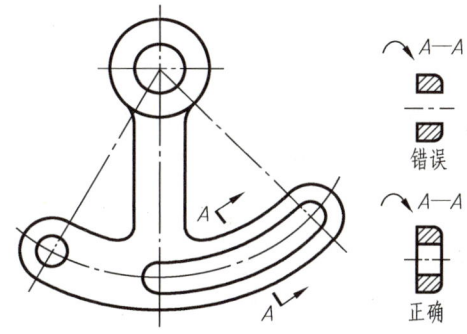

图 5-29　断面分离时的画法

2. 移出断面图的配置及标注

移出断面图的配置及标注见表 5-6。

表 5-6　移出断面图的配置及标注

配置	对称的移出断面图	不对称的移出断面图
配置在剖切线或剖切符号延长线上	剖切线(细点画线) 不必标注字母和剖切符号	不必标注字母，但要标注剖切符号

119

(续)

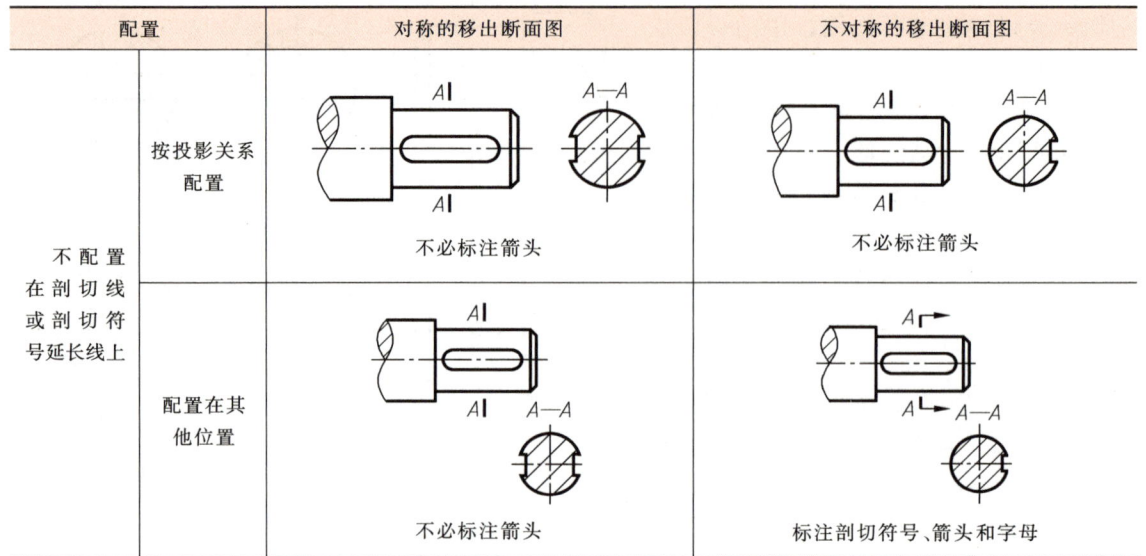

3. 重合断面图

画在视图之内的断面图称为重合断面图，轮廓线用细实线绘制，如图 5-30 所示。

（1）重合断面图的画法　当视图中的轮廓线与重合断面图重叠时，视图中的轮廓线仍应连续画出，不可间断，如图 5-31 所示。

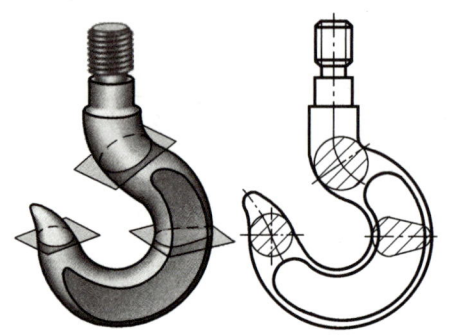

图 5-30　重合断面图

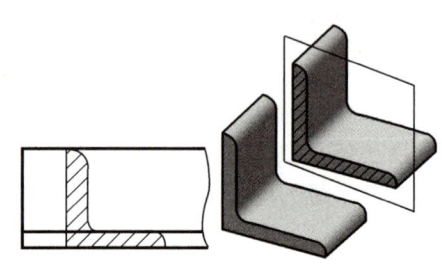

图 5-31　重合断面图画法

（2）重合断面图的标注　一般情况下，对称的重合断面图不必标注，如图 5-30 所示；不对称的重合断面图，在不致引起误解的情况下，可省略标注，如图 5-31 所示。

知识点 2　局部放大图

当机件上的某些细小结构在视图中表达不够清楚或不便于标注尺寸时，可将该细小结构用大于原图形的比例画出，这种图形称为局部放大图，如图 5-32 所示。

16. 局部放大图与简化画法

局部放大图可以根据需要画成视图、剖视图和断面图，它与被放大部分的表达方式无关。局部放大图应尽量配置在被放大部位的附近。

绘制局部放大图时，一般应用细实线圈出被放大的部位。当同一零件上

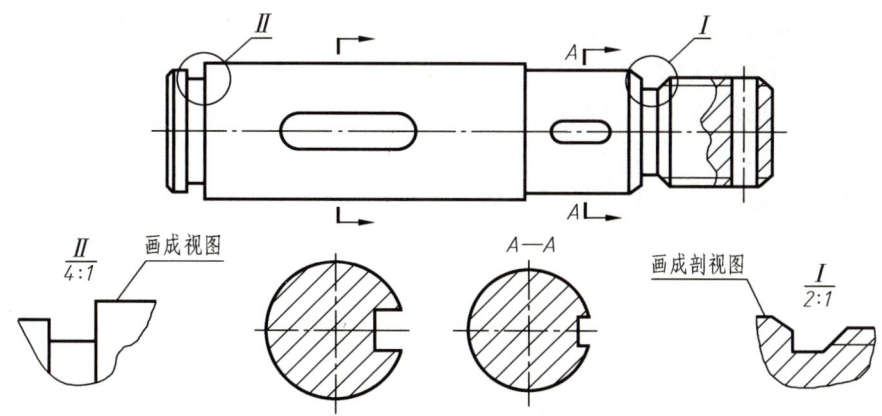

图 5-32　局部放大图

有几处被放大的部分时，必须用罗马数字依次标明被放大的部位，并在局部放大图的上方标注出相应的罗马数字和所采用的比例。

当零件上被放大的部分仅有一个时，在局部放大图的上方只需注明所采用的比例。

同一机件上不同部位的局部放大图，当图形相同或对称时，只需要画出一个，如图5-33所示。

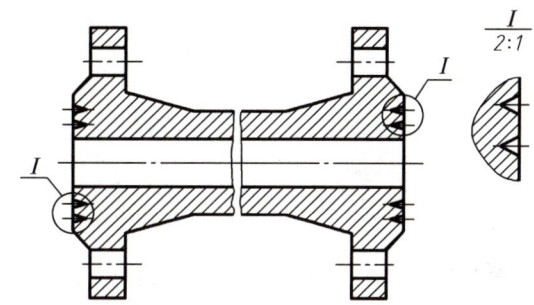

图 5-33　对称机件绘制局部放大图

应特别指出，局部放大图的比例，系指该图形中机件要素的线性尺寸与实际机件相应要素的线性尺寸之比，而不是与原图形所采用的比例之比。

知识点3　简化画法

1）机件上具有若干个按一定规律分布的相同结构（如齿、槽等）时，只需画出一个或几个完整的结构，其余用细实线连接，并在图上注明该结构的总数，如图5-34a所示。

若干个直径相同且成一定规律分布的孔，可只画出一个或几个，其余用细点画线或"十"字形表示其中心位置，并注明孔的总数，如图5-34b所示。

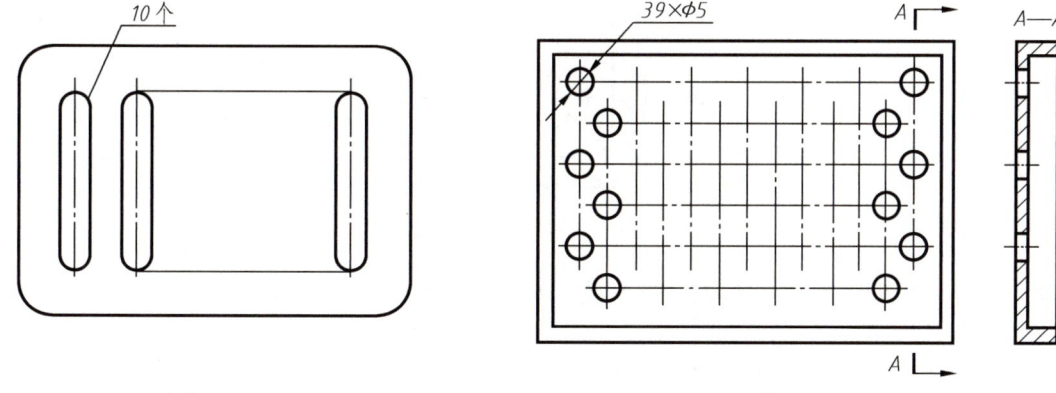

图 5-34　相同结构要素的简化表示法

2）在不致引起误解的情况下，对称机件的视图可只画一半或四分之一，但需要在对称中心线的两端面分别画出两条与其垂直的细实线，如图 5-35 所示。

3）对于机件上的肋板、轮辐及薄壁等，当剖切平面沿纵向（通过肋板、轮辐等的对称平面）剖切时，这些结构按不剖画出，即用粗实线画出其可见轮廓线，如图 5-36 中的肋板；当机件上的肋板、轮辐、孔或槽等不处于剖切平面上时，可将这些结构旋转到剖切平面上画出，如图 5-36 中的孔。

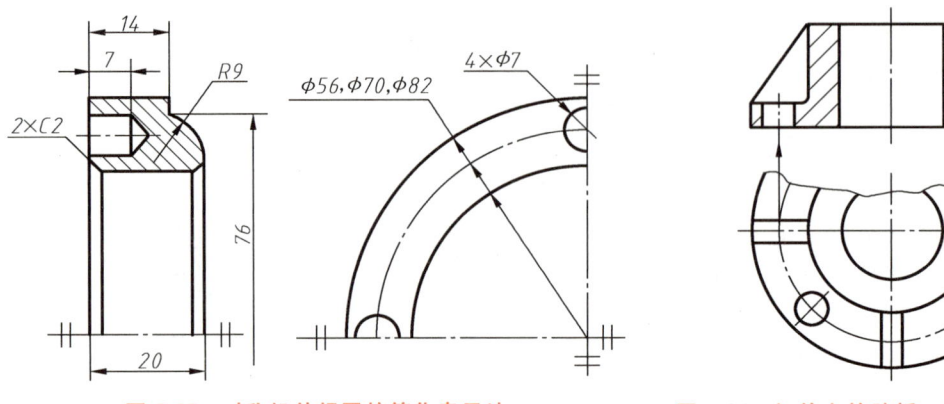

图 5-35　对称机件视图的简化表示法　　　图 5-36　机件上的肋板、轮辐及孔的画法

4）较长机件（如轴、杆、型材等）沿长度方向的形状一致或按一定规律变化时，可断开后缩短绘制，断开处用波浪线或细双点画线绘制，但其长度尺寸必须按照实际尺寸标注，如图 5-37 所示。

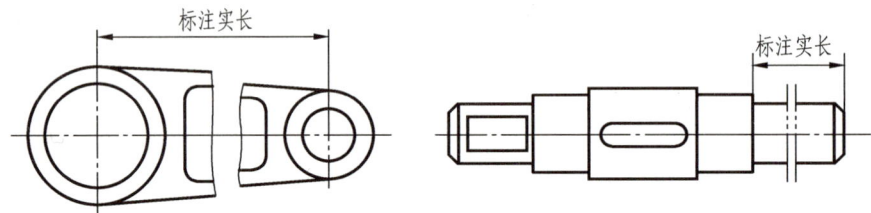

图 5-37　较长机件的简化画法

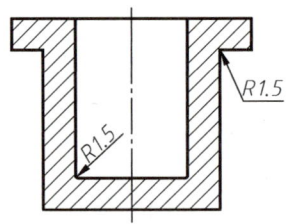

图 5-38　小圆角的简化画法

5）在不致引起误解时，视图中的小圆角或小倒角允许省略不画，但必须注明尺寸或在技术要求中加以说明，如图 5-38 所示。

6）当机件上较小的结构及斜度等在一个视图中表达清楚时，其他视图中应简化或省略，如图 5-39 所示。

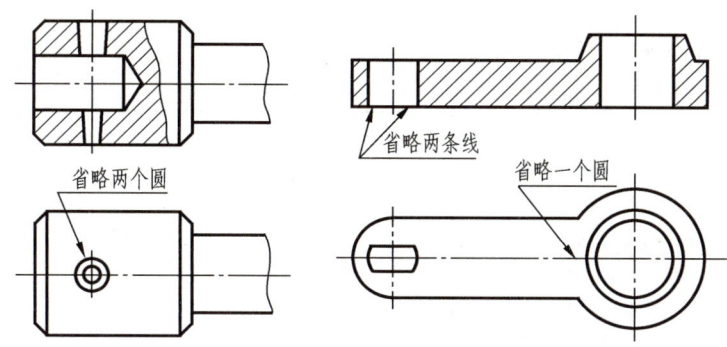

图 5-39 较小结构的简化画法

7）当回转体零件上的平面在视图中不能充分表达时，可在图形上用相交的两条细实线表示平面，如图 5-40 所示。

8）机件上的滚花部分可在轮廓线附近用粗实线示意画出，并在视图上或技术要求中注明这些结构的具体要求，如图 5-41 所示。

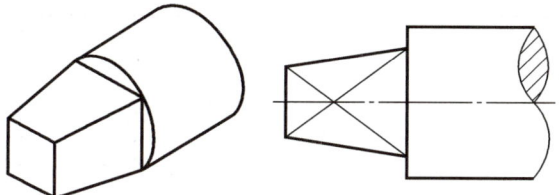

图 5-40 回转体上平面的简化表示法

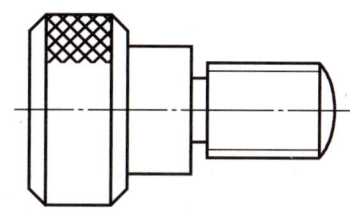

图 5-41 机件上滚花部分的简化表示法

【任务实施】

一、绘制主轴的零件图

主轴零件图的绘制过程见表 5-7。

表 5-7 主轴零件图的绘制过程

序号	绘图要点	图示
1	概括了解：图 5-23 所示的主轴，用了一个主视图、两个移出断面图、两个局部视图、两个局部放大图来表达	

(续)

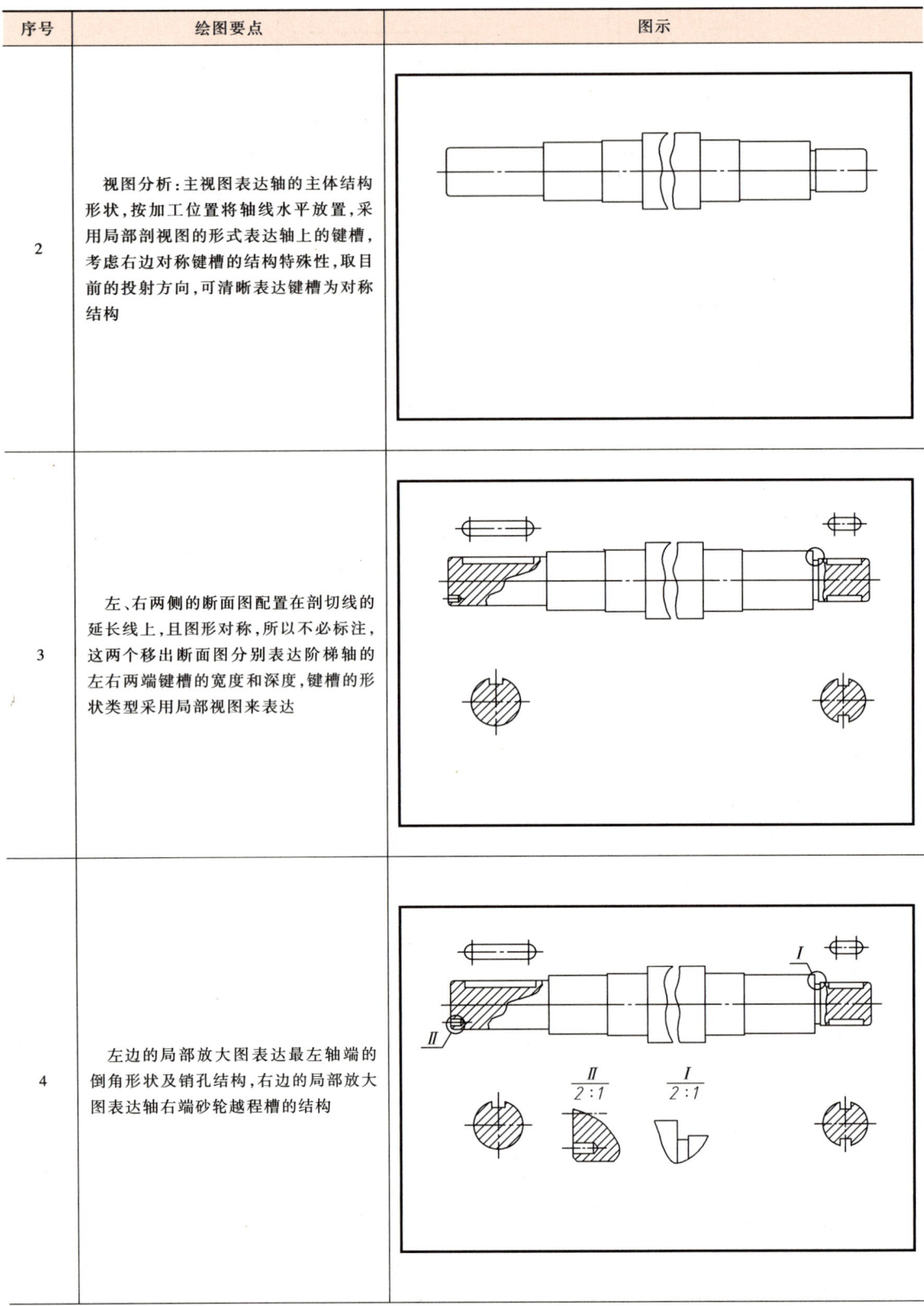

序号	绘图要点	图示
2	视图分析：主视图表达轴的主体结构形状，按加工位置将轴线水平放置，采用局部剖视图的形式表达轴上的键槽，考虑右边对称键槽的结构特殊性，取目前的投射方向，可清晰表达键槽为对称结构	
3	左、右两侧的断面图配置在剖切线的延长线上，且图形对称，所以不必标注，这两个移出断面图分别表达阶梯轴的左右两端键槽的宽度和深度，键槽的形状类型采用局部视图来表达	
4	左边的局部放大图表达最左轴端的倒角形状及销孔结构，右边的局部放大图表达轴右端砂轮越程槽的结构	

（续）

序号	绘图要点	图示
5	标注尺寸	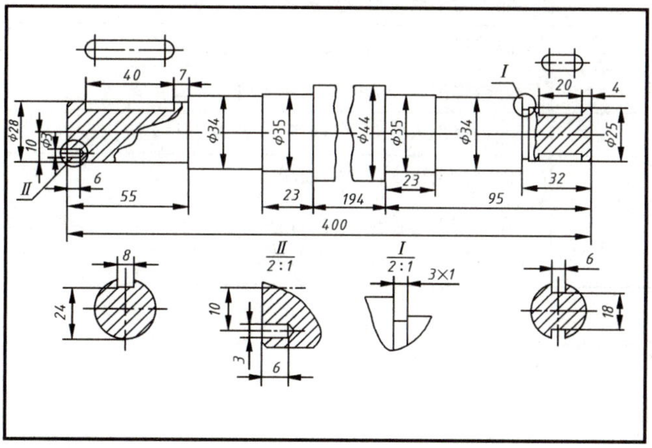
6	检查、整理、描粗、绘制标题栏	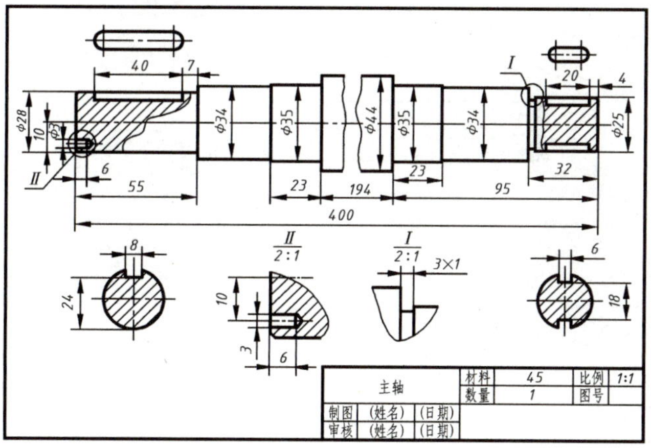

二、回答下列问题

（1）什么是局部放大图？它适用于什么场合？

_____

_____

（2）国家标准规定的其他表达方法，常用的有哪些？各适用于什么场合？

_____

_____

（3）如何恰当地表达机件上的特殊结构？

_____

_____

【任务评价】

请完成表5-8中的学习评价。

表 5-8 任务 3 学习评价检查项目

序号	检查项目	评分标准	结果评估	自评分
1	能否完整地说出机件的其他表达方案	10		
2	能否说出机件其他表达方案的适用场合	20		
3	能否说出本任务中都运用了哪些表达方案	10		
4	能否说出本任务中图形每一种表达方案所代表的含义	20		
5	能否想象出本任务的轴测图	20		
6	在绘制图形过程中,是否遇到了问题;在解决问题过程中是否提升了查阅资料、沟通交流的能力	20		

【总结回顾】

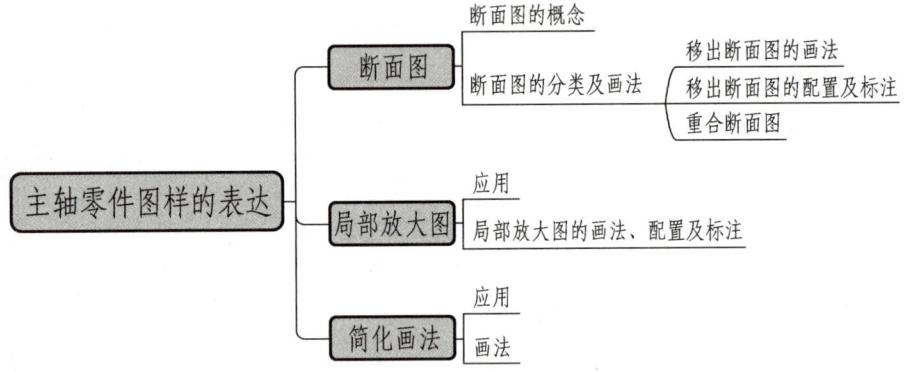

项目6　连接件和常用件

任务1　识读与绘制标准件

【任务目标】

【知识目标】
（1）了解标准件的类型。
（2）掌握螺纹、键、销的画法。

【能力目标】
（1）能正确识读螺纹、键、销等标准件图样。
（2）能正确绘制螺纹、键、销等标准件图样。

【素质目标】
（1）培养认真负责的工作态度。
（2）培养一丝不苟的工作作风。

【任务描述】

航空标准件，又称为"航空用标准零件"，是指在航空、航天领域中所使用的特殊标准化零部件，如螺栓、螺母、螺钉、垫片、弹簧、密封件、连接件、轴承等。它们具有高可靠性、高质量、高耐久性等特点，因此广泛应用于各种飞行器和航空装备中，是保障飞行安全和设备可靠性的重要组成部分。大多数连接件都已标准化，其结构和尺寸可从有关标准中查得。

图6-1所示为螺栓连接图，根据所学知识，完成螺栓连接的绘制。

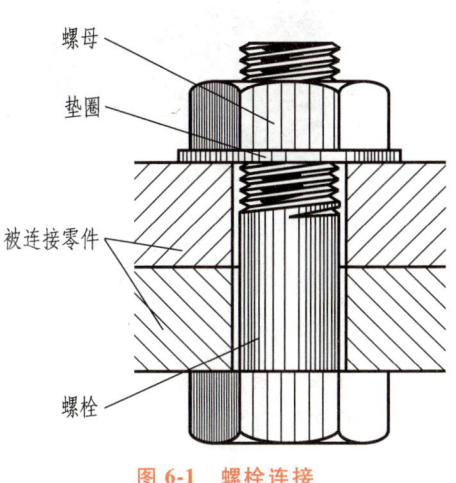

图6-1　螺栓连接

【任务分析】

螺纹是用来连接机件和传递动力的。为了便于批量生产和使用,以及减少设计绘图的工作量,国家标准对螺纹连接等标准件的结构、规格及技术要求等都已全部或部分标准化,并对其图样规定了特殊表示法:一是以简单易画的图线代替繁琐难画结构(如螺纹、轮齿等)的真实投影;二是以标注代号、标记等方法,表示结构要素的规格和对精度方面的要求。

【知识储备】

知识点1 螺纹

一、螺纹的形成

螺纹是根据螺旋线原理加工而成的。图 6-2a 所示为在车床上加工螺纹的情形。这时圆柱形工件做等速旋转运动,车刀则与工件相接触做等速的轴向移动,刀尖相对工件即形成螺旋线运动。由于切削刃的形状不同,在工件表面切去部分的截面形状也不同,所以可加工出各种不同的螺纹。图 6-2b 所示为用丝锥攻制内螺纹。

在圆柱或圆锥外表面上所形成的螺纹称为外螺纹;在圆柱或圆锥内表面上加工的螺纹称为内螺纹。螺纹是零件上常见的一种结构。螺纹分外螺纹和内螺纹两种。

17. 螺纹的基础知识

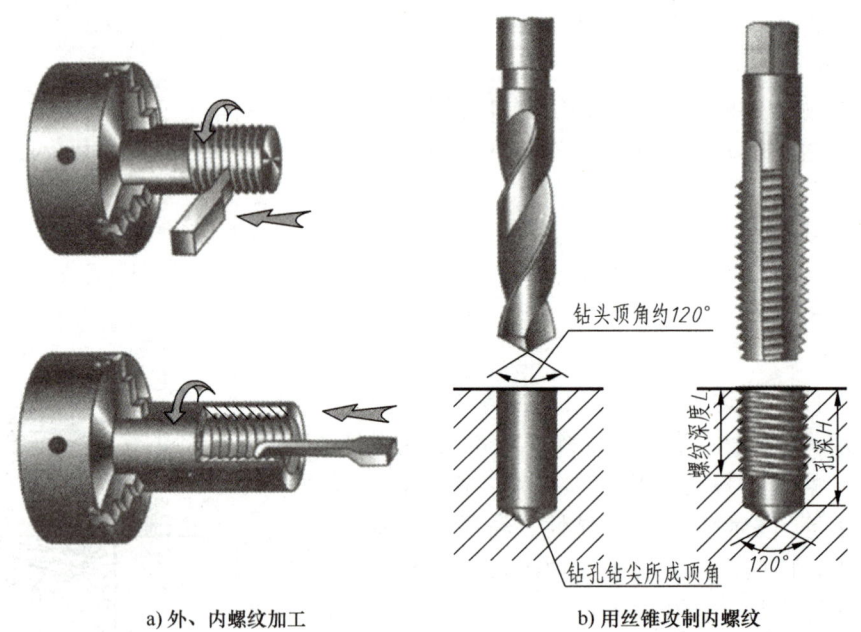

a) 外、内螺纹加工   b) 用丝锥攻制内螺纹

图 6-2 螺纹的加工方法

二、螺纹的要素

螺纹的要素有牙型、直径、螺距、线数和旋向。当内外螺纹连接时,上述五要素必须相同,如图 6-3 所示。

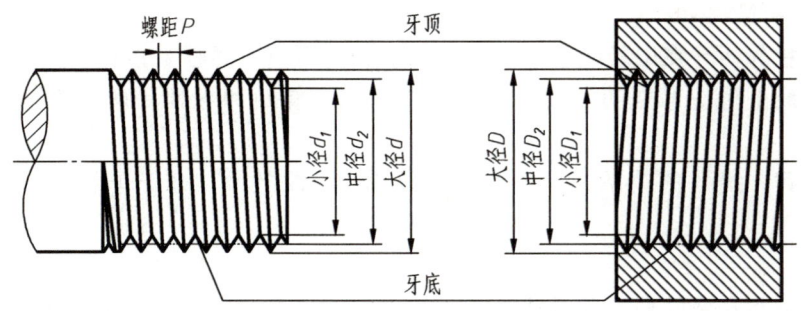

图 6-3 螺纹的要素

1. 牙型

在通过螺纹轴线的断面上，螺纹的轮廓形状称为牙型。螺纹的牙型不同，其用途也不同，现结合图 6-4，说明如下。

图 6-4a 所示为普通螺纹（牙型角为 60°的三角形），用于连接零件（参见附录 A）。

图 6-4b 所示为梯形螺纹（牙型为等腰梯形），用于传递动力（参见附录 B）。

图 6-4c 所示为锯齿形螺纹（牙型为不等腰梯形），用于单方向传递动力。

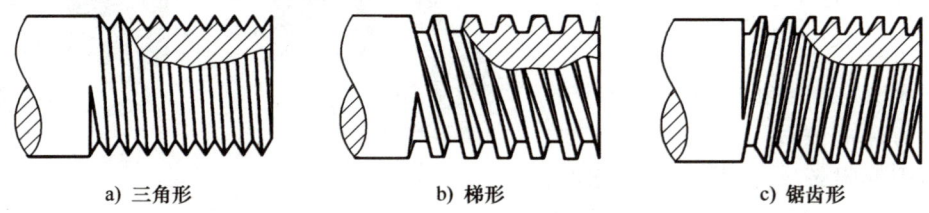

a) 三角形　　　　b) 梯形　　　　c) 锯齿形

图 6-4 常用标准螺纹的牙型

2. 直径

螺纹直径有大径（外螺纹用 d 表示，内螺纹用 D 表示）、中径和小径之分（图 6-3）。外螺纹的大径和内螺纹的小径亦称为顶径。

螺纹的大径为公称直径。

3. 线数 n

螺纹有单线和多线之分。沿一条螺旋线所形成的螺纹，称为单线螺纹，如图 6-5a 所示；沿两条或两条以上在轴向等距分布的螺旋线所形成的螺纹，称为多线螺纹，如图 6-5b 所示。

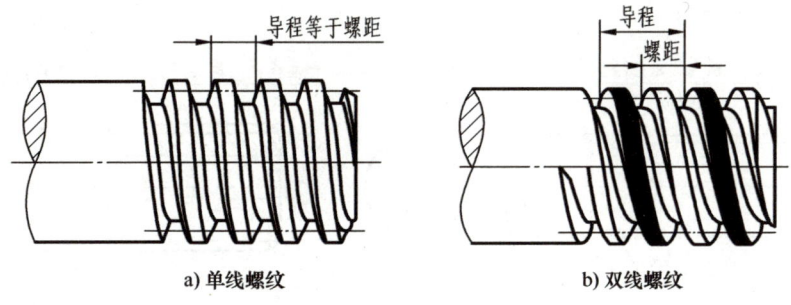

a) 单线螺纹　　　　b) 双线螺纹

图 6-5 线数、螺距和导程

4. 螺距 P 和导程 Ph

螺距是指相邻两牙在中径线上对应两点间的轴向距离，导程是指在同一条螺旋线上的相邻两牙在中径线上对应两点间的轴向距离。应注意，螺距和导程是两个不同的概念，如图 6-5 所示。

螺距、导程、线数的关系是：螺距 P = 导程 Ph/线数 n。对于单线螺纹，螺距 P = 导程 Ph。

5. 旋向

螺纹分右旋和左旋两种。顺时针旋转时旋入的螺纹为右旋螺纹，逆时针旋转时旋入的螺纹为左旋螺纹。

旋向可按下列方法判定：将外螺纹轴线垂直放置，螺纹的可见部分右高左低者为右旋螺纹；左高右低者为左旋螺纹，如图 6-6 所示。

螺纹各要素的含义：牙型是选择刀具几何形状的依据；外径表示螺纹制在多大的圆柱表面上，内径决定切削深度；螺距或导程供调配机床齿轮之用；线数确定分不分度；旋向则确定进给方向。

凡是牙型、直径和螺距符合标准的螺纹，称为标准螺纹（普通螺纹牙型、直径与螺距见附录 A）。牙型符合标准，而直径或螺距不符合标准的，称为特殊螺纹。牙型不符合标准的，称为非标准螺纹。

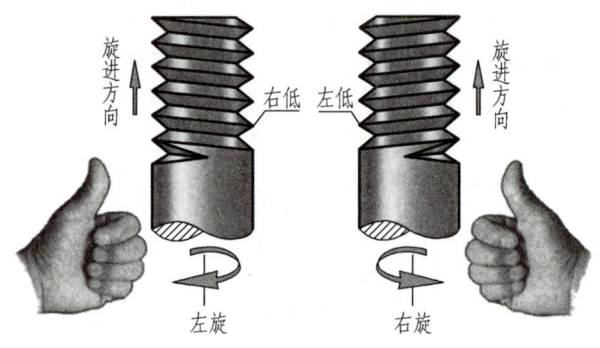

图 6-6 旋向

三、螺纹的规定画法

1. 外螺纹的画法

如图 6-7a 所示，外螺纹的牙顶圆的投影用粗实线表示，牙底圆的投影用细实线表示（其直径通常按牙顶圆直径的 0.85 倍绘制），螺杆的倒角或倒圆部分也应画出。在垂直于螺纹轴线的投影面的视图中，表示牙底圆的细实线只画约 3/4 圈（空出约 1/4 圈的位置不作规定）。此时，螺杆的倒角投影不应画出。

螺纹长度终止线（简称"螺纹终止线"）用粗实线表示。在剖视图中则按图 6-7b 中的画法绘制。

18. 螺纹的规定画法、标注与测绘

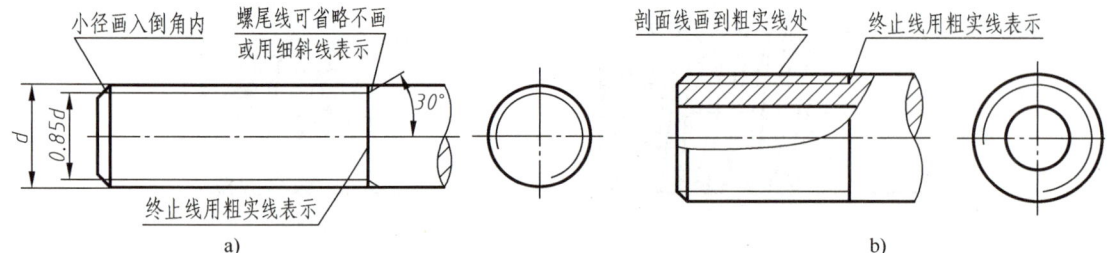

图 6-7 外螺纹的画法

2. 内螺纹的画法

如图 6-8 所示，在剖视图中，内螺纹牙顶圆的投影用粗实线表示，牙底圆的投影用细实线表示，螺纹终止线用粗实线绘制，剖面线应画到表示小径的粗实线为止。在垂直于螺纹轴线的投影面的视图上，表示大径的细实线圆只画约 3/4 圈，表示倒角的投影不应画出。

当内螺纹为不可见时，螺纹的所有图线均用细虚线绘制。

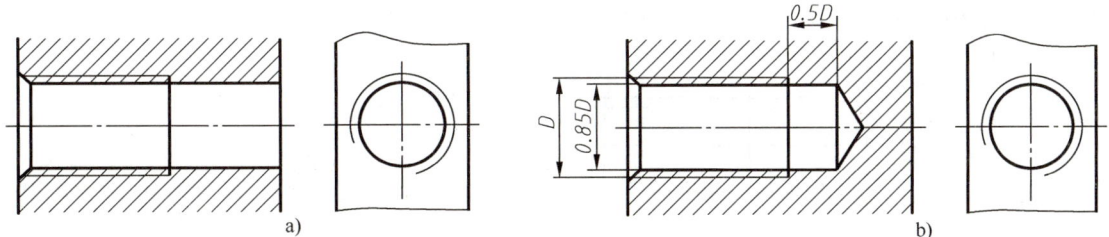

图 6-8　内螺纹的画法

3. 内、外螺纹连接的画法

在剖视图中，内外螺纹旋合的部分应按外螺纹的画法绘制，其余部分仍按各自的画法绘制，如图 6-9 所示。应注意，表示内、外螺纹大径的细实线和粗实线，以及表示内、外螺纹小径的粗实线和细实线必须分别对齐。

四、螺纹的种类和标注

1. 螺纹的种类

螺纹按用途不同，可分为连接螺纹和传动螺纹两种。

（1）连接螺纹　起连接作用的螺纹称为连接螺纹，常用的有四种标准螺纹，分别是粗牙普通螺纹、细牙普通螺纹、圆柱管螺纹和圆锥管螺纹。管螺纹又分为非密封管螺纹和密封管螺纹。

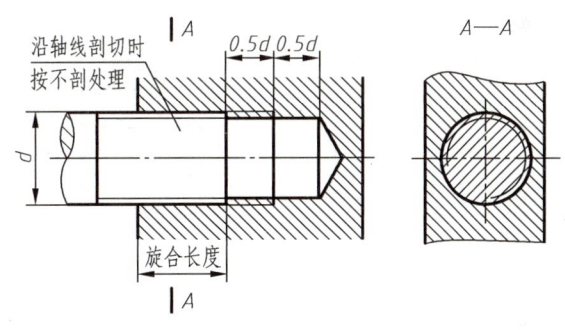

图 6-9　内、外螺纹连接的画法

（2）传动螺纹　用于传递动力和运动的螺纹称为传动螺纹，常用的有梯形螺纹和锯齿形螺纹。

2. 螺纹的标注

由于各种螺纹的画法都是相同的，无法表示出螺纹的种类和要素，因此绘图时，必须通过标记予以明确。

普通螺纹的标记内容及格式为：

1) 单线螺纹的尺寸代号为 "公称直径×螺距"。

2) 螺纹公差带代号包括中径和顶径公差带代号，如 5g6g，前者表示中径公差带代号，后者表示顶径公差带代号。

3）普通螺纹的旋合长度规定为短（S）、中（N）、长（L）三组，中等旋合长度（N）不必标注。

4）左旋螺纹要注写 LH，右旋螺纹不注。

各种常用螺纹的标注方法见表 6-1。

表 6-1 螺纹的标记及其图样标注

螺纹种类		特征代号	标记及其标注示例	标记的识别	标注要点说明
普通螺纹		M	粗牙 (M20图示)	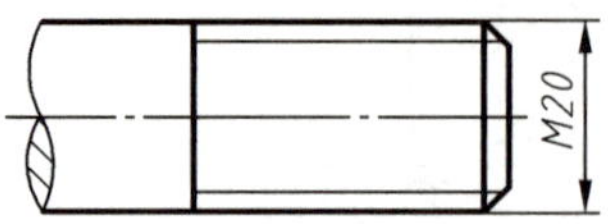 粗牙普通螺纹，公称直径为 20mm，中、大径公差带代号均为 6g（省略不标），中等旋合长度，右旋	主要用于紧固连接，其牙型角为 60°，螺距分为粗牙和细牙。粗牙螺纹的直径和螺距的比例适中、强度好；细牙螺纹用于薄壁零件和轴向尺寸受限制的场合或用于微调机构
			细牙 (M16×1.5-6H-L图示)	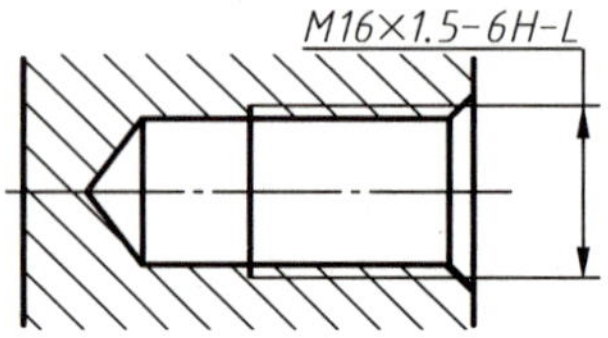 细牙普通螺纹，公称直径为 16mm，螺距为 1.5mm，螺纹中、大径公差带代号均为 6H（可省略），长旋合长度，右旋	
连接螺纹	管螺纹	G	55°非密封管螺纹 (G1/2A, G1/2图示)	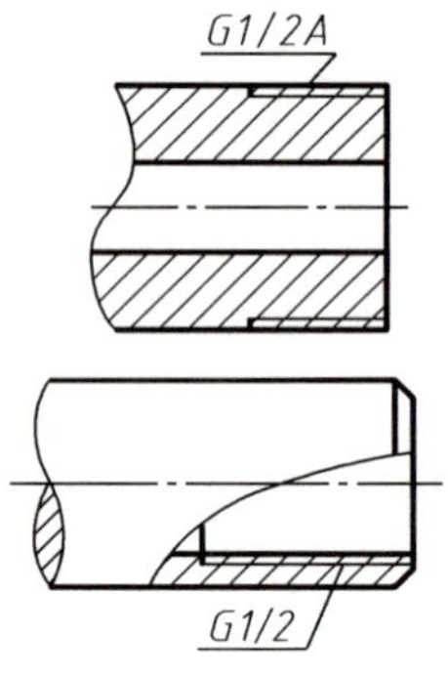 55°非密封管螺纹外螺纹有 A、B 两种公差等级，公差等级代号标注在尺寸代号之后，例如，G1/2A，G 表示 55°非密封管螺纹，1/2 为尺寸代号，尺寸代号无单位，表示管子外径的英寸数，右旋。55°非密封管螺纹内螺纹只有一种公差等级，可省略不标，如 G1/2	管螺纹主要用于管道的连接，使内外螺纹的配合紧密，有圆柱管螺纹和圆锥管螺纹两种。在液压系统、气动系统、润滑附件和仪表等管道连接中，常用管螺纹。管螺纹标注时，要从螺纹的大径引出
		Rp、Rc、R₁、R₂	55°密封管螺纹 (Rc1/2图示)	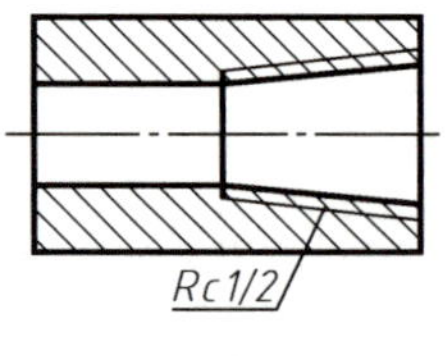 55°密封管螺纹圆柱内、外螺纹只有一种公差等级，可省略不标。圆柱内螺纹代号为 Rp，圆锥内螺纹代号为 Rc，R₁ 和 R₂ 分别表示与圆柱和圆锥内螺纹配合的圆锥外螺纹代号。例如，Rc1/2：Rc 表示 55°密封圆锥内螺纹，尺寸代号为 1/2，右旋	

(续)

螺纹种类		特征代号	标记及其标注示例	标记的识别	标注要点说明
传动螺纹	矩形螺纹	Tr	Tr40×14P7-8H-L-LH	双线梯形螺纹,公称直径为40mm,导程为14mm,螺距为7mm,中径公差带代号为8H,长旋合长度,左旋	梯形螺纹是最常用的传动螺纹,用来传递双向动力,如机床的丝杠等
	锯齿形螺纹	B	B32×6-7e	锯齿形螺纹,单线螺纹,公称直径为32mm,螺距为6mm,中径公差带代号为7e,中等旋合长度,右旋	锯齿形螺纹只适用于承受单方向的轴向载荷,如千斤顶中的螺杆等

五、螺纹的测绘

测绘螺纹时,可采用以下步骤。

1)确定螺纹的线数和旋向。

2)测量螺距。可用拓印法,即将螺纹放在纸上压出痕迹,量出几个螺距的长度 L,如图6-10所示。然后,按 $P=L/n$ 计算出螺距。若有螺纹样板,可直接确定牙型及螺距,如图6-11所示。

3)用游标卡尺测大径。内螺纹的大径无法直接测出,可先测出小径,再据此由螺纹标准中查出螺纹大径;或测量与之相配合的外螺纹制件,再推算出内螺纹的大径。

4)查标准、定标记。根据牙型、螺距及大径,查有关标准,确定螺纹标记(参看附录A和附录B)。

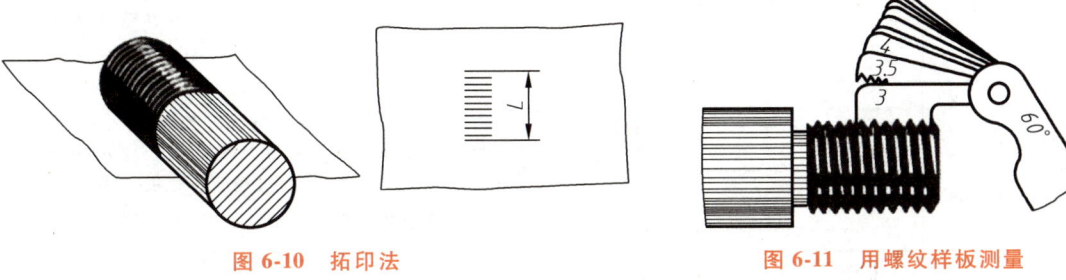

图 6-10 拓印法　　　图 6-11 用螺纹样板测量

知识点 2　螺纹紧固件

螺纹紧固件的种类很多,常用的紧固件有螺栓、双头螺柱、螺钉、螺母、垫圈等,如图6-12所示。

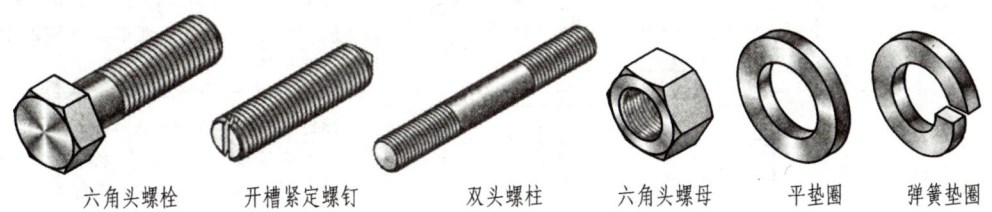

六角头螺栓　　开槽紧定螺钉　　双头螺柱　　六角头螺母　　平垫圈　　弹簧垫圈

图 6-12 常见螺纹紧固件

一、螺纹紧固件的标记规定

螺纹紧固件的结构形式及尺寸都已标准化，属于标准件，一般由专门的工厂生产。各种标准件都有规定标记，根据其标记即可从相应的国家标准中查出它们的结构形式、尺寸及技术要求等内容。表6-2中列出了常用螺纹紧固件的图例、简化标记及解释。

19. 螺纹紧固件的标记

表 6-2　常用螺纹紧固件图例、简化标记及解释

名称及国标号	图例	简化标记及解释
六角头螺栓 GB/T 5782—2016	(M8，长40)	螺栓 GB/T 5782 M8×40 表示螺纹规格为M8、公称长度 $l=40$ mm、性能等级为8.8级、表面不经处理、产品等级为A级的六角头螺栓
双头螺柱 GB/T 897—1988 （$b_m=1d$）	(b_m，M10，50)	螺柱 GB/T 897 M10×50 表示两端均为粗牙普通螺纹，$d=10$ mm、公称长度 $l=50$ mm、性能等级为4.8级、不经表面处理、B型、$b_m=1d$ 的双头螺柱
开槽圆柱头螺钉 GB/T 65—2016	(M10，50)	螺钉 GB/T 65 M10×50 表示螺纹规格为M10、公称长度 $l=50$ mm、性能等级为4.8级、表面不经处理的A级开槽圆柱头螺钉
开槽盘头螺钉 GB/T 67—2016	(M10，50)	螺钉 GB/T 67 M10×50 表示螺纹规格为M10、公称长度 $l=50$ mm、性能等级为4.8级、表面不经处理的A级开槽盘头螺钉
内六角圆柱头 螺钉 GB/T 70.1—2008	(M10，40)	螺钉 GB/T 70.1 M10×40 表示螺纹规格为M10、公称长度 $l=40$ mm、性能等级为8.8级、表面氧化的A级内六角圆柱头螺钉
开槽沉头螺钉 GB/T 68—2016	(M10，50)	螺钉 GB/T 68 M10×50 表示螺纹规格为M10、公称长度 $l=50$ mm、性能等级为4.8级、表面不经处理的A级开槽沉头螺钉
十字槽沉头螺钉 GB/T 819.1—2016	(M10，50)	螺钉 GB/T 819.1 M10×50 表示螺纹规格为M10、公称长度 $l=50$ mm、性能等级为4.8级、表面不经处理的H型十字槽沉头螺钉
开槽锥端 紧定螺钉 GB/T 71—2018	(M12，35)	螺钉 GB/T 71 M12×35 表示螺纹规格为M12、公称长度 $l=35$ mm、钢制、硬度等级为14H级、表面不经处理、产品等级为A级的开槽锥端紧定螺钉

（续）

名称及国标号	图例	简化标记及解释
开槽长圆柱端紧定螺钉 GB/T 75—2018		螺钉 GB/T 75 M12×35 表示螺纹规格为 M12，公称长度 $l=35$mm、钢制、硬度等级为 14H 级、表面不经处理、产品等级为 A 级的开槽长圆柱端紧定螺钉
1型六角螺母 GB/T 6170—2015		螺母 GB/T 6170 M8 表示螺纹规格为 M8、性能等级为 8 级、表面不经处理、产品等级为 A 级的 1 型六角螺母
平垫圈 A 级 GB/T 97.1—2002		垫圈 GB/T 97.1 12 表示标准系列、公称规格 12mm、由钢制造的硬度等级为 200HV 级、不经表面处理、产品等级为 A 级的平垫圈
标准型弹簧垫圈 GB/T 93—1987		垫圈 GB/T 93 12 表示规格 12mm，材料为 65Mn、表面氧化的标准型弹簧垫圈

二、螺纹紧固件的连接画法

螺纹紧固件连接的基本形式有：螺栓连接、双头螺柱连接和螺钉连接。采用哪种连接根据需要选定。但无论采用哪种连接，其画法（装配画法）都应遵守下列规定。

1）两零件的接触面只画一条线，不接触面必画两条线。

2）在剖视图中，相互接触的两个零件的剖面线方向应相反。但同一个零件在各剖视图中，剖面线的倾斜角度、方向和间隔都应相同。

3）在剖视图中，当剖切平面通过紧固件的轴线时，则紧固件均按不剖绘制。

20. 螺纹紧固件的连接画法

1. 螺栓连接

螺栓用来连接不太厚并钻成通孔的零件，如图 6-13 所示。

画螺栓连接图，应根据紧固件的标记，按其相应标准中的各部分尺寸绘制。但为了方便作图，通常可按其各部分尺寸与螺栓大径 d 的比例关系近似地画出，如图 6-13 所示。其比例关系见表 6-3。

表 6-3 螺栓紧固件近似画法的比例关系

部位	尺寸比例	部位	尺寸比例	部位	尺寸比例
螺栓	$b=2d, e=2d,$ $K=0.7d, d_1=0.85d$	螺母	$e=2d,$ $m=0.8d$	垫圈	$h=0.15d,$ $d_2=2.2d$
				被连接件	$D_H=1.1d$

画图时，需知道螺栓的形式、大径和被连接两零件的厚度和螺栓的长度 l，由图 6-13 可知：

$$l=t_1+t_2+h+m+a$$

式中 a——螺栓伸出螺母的长度，一般取 $(0.2\sim0.3)d$。

计算出 l 后，还需从螺栓的标准长度系列中选取与 l 相近的标准值。例如，算出 $l=48\mathrm{mm}$，可选 $l=50\mathrm{mm}$。

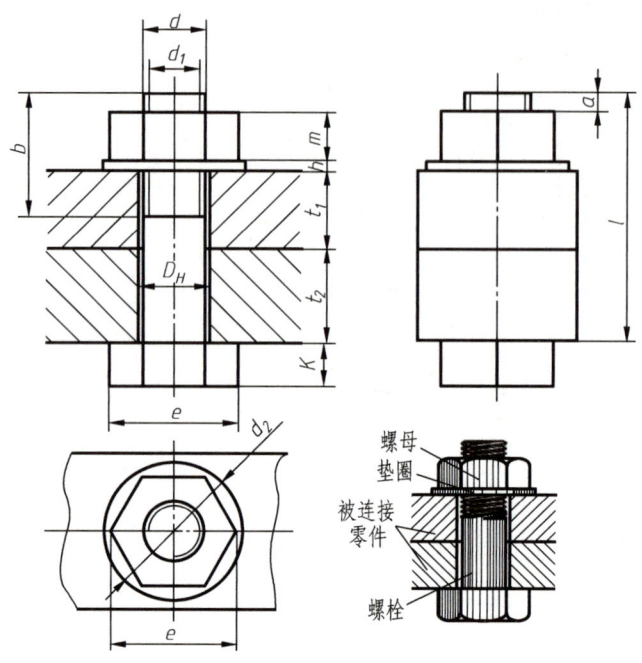

图 6-13 螺栓连接画法

2. 双头螺柱连接

当两个被连接的零件中，有一个较厚，不宜加工成通孔时，可采用双头螺柱连接，如图 6-14a 所示。双头螺柱连接和螺栓连接一样，通常采用近似画法，其连接图的画法如图 6-14b 所示（其俯视图及各部分的画法比例，与图 6-13 相同）。

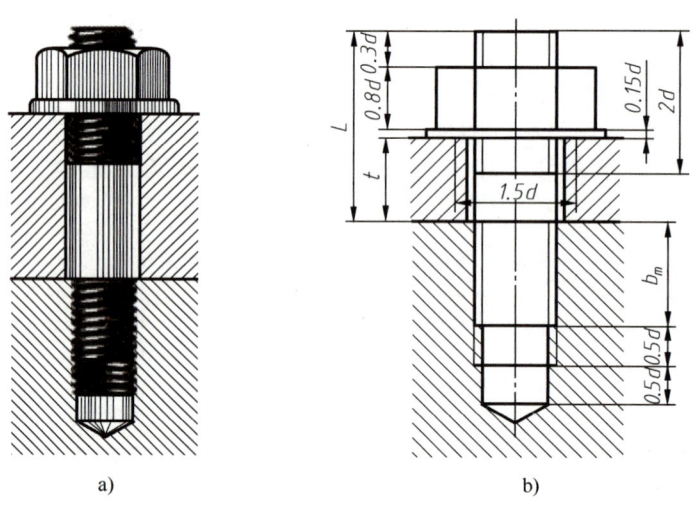

图 6-14 双头螺柱连接画法

画双头螺柱连接图时，应注意以下两点。

1）为了保证连接牢固，旋入端应全部旋入螺孔，即旋入端的螺纹终止线在图上应与螺纹孔口的端面平齐。

2）旋入端的螺纹长度 b_m，根据被旋入零件材料的不同而不同（对于钢与青铜：$b_m=d$；对于铸铁：$b_m=1.25d$；对于铸钢：$b_m=1.5d$；对于铝合金：$b_m=2d$）。

3. 螺钉连接

螺钉用以连接一个较薄、另一个较厚的两个零件，常用在受力不大和不需要经常拆卸的场合。螺钉的种类很多，图 6-15 所示分别为常用的开槽盘头螺钉和开槽沉头螺钉连接的主、俯视图的简化画法。各种螺栓、螺钉的头部及螺母在装配图中的简化画法可查阅相应的国家标准。

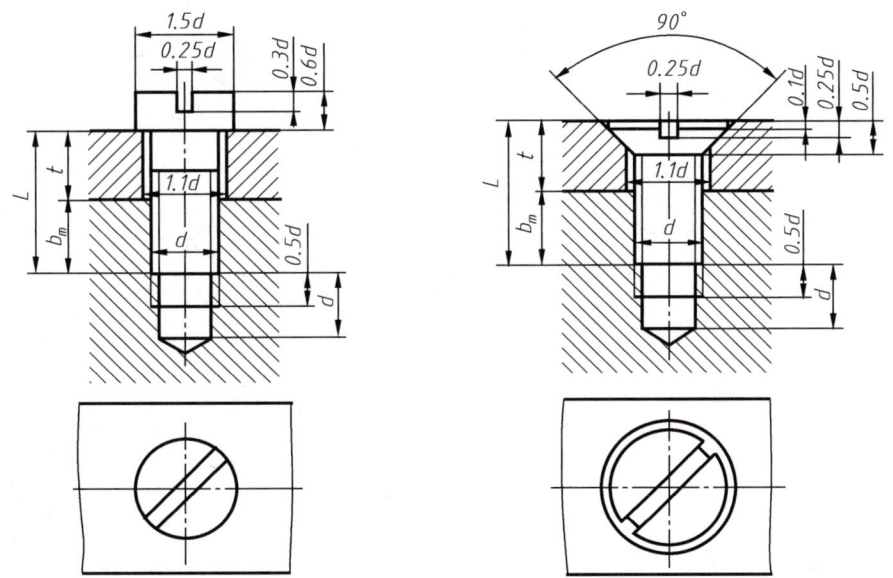

图 6-15　连接螺钉的画法

4. 紧定螺钉连接

紧定螺钉也是在机器上经常使用的一种螺钉。它常用来防止两个相配零件产生相对运动。图 6-16 所示为用开槽锥端紧定螺钉限定轮和轴的相对位置，使它们不能产生轴向相对

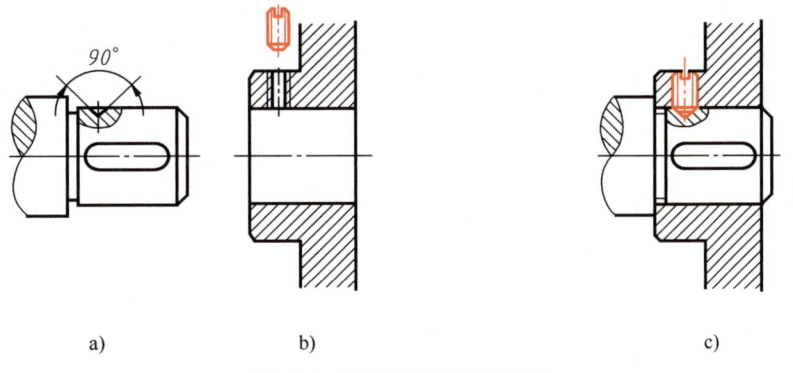

图 6-16　紧定螺钉连接的画法

移动。图 6-16a、b 所示为零件图上螺孔和锥坑的画法，图 6-16c 所示为装配图中紧定螺钉的画法。紧定螺钉的尺寸见附录 G。

在螺纹连接中，螺母虽然可以拧得很紧，但由于长期振动，往往也会松动甚至脱落。因此，为了防止螺母松脱现象的发生，常常采用弹簧垫圈或两个重叠的螺母防松，或采用开口销和槽形螺母予以锁紧。

知识点 3 键

为了使齿轮、带轮等零件和轴一起转动，通常在轮孔和轴上分别切制出键槽，用键将轴、轮连接起来进行传动，如图 6-17 所示。

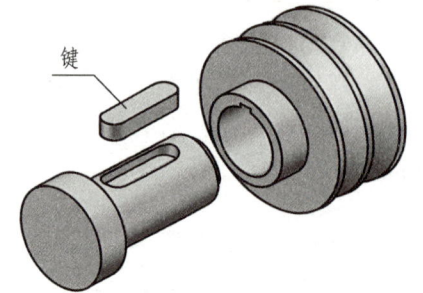

图 6-17 键连接

一、键的种类

键的种类很多，常用的有普通型平键、普通型半圆键和钩头型楔键等，如图 6-18 所示。

平键应用最广，按轴槽结构可分为普通 A 型平键、普通 B 型平键和普通 C 型平键三种形式。

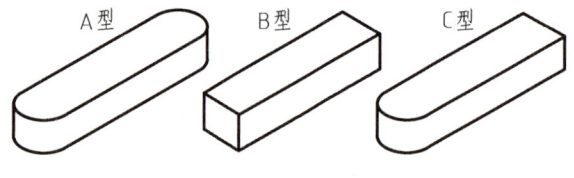

a）普通型平键　　　　b）普通型半圆键　　　　c）钩头型楔键

图 6-18 常见的几种键

二、键的标记

键已标准化，其结构形式及尺寸都有相应的规定，见表 6-4。

21. 键的标记与画法

表 6-4 常用键的形式和规定标记

名称	标准号	图例	标记示例
普通型平键	GB/T 1096—2003		宽度 $b=18$mm、高度 $h=11$mm、长度 $L=100$mm 普通 B 型平键的标记为：GB/T 1096 键 B 18×11×100（左图的普通 A 型平键可不标出"A"）
普通型半圆键	GB/T 1099.1—2003	 	宽度 $b=6$mm、高度 $h=10$mm、直径 $D=25$mm 普通型半圆键的标记为：GB/T 1099.1 键 6×10×25

(续)

名称	标准号	图例	标记示例
钩头型楔键	GB/T 1565—2003		宽度 $b=18$mm、高度 $h=11$mm、长度 $L=100$mm 钩头型楔键的标记为：GB/T 1565 键 18×100

三、键连接的画法

1. 普通型平键的画法

键是标准件，一般不必画出其零件图，但需画出零件上与键相配合的键槽。普通平键键槽的画法和尺寸标注如图6-19所示。键槽的宽度 b 可根据轴的直径 d 查附录K，从该附录中还可知轴上键槽的深度 t_1 和轮毂上键槽的深度 t_2。键的长度 L 应比轮毂长度小 5~10mm。

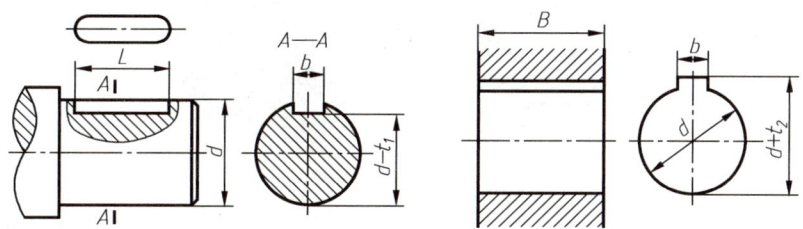

图6-19 键槽的画法

普通型平键的两侧面为工作面，底面和顶面为非工作面。在绘制装配图时，键的两侧面和键的底面分别与轴上的键槽接触，故画成一条线，平键的顶面与键槽的底面之间是有间隙的，必须画成两条线，如图6-20所示。

在键连接装配图中，当剖切平面通过轴的轴线和键的对称面时，轴和键按不剖绘制；为了表示键在轴上的装配关系，在轴上可采用局部剖视图。

2. 普通型半圆键的画法

普通型半圆键连接常用于载荷不大的传动轴上，半圆键也是两侧面为工作面，其连接画法如图6-21所示。

3. 钩头型楔键的画法

钩头型楔键的上顶面有 1:100 的斜度，装配时将键沿轴向嵌入键槽内，靠键的上、下面将轴和轮连接在一起，其侧面为非工作面，如图6-22所示。

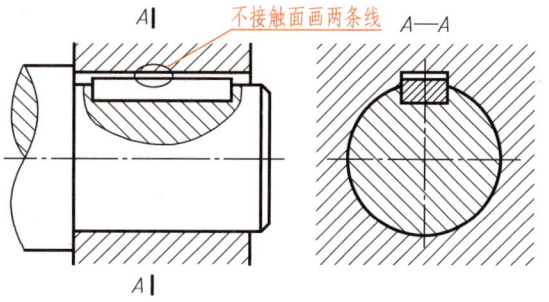

图6-20 键连接画法

4. 花键的规定画法与标注

花键是一种常用的标准结构，其结构和尺寸都已经标准化。

花键的齿形有矩形、三角形和渐开线形等。常用的是矩形花键，矩形花键主要有三个基本参数，即大径 D、小径 d 和键宽 B。矩形花键基本尺寸系列可查阅 GB/T 1144—2001《矩形花键尺寸、公差和检验》。

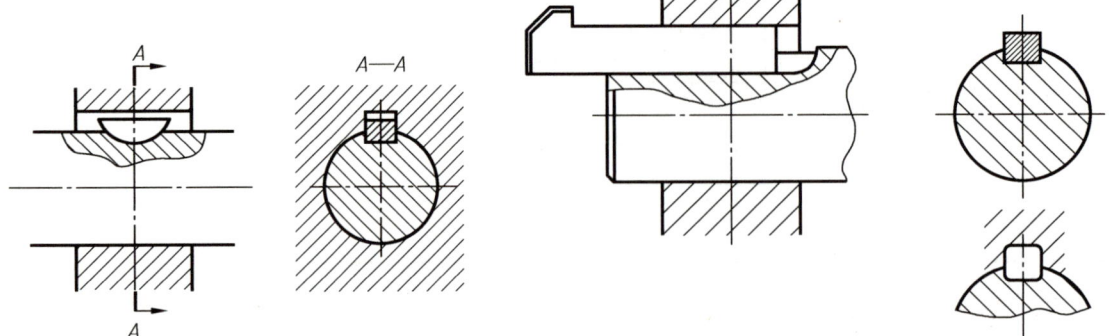

图 6-21 普通型半圆键连接画法　　　　图 6-22 钩头型楔键连接画法

花键分为外花键与内花键，画法如图 6-23 所示。在平行于花键轴线的投影面的视图中，

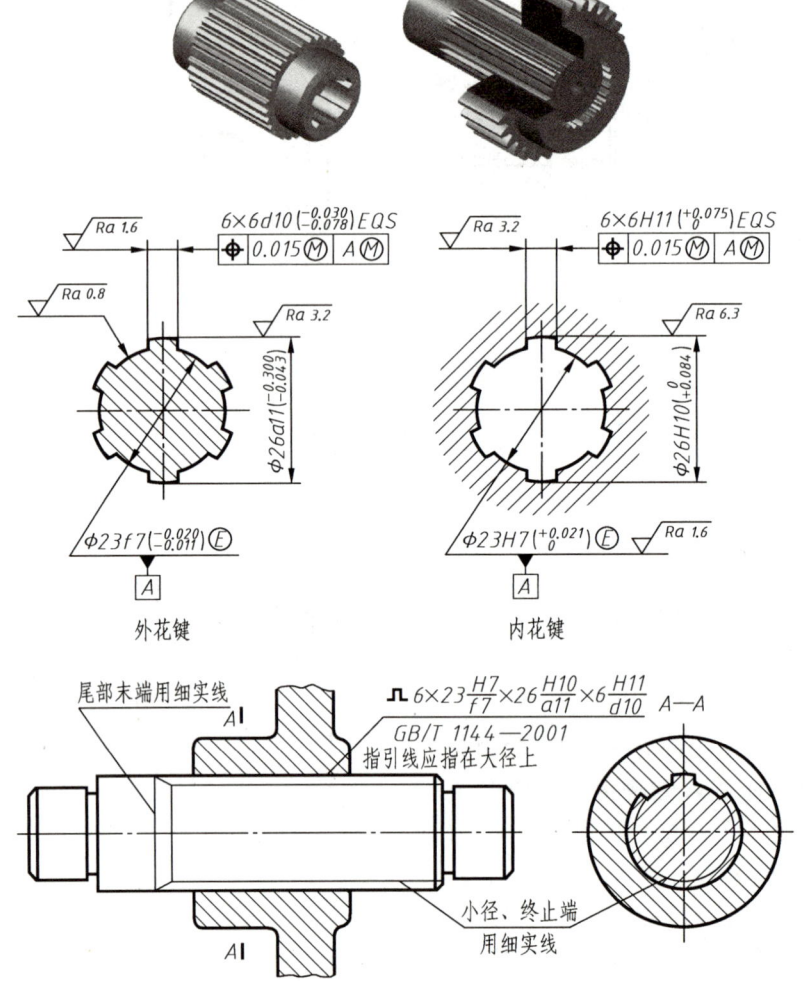

图 6-23 外花键与内花键的规定画法

外花键的大径用粗实线、小径用细实线绘制,并在断面图中画出一部分或全部齿形;在平行于花键轴线的投影面的剖视图中,内花键的大径和小径均用粗实线绘制,并在局部视图中画出一部分或全部齿形。

知识点 4 销

常用的销有圆柱销、圆锥销和开口销。圆柱销和圆锥销可用于连接零件和传递动力,也可在装配时用于定位。开口销常用在螺纹连接的锁紧装置中,以防止螺母松动。

22. 销的标记与画法

圆柱销、圆锥销、开口销的形式、画法、规定标记及连接画法见表 6-5。它们的尺寸参见附录 L~附录 N。

表 6-5 圆柱销、圆锥销、开口销的形式、画法、规定标记及连接画法

名称	圆柱销	圆锥销	开口销
标准号	GB/T 119.1—2000	GB/T 117—2000	GB/T 91—2000
图例			
标记示例	销 GB/T 119.1 6m6 ×30 表示公称直径 d = 6mm、公差为 m6、公称长度 l = 30mm、材料为钢、不经淬火、不经表面处理的圆柱销	销 GB/T 117 6×30 表示公称直径 d = 6mm、公称长度 l = 30mm、材料为 35 钢、热处理硬度 28~38HRC、表面氧化处理的 A 型圆锥销(圆锥销的公称尺寸指小端直径)	销 GB/T 91 4×20 表示公称规格为 4mm、公称长度 l = 20mm、材料为低碳钢、不经表面处理的开口销
连接画法			

用圆锥销连接或定位的两个零件,它们的销孔是一起加工的,以保证相互位置的准确性。因此,在零件图上除了注明圆锥销孔的尺寸外,还要注明其加工情况。如图 6-24 所示,以圆柱销孔为例,表示出了销孔的加工过程和销孔尺寸的标注方法("与件×同钻铰",通常注写为"配作")。

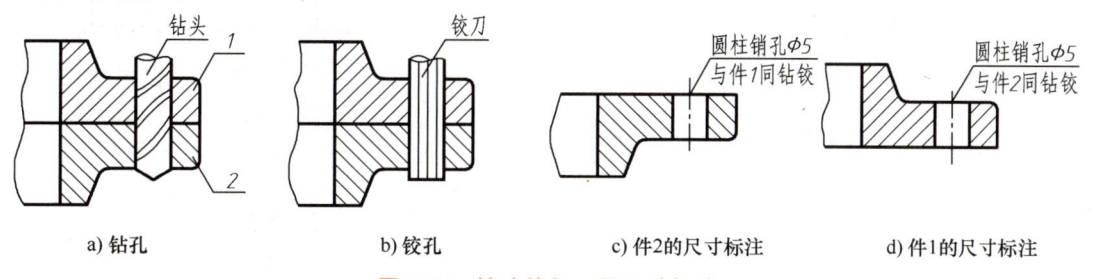

a) 钻孔   b) 铰孔   c) 件2的尺寸标注   d) 件1的尺寸标注

图 6-24 销孔的加工及尺寸标注

【任务实施】

一、绘制螺栓连接图

螺栓连接的绘制步骤见表 6-6。

表 6-6　螺栓连接绘制步骤

序号	绘图要点	图示
1	根据螺栓规格，确定中心线的位置，绘制被连接件	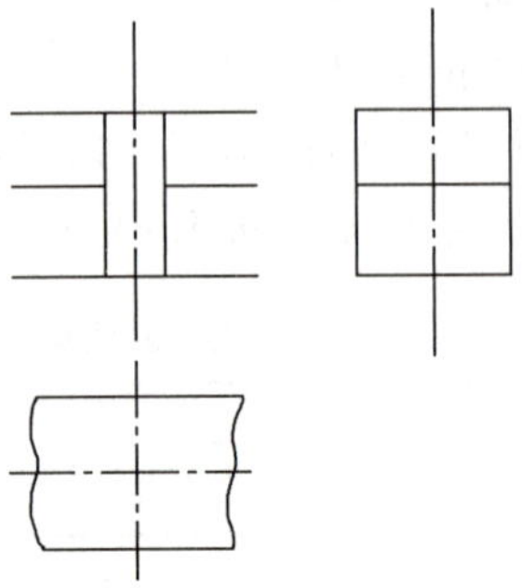
2	绘制螺栓的三视图	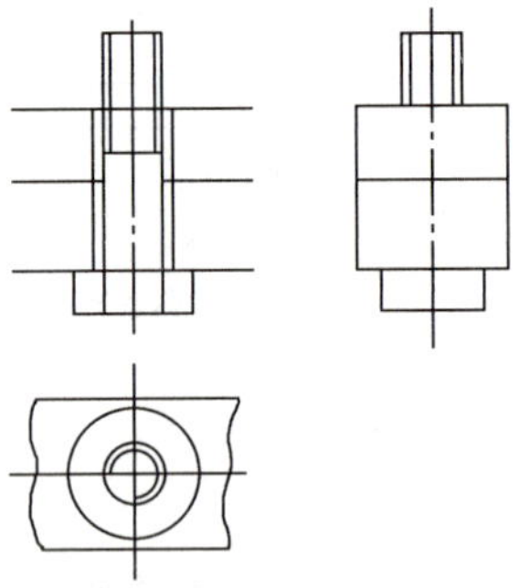
3	绘制垫圈的三视图	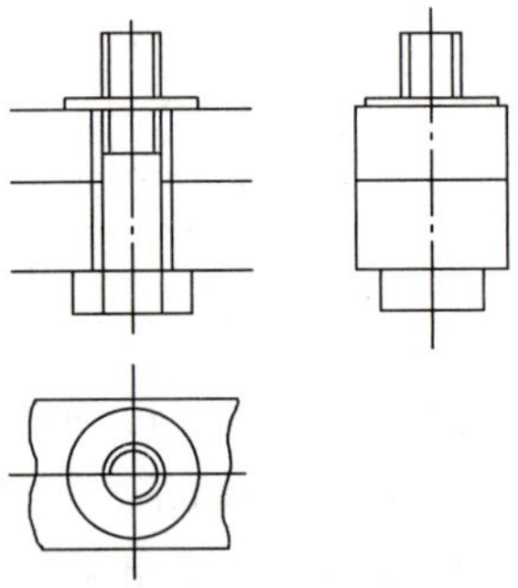
4	绘制螺母的三视图，检查，描粗	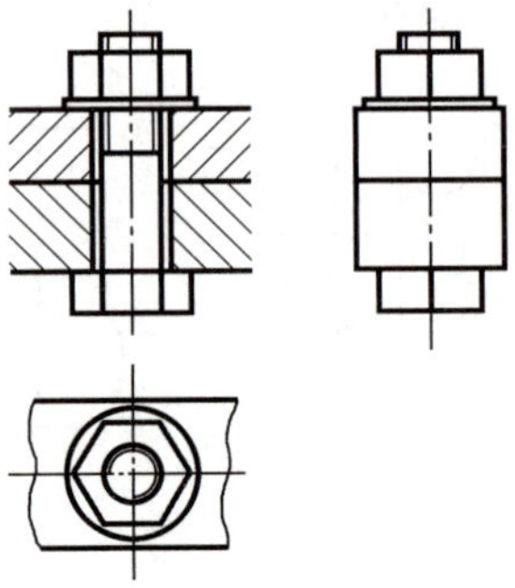

二、绘制双头螺柱连接图

双头螺柱连接的绘制步骤见表6-7。

表6-7 双头螺柱连接绘制步骤

序号	绘图要点	图示
1	根据双头螺柱规格,确定中心线的位置,绘制被连接件	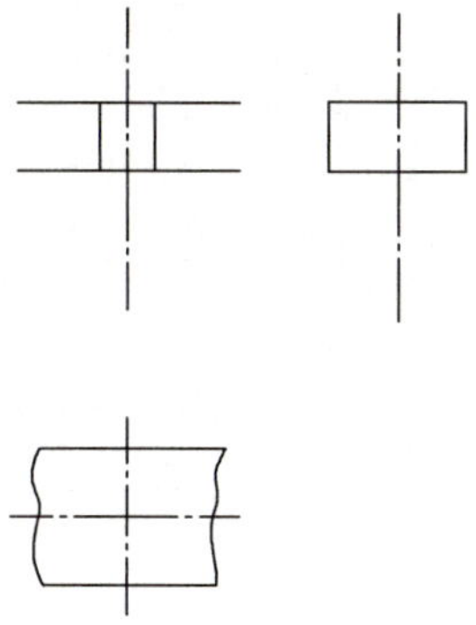
2	绘制双头螺柱的三视图	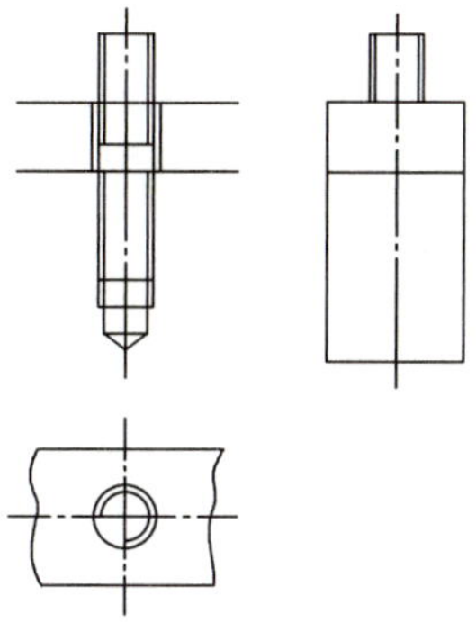
3	绘制弹簧垫圈的三视图	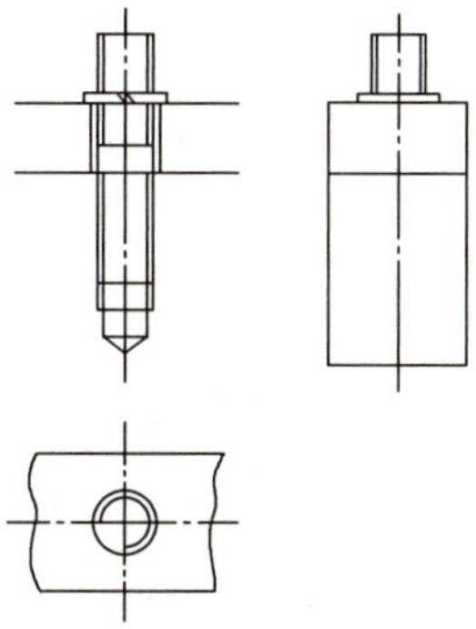
4	绘制螺母的三视图,检查,描粗	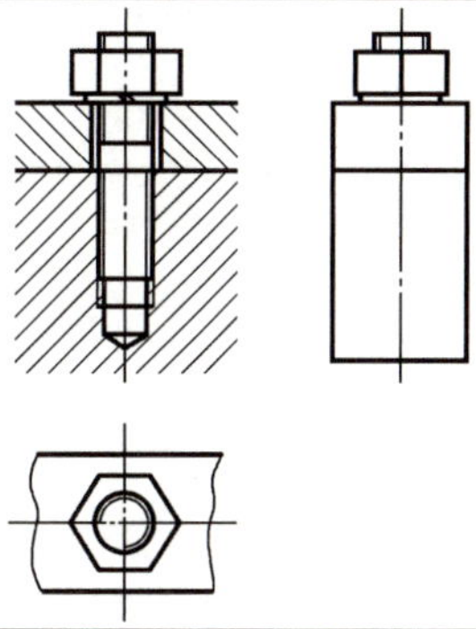

【任务评价】

请完成表 6-8 中的学习评价。

表 6-8 任务 1 学习评价检查项目

序号	检查项目	评分标准	结果评估	自评分
1	能否完整地复述本任务中常见的标准件类型	10		
2	是否掌握螺纹紧固件、键、销等标准件的画法	15		
3	能否正确识读螺纹紧固件、键、销等标准件图样	15		
4	能否正确地完成本任务中的螺栓连接的简化画法	15		
5	能否正确地完成本任务中的双头螺柱连接的画法	15		
6	图形绘制是否美观	10		
7	在绘制图形过程中,是否遇到了问题;在解决问题过程中是否提升了查阅资料、沟通交流的能力	20		

【总结回顾】

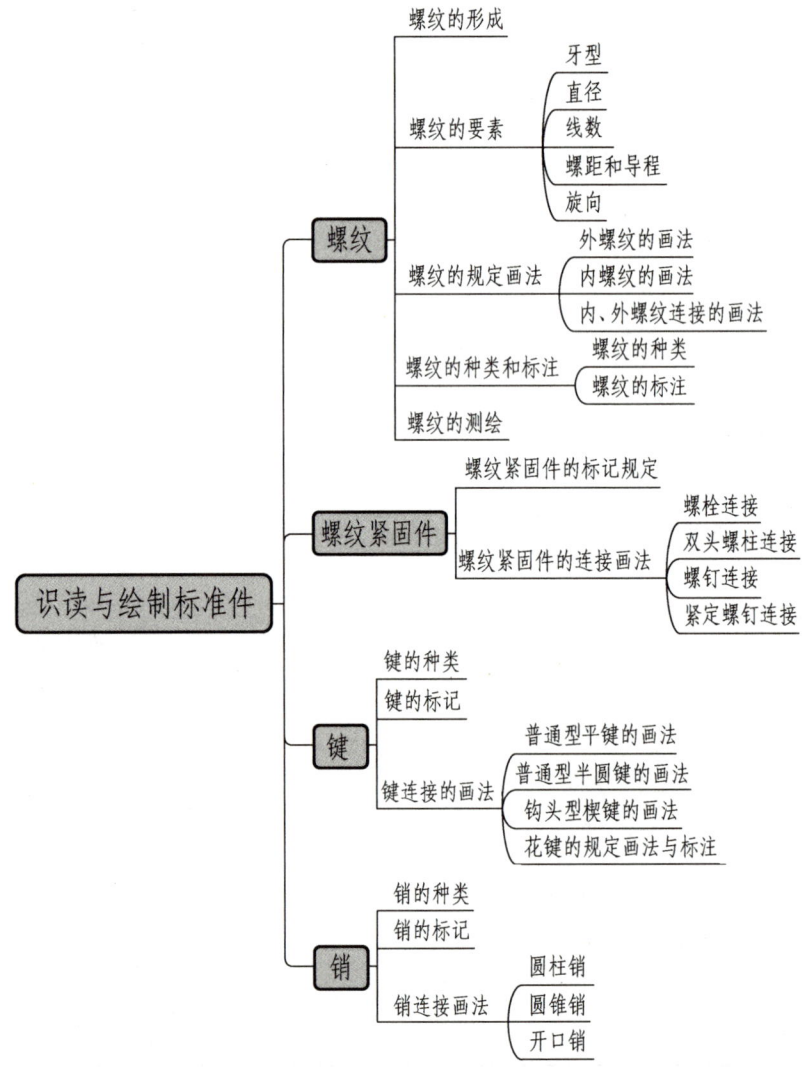

项目6 连接件和常用件

任务2　识读与绘制航空铆钉连接图

【任务目标】

【知识目标】
（1）了解不可拆卸连接的类型。
（2）掌握航空铆钉连接的表达方法。

【能力目标】
（1）能正确识读不可拆卸连接的画法。
（2）能正确绘制航空铆钉连接画法。

【素质目标】
（1）培养认真负责的工作态度。
（2）培养一丝不苟的工作作风。

【任务描述】

根据所学知识，绘制航空铆钉连接图。图6-25所示为航空铆钉连接实物图。

【任务分析】

飞机的质量安全关系着乘客的生命，所以在设计和制造方面不容有丝毫马虎，选择铆接的方式，也是工程师们经过充分研究和考虑的。

铆钉相对于螺栓、螺钉等零件，不仅不易松脱，而且质量较小，是既轻且连接强度好的紧固件。

图 6-25　航空铆钉连接

能够被应用在飞机上的铆钉，个个都要经历几个高精准度的检测程序后才被"批准上岗"。而且，第一颗铆钉需要同第一百万颗铆钉保持质量的一致性和可靠性。

铆钉种类繁多，形态各异，铆钉商和飞机制造商之间必须严密配合。铆钉的外部尺寸不能有丝毫差池，内部质量要完全可靠，使用数量方面更是不能多一颗，也不能少一颗，各型各号的铆钉必须"各得其所"，这样才能保障飞机安全飞行。

每一个零件背后，都需要精益求精的工艺；每一次航天领域的进步，都需要执着专注的"匠人精神"。小小铆钉连接着骄傲的航天梦，和航天人一起，默默无闻地创造着属于自己的奇迹。

【知识储备】

知识点1　铆钉连接

一、铆钉连接的基本知识

铆钉连接是目前飞机制造业中广泛应用的一种不可拆卸连接形式。

23. 铆钉连接

145

如图6-26a所示,铆钉由铆钉头和铆钉杆构成。铆接时,先将铆钉插入被连接件(两板)的孔内,然后在铆钉杆端用顶铁顶住,用铆卡顶住铆钉头处,锤击铆卡,把杆端镦成铆成头,两板即连接在一起。

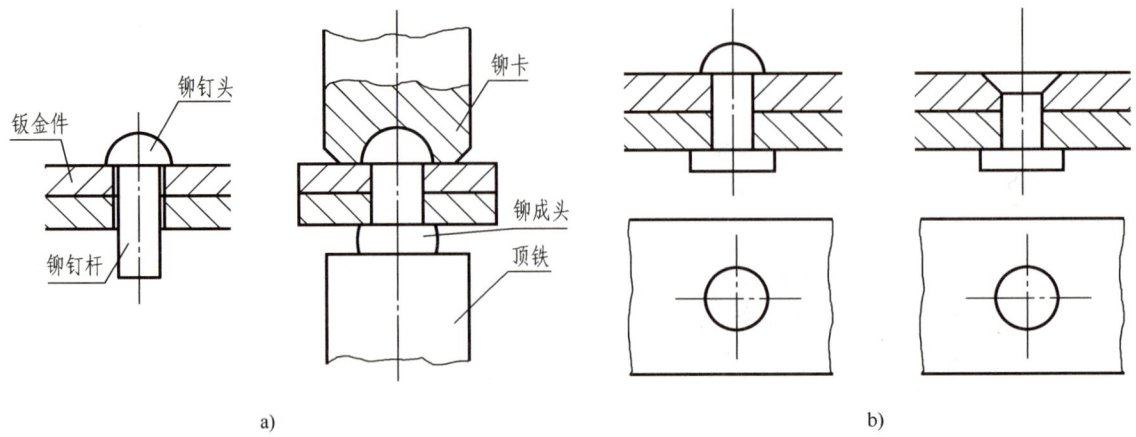

图 6-26 铆钉连接的画法

1)在一般情况下,铆钉按实际投影画出,在剖视图中,如剖切平面通过铆钉轴线,铆钉按不剖画出,如图6-26b所示。

2)如图6-27所示,只有一种铆钉时,则只需按实际投影画一两个,其余铆钉在与轴线平行的视图上,用轴线表示铆钉间距;在与轴线垂直的视图上,用十字线(细点画线)表示铆钉分布的位置。

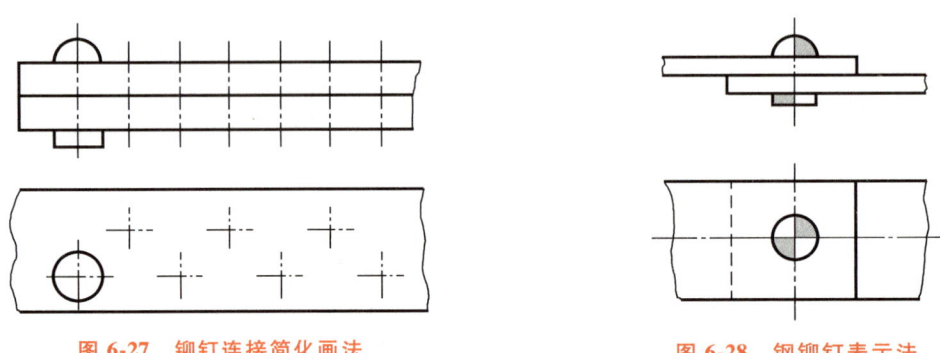

图 6-27 铆钉连接简化画法   图 6-28 钢铆钉表示法

3)在同一视图上,同时有钢铆钉和铝铆钉时,可按图6-28所示的方法表示钢铆钉。

二、普通铆钉的种类、材料及标记

1. 普通铆钉的种类

铆钉是标准件,普通铆钉一般按头部形状分类,国内航空标准的普通铆钉的种类从形状上分为半圆头铆钉(HB 6229~HB 6239—2002)、平锥头铆钉(HB 6297~HB 6303—2002)、90°沉头铆钉(HB 6304~HB 6314—2002)、120°沉头铆钉(HB 6315~HB 6319—2002)和大扁圆头铆钉(HB 6323~HB 6328—2002)等,其形状和尺寸可以从标准中查到(见附录U)。

2. 铆钉的材料及标记

从材料上区分,国内普通铆钉可分为铝铆钉、钢铆钉和铜铆钉,材料主要有LY1、

LY10、LF10、LF21、ML18、ML20MnA、06Cr18Ni11Ti 等。为了便于识别铆钉的材料，在铆钉头上做标记。铆钉的材料及标记见表6-9。标记一般是凸点，但半圆头、大扁圆头及车制铆钉允许用凹点。

表6-9 国内航空标准普通铆钉的材料及标记

材料	LY1	LY10	LF10	LF21	ML18	ML20MnA	06Cr18Ni11Ti	T3
标记	⊙	○	⊙⊙	⊙⊙⊙	⊙	○	○	○

3. 铆钉的代号

不同形状、不同规格（指铆钉杆的直径和长度）、不同材料的铆钉，可用不同的牌号表示。国内航空普通铆钉的牌号为 HB ××××-d×L。其中，HB 为航空标准的代号；×××× 为四位数字序号，表示铆钉的材料；d 为铆钉杆的直径，单位为 mm；L 为铆钉杆的长度，单位为 mm。

例如，牌号为 HB 6315-4×10 的铆钉，表示该铆钉为120°沉头铆钉，材料为LY1（硬铝），铆钉杆直径为4mm，铆钉杆长度为10mm。

在图中，为了判别铆钉规格，一般在铆钉的引出线上注写铆钉标记（图6-29）。

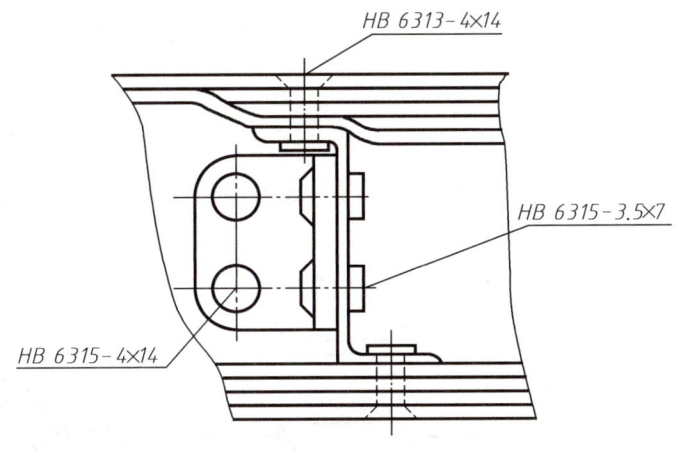

图6-29 铆钉标记的标注

三、铆钉排尺寸标注方法

铆钉排的尺寸，通常包括边距 B、离板材侧壁的距离 A 和铆钉的间距 t 三部分（图6-30）。

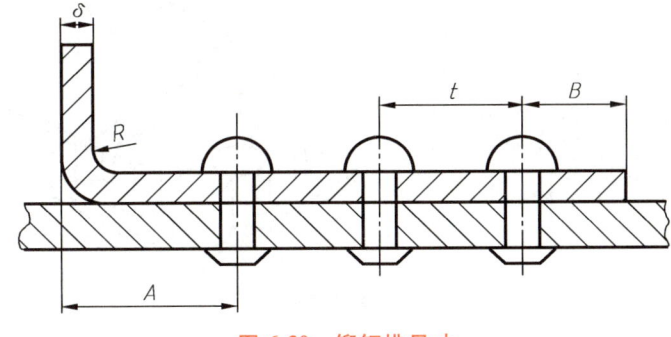

图6-30 铆钉排尺寸

均匀分布的铆钉排可分为单排、双排交错、沿圆周均布等形式，其尺寸的标注方法如图 6-31 所示。

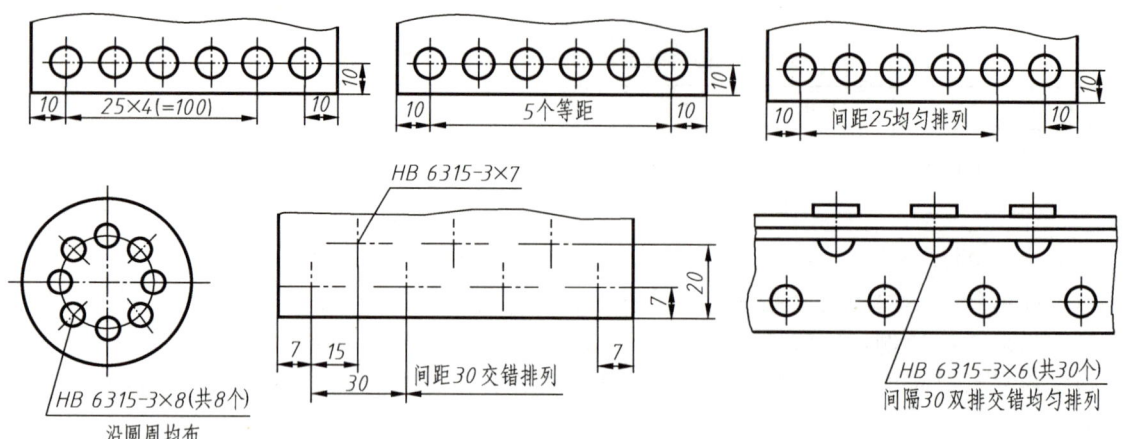

图 6-31　各组铆钉排的尺寸标注

在飞机上有时还用一些特殊铆钉如抽心铆钉、空心铆钉及高剪切强度铆钉等，它们的结构形状、尺寸及标记可查阅航空标准中的紧固零件代号中的有关标准。

知识点 2　胶接

一、胶接的概念

用胶将两个以上的零件（或材料）粘合在一起形成一个整体的方法称为胶接。图 6-32 所示为胶接而成的各种构件。

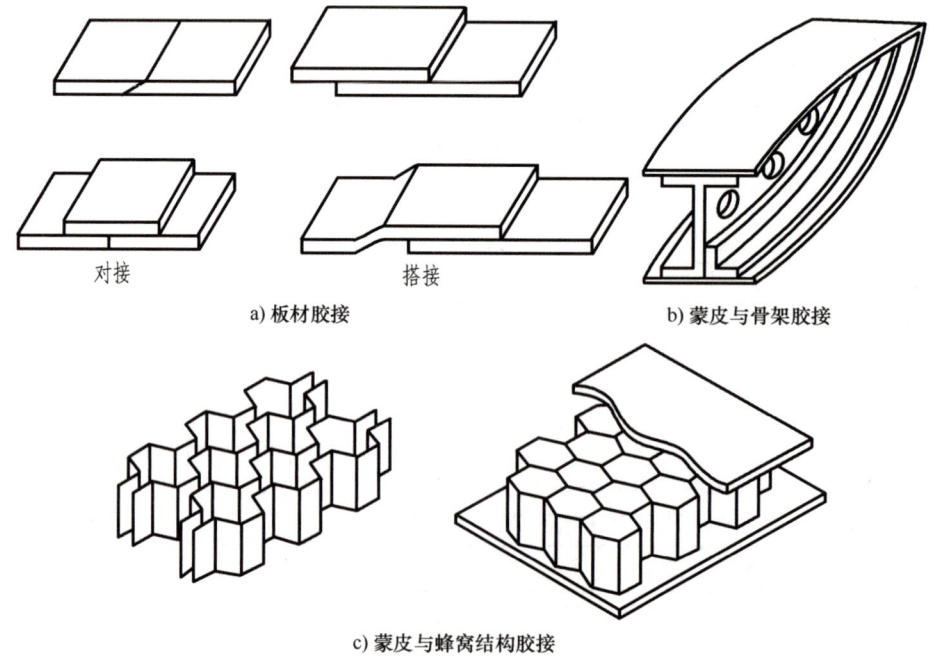

图 6-32　胶接

图6-33所示为玻璃钢旋翼的剖面结构。

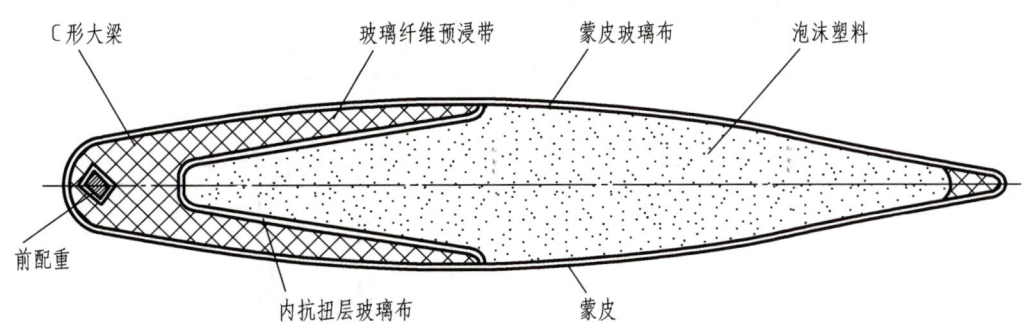

图6-33　玻璃钢旋翼的剖面结构

二、胶接的优势

胶接件与其他连接件相比,具有表面光滑、重量轻、应力分布均匀、疲劳强度高等优点,因此在现代飞机上使用日益广泛。

三、胶接的表示方法

胶接包括钣金胶接（纯胶接）、胶焊（胶接加点焊）、胶铆（胶接加铆接）,以及填充泡沫塑料、各种蜂窝夹芯的夹层结构。

1）钣金胶接各种胶缝的表示形式见表6-10。

表6-10　钣金胶接各种胶缝的表示形式

名称	形式	名称	形式
面接		角接	
单面搭接			
T形接		双角接（挤压型材）	
波纹板面接		双角接（板弯角材）	

2）为清楚表达胶接连接,必要时允许用胶接符号表示。即用粗实线的符号"K"画在指引线上,如图6-34所示。

3）胶接的表示方法除蜂窝结构和胶接方向提出了规定画法外,其他内容还没有统一规定,一般是在引出线上或技术条件中用文字加以说明,如图6-35和图6-36所示。

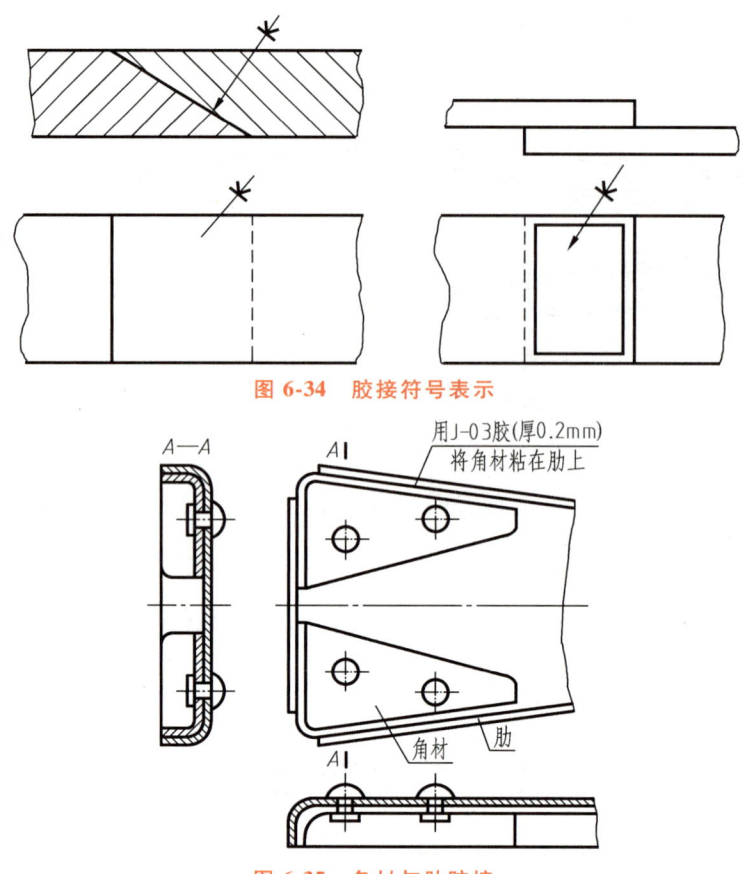

图 6-34 胶接符号表示

图 6-35 角材与肋胶接

技术要求
1. 采用涂刷方式，用J-03胶(厚0.2mm)粘合蜂窝、蒙皮与肋。
2. 使用温度范围-60℃~150℃。
3. 对胶接构件的胶接质量做无损检验，对其胶层边缘进行密封保护。

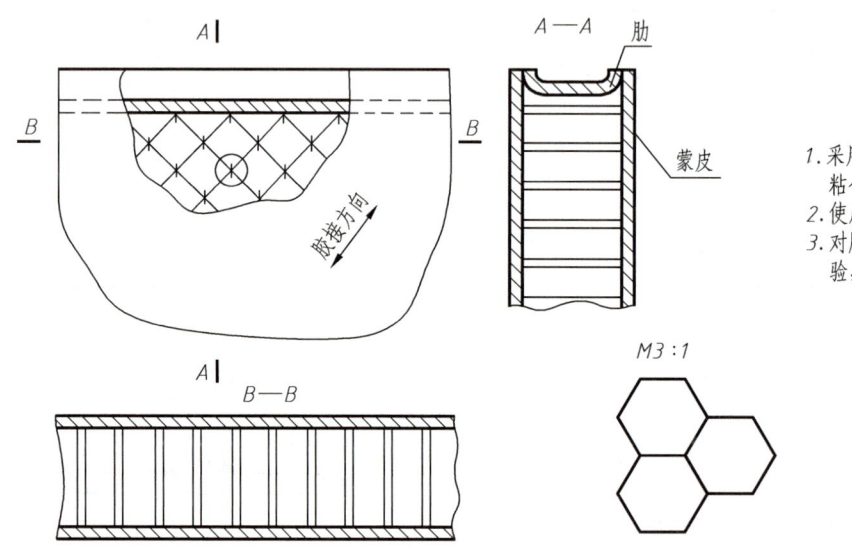

图 6-36 蜂窝结构的表示法

【任务实施】

图 6-37 所示为铆钉、角材与肋胶接的综合实例，根据所学知识，回答下列问题。

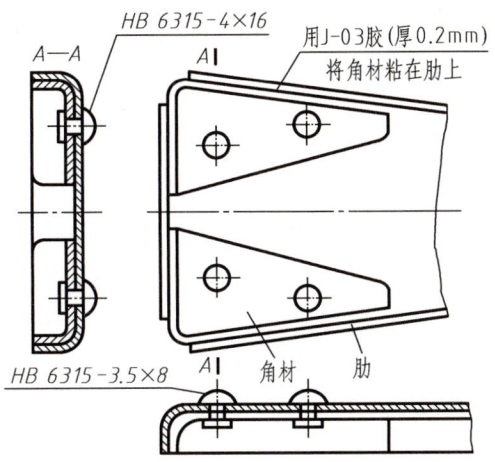

图 6-37 综合实例（铆钉、角材与肋胶接）

1. 牌号 HB 6315-4×16 是何种铆钉？解释牌号含义。
2. 采用 J-03 胶（厚 0.2mm）将角材粘在肋上，其优点是什么？

【任务评价】

请完成表 6-11 中的学习评价。

表 6-11 任务 2 学习评价检查项目

序号	检查项目	评分标准	结果评估	自评分
1	能否正确绘制铆钉连接	10		
2	是否正确查表得到铆钉代号	15		
3	能否正确识读铆钉连接画法	15		
4	能否正确标注铆钉排尺寸	15		
5	能否正确地绘制铆钉、角材与肋胶接	15		
6	图形绘制是否美观	10		
7	在绘制图形过程中,是否遇到了问题;在解决问题过程中是否提升了查阅资料、沟通交流的能力	20		

【总结回顾】

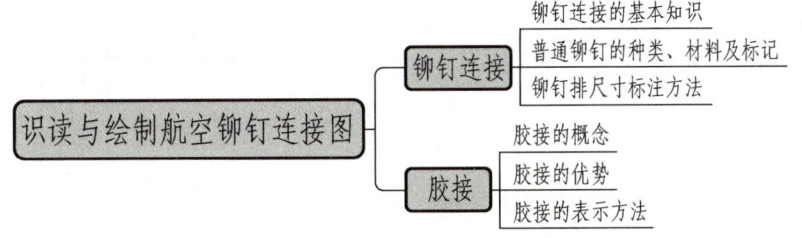

任务 3　识读与绘制支架焊接图

【任务目标】

【知识目标】
（1）掌握焊缝的规定画法。
（2）掌握金属焊接图的表达方法。

【能力目标】
（1）能正确识读金属焊接图。
（2）能正确绘制支架焊接图。

【素质目标】
（1）培养认真负责的工作态度。
（2）具有科学严谨、一丝不苟的工作作风。

【任务描述】

根据所学知识，识读图 6-38 所示支架焊接图，并绘制该图。

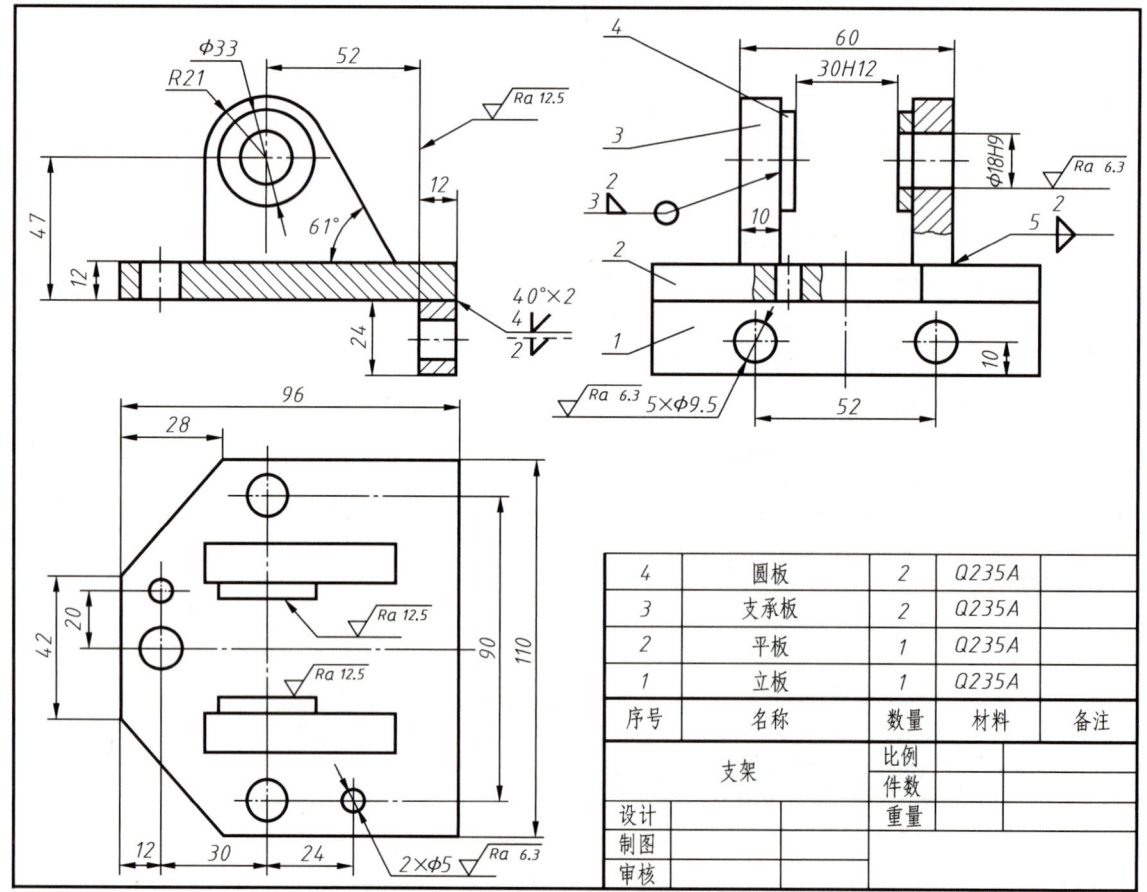

图 6-38　支架焊接图

【任务分析】

焊接是采用加热或加压，或两者并用，用或不用填充金属，使分离的两工件材质达到原子间永久结合的一种加工方法。用来表达金属焊接件的工程图样，称为**金属焊接图**（简称焊接图）。焊接是一种不可拆卸的连接形式，由于它施工简便、连接可靠，在工程中被广泛采用。国家标准 GB/T 324—2008《焊缝符号表示法》规定，推荐用焊缝符号表示焊缝或接头，也可以采用一般的技术制图方法表示。

【知识储备】

知识点 1　焊接的表示法

1. 焊接接头形式

两焊接件用焊接的方法连接后，其熔接处的接缝称为焊缝，在焊接处形成焊接接头。由于两焊接件间相对位置不同，焊接接头有对接、角接、搭接和 T 形接头等基本形式，见表 6-12。

表 6-12　焊缝的规定画法

形式	焊接前的视图画法	焊接后的视图画法
对接接头		
角接接头		
搭接接头		
T 形接头		

2. 可见焊缝的画法

用视图表示焊缝时，当施焊面（或带坡口的一面）可见时，焊缝用栅线（一系列细实线）表示。此时表示两个被焊接件相接的轮廓线应保留。

3. 不可见焊缝的画法

当施焊面（或带坡口的一面）处于不可见时，表示焊缝的栅线省略不画。

4. 剖视图中焊缝的画法

用剖视图或断面图表示焊缝接头或坡口的形状时，焊缝的金属熔焊区通常应涂黑表示。

对于常压、低压设备，在剖视图上的焊缝，按焊接接头的形式画出焊缝的剖面，剖面符号用涂黑表示；视图中的焊缝，可省略不画。

对于中压、高压设备或设备上某些重要的焊缝，则需用局部放大图（亦称节点图），详细地表示出焊缝结构的形状和有关尺寸。

知识点 2　焊缝的符号表示法

依据国家标准 GB/T 324—2008，完整的焊缝符号包括基本符号、指引线和基准线、补充符号、尺寸符号及数据等。为了简化，在图样上标注焊缝时通常只采用基本符号、指引线和基准线，其他内容一般在有关的文件（如焊接工艺规程等）中明确。

1. 焊缝的基本符号

焊缝的基本符号表示焊缝横截面的形式或特征，常见焊缝的基本符号见表 6-13。

表 6-13　常见焊缝的基本符号

名称	符号	图形符号	标注示例
I 形焊缝	‖		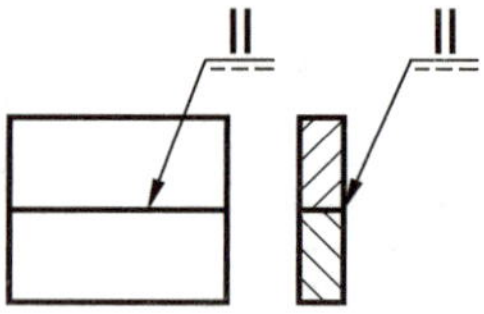
V 形焊缝	∨		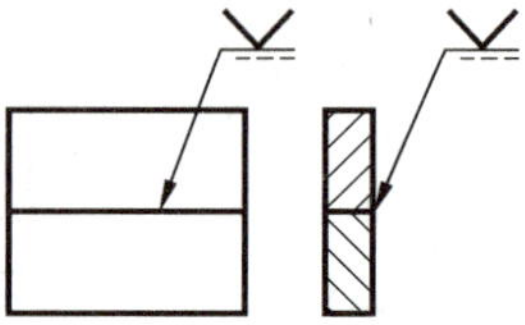
单边 V 形焊缝	⋁		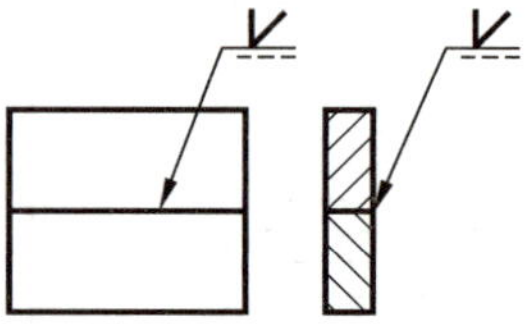
角焊缝	⊿	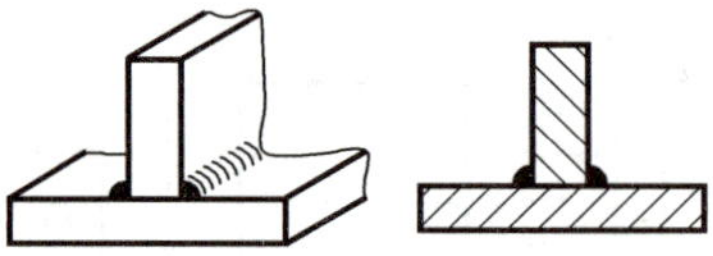	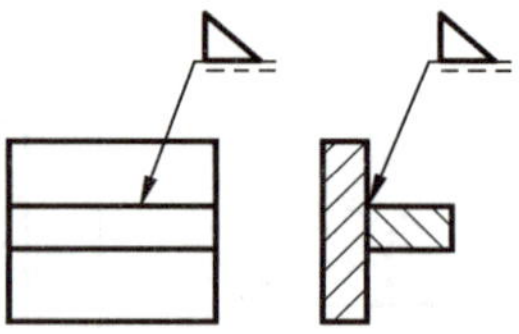
点焊缝	○		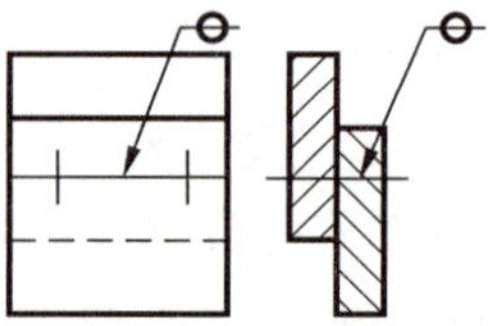

2. 焊缝的补充符号

焊缝的补充符号是补充说明有关焊缝或接头的某些特征，如表面形状、焊缝分布、施焊地点等，见表6-14。

表 6-14 焊缝的补充符号

名称	图形符号	焊缝形式及标注示例	示例说明
平面	—		表示平齐的V形焊
凹面	⌣		表示焊缝表面凹陷
凸面	⌢		表示V形焊缝表面凸起
永久衬垫	M		表示V形焊缝的背面底部有临时衬垫
临时衬垫	MR		
三面焊缝	⊐		工件三面施焊，为角焊缝
周围焊缝	○		表示在现场沿工件周边施焊，为角焊缝
现场焊缝	▸		
尾部	<		"111"表示用焊条电弧焊，"4条"表示有4条相同的角焊缝，焊缝高为"5"，长为"100"

知识点3　焊缝的标注方法

1. 箭头线与焊缝位置的关系

箭头线相对焊缝的位置一般没有特殊要求，箭头线可以标注在有焊缝一侧，也可以标注在没有焊缝一侧。

2. 基本符号相对基准线的位置

为了在图样上能确切地表示焊缝位置，标准中规定了基本符号相对基准线的位置，如图6-39所示。

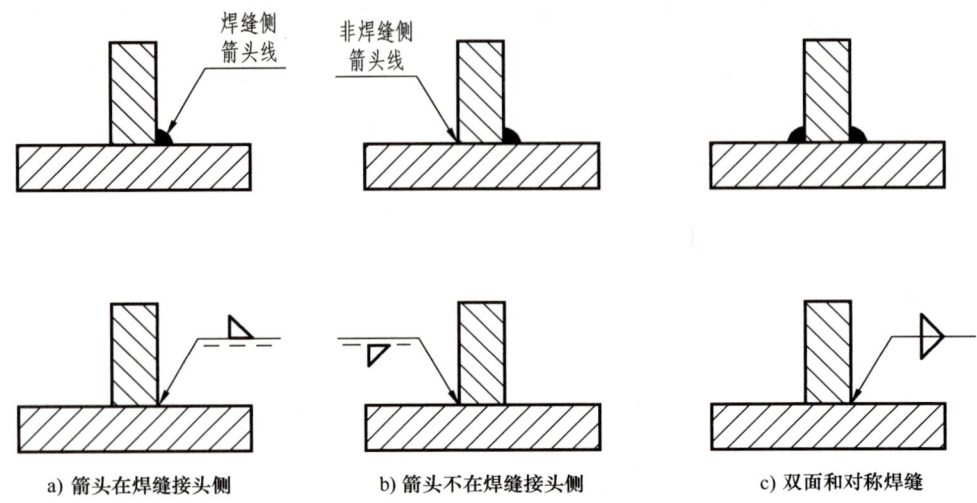

图 6-39 基本符号相对基准线的位置

1) 如果焊缝接头在箭头侧，则将基本符号标在基准线的细实线一侧，如图6-39a所示。
2) 如果焊缝接头不在箭头侧，则将基本符号标在基准线的虚线一侧，如图6-39b所示。
3) 标注对称焊缝及双面焊缝时，可不画虚线，如图6-39c所示。

3. 焊缝尺寸符号及数据的标注

焊缝尺寸符号及数据的标注原则如图6-40所示。
1) 焊缝横截面上的尺寸，标在基本符号的左侧。
2) 焊缝长度方向的尺寸，标在基本符号的右侧。
3) 坡口角度 α、坡口面角度 β、根部间隙 b 标在基本符号的上侧或下侧。
4) 相同焊缝数量及焊接方法代号标在尾部。
5) 当需要标注的尺寸数据较多，又不易分辨时，可在数据前面增加相应的尺寸符号。

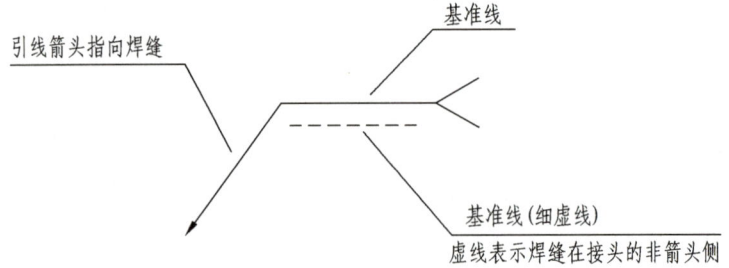

图 6-40 焊缝符号

4. 常见焊缝的标注示例

常见焊缝的标注示例见表6-15。

表 6-15 常见焊缝的标注示例

接头形式	焊缝形式	标注示例	说明
对接接头			表示 V 形焊缝的坡口角度为 α，根部间隙为 b，有 5 段长度为 l 的焊缝
T 形接头			表示单面角焊缝，焊脚尺寸为 K
T 形接头			表示有 n 段长度为 l 的双面断续角焊缝，间隔为 e，焊脚尺寸为 K
T 形接头			表示有 n 段长度为 l 的双面交错断续角焊缝，间隔为 e，焊脚尺寸为 K
角接接头			表示为双面焊接，上面为单边 V 形焊缝，下面为角焊缝
搭接接头			表示有 n 个焊点的点焊，焊核直径为 d，焊点的间隔为 e

【任务实施】

一、绘制支架焊接图

绘制支架焊接图的步骤见表 6-16。

表 6-16 支架焊接图的作图步骤

序号	绘制要点	图示
1	绘制底板	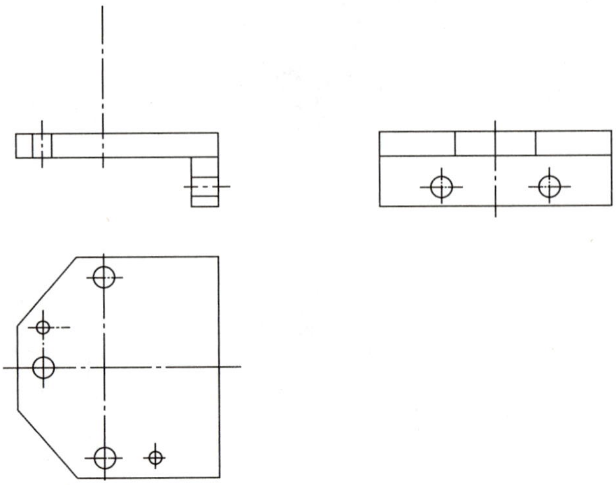
2	绘制支承板及圆板	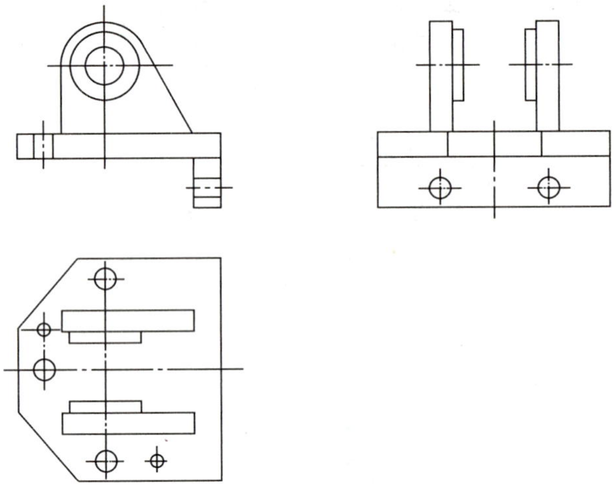
3	绘制剖面线,标注焊缝指引线	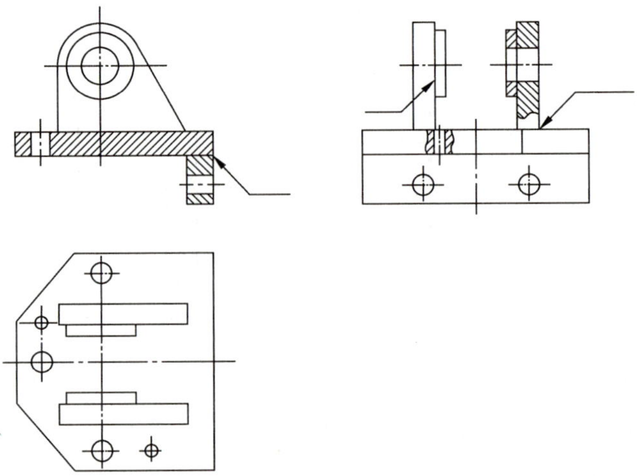

（续）

序号	绘制要点	图示
4	检查，描粗，绘制标题栏、明细栏，标注尺寸和技术要求	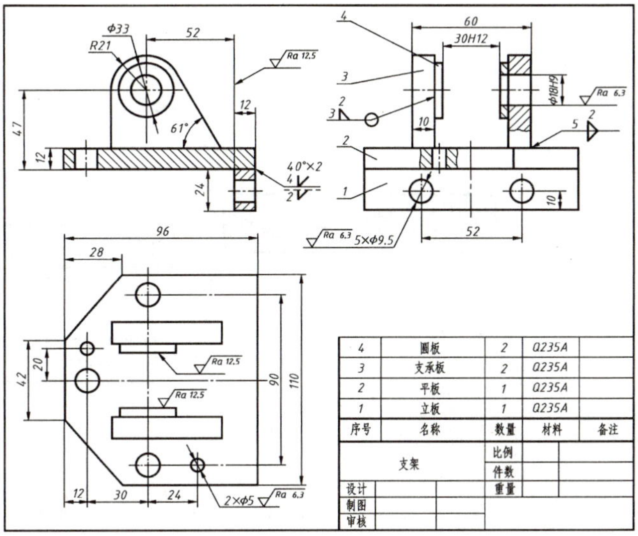

二、试解释图中三种不同焊缝符号所表示的含义

（1）件1和件2之间采用双面焊缝，外侧（箭头侧）为单边V形焊缝，坡口深度为4mm，坡口面角度为40°，根部间隙为2mm；内侧（非箭头侧）为角焊缝，焊脚尺寸为2mm。

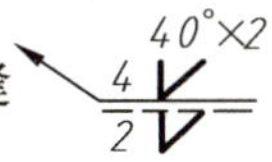

（2）件3和件4之间的焊缝采用四周全部角焊缝，焊脚尺寸为3mm，根部间隙2mm。

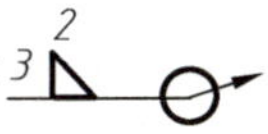

（3）件2和件3之间的焊缝为对称角焊缝，焊脚尺寸为5mm，根部间隙为2mm。

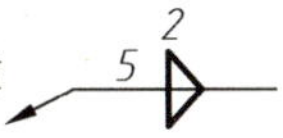

【任务评价】

请完成表6-17中的学习评价。

表6-17 任务3学习评价检查项目

序号	检查项目	评分标准	结果评估	自评分
1	能否完整地说出支架焊接图的表达方案	10		
2	能否说出支架焊接图中采用的焊接方式及含义	20		
3	在开始绘制图形前，能否将支架摆放在最恰当的位置	10		
4	所绘制图形是否完整、正确地表达了支架的形状	30		
5	所绘制图形的线型和位置是否符合制图标准	10		
6	在绘制图形过程中，是否遇到了问题；在解决问题过程中是否提升了查阅资料、沟通交流的能力	20		

【总结回顾】

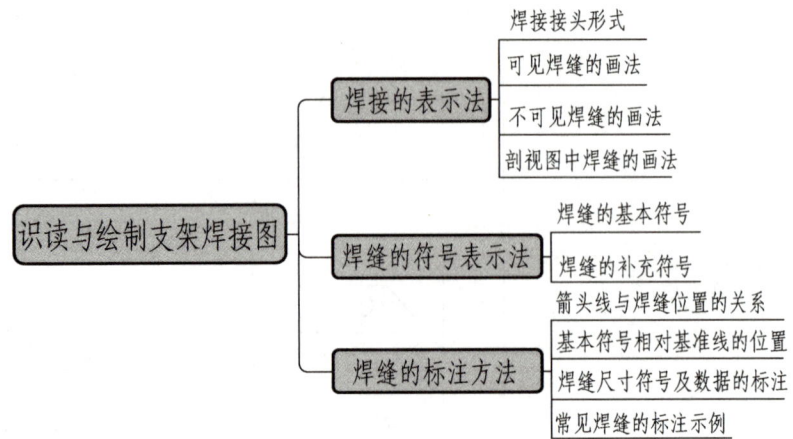

任务4　识读与绘制齿轮零件图

【任务目标】

【知识目标】
(1) 了解常用件的类型。
(2) 掌握齿轮、滚动轴承和弹簧的画法。

【能力目标】
能正确识读和绘制齿轮、滚动轴承、弹簧等常用件图样。

【素质目标】
(1) 培养认真负责的工作态度。
(2) 培养一丝不苟的工作作风。

【任务描述】

图6-41所示为标准直齿圆柱齿轮立体图，请绘制其两视图（已知齿轮的模数 $m = 3mm$，齿数 $z = 20$），并回答相关问题。

【任务分析】

航空齿轮主要由主减速齿轮、差动齿轮、行走齿轮等不同齿轮组成。

一、主减速齿轮

主减速齿轮是航空齿轮中的重要部件之一，由高强度钢材制成，主要承受发动机的动力。主减速齿轮内部由多层齿轮组成，其中包括锥齿轮、直齿齿轮

图6-41　标准直齿圆柱齿轮立体图

等，能够实现将发动机输出的高速旋转转换成航空发动机所需要的低速旋转。

二、差动齿轮

差动齿轮同样是航空齿轮的重要组成部分，通常由两个传动齿轮和一个齿轮匣组成。差动齿轮的主要功能是实现不同飞行阶段时飞机的左右差速调节，以保证行驶的稳定性和平衡性。

三、行走齿轮

行走齿轮是飞机起落架中的关键部件之一，通常由减振器、轮胎、制动器和齿轮箱等多个部分组成。这些部分密切协作，不仅可以减少机器的振动和噪声，而且能够帮助飞机在地面上行驶和停靠。

【知识储备】

知识点 1　齿轮

齿轮是传动零件，能将一根轴的动力及旋转运动传递给另一根轴，也可改变转速和旋转方向。

一、齿轮的分类

齿轮按传动情况可分为圆柱齿轮、锥齿轮、蜗轮蜗杆三类。其中，图 6-42a 中的圆柱齿轮用于两平行轴之间的传动；图 6-42b 中的锥齿轮用于相交两轴之间的传动；图 6-42c 中的蜗轮蜗杆则用于交错两轴之间的传动。圆柱齿轮按轮齿方向的不同，可分为直齿轮、斜齿轮和人字齿轮等。

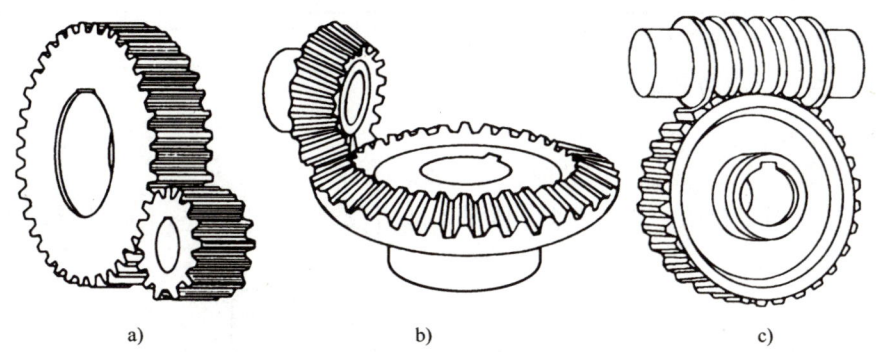

图 6-42　常见的齿轮传动

二、齿轮的主要参数

直齿圆柱齿轮一般由轮齿、齿盘、轮辐（辐板或辐条）和轮毂等组成，其轮齿位于圆柱面上，如图 6-43 所示。

直齿圆柱齿轮的主要参数有齿顶圆、齿根圆、分度圆、压力角、模数、齿厚、齿距等，其定义如图 6-43 所示，计算方法见表 6-18。

模数是设计、制造齿轮的重要参数。模数大，齿距 p 也大，齿厚 s 和全齿高 h 也随之增大，因而齿轮的承载能力也增大。为了便于设计和加工，模数已标准化，其数值见表 6-19。

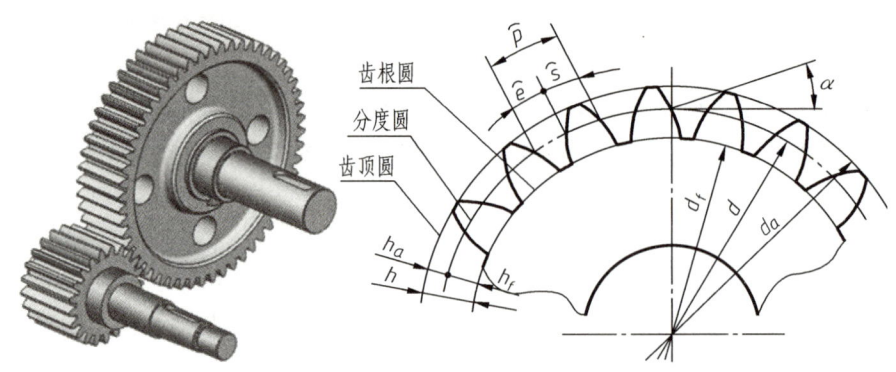

图 6-43 直齿圆柱齿轮各部分名称及其代号

表 6-18 直齿圆柱齿轮各部分的尺寸关系

名称	符号	计算公式	名称	符号	计算公式
齿距	p	$p=\pi m$	分度圆直径	d	$d=mz$
齿顶圆	h_a	$h_a=h_a^* m$	齿顶圆直径	d_a	$d_a=d+2h_a$
齿根圆	h_f	$h_f=(h_a^*+c^*)m$	齿根圆直径	d_f	$d_f=d-2h_f$
齿高	h	$h=h_a+h_f$	中心距	a	$a=m(z_1+z_2)/2$

注：m 为模数；z 为齿数；标准直齿圆柱齿轮的压力角 α 为 20°；h_a^* 为齿顶高系数，标准值取 1；c^* 为顶隙系数，标准值取 0.25。

表 6-19 圆柱齿轮模数（摘自 GB/T 1357—2008） （单位：mm）

第一系列	1,1.25,1.5,2,2.5,3,4,5,6,8,10,12,16,20,25,32,40,50
第二系列	1.125,1.375,1.75,2.25,2.75,3.5,4.5,5.5,(6.5),7,9,11,14,18,22,28,36,45

注：优先选择第一系列，其次选用第二系列，括号内的数值尽可能不选。

两齿轮啮合，其模数必须相等。

三、齿轮的画法

1. 单个齿轮的规定画法（GB/T 4459.2—2003）

1）一般采用两个视图，如图 6-44a 所示，或者用一个视图和一个局部视图表示单个齿轮，如图 6-44b 所示。

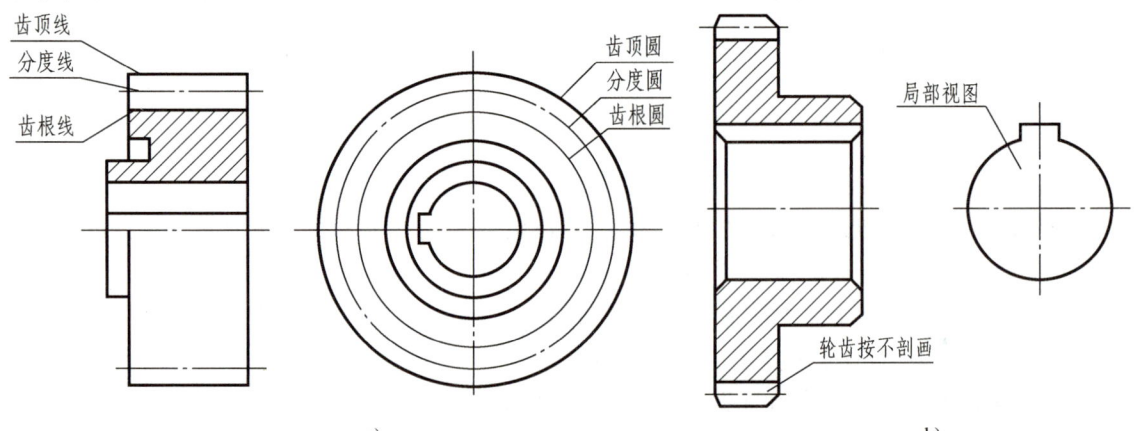

图 6-44 单个齿轮的规定画法

2) 齿顶圆和齿顶线用粗实线绘制；分度圆和分度线用细点画线绘制。

3) 齿根圆和齿根线用细实线绘制，也可省略不画（图6-44a）；在剖视图中，齿根线用粗实线绘制。

4) 在剖视图中，当剖切平面通过齿轮的轴线时，轮齿一律按不剖处理（图6-44b）。

5) 当轮齿上有倒角时，在投影为圆的视图中，倒角圆省略不画。

6) 当轮齿为斜齿轮或人字齿轮时，可用三条与齿线方向一致的细实线表示（图6-45）。直齿则不需要表示。

2. 两齿轮啮合的规定画法

1) 在垂直于圆柱齿轮轴线的投影面的视图中，啮合区内的齿顶圆均用粗实线绘制，两节圆（分度圆）相切，其规定画法如图6-46所示。

2) 在平行于圆柱齿轮轴线的投影面的视图中，啮合区的齿顶线不需要画出，节线用粗实线绘制，其他处的节线用细点画线绘制。

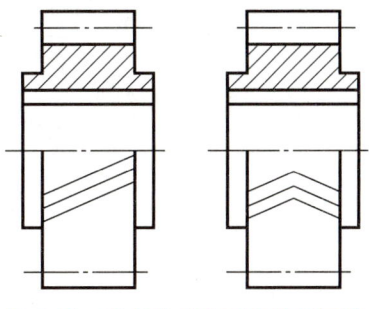

图6-45 斜齿轮或人字齿轮的画法

3) 在通过轴线的剖视图中，啮合区内将一个齿轮的轮齿用粗实线绘制，另一个齿轮的轮齿被遮挡的部分画成细虚线（也可省略不画），而且一个齿轮的齿顶线与另一个齿轮的齿根线之间应有$0.25m$的间隙。

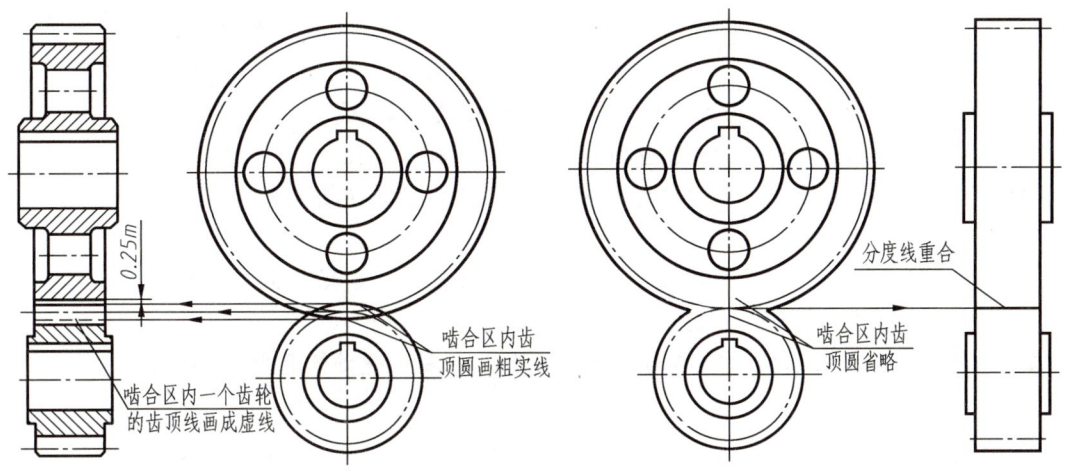

图6-46 齿轮啮合的规定画法

图6-47所示为齿轮、齿条的合画法。齿条可以看成是直径无穷大的齿轮，这时的齿顶圆、分度圆、齿根圆和齿廓都是直线。它的模数与其啮合齿轮的模数相同，画法与两圆柱齿轮的啮合画法是一样的。

四、直齿圆柱齿轮的测绘

根据齿轮实物，通过测量和计算，以确定主要参数并画出齿轮工作图的过程，称为齿轮测绘。

啮合角：标准齿轮啮合角为20°，无须测量。

模数的确定：可按d_a公式导出，即$m=d_a/(z+2)$。齿数z可以首先数出，在测得顶圆的直径d_a后，即可计算出模数。

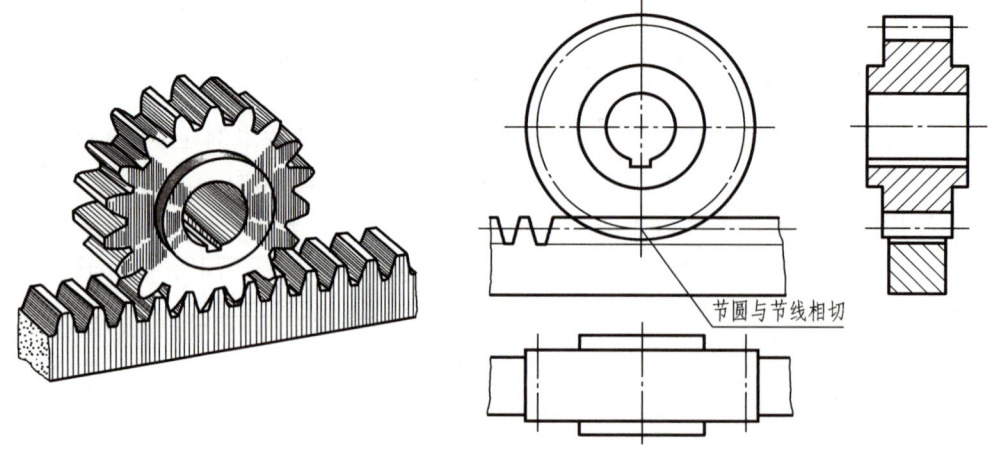

图 6-47 齿轮、齿条的啮合画法

测量顶圆直径时，如齿数为偶数，可直接测出；如齿数为奇数，则需间接测量，其测量方法如图 6-48 所示。

模数计算出来后，还必须与表 6-19 核对，取相近的标准模数。根据标准模数，再计算出轮齿的各基本尺寸。

齿轮的其他尺寸可按实物测量。

知识点 2　滚动轴承

飞机的传动系统包括发动机、涡轮、变速箱和传动轴等部件，这些部件之间需要高效地传递动力。滚动轴承可以在传动轴和齿轮上起到支承和减少摩擦的作用，从而使传动系统更加稳定和高效。

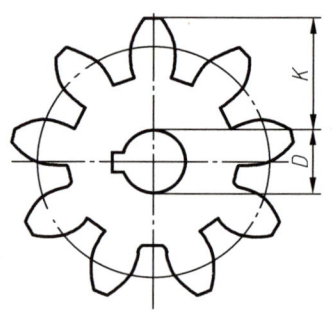

图 6-48　奇数齿的测量方法

一、滚动轴承的结构

滚动轴承是支承旋转轴的标准组件，它具有摩擦阻力小、效率高、结构紧凑、维护简单等优点，因此在机器中得到了广泛应用。

如图 6-49 所示，滚动轴承的结构一般由外圈、内圈、滚动体和保持架组成。

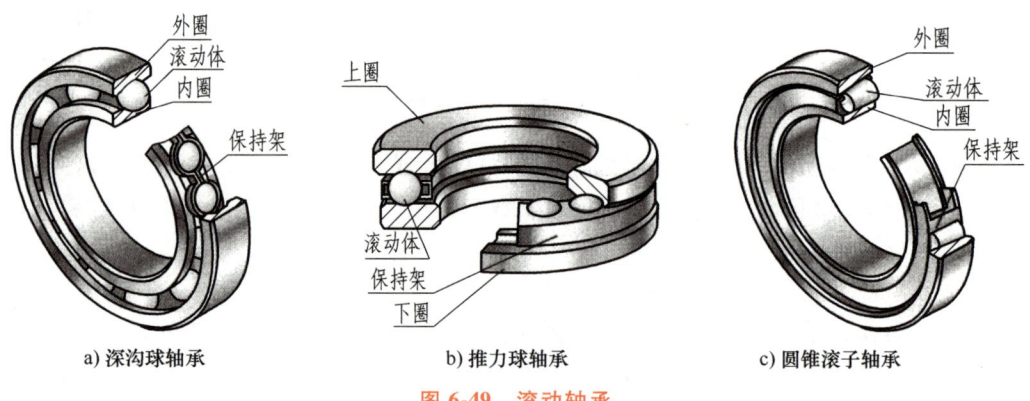

a) 深沟球轴承　　　b) 推力球轴承　　　c) 圆锥滚子轴承

图 6-49　滚动轴承

二、滚动轴承的种类

滚动轴承的种类很多，按承受载荷方向的不同，可将其分为以下三类。

（1）向心轴承　主要承受径向载荷，如深沟球轴承（图6-49a）。

（2）推力轴承　主要承受轴向载荷，如推力球轴承（图6-49b）。

（3）向心推力轴承　能同时承受径向载荷和轴向载荷，如圆锥滚子轴承（图6-49c）。

三、滚动轴承的画法

当需要在图样上表示滚动轴承时，可采用简化画法或规定画法。现将三种滚动轴承的各式画法均列于表6-20中，其各部尺寸可根据轴承代号由标准中查得。

1. 通用画法

在剖视图中，当不需要确切地表示滚动轴承的外形轮廓、载荷特征和结构特征时，可用矩形线框及位于线框中央正立的十字形符号表示滚动轴承。

2. 特征画法

在剖视图中，如需较形象地表示滚动轴承的结构特征时，可采用在矩形线框内画出其结构要素符号表示滚动轴承。

通用画法和特征画法应绘制在轴的两侧。矩形线框、符号和轮廓线均用粗实线绘制。

3. 规定画法

必要时，在滚动轴承的产品图样、产品样本和产品标准中，可采用规定画法表示滚动轴承。采用规定画法绘制滚动轴承的剖视图时，轴承的滚动体不画剖面线，其内外座圈可画方向和间隔相同的剖面线；在不致引起误解时，也允许省略不画。滚动轴承的倒角省略不画。规定画法一般绘制在轴的一侧，另一侧按通用画法绘制，见表6-20。

表6-20　滚动轴承的通用画法、特征画法和规定画法

轴承结构与标准	画法			装配示意图
	简化画法		规定画法	
	通用画法	特征画法		
 深沟球轴承 GB/T 276—2013	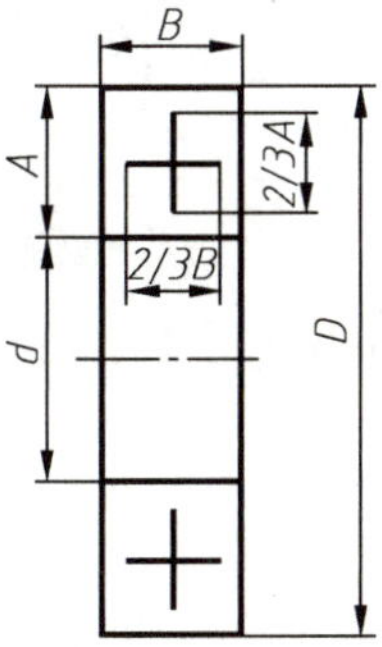	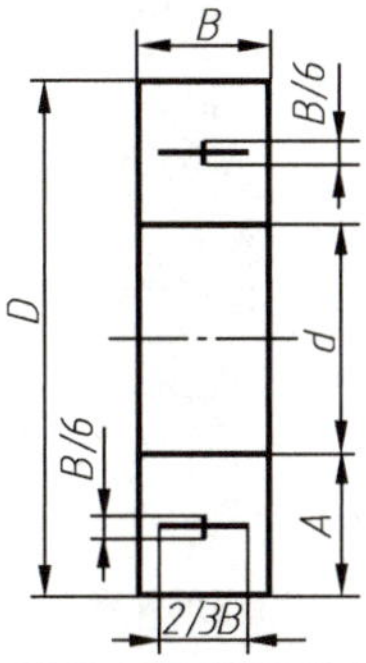	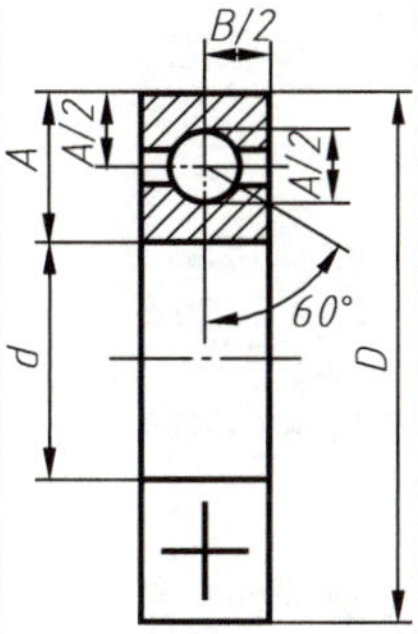	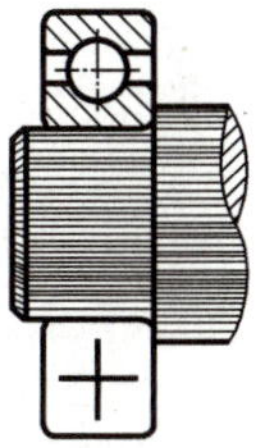
 圆锥滚子轴承 GB/T 297—2015		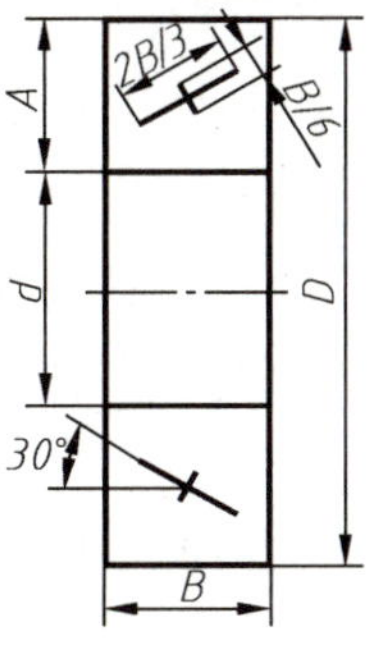	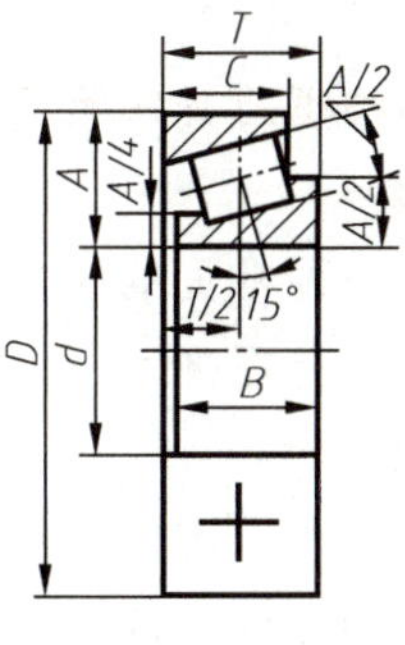	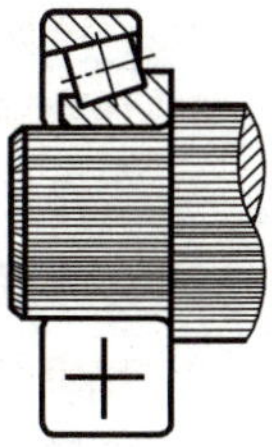

(续)

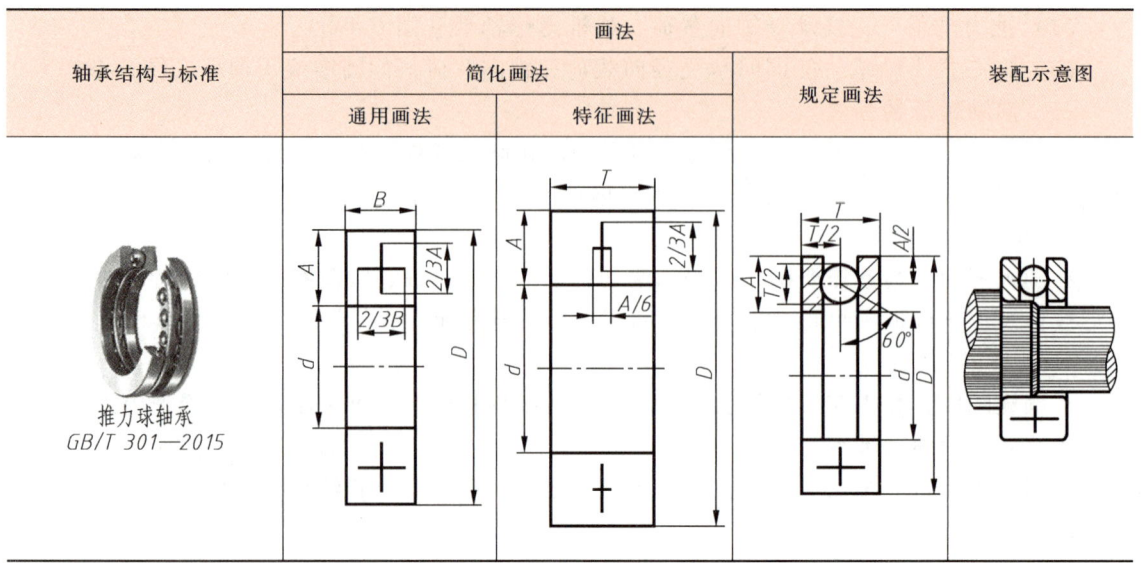

当需要确切地表示滚动轴承的外形轮廓、承载特性和结构特征时，采用通用画法；当需要较形象地表示滚动轴承结构特征时，采用特征画法；轴承的产品图样、产品样本、产品标准和产品使用说明书中采用规定画法。

知识点 3　弹簧

航空用途的弹簧种类繁多，包括压缩弹簧、拉伸弹簧和扭转弹簧等。这些弹簧在飞机中发挥着重要的作用，保障了飞机的安全和舒适度，如图 6-50 所示。

a) 压缩弹簧　　　　b) 拉伸弹簧　　　　c) 扭转弹簧

图 6-50　常见螺旋弹簧

一、弹簧的种类及其作用

1. 压缩弹簧

压缩弹簧是一种常见的航空用途弹簧，它的作用是支撑机身的重量并缓冲颠簸和振动。压缩弹簧可以分为针形弹簧、圆柱形弹簧等多种类型。

2. 拉伸弹簧

拉伸弹簧主要用于固定和保持航空器的形状与构造，如机翼和轮廓。这种弹簧可以承受拉伸力，有较好的弹性和韧性。

3. 扭转弹簧

扭转弹簧在航空器中的作用是提供扭力和扭矩，使机身的旋转和转向更加平稳和精准。还可以通过持续的弹性振动来降低动力系统的能量消耗，提高机身的使用寿命。扭转弹簧可以分为螺旋弹簧、扁平弹簧和条形弹簧等几种类型。

二、弹簧的表达方法

圆柱螺旋压缩弹簧可画成视图、剖视图或示意图，如图 6-51 所示。

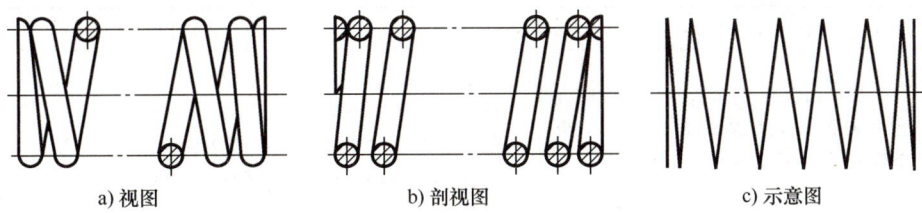

a) 视图　　　　　　b) 剖视图　　　　　　c) 示意图

图 6-51　螺旋弹簧的画法

三、弹簧的画法

画图时，应注意以下几点。

1）圆柱螺旋弹簧在平行于轴线的投影面的视图中，其各圈的轮廓应画成直线。

2）螺旋弹簧均可画成右旋，对必须保证的旋向要求应在"技术要求"中注明。

3）对于螺旋压缩弹簧，如要求两端并紧且磨平时，不论支承圈的圈数是多少和末端贴紧情况如何，均按图 6-51 所示的形式绘制。必要时也可按支承圈的实际结构绘制。

4）有效圈数在四圈以上的螺旋弹簧，中间部分可省略不画，只画通过簧丝剖面中心的两条细点画线。当中间部分省略后，允许适当地缩短图形的长度，如图 6-51a、b 所示。

5）在装配图中，被弹簧挡住的结构一般不画出，可见部分应从弹簧的外轮廓线或从弹簧钢丝剖面的中心线画起，如图 6-52a 所示。

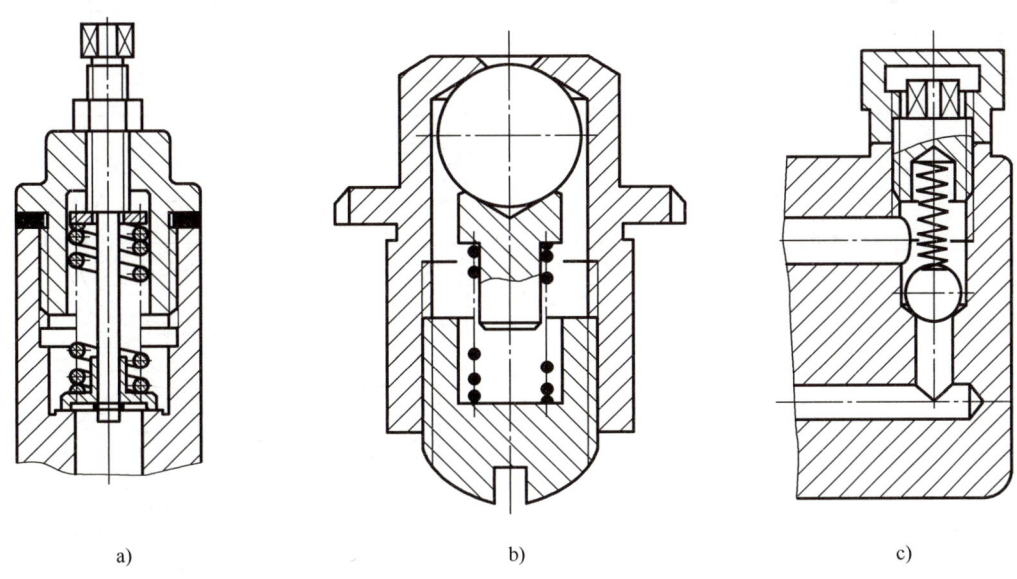

a)　　　　　　　　b)　　　　　　　　c)

图 6-52　装配图中弹簧的画法

6) 当簧丝直径在图上小于或等于 2mm 时，断面可以涂黑表示，如图 6-52b 所示；也可以采用示意画法，如图 6-52c 所示。

【任务实施】

绘制直齿圆柱齿轮零件图，见表 6-21。

表 6-21 直齿圆柱齿轮绘制过程

序号	绘图要点	图示和计算过程
1	根据已知参数，计算齿轮的分度圆直径为 $\phi 60mm$，齿顶圆直径为 $\phi 66mm$，齿根圆直径为 $\phi 52.5mm$	齿轮的模数 $m = 3mm$，齿数 $z = 20$ $d = mz = 3mm \times 20 = 60mm$ $d_a = m(z+2) = 3mm \times (20+2) = 66mm$ $d_f = m(z-2.5) = 3mm \times (20-2.5) = 52.5mm$
2	根据齿轮的尺寸，确定中心线位置	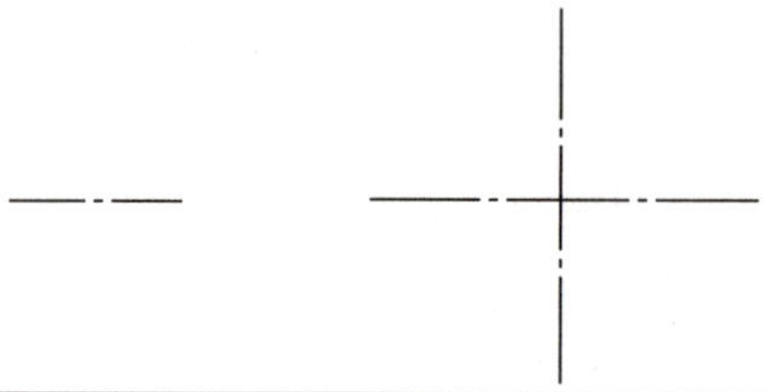
3	绘制齿顶圆和分度圆的视图	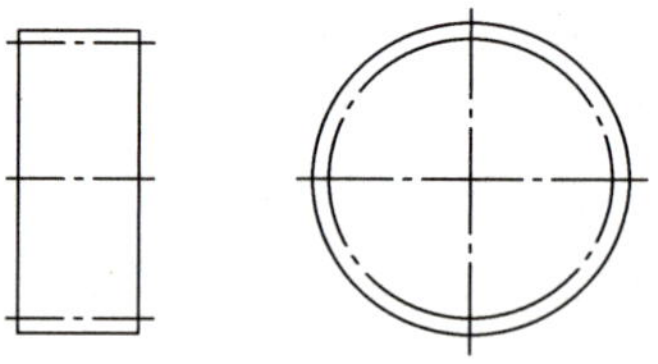
4	绘制齿根圆的视图	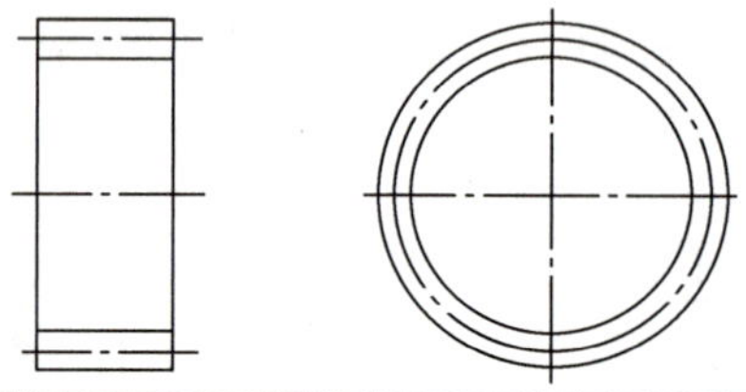
5	绘制齿轮键槽和剖视图的剖面线	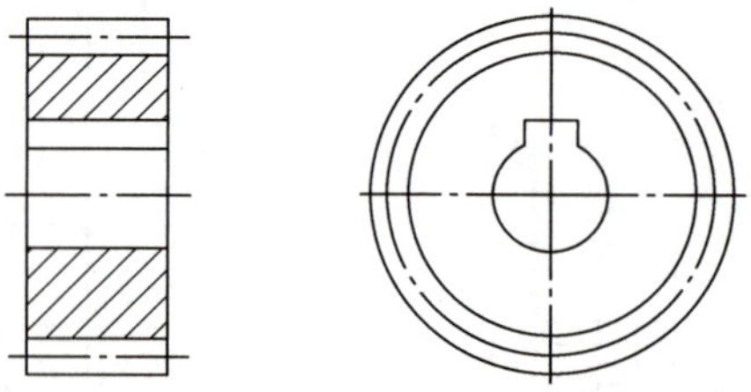
6	检查、整理、描粗、标注尺寸	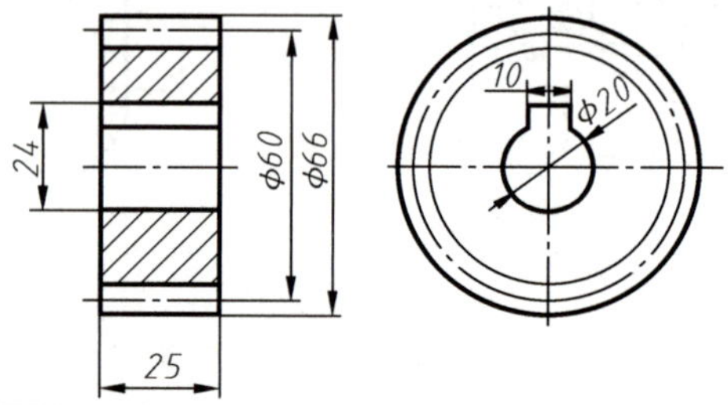

【任务评价】

请完成表 6-22 中的学习评价。

表 6-22 任务 4 学习评价检查项目

序号	检查项目	评分标准	结果评估	自评分
1	能否完整地复述本任务中介绍的常用件类型	10		
2	是否掌握齿轮、轴承、弹簧等常用件的画法	15		
3	能否正确识读齿轮、轴承等常用件图样	15		
4	能否正确地完成本任务中介绍的轴承的规定画法和通用画法	15		
5	能否正确地完成本任务中的齿轮简化画法	15		
6	图形绘制是否美观	10		
7	在绘制图形过程中,是否遇到了问题;在解决问题过程中是否提升了查阅资料、沟通交流的能力	20		

【总结回顾】

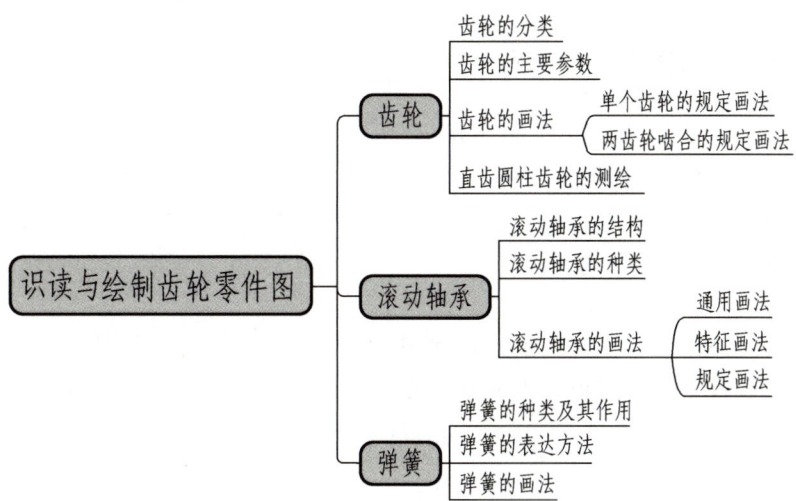

项目7　航空零件图

任务1　识读与绘制飞机整流罩零件图

【任务目标】

【知识目标】
（1）了解零件图的内容和作用。
（2）了解飞机钣金件的工艺结构。
（3）掌握飞机钣金件的表达方法。

【能力目标】
（1）能够绘制飞机钣金件零件图。
（2）能读懂飞机钣金件零件图。
（3）具备查阅国家标准的能力。

【素质目标】
（1）具有科学严谨、一丝不苟的工作作风。
（2）具有客观科学、认真负责的职业态度。

【任务描述】

飞机发明之初，使用的蒙皮通常采用纺织布，将布料包在飞机的木质或金属结构上，再涂上防水隔气的材料。时至今日，常规飞机的蒙皮材料主要是铝镁合金，部分高性能飞机会采用钛合金或者复合材料。

飞机壳体是薄壁结构，采用板料和型材等制造而成。一架大飞机有上万种钣金零件，这些零件按工艺和结构特点，一般分为弯曲零件、框肋零件、型材零件、蒙皮零件、落压零件和管子零件等。图7-1所示为某飞机整流罩零件图，请认真阅读该零件，并运用已有知识和本任务的知识点回答下列问题。

（1）该飞机整流罩零件图包括哪些内容？
（2）该飞机整流罩零件图中的技术要求表达了哪些含义？
（3）该飞机整流罩零件的工艺结构有哪些？

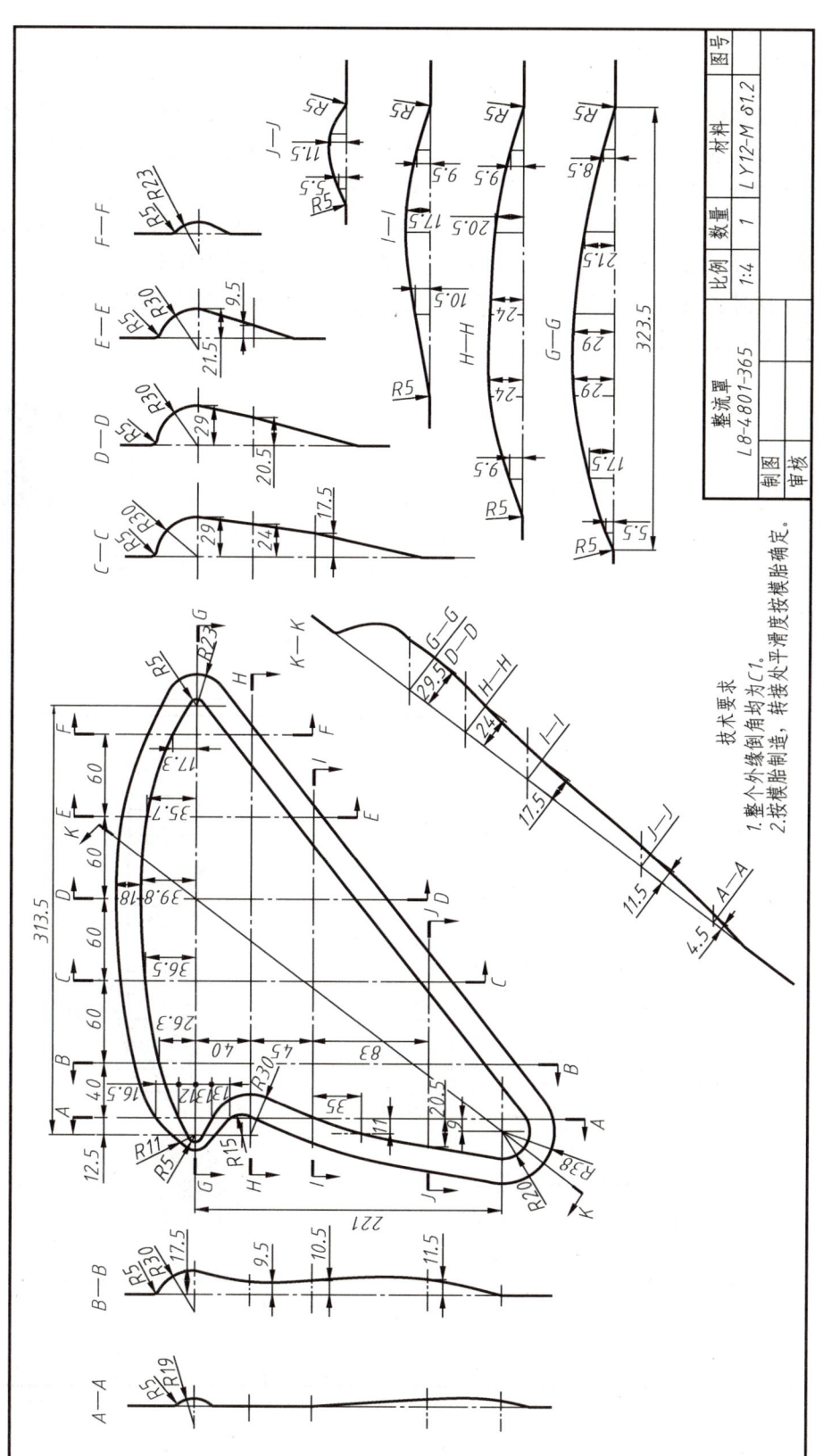

图 7-1 某飞机整流罩零件图

【任务分析】

任何机器或部件都是由若干零件按照一定装配关系和技术要求组装而成的，因此零件是组成机器或部件的基本单位。零件与机器的关系，是个体与整体的关系。在机器或部件中，除标准件（如螺栓、螺母等）外，其余零件一般需画出零件图。

实际生产中，需要先根据零件图中所标注的材料、数量和尺寸进行备料，然后再按照零件图中的图形、尺寸及技术要求进行加工制造，最后还需要根据零件图上的各项技术要求检验所加工的零件是否达到规定的质量标准。由此可见，零件图是零件加工制造及质量检测中不可或缺的重要技术文件。

【知识储备】

知识点 1　零件图的作用和内容

航空发动机滑油系统是飞机必不可少的部分，而滑油泵是航空发动机滑油系统的一个重要组成部件。滑油泵多选用齿轮泵，图 7-2 所示为齿轮泵的泵体零件图。

一张完整的零件图应包括以下内容。

24. 零件图的作用和内容

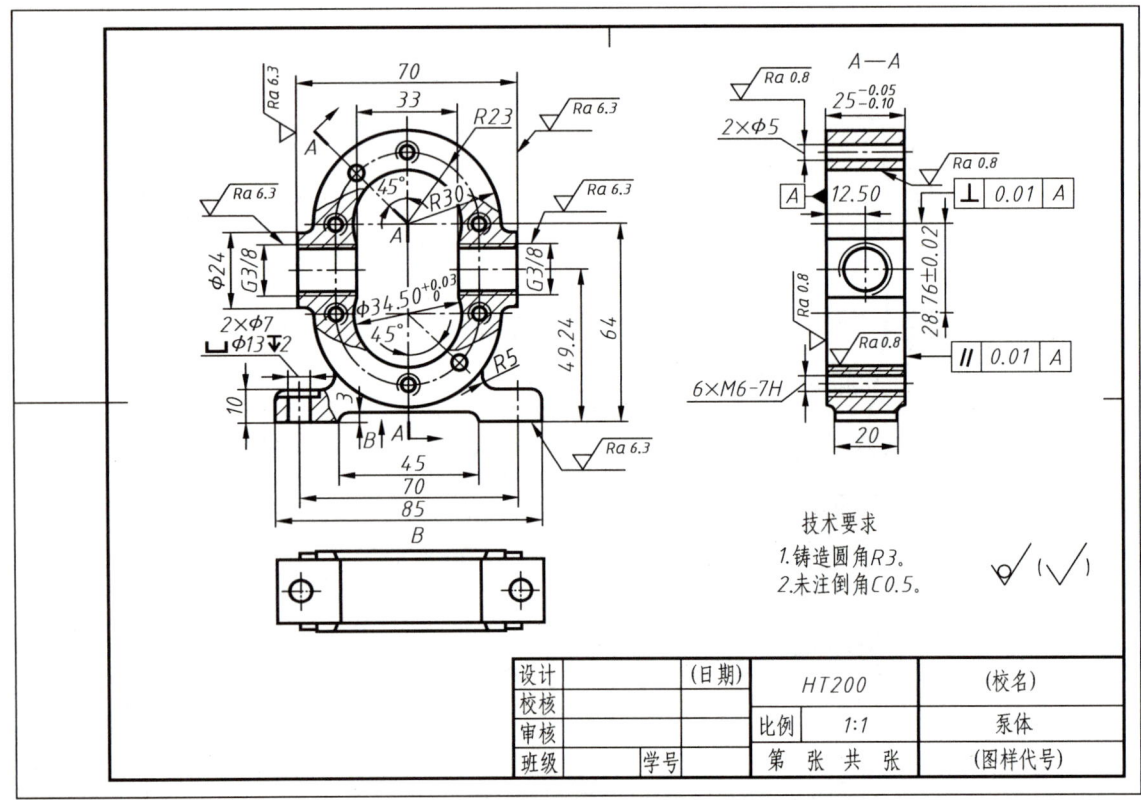

图 7-2　泵体零件图

一、一组图形

用一组恰当的图形（如局部视图、剖视图、断面图及其他规定画法等）将零件各组成部分的内外形状和位置关系正确、完整、清晰地表达出来。如图 7-2 所示，用一组基本视图表达泵盖的外形，用 A—A 全剖视图表达泵盖的内部形状。

二、全部尺寸

在零件图上应正确、完整、清晰、合理地标注零件在制造和检验时所需要的全部尺寸，以确定其结构大小。

三、技术要求

用规定的符号、代号、标记和文字说明等简明地给出零件在制造和检验时所应达到的各项技术指标与要求，如尺寸公差、几何公差、表面结构和热处理等。

四、标题栏

标题栏应配置在图框的右下角，填写的内容主要有零件的名称、材料、数量、比例、图样代号、设计者/审核者的姓名和日期等。

知识点 2　零件的工艺结构

零件的制造过程，通常是先制造出毛坯件，再将毛坯件经机械加工制作成零件。因此，在绘制零件图时，必须对零件上的某些结构（如铸造圆角、退刀槽等）进行合理设计和规范表达，以符合铸造工艺和机械加工工艺的要求。下面将零件上常见的工艺结构做简单地介绍。

一、零件的铸造工艺结构

1. 铸造圆角

铸件表面转角处设计成圆角过渡，称为铸造圆角，如图 7-3 所示。铸造圆角可便于脱模和避免砂型尖角在浇注时发生落砂，以及防止铸件两表面的尖角处出现裂纹、缩孔。圆角半径一般取 $R3 \sim R5 \mathrm{mm}$，或者取壁厚的 0.2~0.4 倍。

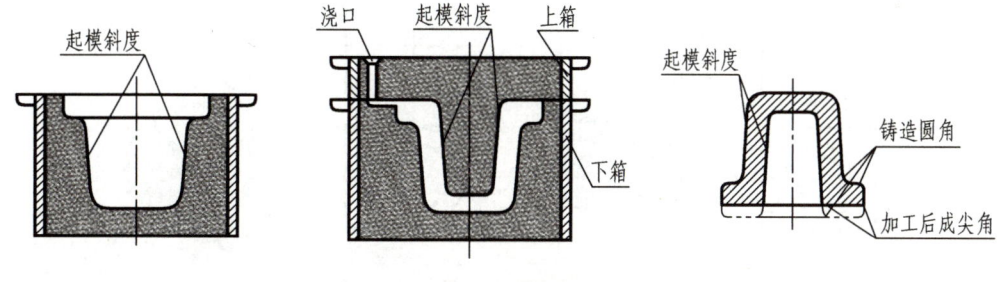

图 7-3　铸造圆角

在零件图上，铸造圆角一般应画出并标注圆角半径。当圆角半径相同（或多数相同）时，也可在技术要求中统一注写圆角半径尺寸，如图 7-2 所示。

2. 起模斜度

造型时，为了能将木模顺利地从砂型中提取出来，一般常在铸件的内外壁上沿着起模方向设计出斜度，这个斜度称为起模斜度，如图 7-4 所示。起模斜度一般按 1：20 选取，也可以角度表示（木模造型时取 1°~3°）。该斜度在零件图上一般不画、不标。如有特殊要求，可在技术要求中说明。

图 7-4 起模斜度

3. 铸件壁厚

铸件壁厚应尽量均匀或采用逐渐过渡的结构，如图 7-5 所示，否则，在壁厚处极易形成缩孔或在壁厚突变处产生裂纹。

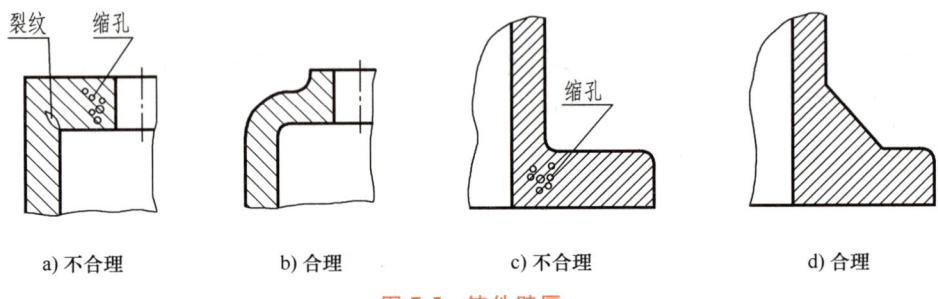

　　a) 不合理　　　　　b) 合理　　　　　c) 不合理　　　　　d) 合理

图 7-5 铸件壁厚

4. 过渡线

由于有铸造圆角，使得铸件表面的交线变得不够明显，为了便于看图及区分不同表面，图样中仍须按没有圆角时交线的位置，画出这些不太明显的线，此线称过渡线，其投影用细实线表示，且不宜与轮廓线相连，如图 7-6 所示。

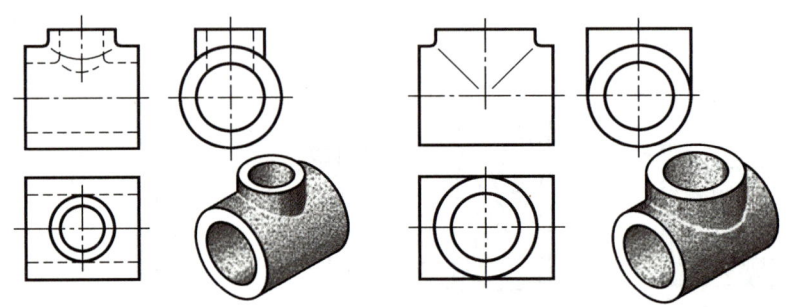

图 7-6 两圆柱面相交的过渡线

在生产实际中，对于一般铸、锻件表面的过渡线画法要求并不高，只要求在图样上将组成机件的各个几何体的形状、大小和相对位置清楚地表示出来即可，因为过渡线会在生产过程中自然形成。

二、机械加工工艺结构

1. 倒角和倒圆

为了去除毛刺、锐边和便于装配，在轴和孔的端部（或零件的面与面的相交处），一般都加工出倒角，如图 7-7a、b 所示；为了避免因应力集中产生裂纹，将轴肩处往往加工成圆角的过渡形式，此圆角称为倒圆，如图 7-7c 所示。

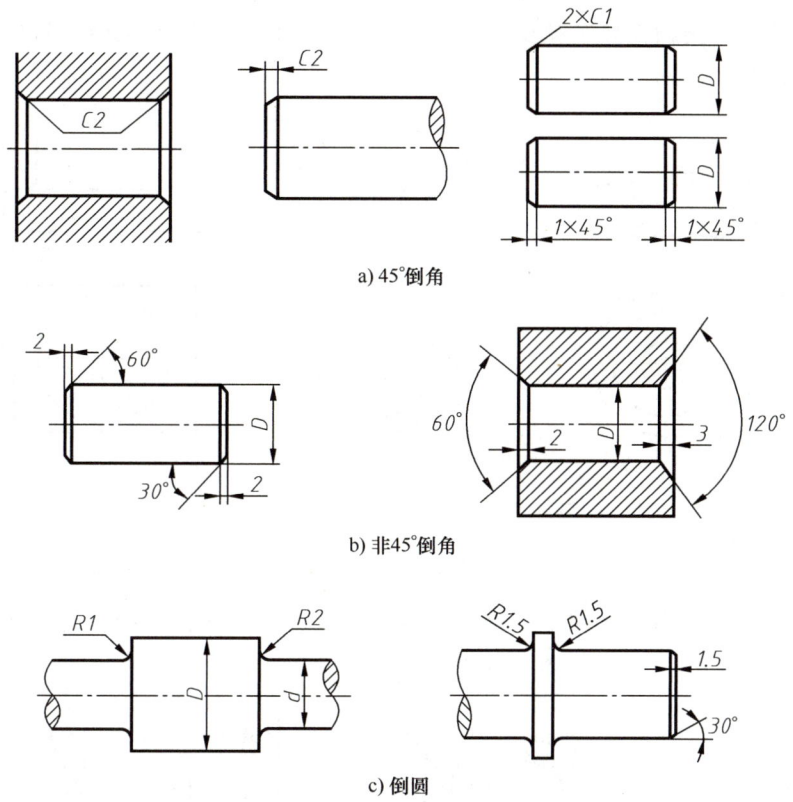

a) 45°倒角

b) 非45°倒角

c) 倒圆

图 7-7　倒角和圆角结构

2. 退刀槽和砂轮越程槽

切削时（主要是车制螺纹或磨削），为了便于退出刀具或使磨轮可稍微越过加工面，常在被加工面的轴肩处预先车出退刀槽或砂轮越程槽，如图 7-8 所示。退刀槽的尺寸可按"槽宽×槽深"或"槽宽×直径"的形式注出。当槽的结构比较复杂时，可画出局部放大图并标注尺寸。

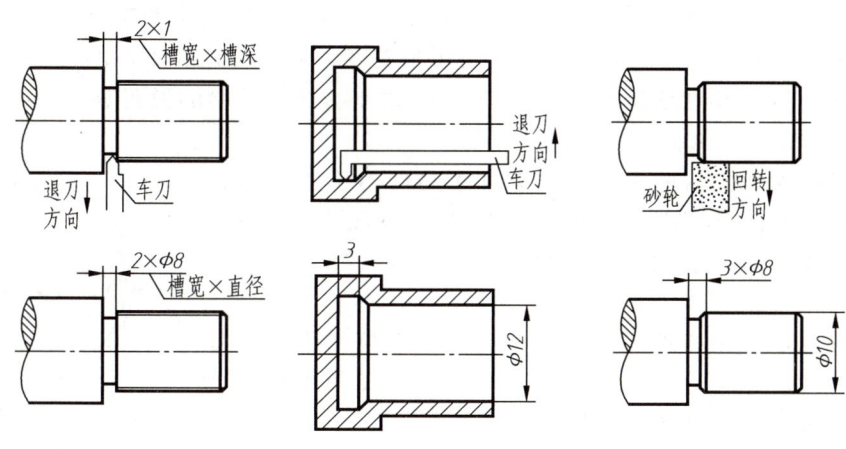

图 7-8　退刀槽和砂轮越程槽

3. 凸台和凹坑

为了使零件表面接触良好和减少加工面积，常在铸件的接触部位铸出凸台和凹坑，其常见形式如图7-9所示。

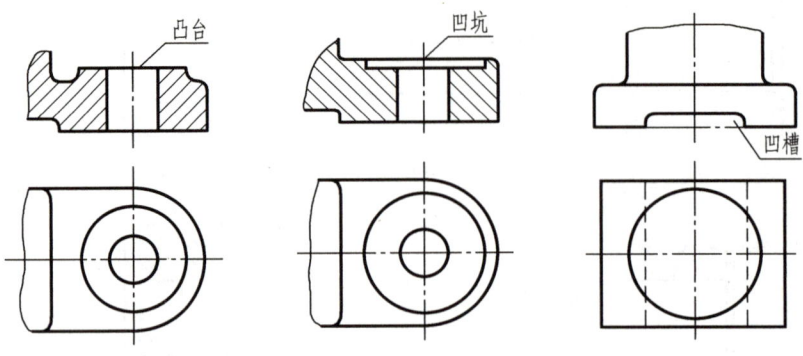

图7-9 凸台和凹坑

4. 钻孔结构

钻孔时，钻头的轴线应与被加工表面垂直，否则会使钻头弯曲，甚至折断，因此，当零件表面倾斜时，可设置凸台或凹坑。钻头单边受力也容易折断，因此，对于钻头钻透处的结构，也要设置凸台使孔完整，如图7-10所示。

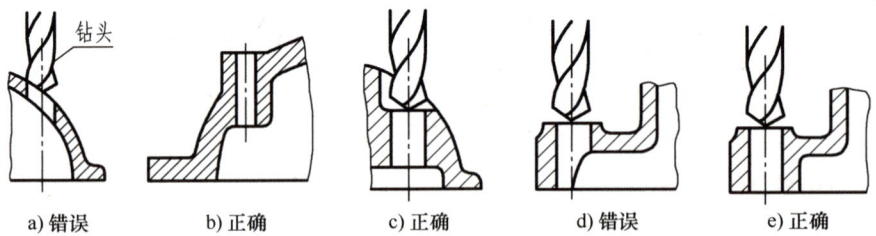

图7-10 钻孔结构

知识点3　零件图的技术要求

25. 零件图的技术要求

零件图中除了图形和尺寸外，还应具备加工和检验零件的技术要求。技术要求主要是指几何精度方面的要求，如表面粗糙度、尺寸公差、零件的几何公差、材料的热处理和表面处理，以及对指定加工方法和检验的说明等。

一、表面粗糙度的概念

零件经过机械加工后的表面会留有许多高低不平的凸峰和凹谷，这种微观几何形状特性称为表面粗糙度，如图7-11所示。表面粗糙度与加工方法、切削刃形状和进给量等各种因素都有密切关系。

表面粗糙度是评定零件表面质量的一项重要技术指标，对于零件的配合、耐磨性、耐蚀性及密封性等都有显著影响，是零件图中必不可少的一项技术要求。

二、表面粗糙度的评定参数

表面粗糙度的评定参数有轮廓的算术平均偏差 Ra 和轮廓的

图7-11 表面粗糙度示意图

最大高度 Rz，其中主要评定参数为轮廓算术平均偏差 Ra，如图 7-12 所示。

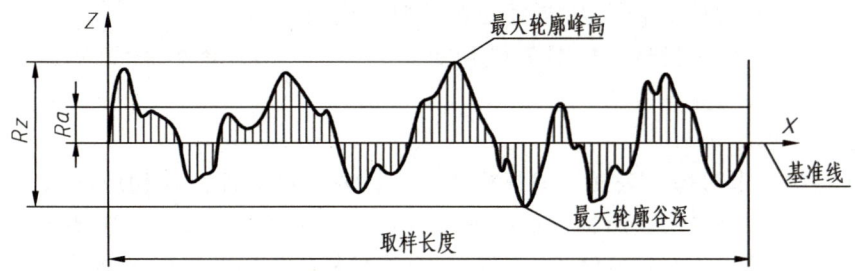

图 7-12　表面粗糙度的评定参数

国家标准规定的 Ra 值见表 7-1。

表 7-1　轮廓的算术平均偏差的数值（摘自 GB/T 1031—2009）　　（单位：μm）

轮廓算术平均偏差	数值			
Ra	0.012	0.2	3.2	50
	0.025	0.4	6.3	100
	0.05	0.8	12.5	—
	0.1	1.6	25	—

零件表面粗糙度的选用应该既满足零件表面的功用要求，又要考虑经济合理。一般情况下，凡是零件上有配合要求或有相对运动的表面，表面粗糙度参数值要小，参数值越小，表面质量越高，但加工成本也越高，因此，在满足使用要求的前提下，应尽量选用较大的参数值，以降低成本。

三、表面粗糙度的符号和代号

1. 表面粗糙度符号

表面粗糙度符号及其含义见表 7-2。

表 7-2　表面粗糙度符号及其含义

符号名称	符号	含义及说明
基本符号	∨	基本图形符号由两条不等长的与标注表面成 60°夹角的直线构成。基本图形符号仅用于简化代号标注，没有补充说明时不能单独使用
扩展符号	∀	在基本图形符号上加一短横，表示指定表面是用去除材料的方法获得的，如通过机械加工获得的表面
	∨○	在基本图形符号上加一个圆圈，表示指定表面是用不去除材料的方法获得的
完整符号	√ ∀ ∨○	当需要标注表面结构特征的补充信息时，在基本符号或扩展符号（左侧三个符号）的长边上可加一横线，用于标注有关参数或说明

2. 表面粗糙度代号

表面粗糙度的参数值和补充要求写在表面粗糙度符号中，则形成表面粗糙度代号，如图 7-13 所示。

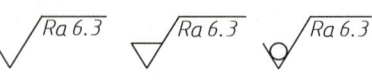

图 7-13　表面粗糙度代号

四、表面粗糙度的标注方法

1. 一般标注方法

1）表面结构要求对每一表面一般只标注一次，并尽可能标注在相应的尺寸及其公差的同一视图上。除非另有说明，所标注的表面结构要求是对完工零件表面的要求。

表面结构要求可标注在轮廓线上，其符号应从材料外指向并接触表面，如图 7-14 所示。

2）表面结构的注写和读取方向与尺寸的注写和读取方向一致。表面结构要求可标注在轮廓线上，必要时，表面结构也可用带箭头或黑点的指引线引出标注，如图 7-15 所示。

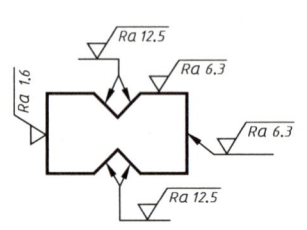

图 7-14　表面结构要求在轮廓线上标注

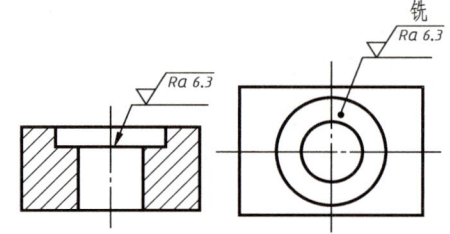

图 7-15　用指引线引出标注表面结构要求

3）在不致引起误解时，表面结构要求可以标注在给定的尺寸线上，如图 7-16 所示。

4）表面结构要求可标注在几何公差框格的上方，如图 7-17 所示。

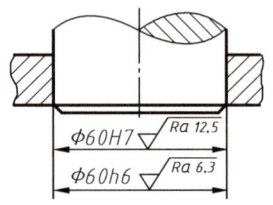

图 7-16　表面结构要求标注在尺寸线上

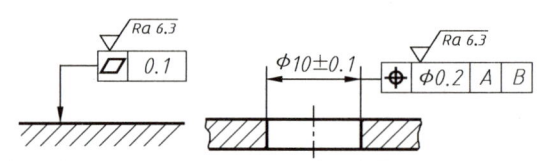

图 7-17　表面结构要求标注在几何公差框格的上方

5）圆柱和棱柱表面的表面结构要求只标注一次，如图 7-18 所示。如果每个棱柱表面有不同的表面要求，则应分别单独标注，如图 7-19 所示。

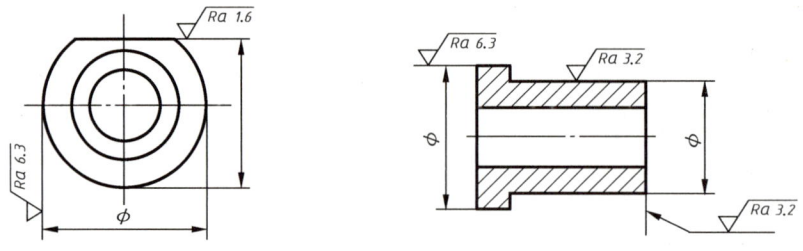

图 7-18　表面结构要求标注在圆柱特征的延长线上

2. 简化注法

（1）有相同表面结构要求的简化注法　如果在工件的多数（包括全部）表面有相同的

表面结构要求时，则其表面结构要求可统一标注在图样的标题栏附近。此时，除全部表面有相同要求的情况外，表面结构要求的符号后面应有：①在圆括号内给出无任何其他标注的基本符号，如图7-20a所示；或②在圆括号内给出不同的表面结构要求，如图7-20b所示；

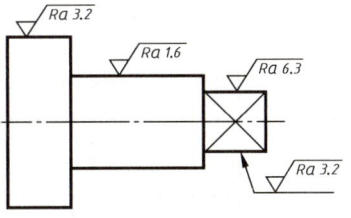

图7-19 圆柱和棱柱的表面结构要求的注法

不同的表面结构要求应直接标注在图形中。

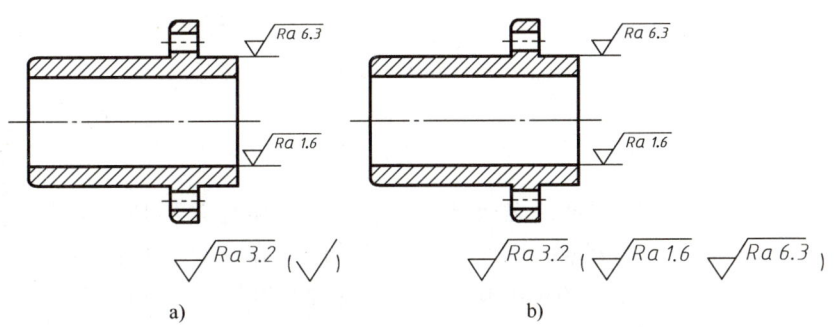

图7-20 大多数表面有相同表面结构要求的简化注法

（2）多个表面有共同表面结构要求的标注方法 当多个表面具有相同的表面结构要求或图样的标注空间较小时，可采用图7-21所示的两种简化注法。无论采用哪一种简化注法，都必须在标题栏附近以等式的形式写出其具体表示的表面粗糙度值。

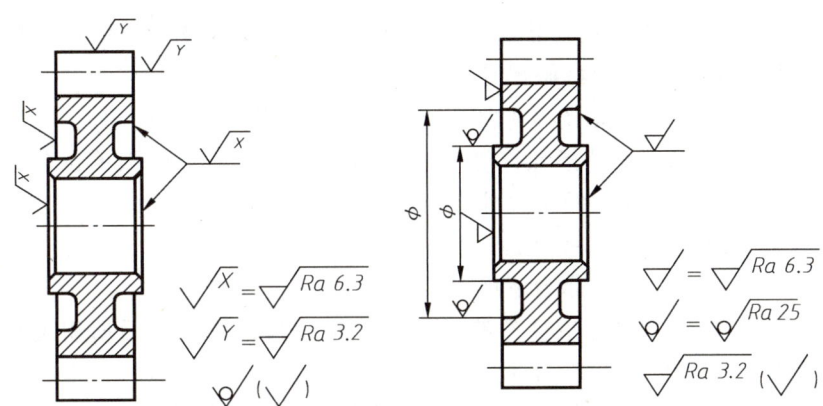

图7-21 多个表面有共同表面结构要求的简化注法

（3）两种或多种工艺获得的同一表面的注法 由几种不同的工艺方法获得的同一表面，当需要明确每种工艺方法的表面结构要求时，可按图7-22a所示进行标注（图中Fe表示基本材料为钢铁，Ep表示加工工艺为电镀）。

如图7-22b所示，三个连续的加工工序的表面结构、尺寸和表面处理的标注如下。

第一道工序：单向上限值，Rz为$1.6\mu m$，表面纹理没有要求，去除材料的工艺。

第二道工序：镀铬，无其他表面结构要求。

第三道工序：一个单向上限值，仅对长为50mm的圆柱表面有效，Rz为$6.3\mu m$，表面纹理没有要求，磨削加工工艺。

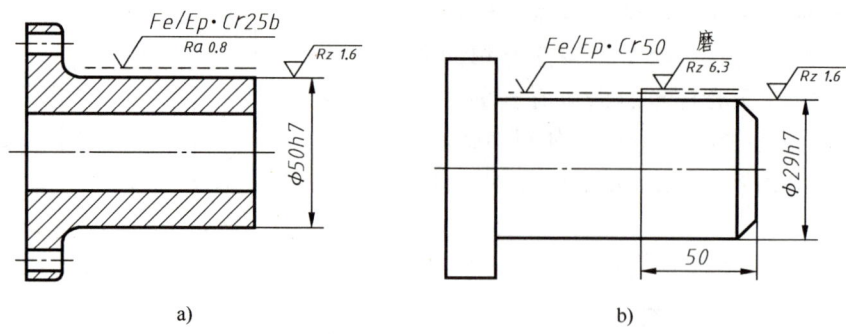

图 7-22　多种工艺获得同一表面的注法

知识点 4　极限与配合

26. 极限与配合

在大批量的生产中，相同的零件必须具有互换性。互换性并不是要求将零件的尺寸都准确地制成一个指定的尺寸，而是将其限定在一个合理的范围内变动，这个范围要以"公差"的标准化——极限制来解决。对于相互配合的零件，这个范围一是要求在使用和制造上是合理、经济的；再就是要求保证相互配合的尺寸之间形成一定的配合关系，以满足不同的使用要求，这就要以"配合"的标准化来解决。为了更好地贯彻执行"极限与配合"制度，国家标准 GB/T 1800.1—2020 对此加以规范，并作出了一些新的规定。

一、基本概念

（1）公称尺寸　公称尺寸是指根据零件的强度和结构要求在设计时给定的尺寸。通过它应用上、下极限偏差可计算出极限尺寸。

（2）实际尺寸　实际尺寸是指零件加工之后，实际测量所得的尺寸。

（3）极限尺寸　极限尺寸是指允许零件实际尺寸变化的两个极限值，分上极限尺寸和下极限尺寸两种，实际尺寸在这两个尺寸之间才算合格。

尺寸要素允许的最大尺寸，称为上极限尺寸。

尺寸要素允许的最小尺寸，称为下极限尺寸。

（4）极限偏差　极限偏差是指零件的极限尺寸减去其公称尺寸后所得的代数差。极限偏差分为上极限偏差和下极限偏差两种。

上极限尺寸减去其公称尺寸所得的代数差，称为上极限偏差。

下极限尺寸减去其公称尺寸所得的代数差，称为下极限偏差。

国家标准规定孔的上、下极限偏差代号分别用 ES、EI 表示；轴的上、下极限偏差代号分别用 es、ei 表示。偏差可以是正值、负值或零。

（5）尺寸公差（简称公差）　上极限尺寸减去下极限尺寸之差，或上极限偏差减去下极限偏差之差，称为公差。

（6）尺寸公差带　公差带是代表上极限偏差和下极限偏差或上极限尺寸和下极限尺寸的两条直线所限定的一个区域，如图 7-23 所示。

（7）基本偏差　基本偏差用于确定公差带相对公称尺寸位置的上极限偏差或下极限偏差，一般指最接近公称尺寸的那个极限偏差。

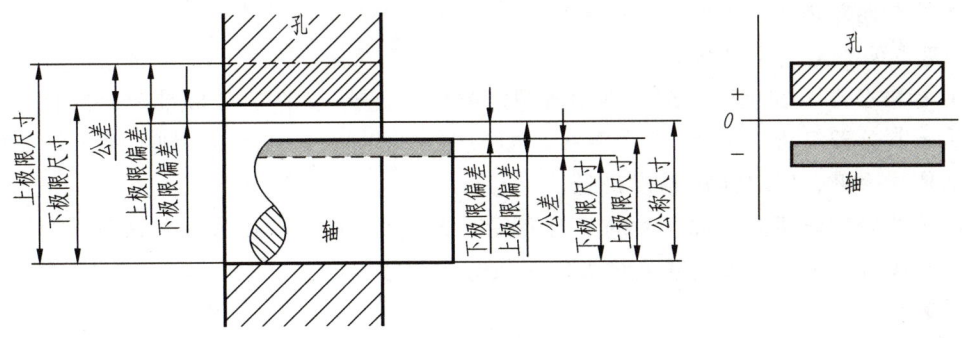

图 7-23 尺寸公差示意图

（8）公差带代号　公差带代号由基本偏差代号和公差等级组成。公差带大小由标准公差确定，公差带位置由基本偏差确定。

国家标准对孔、轴各规定 28 个基本偏差，其基本偏差代号用拉丁字母表示，大写的表示孔，小写的表示轴，如图 7-24 所示。

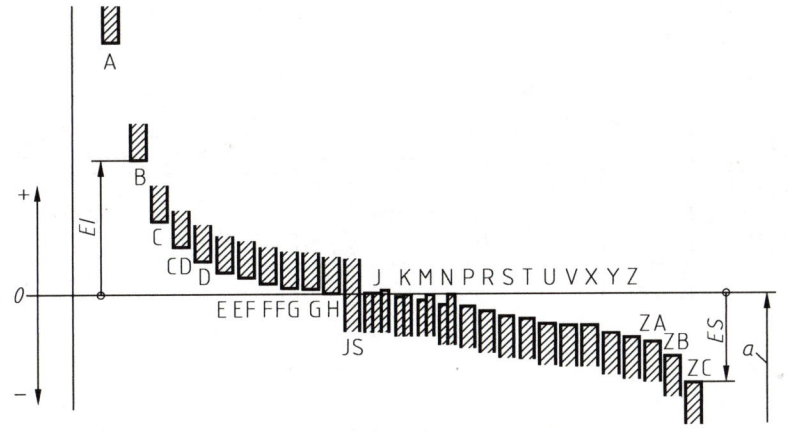

a) 孔(内尺寸要素)

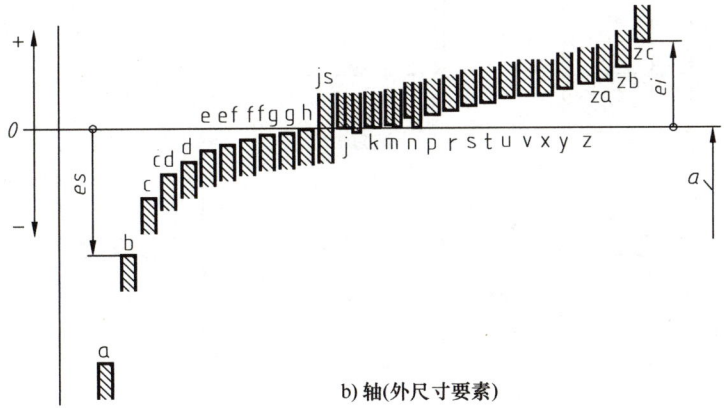

b) 轴(外尺寸要素)

图 7-24　孔、轴的基本偏差代号

H 的基本偏差是下极限偏差，$EI = 0$；

h 的基本偏差是上极限偏差，$es = 0$。

（9）标准公差　在极限与配合制中所规定的任一公差。"IT"是标准公差的代号，阿拉伯数字表示其公差等级，分为 20 个等级，即 IT01，IT0，IT1～IT18。其中 IT01 级的精度最高，然后依次降低，IT18 级的精度最低。

同一公差等级对所有公称尺寸的一组公差被认为具有同等精确程度，这是因为随着尺寸的增大，其零件的加工误差也随之增大的缘故。

二、配合

公称尺寸相同并且相互结合的孔和轴公差带之间的关系，称为配合。

根据使用要求不同，配合的松紧程度也不同。配合的类型共有三种：间隙配合、过盈配合和过渡配合。

1. 间隙配合

间隙配合是指一批孔与轴装在一起时具有间隙（包括最小间隙等于零）的配合。此时，孔的公差带完全在轴的公差带上方，如图 7-25a 所示。间隙配合主要用于孔、轴间需要产生相对运动的活动连接。

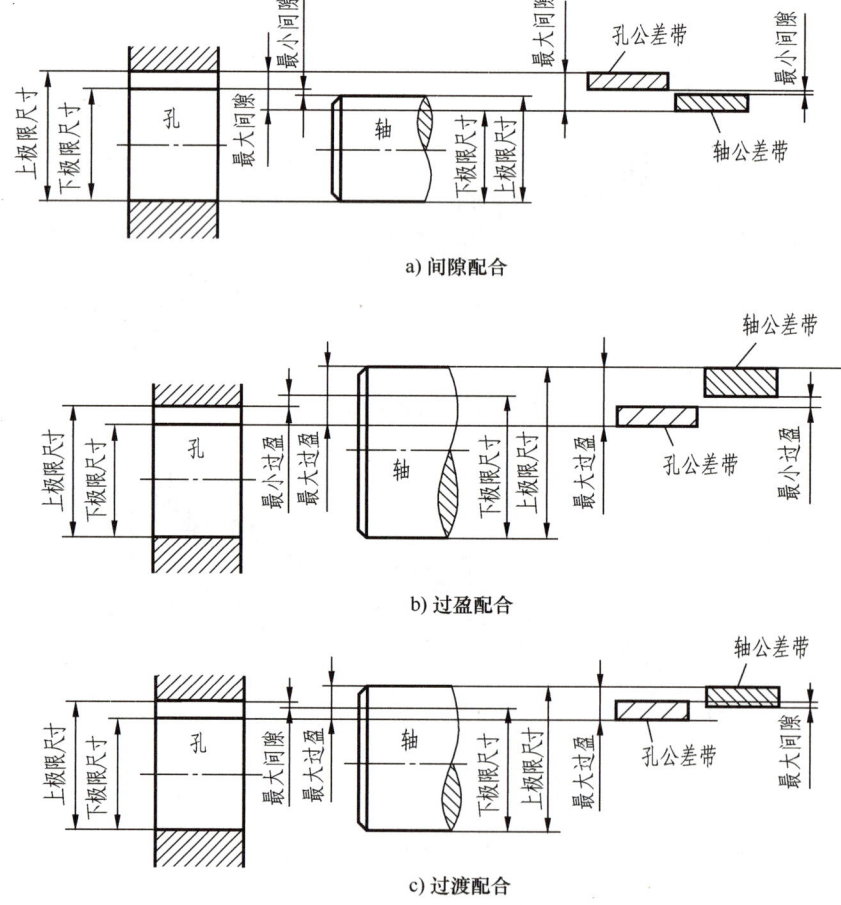

图 7-25　配合类型

2. 过盈配合

过盈配合是指一批孔与轴装在一起时具有过盈（包括最小过盈等于零）的配合。此时，孔的公差带完全在轴的公差带下方，如图 7-25b 所示。

3. 过渡配合

过渡配合是指一批孔与轴装在一起时既可能存在间隙又可能存在过盈的配合。此时，孔的公差带与轴的公差带相互交叠，如图 7-25c 所示。

在过渡配合中，间隙或过盈的极限为最大间隙和最大过盈。其配合究竟是出现间隙或过盈，只有通过孔、轴实际尺寸的比较或试装才能知道。

过渡配合主要用于孔、轴间的定位连接。

4. 基孔制和基轴制

（1）基孔制配合　是指基本偏差一定的孔的公差带，与不同基本偏差的轴的公差带形成不同松紧程度配合的一种制度，如图 7-26 所示。

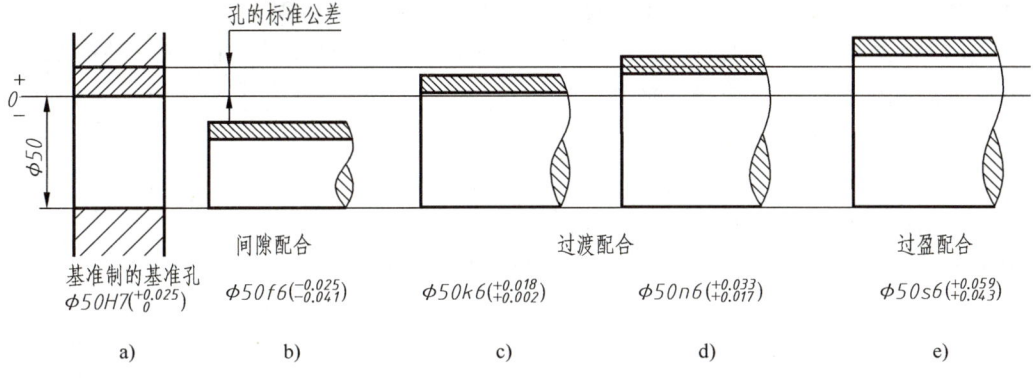

图 7-26　基孔制配合

在基孔制中选作基准的孔称为基准孔，其基本偏差代号为"H"，其上极限偏差为正值，下极限偏差为零，下极限尺寸等于公称尺寸。

图 7-26 所示为基孔制配合孔、轴公差带之间的关系，即以孔的公差带为基准（图 7-26a）。当轴的公差带位于孔的公差带的下方时，形成间隙配合（图 7-26b）。

当轴的公差带与孔的公差带相互交叠时，形成过渡配合（图 7-26c、d）。

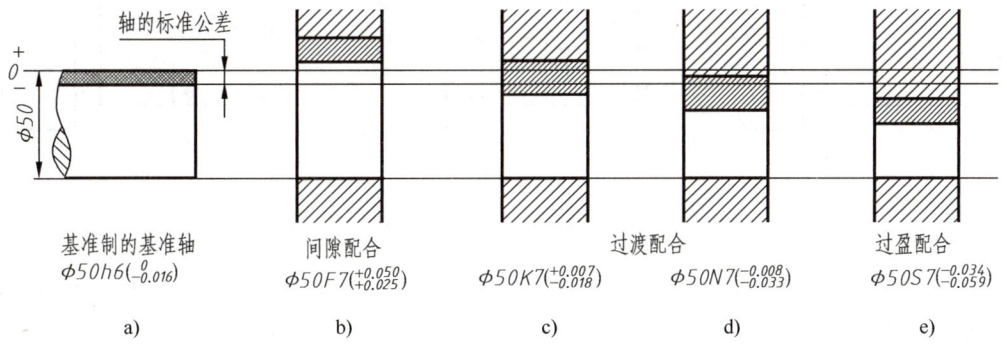

图 7-27　基轴制配合

当轴的公差带位于孔的公差带的上方时，则形成过盈配合（图 7-26e）。

（2）基轴制配合　是指基本偏差一定的轴的公差带与不同基本偏差的孔的公差带形成不同松紧程度配合的一种制度。

在基轴制中选作基准的轴称为基准轴，其基本偏差代号为"h"，其上极限偏差为零，下极限偏差为负值，上极限尺寸等于公称尺寸。

基轴制配合，就是将轴的公差带保持一定，通过改变孔的公差带，使孔、轴之间形成松紧程度不同的间隙配合、过渡配合、过盈配合，以满足不同的使用要求，其公差带关系如图 7-27 所示，其分析方法与图 7-26 相类似。

（3）选择配合制度的原则

1）一般情况下应优先选用基孔制，因为加工相同公差等级的孔和轴时，孔的加工难度比轴的加工难度大。

2）与标准件配合时，配合制度依据标准件而定。例如，滚动轴承的内圈与轴的配合应选用基孔制，而滚动轴承的外圈与轴承座孔的配合则应选用基轴制。

3）基轴制主要用于结构设计要求不适合采用基孔制的场合。例如，同一轴与几个具有不同公差带的孔配合时，应选择基轴制。

三、极限与配合的标注形式

1. 在零件图中的标注

在零件图中，尺寸公差有以下三种标注形式。

用于大批量生产的零件，可只标注公差带代号，如图 7-28a 所示。

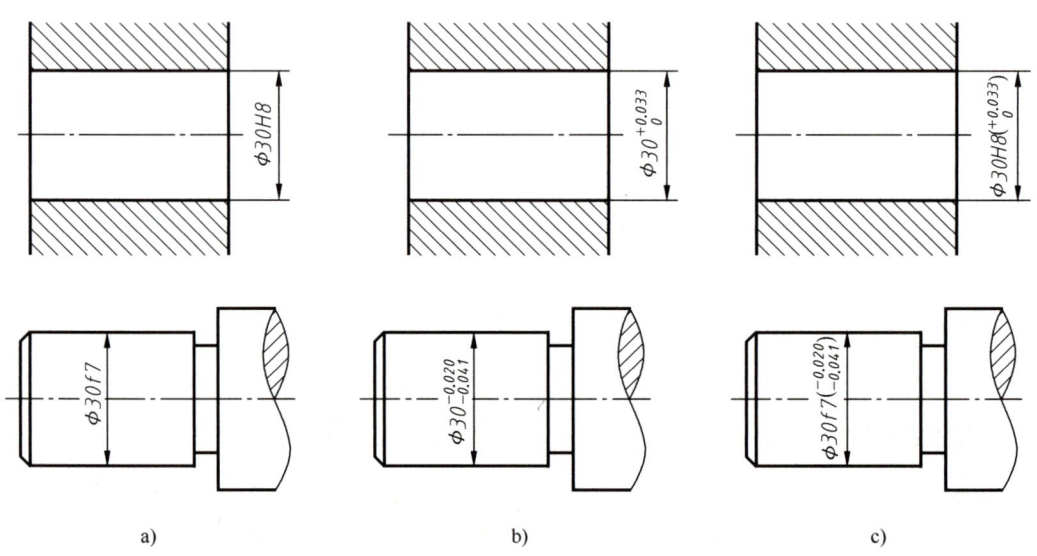

图 7-28　零件图中尺寸公差的三种标注形式

用于中小批量生产的零件，一般可标注出极限偏差，如图 7-28b 所示。标注极限偏差值时，极限偏差值的字号比公称尺寸的字号小一号。

需要同时标注出公差带代号和对应的极限偏差值时，应在极限偏差值两侧加上圆括号，如图 7-28c 所示。

标注极限偏差时应注意以下内容。

1）上、下极限偏差的数字的字号应比公称尺寸数字的字号小一号。

2）上、下极限偏差的小数点必须对齐，小数点后右端的"0"一般不予注出（如 -0.060、-0.090 应写成 -0.06、-0.09）。

3）如果为了使上、下极限偏差的小数点后的位数相同，可以用"0"补齐（如 0.02、-0.041，可写成 0.020、-0.041）。

4）当上极限偏差或下极限偏差为"零"时，用数字"0"标出，并与下极限偏差或上极限偏差的小数点前的个位数对齐，如图 7-28b 所示。

5）当上、下极限偏差的绝对值相同时，偏差数字可以只注写一次，并应在偏差数字与公称尺寸之间注出符号"±"，且两者高度相同，如"φ80±0.03"。

2. 在装配图中的标注

在装配图上标注配合代号时，采用组合式注法，如图 7-29a、b 所示，在公称尺寸后面用分式表示，分子为孔的公差带代号，分母为轴的公差带代号。

对于与轴承、齿轮等标准件配合的零件，只需在装配图中标出该零件（非标准件）的公差带代号即可。如图 7-29c 所示，轴承外圈是基准轴，内圈是基准孔，在装配图上只需标出与轴承配合的轴、孔的公差带代号即可。

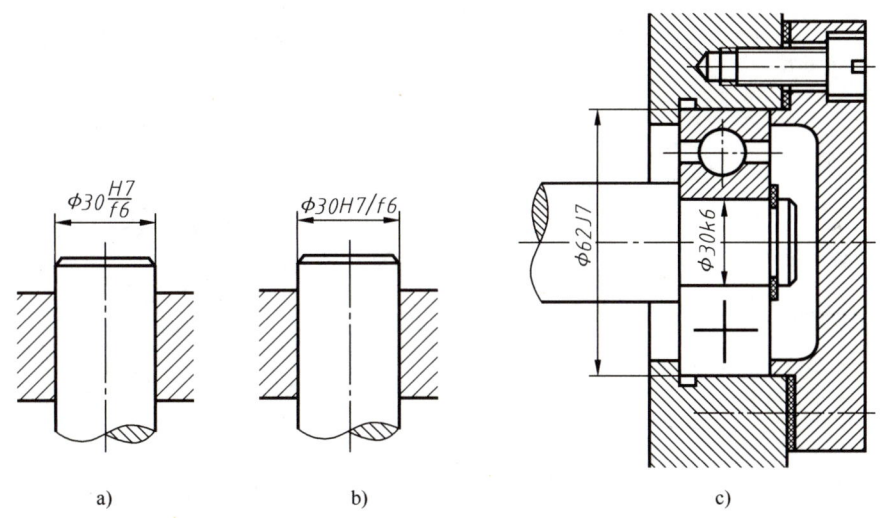

图 7-29　装配图上极限与配合的标注方法

知识点 5　几何公差

1. 基本概念

零件经过加工后，不仅会产生尺寸误差和表面粗糙度，而且会产生形状误差和位置误差。形状误差是指实际要素和理想几何要素的差异；位置误差是指相关联的两个几何要素的实际位置相对于理想位置的差异。

形状误差和位置误差都会影响零件的使用性能，因此必须对一些零件的重要表面或轴线的形状和位置误差进行限制。形状和位置误差的允许变动量称为形状公差和位置公差（即几何公差）。

2. 几何公差的代号

在图样中，几何公差应采用代号标注。代号由几何公差符号、框格、公差值、指引线、基准代号和其他有关符号组成。几何公差的分类、名称和符号见表7-3。

表7-3 几何公差分类的名称和符号

公差类型	几何特征	符号	有无基准要求	公差类型	几何特征	符号	有无基准要求
形状公差	直线度	—	无	方向公差	垂直度	⊥	有
	平面度	▱	无		倾斜度	∠	有
	圆度	○	无		线轮廓度	⌒	有
	圆柱度	⌭	无		面轮廓度	⌓	有
	线轮廓度	⌒	无	位置公差	位置度	⊕	有或无
	面轮廓度	⌓	无		同心度	◎	有
跳动公差	圆跳动	↗	有		同轴度	◎	有
	全跳动	⌰	有		对称度	═	有
方向公差	平行度	∥	有		线轮廓度	⌒	有
					面轮廓度	⌓	有

3. 几何公差的标注

几何公差的框格及基准代号画法如图7-30所示，指引线的箭头指向被测要素的表面或其延长线，箭头方向一般为公差带方向。框格中的字符高度与尺寸数字的高度相同，基准中的字母一律水平书写。

与被测要素相关的基准用一个大写字母表示。字母标注在基准方格内，与一个涂黑的或空白的三角形相连以表示基准；表示基准的字母还应标注在公差框格内。涂黑的和空白的基准三角形含义相同。

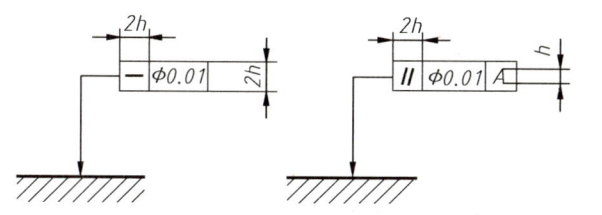
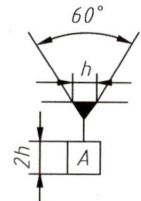

图 7-30　几何公差的框格及基准代号

【任务实施】

一、依次回答下列问题

(1) 任务中的飞机整流罩零件图包括哪些内容？

_____

_____

(2) 任务中的飞机整流罩零件图中的技术要求表达了哪些含义？

_____

_____

(3) 任务中的飞机整流罩零件图中的工艺结构有哪些？

_____

_____

二、选用适当尺寸图纸绘制飞机整流罩零件图

【任务评价】

请完成表 7-4 中的学习评价。

表 7-4　任务 1 学习评价检查项目

序号	检查项目	评分标准	结果评估	自评分
1	能否完整地复述零件图的主要内容	10		
2	是否概括出零件图中常见的工艺结构，并辨析其工艺性的优劣	10		
3	能否正确复述飞机整流罩零件图中的技术要求表达了哪些含义	15		
4	能否准确地复述飞机整流罩零件图中的工艺结构有哪些	15		
5	能否正确地绘制飞机整流罩零件图	30		
6	在绘制图形过程中，是否遇到了问题；在解决问题过程中是否提升了查阅资料、沟通交流的能力	20		

【总结回顾】

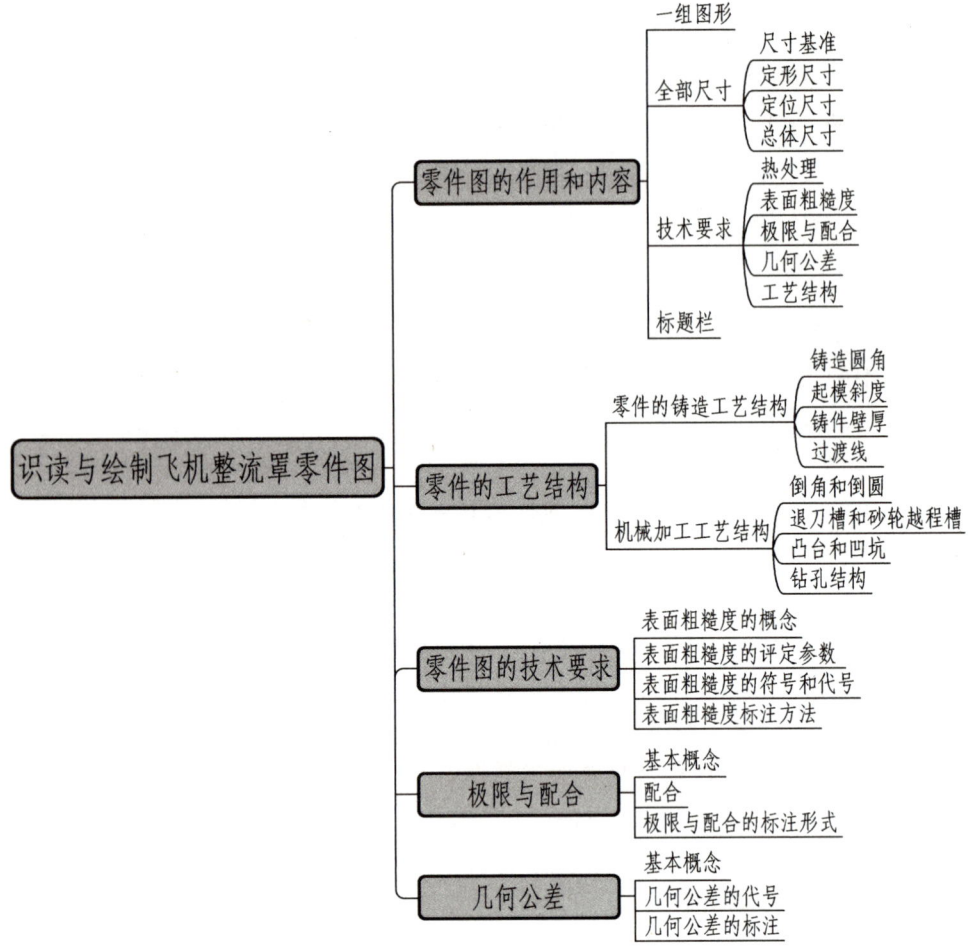

任务2　识读与绘制飞机悬挂支臂零件图

【任务目标】

【知识目标】
（1）掌握零件图识读的方法。
（2）掌握绘制飞机上轧制、模锻、铸造零件图的方法。

【能力目标】
（1）能正确识读零件图。
（2）能正确绘制飞机上轧制、模锻、铸造零件图。

【素质目标】
（1）培养科学严谨、一丝不苟的工作作风。
（2）培养客观科学、认真负责的职业态度。

【任务描述】

图 7-31 所示为某飞机上 W8-3500-121 悬挂支臂，请认真阅读该零件图，并回答以下问题。

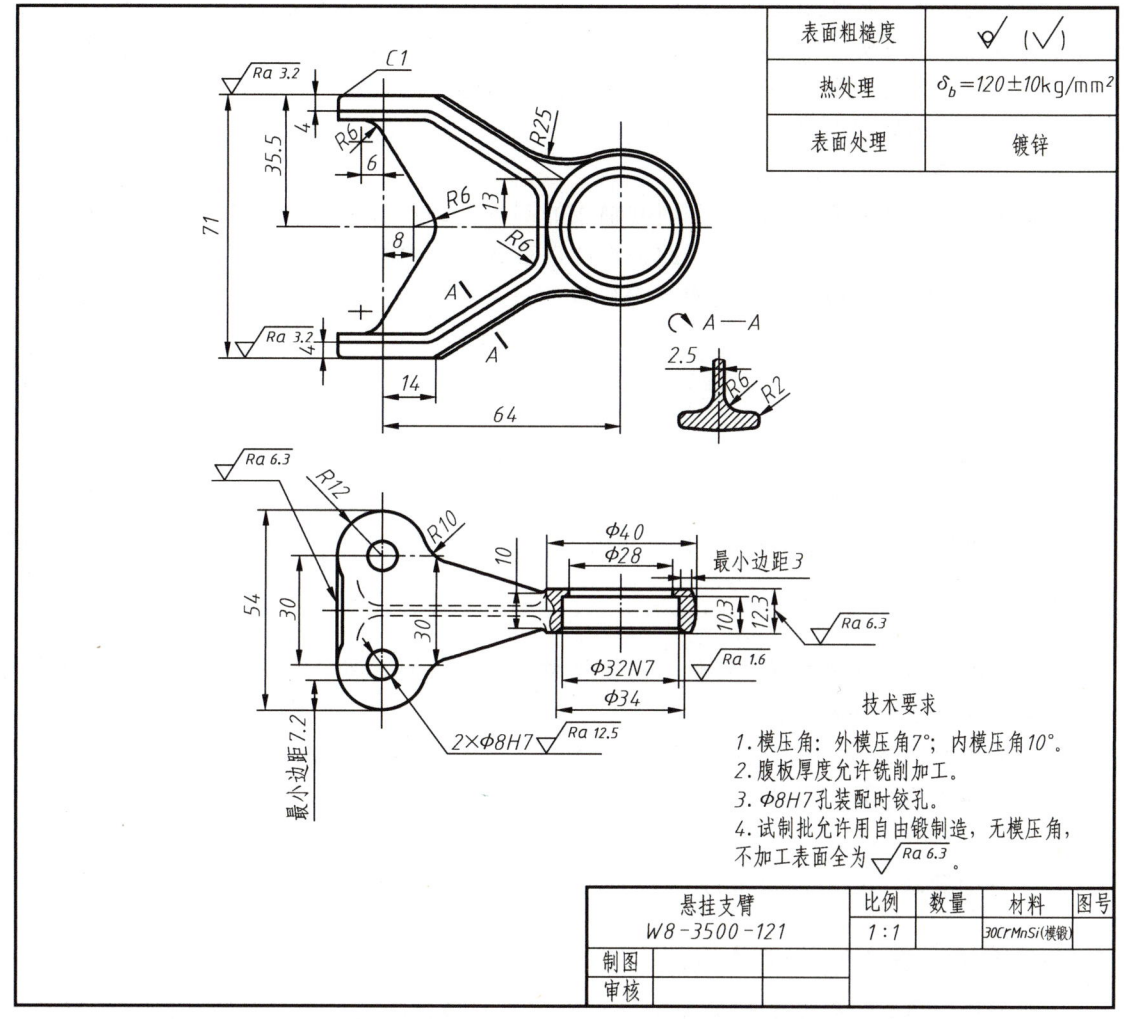

图 7-31　W8-3500-121 悬挂支臂

（1）该零件属于哪一类零件？
（2）该零件图采用了哪些表达方案？
（3）该零件的总体尺寸分别为多少？
（4）零件三个方向的设计基准是什么？

【任务分析】

识读与绘制零件图是每位工程技术人员应具有的基本能力。识读零件图要求从视图了解零件的结构及基本功能，从尺寸标注了解零件结构中各要素的大小，从各项技术要求了解零件的加工方法与工艺要求，从标题栏了解零件的名称、材料及数量等。

【知识储备】

知识点 1　轧制毛坯零件图

轧制毛坯是指直接使用轧制出来的钢材或铝材中的棒料、管料或六角形料等作为零件机械加工的原材料。飞机上采用轧制毛坯的零件很多，如飞机各部分中的对接螺栓、作动筒、拉杆上的叉耳、起落架及减振器上的许多零件，均是轧制毛坯类零件。

采用轧制毛坯的零件多数为轴套类零件。

1. 结构特点

形体比较规则，多数由大小不等而同轴线的圆柱、圆锥等回转体组成直径不等的台阶，可供安装在轴上的零件轴向定位用。此类零件常有倒角、倒圆、螺纹、螺纹退刀槽、砂轮越程槽、键槽、挡圈槽、销孔、滚花和结构平面等。

2. 加工方法

大部分加工（粗加工、半精加工）在车床上进行，少部分（精加工）在磨床或其他机床上进行。

3. 视图选择

为了便于加工，一般按照加工位置，在视图上将轴线水平放置。由于尺寸数字前面附有直径符号"Φ"或螺纹牙型符号"M"，以及采用剖面图等方法，一般可以省去投影为圆的视图。

4. 技术要求

对于飞机上的一些重要受力零件，在零件图中有详细的附注，用以说明零件各方面的技术要求。现针对该零件说明以下几个问题。

（1）零件特种检验类别　特种检验类别按零件受力特点、重要程度和工艺特点等要求可分为Ⅰ类、Ⅱ类、Ⅲ类。其中Ⅰ类特检的零件是受力最大和极为重要的受力构件及高压容器附件。

（2）其他要求　如打检验印的位置，检印标记用 Ⓙ 或 ⚠ 。

知识点 2　模锻毛坯零件图

飞机上采用模锻毛坯制造的零件很多，如飞机上的整体梁、框、起落架的主要受力件等。图 7-31 所示悬挂支臂也是由模锻毛坯制作而成的。

1. 结构特点

模锻零件有模锻圆角，因此零件上各表面没有明显的交线。为了清楚表达零件形体，当圆角不大时，习惯上仍在两形体相交的地方，按理论交线画出过渡线。

模锻零件上未加工面与螺栓头部或螺母接触的地方由于有模锻斜度（即斜面），所以都应加工削平，经常采用划窝、锪平的方法，以保证接触良好。

2. 视图选择

模锻零件除配合面需进行机械加工，毛坯的形状常常与零件最后的外形和尺寸基本一致。主视图的确定原则：在考虑表达零件形状特征的前提下，以零件在飞机中的安装位置为主。

由于模锻零件外形复杂，所以模锻零件一般都有两个到三个基本视图。它常用剖视图、断面图来表示主要部分的形状。零件上的倾斜部分可用局部视图、斜剖视图来表达。

知识点 3　铸造毛坯零件图

铸造毛坯零件简称铸造零件。飞机上一些受力不大但却要求有一定刚度的零件，常采用铝或镁合金铸件。例如，座舱罩骨架、操纵系统的许多支座、活门外体及用挤压法浇铸制成的整体壁板等。

1. 结构特点

铸件造型时，为了便于从模型中取模，在脱模方向上做出 1∶20 的起模斜度（≈3°）。因而，铸件上也有斜度，画图时一般不画不注，必要时可在技术要求中注明。

铸件各表面的相交处都做成圆角，铸造圆角半径尺寸可集中注在技术要求中，如"未注圆角均为 $R3 \sim R5\text{mm}$"。

铸件壁厚应尽量保持均匀，壁厚发生变化时应采取逐渐过渡。

2. 视图选择

飞机上用的铸造零件从内、外形上来讲，一般都比较复杂。所以表达这类零件一般都采用三个或三个以上的视图。形状简单的和一些壁板类零件有时只采用两个基本视图。

主视图的选择，在考虑零件表达形状特征的前提下，仍以零件在飞机中的安装位置为主。

铸造零件的内部形状常采用剖视图表示。若零件内、外形状均较复杂，可采用半剖视图或局部剖视图表示。

如果只是内部形状复杂而外形简单，则可采用全剖视图，必要时用双点画线画出被剖去的重要外形的假想投影。当内部形状不能用一个剖切平面剖开表示时，可采用阶梯剖视图或旋转剖视图表示。个别部分的形状也可采用局部视图或断面图来表示。

知识点 4　零件图的识读目的

一张零件图的内容是相当丰富的，不同工作岗位的人看图的目的也不同，通常读零件图的主要目的如下。

1）对零件有一个概括的了解，如名称、材料等。

2）根据给出的视图，想象出零件的形状，进而明确零件在设备或部件中的作用及零件各部分的功能。

3）通过阅读零件图的尺寸，对零件各部分的大小有一个概念，进一步分析出各方向尺寸的主要基准。

4）明确制造零件的主要技术要求，如表面粗糙度、尺寸公差、几何公差、热处理及表面处理等要求，以便确定正确的加工方法。

知识点 5　零件图的识读方法

识读零件图没有一个固定不变的程序，对于较简单的零件图，也许泛泛地阅读就能想象出物体的形状及明确其精度要求。对于较复杂的零件，则需要通过深入分析，由整体到局部，再由局部到整体反复推敲，最后才能明确其结构和精度要求。

1. 阅读标题栏

看一张图，首先从标题栏入手，标题栏内列出了零件的名称、材料、比例等信息，从标题栏可以得到一些有关零件的概括信息。

2. 明确视图关系

所谓视图关系，即视图表达方法和各视图之间的投影联系。

3. 分析视图，想象零件结构形状

从学习识读机械图来说，分析视图、想象零件的结构形状是最关键的一步。看图时，仍采用前述组合体视图的识读方法，对零件进行形体分析和线面分析。由组成零件的基本体入手，由大到小，从整体到局部，逐步想象出物体的结构形状。

4. 看尺寸，分析尺寸基准

分析零件图尺寸的目的是了解零件结构形状的大小和相互位置，判别尺寸是定形尺寸还是定位尺寸，以及判别尺寸基准在哪里。

5. 看技术要求

零件图上的技术要求主要有表面粗糙度，尺寸公差与配合，几何公差及加工、制造、检验等的文字说明。这些要求是制订加工工艺、组织生产的重要依据，要深入分析理解。

【任务实施】

一、根据图 7-31 所示零件图回答问题

（1）该零件属于哪一类零件？
_____
_____

（2）该零件图采用了哪些表达方案？
_____
_____

（3）该零件的总体尺寸分别为多少？
_____
_____

（4）零件三个方向的设计基准是什么？
_____
_____

二、绘制悬挂支臂零件图

【任务评价】

请完成表 7-5 中的学习评价。

表 7-5　任务 2 学习评价检查项目

序号	检查项目	评分标准	结果评估	自评分
1	能否准确地复述零件图的识读方法	10		
2	能否准确地概括零件图各项内容所起到的作用	10		

（续）

序号	检查项目	评分标准	结果评估	自评分
3	能否清晰地表达本任务中零件图各项内容的含义	10		
4	能否正确绘制飞机上轧制、模锻、铸造零件图	30		
5	能否正确说出飞机上轧制、模锻、铸造零件的结构特点及视图的选择	15		
6	在绘制图形过程中，是否遇到了问题；在解决问题过程中是否提升了查阅资料、沟通交流的能力	25		

【总结回顾】

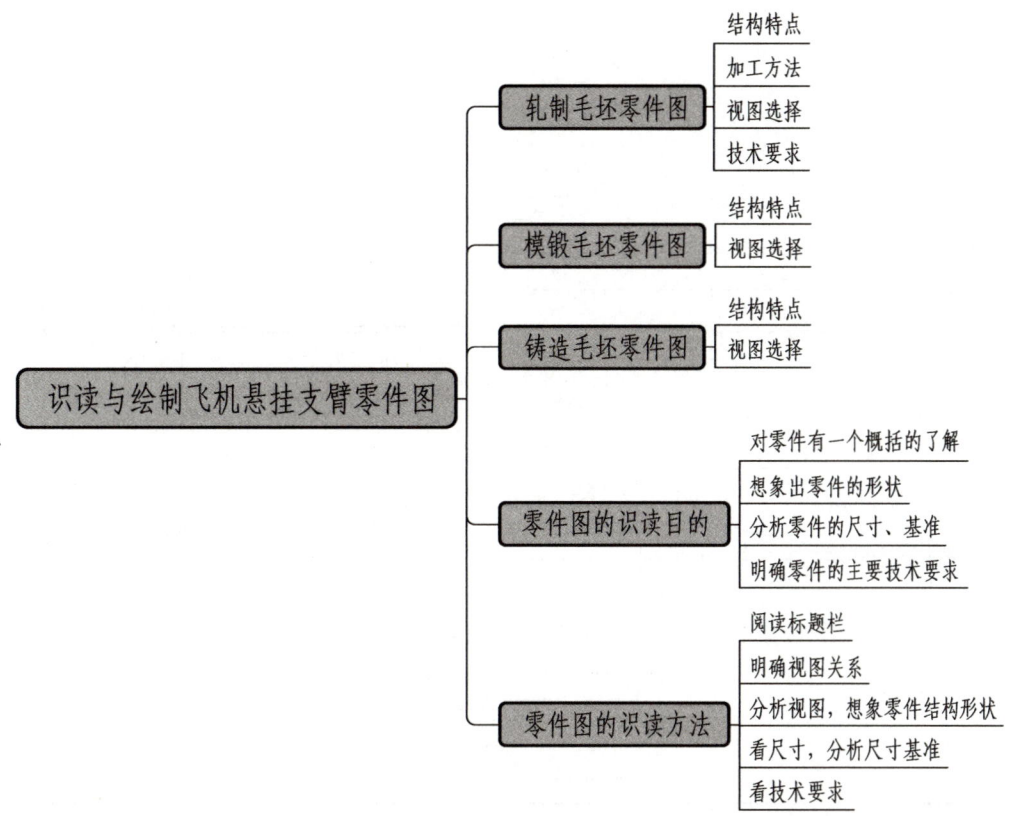

任务3　识读与绘制飞机钣金零件图

【任务目标】

【知识目标】

（1）掌握识读飞机钣金零件图的方法。

（2）掌握飞机钣金件的工艺结构及表达方法。

【能力目标】

（1）能正确识读飞机钣金零件图。

（2）能够正确绘制飞机钣金零件图。

【素质目标】

（1）培养科学严谨、一丝不苟的工作作风。

（2）培养客观科学、认真负责的职业态度。

【任务描述】

读懂并绘制斜支柱零件图，其中 L8-2000-191W 是管子，作为无图件处理，如图 7-32 所示。

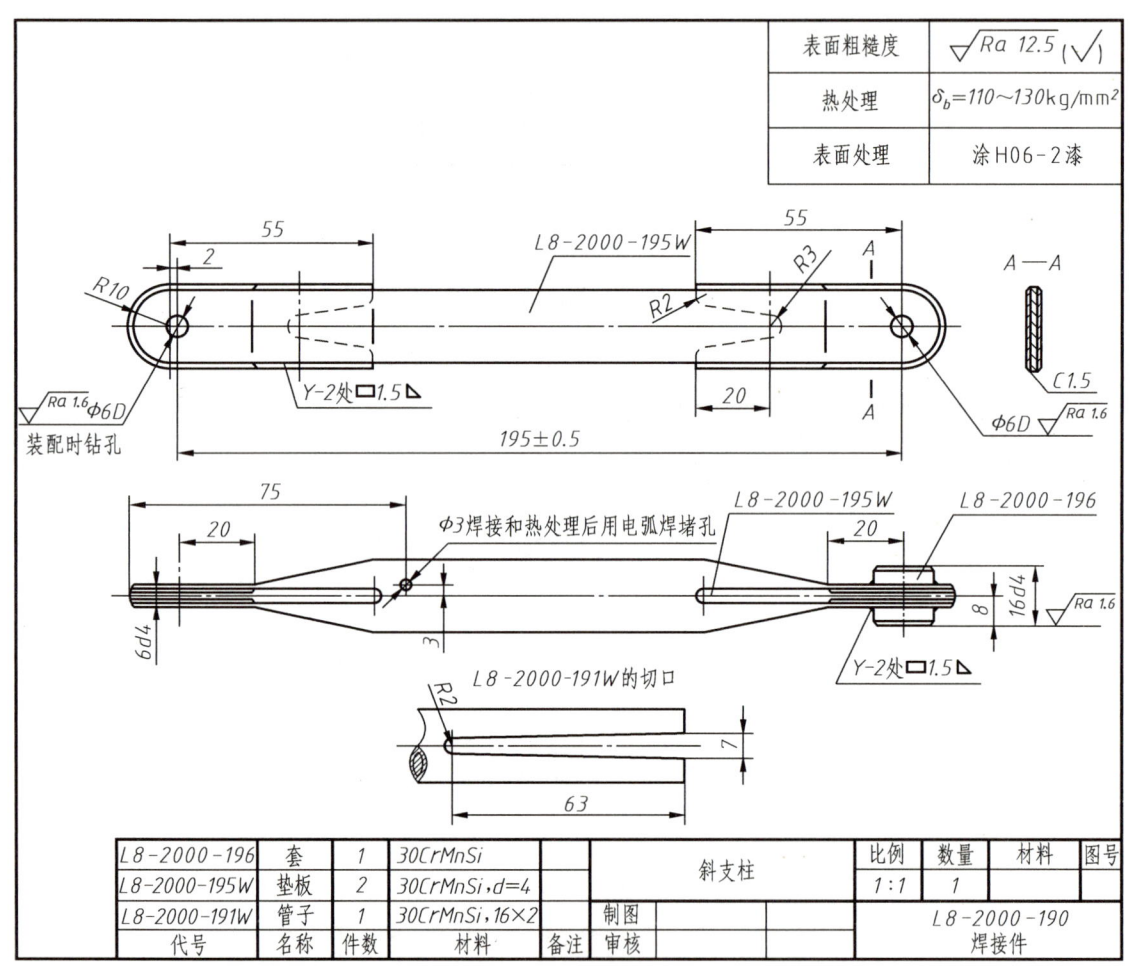

图 7-32 斜支柱零件图

【任务分析】

一架飞机上有上万种钣金零件，这些钣金零件的工艺结构是怎样的？如何正确表达出来？这些都是我们需要掌握的专业知识。

【知识储备】

知识点 1　弯曲零件图

飞机上常见的弯曲零件如角片、支架等，均属于可展开零件。弯曲零件能用弯曲模、弯板机弯曲成形，如图 7-33 所示。

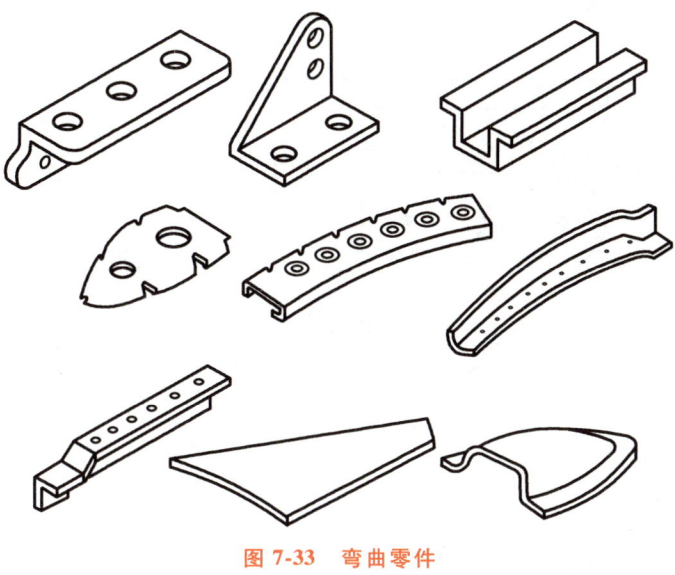

图 7-33　弯曲零件

一、工艺结构特点

1. 弯曲角

钣材弯曲时所经过的角度称为弯曲角。弯曲角的大小反映弯曲程度的大小。若弯曲角小于 90°称为开斜角；弯曲角大于 90°则称为闭斜角，如图 7-34 所示。

2. 弯曲半径

零件弯曲后的内圆角半径称为弯曲半径。最小弯曲半径是弯曲工艺的重要参数之一。

3. 过渡区域

为了防止零件开裂，对零件弯边与非弯边的结合部分应设有过渡区域，如过度角和止裂孔等结构，如图 7-35 所示。

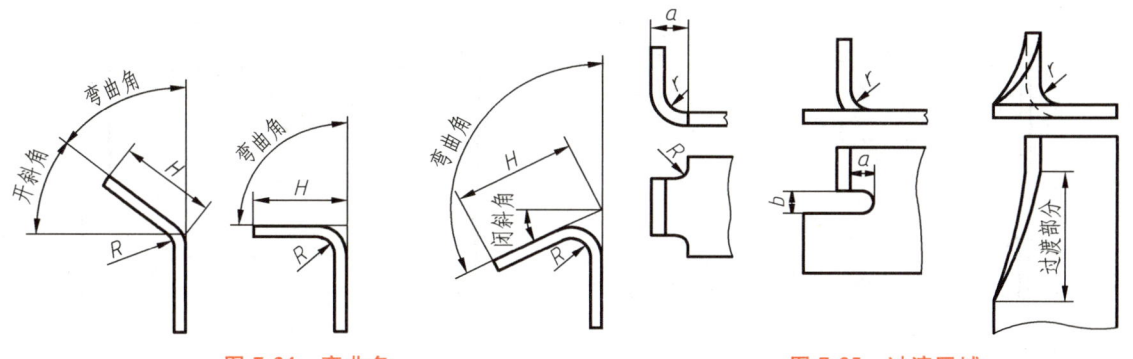

图 7-34　弯曲角　　　　　　图 7-35　过渡区域

二、表达特点

1）弯曲零件图根据需要可以画出展开图样并用文字注明。展开图应单独画出，若图形较简单，也可以与基本视图结合在一起，用细双点画线示出展开部分，如图 7-36 所示。

展开图中的弯折线，用细实线表示，位于弯曲区域的中间，如图 7-36 所示。

2）展开图供排样和制造模具用，展开图应给出影响排样的宽度尺寸和长度尺寸。零件图上已注的尺寸一般可以在展开图中省去。

3）弯曲零件图应特别注明与工艺结构有关的尺寸，如内圆角半径、弯边高度等。

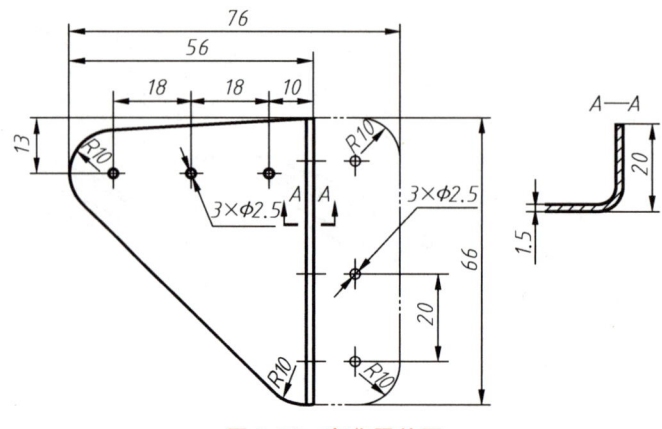

图 7-36　弯曲零件图

知识点 2　框肋零件图

框肋零件通常是采用液压成形方法加工的。这类零件在飞机上极为普遍，如隔框、翼肋、腹板和各种隔板等。在框肋零件的腹板上常采用许多加强刚度或既加强刚度又减轻重量的典型结构，如弯边加强槽、强加窝、减轻孔等。为了与其他零件组合装配或安装各种系统，还需要在这类零件上加工出长桁缺口、下陷和通过孔等结构（图 7-37）。

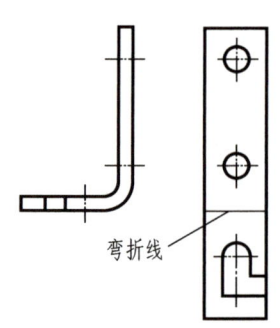

图 7-37　展开图中的弯折线

一、工艺结构

1. 加强槽（加强窝）

加强槽的结构形式有圆形末端（A 型）和平形（B 型）两种，如图 7-38 所示。图 7-38a

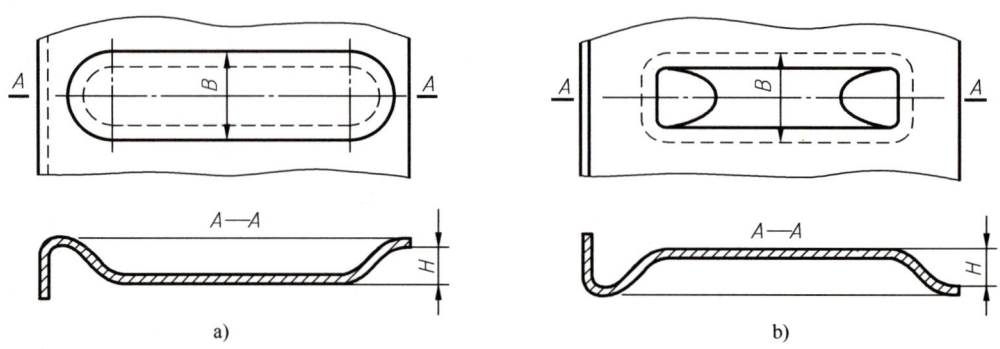

图 7-38　加强槽结构

所示为向前凸时的视图表达，这时主视图上实线图线在外，虚线在内；当加强槽向后凹时，则虚线在外而实线在内，如图 7-38b 所示。加强槽在图中或备注内注明标准代号。

加强窝的结构和视图表达如图 7-39 所示。

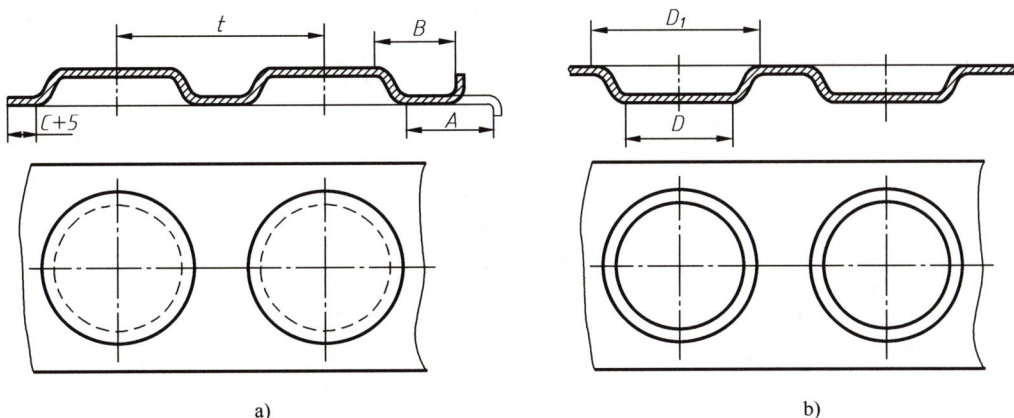

图 7-39 加强窝结构

2. 弯边减轻孔

减轻孔的弯边方向一般应与零件的弯边方向一致，这样便于制造。减轻孔的视图表达与加强窝类似，也都属于习惯表示法，如图 7-40 所示。

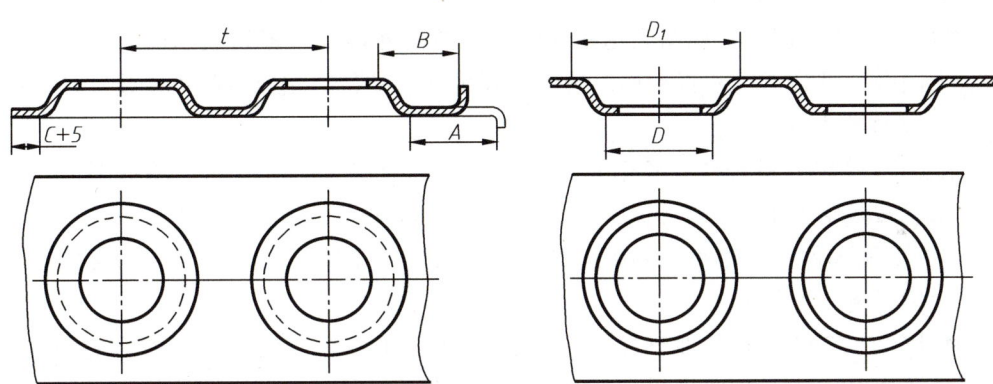

图 7-40 弯边减轻孔

3. 长桁缺口

长桁缺口即长桁通过的缺口，其形式随长桁剖面形状不同而异。长桁缺口是在液压成形前展开料上就已加工出来的，故其结构一般系指弯边的形状，如图 7-41 所示。

4. 下陷

下陷有平面下陷（C 型）和侧面下陷（D 型）。图样上表示下陷时，应按投影关系用两条过渡线表示下陷的区域，并注明标准代号，如图 7-42 所示。

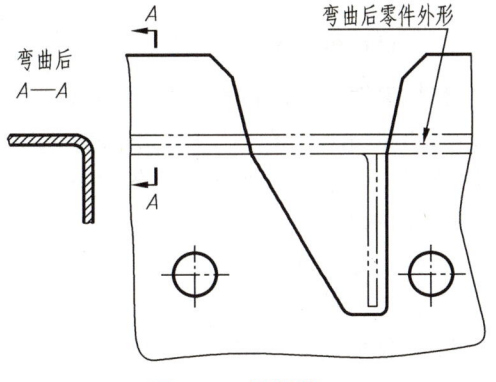

图 7-41 长桁缺口

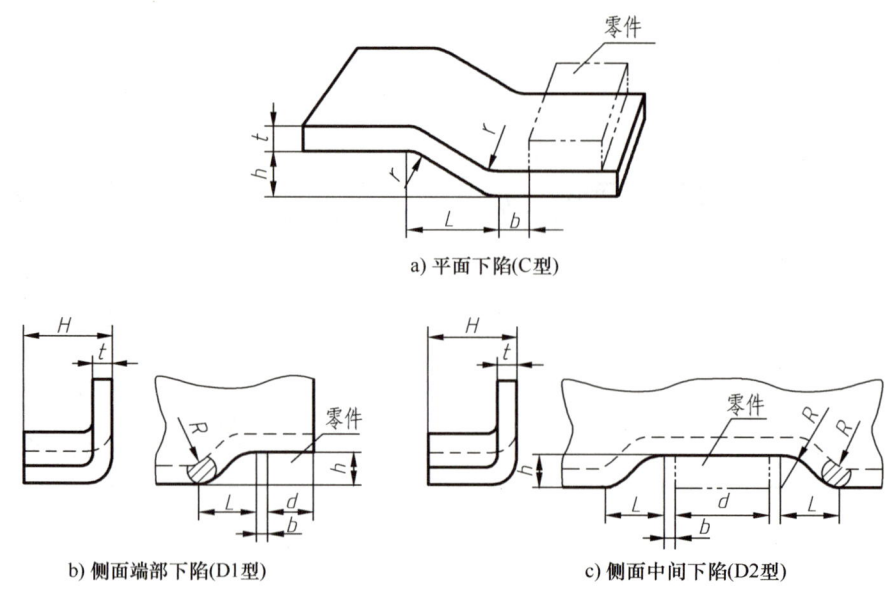

图 7-42 下陷

代号示例：HB0-21 —C—2×1.5，表示 $h=2mm$，$t=1.5mm$ 的平面下陷。

二、框肋零件的表达特点

1）框肋零件通常用一个视图表达零件的主要结构外形，再辅以适当的剖视图、断面图和局部放大图等。其外形尺寸根据模线确定，长桁缺口的位置由结构模线决定，所以在图中也不注出它们的尺寸。

2）加强槽（窝）、减轻孔、长桁缺口和下陷等标准结构应尽可能在图形部位注明标准代号。其形状按规定能够用一个视图表达清楚的，可以不必再用其他视图。

3）因为框肋零件常用缩小比例画图，局部形状因缩小比例而不清晰时，常用局部放大图表示并注明比例。

4）框肋零件多与其他零件铆接装配，其上铆钉孔很多，但一般不在零件图上表示。钻、铆工序是在装配时同时进行的，所以铆钉孔的数量、位置以装配图为依据。

知识点 3 其他钣金零件图

一、型材零件图

型材零件大量采用标准型材或专用型材，所以型材零件图主要表达补充加工部分的形状、尺寸和加工要求。若补充加工量很小，则常在装配中注明而不单独绘出零件图，作为无图件处理。型材零件上常制出各种下陷，下陷角度应限于 45°～135° 的几个标准角度。型材下陷的画法如图 7-43 所示。标准下陷的代号，非标准下陷的深度、长度、角度等应在图上标注清楚或说明制造依据。

二、蒙皮零件图

除少数机械加工和化学铣切蒙皮外，大多数蒙皮属于无图零件。这类零件可分为单曲度蒙皮（机翼、尾翼、机身柱形和锥形部分的蒙皮）、双曲度蒙皮（机身表面和进气道蒙皮）

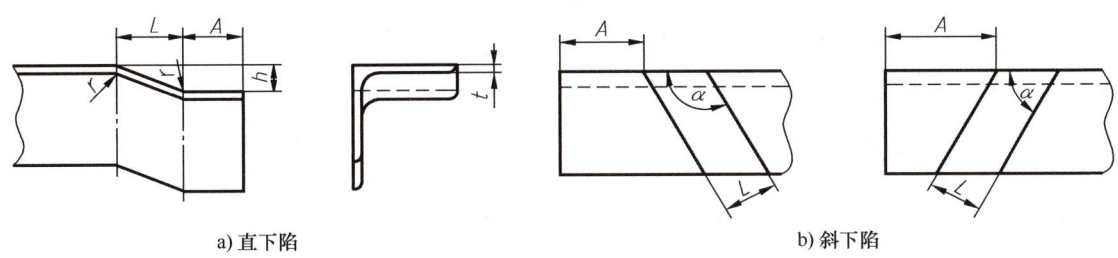

a) 直下陷　　　　　　　　　　　　　　b) 斜下陷

图 7-43　型材下陷

和复杂形状蒙皮（翼尖、整流包皮等），如图 7-44 所示。单曲度蒙皮一般用滚弯方法成形，双曲度蒙皮则用拉形方法成形。复杂形状蒙皮一般多采用落压或压延的方法成形。其生产和检验一般都是根据实体模型（模胎）进行。

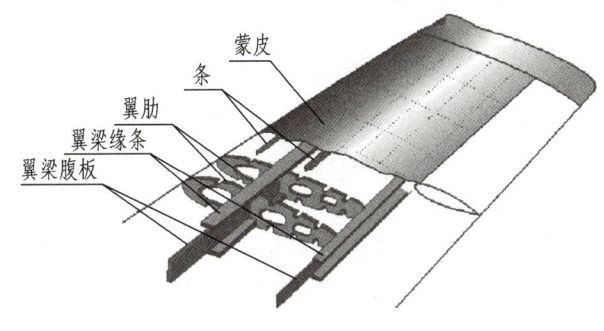

图 7-44　蒙皮

三、落压零件图

曲面外形复杂的钣金零件常采用落锤成形方法加工，这类零件简称为落压零件。落压零件大多是无图零件，其加工和检验一般按模胎、零件样板进行，但也有部分零件图。

四、管子零件图

管子零件常与其他零件铆接或焊接成简单的、独立的铆装件或焊接件，故在设计时一般只绘出铆装件或焊接件图，如图 7-32 中的 L8-2000-191W 就是管子，作为无图件处理，所以该图绘出了管子的全部尺寸。

知识点 4　钣金零件图的一般特点

一、左右件

飞机的结构是左右对称的，因此在左右两侧对称位置上基本各有一个尺寸相同和形状对称的零件，通常称该两个零件为左右件。如果在结构轴线的上、下或前、后有相互对称的零件，这些零件习惯上也称为"左右件"。在上、前的称为"左件"，在下、后的称为"右件"。为简化作图，一般只画右件或左件，而在图样上加注"右件如图，左件对称"或"左件如图，右件对称"等字样。如果左右件仅有某些局部不同之处，可把这些不同处用双点画线画出，并加引出线，注明"仅用于左件"或"仅用于右件"。

二、航向

飞机部件、组合件图有严格的航向规定，因此凡与航向有关的零件在图中均应保持规定的航向（或画出与航向有明确关系的轴线）。例如，机身隔框规定顺航向投影，机翼、水平尾翼的翼肋规定从飞机左面向右投影，在图中前缘朝左；垂直尾翼的翼肋规定从上向下投影，在图中也是前缘朝左。符合上述规定方向时，在图样上可以不作说明或略去表示航向的箭头；不符合规定时，应作说明或用箭头标明航向。

三、线型

钣金零件一般均采用薄板料制成，零件图中的材料厚度可以适当夸大而不按实际比例画出，因此，钣金零件图所用线型比机械零件图细。

四、不可见轮廓零件

图上不可见轮廓一般不采用剖视方法表示，而是根据需要保留虚线。对于钣金件上的小孔，一般不必用剖视图或局部剖视图表示为通孔，也不画出虚线，仅示出轴线即可。

五、注明轴线

关于轴线，在飞机钣金零件图上泛指基准线或基准面，如飞机对称轴线、梁轴线、框轴线、肋轴线、长桁轴线，其含义均指基准平面。为了确定零件在飞机上某部件或组合件中的位置，在图上应注明重要轴线、基准平面的位置。

六、重复结构"典型"示出

当零件上某些结构如圆角、缺口等重复多处时，为简化制图工作，可以对相同的尺寸或结构形状只标注一处并加注"典型"二字，以概括同类结构的细节。

七、附注

附注中常注明"按样板制造""按模胎制造"或"外形取自模线"等，即有关模具制造和尺寸检验都以模线、样板为依据，而不再给出尺寸。

【任务实施】

一、识读并绘制图 7-32 所示斜支柱零件图
二、了解图 7-32 所示斜支柱零件图中焊接符号的意义。

【任务评价】

请完成表 7-6 中的学习评价。

表 7-6　任务 3 学习评价检查项目

序号	检查项目	评分标准	结果评估	自评分
1	能否完整地复述飞机钣金零件的工艺特点	10		
2	是否概括出飞机钣金零件的表达方法	15		
3	能否正确绘制飞机钣金零件图	25		
4	能否准确地读懂飞机钣金零件图	15		
5	图形绘制是否清晰	15		
6	在绘制图形过程中，是否遇到了问题；在解决问题过程中是否提升了查阅资料、沟通交流的能力	20		

【总结回顾】

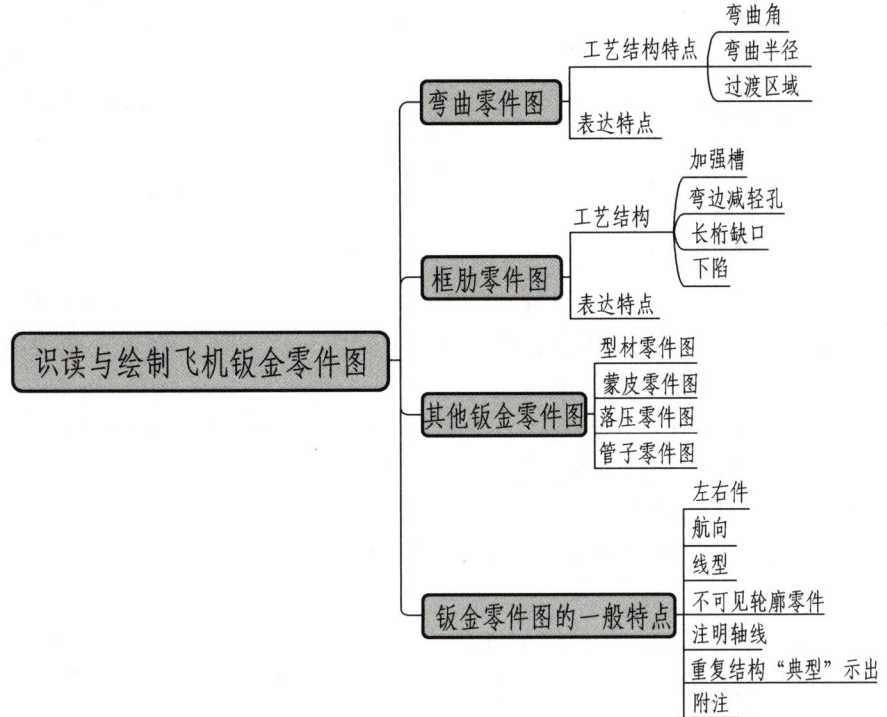

任务4　测量与绘制飞机支架零件图

【任务目标】

【知识目标】
(1) 掌握零件图的绘制方法。
(2) 掌握测绘零件的步骤。

【能力目标】
(1) 能够正确使用工具测量零件。
(2) 能正确绘制零件草图、零件图。

【素质目标】
(1) 具有科学严谨、一丝不苟的工作作风。
(2) 具有客观科学、认真负责的职业态度。

【任务描述】

图7-45所示为飞机上某支架的轴测图，请测量并绘制该零件的零件图。

【任务分析】

根据已有的零件画出其零件图的过程称为零件测绘。在机械设计中，可在产品设计之前且无配件或图样时，对零件进行测绘，画出零件图，作为制造该零件的依据。

【知识储备】

知识点 1　零件测绘的步骤

零件测绘的一般步骤为按照零件画出零件草图，再根据草图画出零件图。具体内容如下。

图 7-45　支架轴测图

一、分析零件

1）了解零件的名称、用途和材料等。

2）分析零件的结构，了解零件是由哪些几何体组成的，以便正确地选择视图，合理地标注尺寸。

3）分析零件的制造方法、工艺要求及各表面的作用，根据零件的工作情况和主要加工位置确定尺寸基准、表面粗糙度及公差配合等。

二、选择视图、确定表达方法

在全面分析零件后，选择主视图，确定其他视图的数目及剖视图、断面图等。

1. 主视图的选择

主视图是零件图中的核心，主视图的选择直接影响其他视图的选择、读图的方便和对图幅的利用。选择主视图就是要确定零件的摆放位置和主视图的投射方向。因此，在选择主视图时，要考虑以下原则。

（1）形状特征最明显　主视图要能将组成零件各形体之间的相互位置和主要形体的形状、结构表达得最清楚。

（2）以加工位置为主视图　按照零件在主要加工工序中的装夹位置选取主视图，是为了加工制造者看图方便。

（3）以工作位置选取主视图　工作位置是指零件装配在机器或部件中工作时的位置。按工作位置选取主视图，容易想象零件在机器或部件中的作用。

2. 其他视图的选择

视图数量尽可能少。所以，配置其他视图时应注意以下几个问题。

1）每个视图都有明确的表达重点，各个视图互相配合、互相补充，表达内容尽量不重复。

2）根据零件的内部结构选择恰当的剖视图和断面图。选择剖视图和断面图时，一定要明确剖视图或断面图的意义，使其发挥最大作用。

3）对尚未表达清楚的局部形状和细小结构，补充必要的局部视图和局部放大图。

4）能采用省略、简化画法表达的要尽量采用省略、简化画法。

三、绘制草图

1）根据所选的视图表达方案布置视图，画出各视图的中心线、对称线和主要基准面的轮廓线，并画出标题栏。

2）画出各视图的主要部分，为了保持投影关系和提高画图速度，应从主视图开始，各视图同时绘制。

3）取剖视图，画出全部细节，擦去多余的线条，画上剖面符号，并按图线标准，描深视图的图线，再选定尺寸基准，画出尺寸界线和尺寸线。

4）测量零件尺寸，填写数值，并标注表面粗糙度和其他技术要求，填写标题栏，检查全图有无错误。

四、零件测绘须注意的问题

1）目测比例尽量采用 1∶1 的比例。若零件过大、形状简单，或零件很小、形状复杂时，也可采用缩小和放大比例，但应尽可能保持零件各部分为同一比例。

2）画图时应注意零件结构的工艺合理性，遇有圆角、倒角、凹坑、凸台、螺纹退刀槽等结构，都应画出。如遇到铸件壁厚和加工表面等有明显不合理之处，应加以改进。

3）零件上的缺陷（如磨损、偏心等）应画出纠正后的图形，对浇注时产生的水口和冒口痕迹、砂眼、缩孔等，则不应画出。

4）对于零件中的不重要轮廓尺寸，测量出的数值是小数，可以取整数，但应尽量少取 1、3、7、9 做尾数。对有配合关系的尺寸，如轴、孔、中心距等重要尺寸，要精确测量，配合的基本尺寸应一致。对螺纹、键槽等结构，尺寸应符合标准，量好后要查表核对。

知识点 2　零件图的绘制步骤

一般来说，零件图的绘制步骤如下。
1）确定零件的视图表达方案，以清晰、完整为准。
2）根据零件的视图布置情况和零件尺寸，选择适当的绘图比例和图纸幅面。
3）根据零件名称、材料等信息，绘制标题栏。
4）合理布置视图位置，确保各视图不偏置。
5）用 H 或 2H 铅笔尽量轻、细、准地绘制底稿，应分出线型，但不必分粗细。
6）合理、清晰地标注零件尺寸，数字大小应统一。
7）仔细检查全图，修正图中错误，擦去多余的图线，确认无误后加深线条。
8）再次核查全图，确认无误后填写标题栏，完成图样绘制。

知识点 3　典型机械零件的表达方法

一、轴套类零件的表达方法

轴套类零件的主要加工工序是车削和磨削。在车床或磨床上装夹时以轴线定位，自定心卡盘或单动卡盘夹紧，所以该类零件的主视图常将轴线水平放置。因为轴类零件一般是实心的，所以主视图多采用不剖或局部剖视图，对轴上的沟槽、孔可采用移出断面图或局部放大图，如图 7-46 所示。

27. 典型机械零件的表达方法

二、轮盘类零件的表达方法

轮盘类零件的基本形状是扁平的盘状，主体部分多为回转体，轮盘类零件的径向尺寸远大于其轴向尺寸。轮盘类零件大部分是铸件，如各种齿轮、带轮、手轮、减速器的一些端盖、齿轮泵的泵盖等都属于这类零件。

根据轮盘类零件的结构特点，主要加工表面以车削为主，因此在表达这类零件时，其主视图经常是将轴线水平放置，并采用全剖视图。如图 7-47 所示，采用一个全剖的主视图，基本上清楚地反映了端盖的结构。

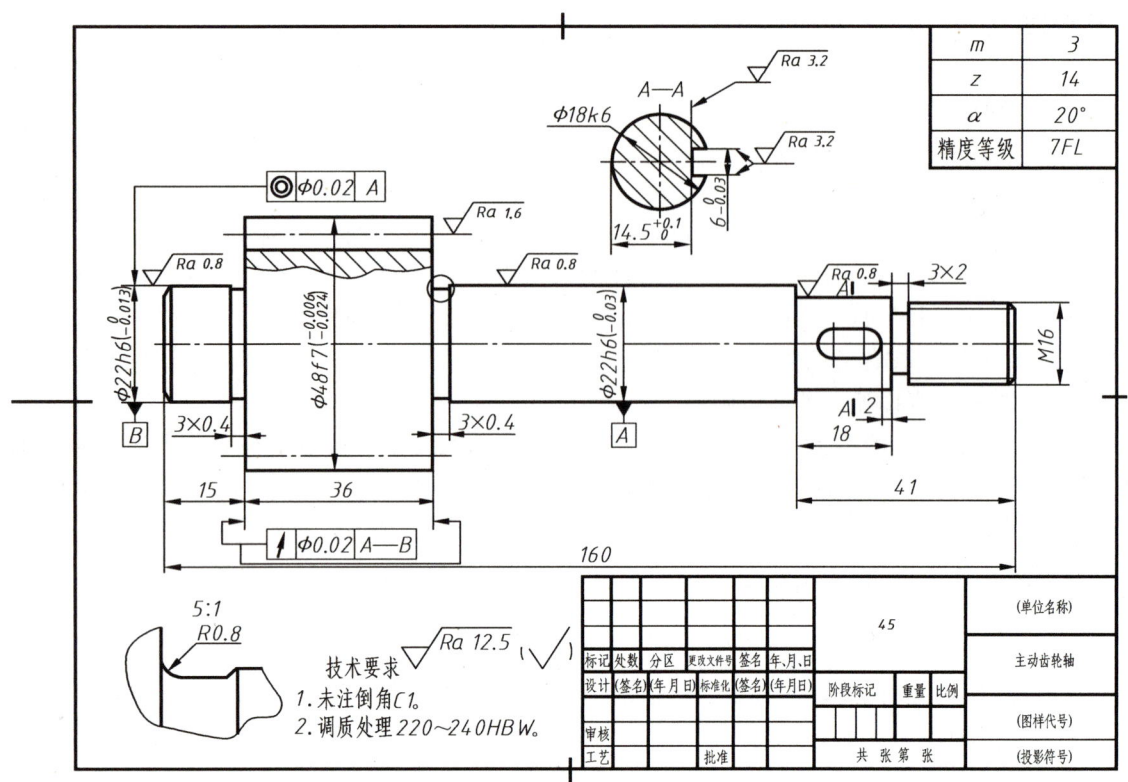

图 7-46 主动齿轮轴零件图

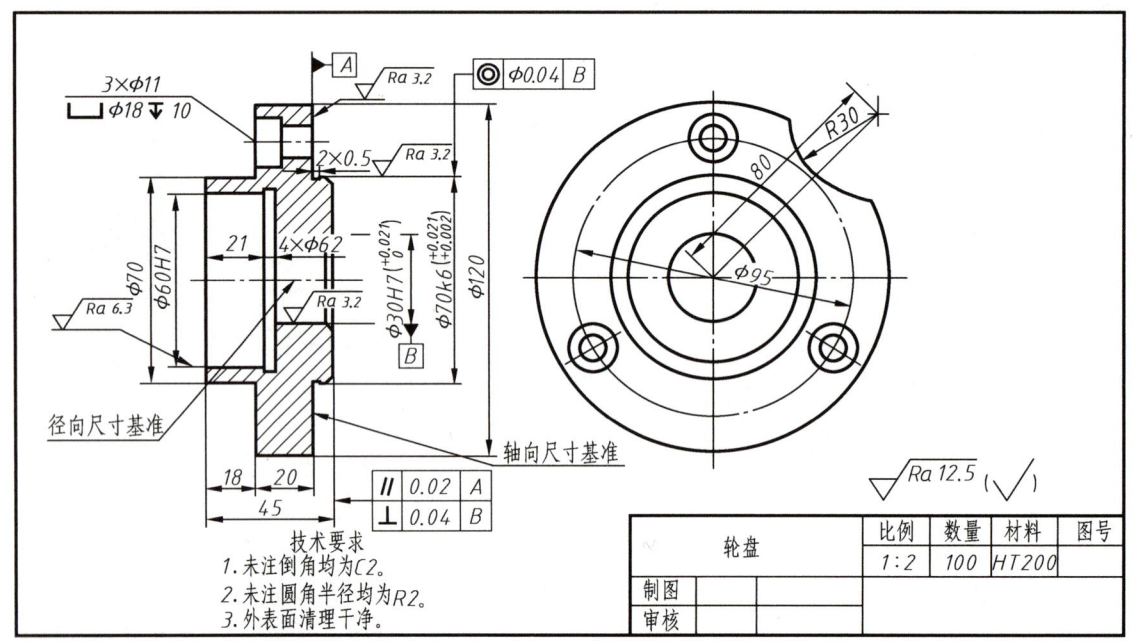

图 7-47 轮盘零件图

三、叉架类零件的表达方法

叉架类零件包括拨叉、支架、连杆等零件。叉架类零件一般分为工作部分、支持部分和连接部分三部分。连接部分多是肋板结构，且形状弯曲、扭斜的较多。支持部分和工作部分的细部结构也较多，如圆孔、螺纹孔、油槽、油孔等。

由于叉架类零件加工工序较多，其加工位置经常变化，因此选择主视图时，主要考虑零件的形状特征和工作位置。叉架类零件常需要两个或两个以上的基本视图，为了表达零件上的弯曲或扭斜结构，还要选用斜视图、单一斜剖切面剖切的全剖视图、断面图和局部视图等表达方法。画图时，一般把零件的主要轮廓放成垂直或水平位置。

图 7-48 所示为支架竖立放置时的零件图。套筒部分内部有孔，在俯、左视图上采用局部剖视表达。主视图着重表示了套筒的形状和弯杆的宽度，并用移出断面图表示弯杆的断面形状。

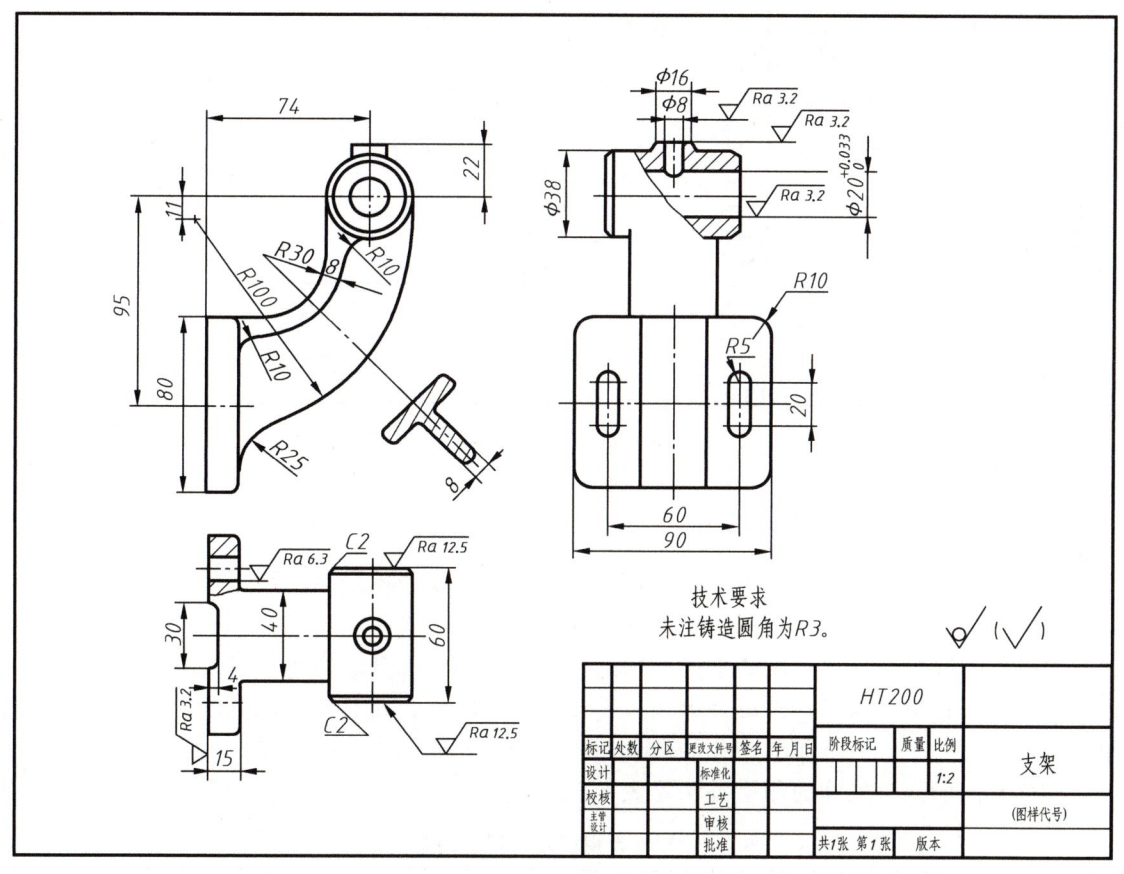

图 7-48　支架零件图

四、箱体类零件的表达方法

箱体类零件主要用来支承和包容其他零件，其内外结构都比较复杂，加工工序较多，加工位置不尽相同，但箱体在机器中的工作位置是固定的。因此，箱体的主视图常常按工作位置及形状特征来选择，为了清晰地表达内部结构，常采用剖视的方法。阀体属于箱体类零件，如图 7-49 所示。

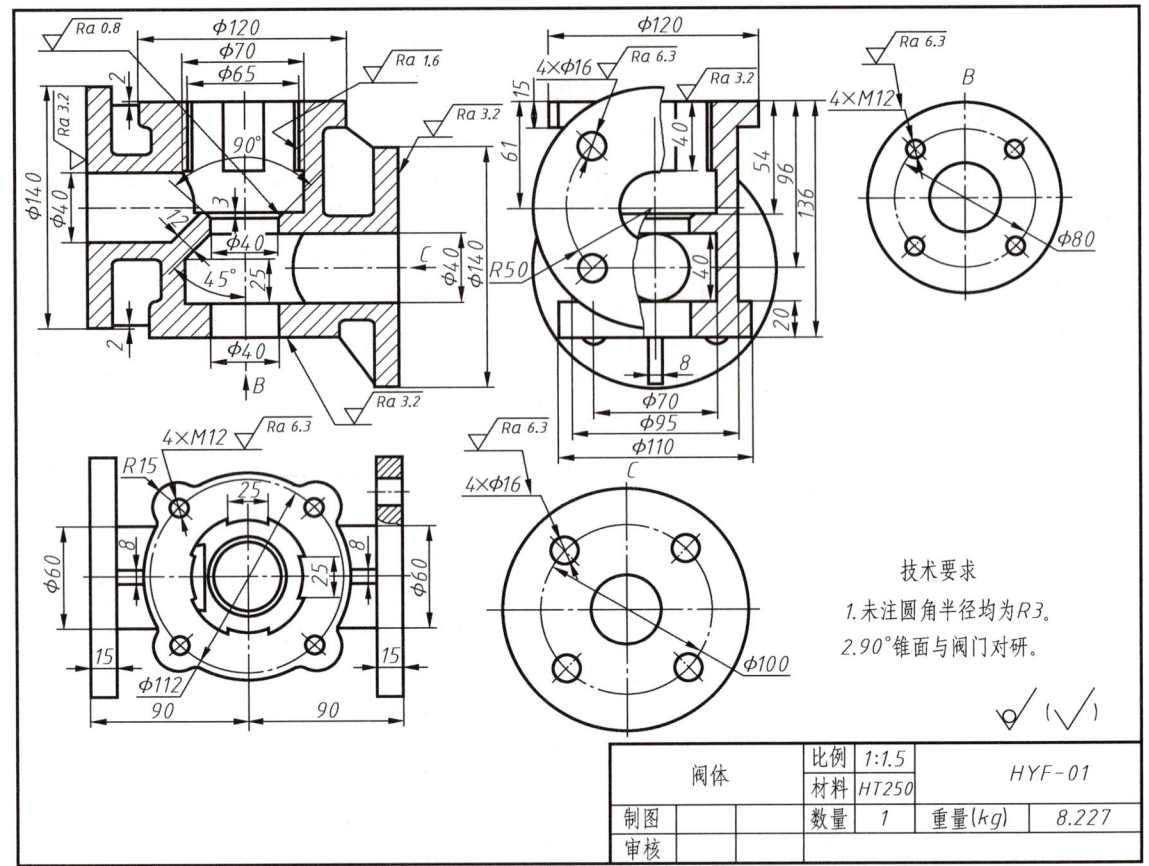

图 7-49 阀体零件图

知识点 4 零件尺寸的测量

测量尺寸是零件测绘过程中一个很重要的环节，尺寸测量是否准确，将直接影响机器的装配和工作性能，因此，测量尺寸要严谨。

测量时，应根据尺寸精度要求的不同选用不同的测量工具。常用的量具有钢直尺、内卡钳、外卡钳等；精密的量具有游标卡尺、千分尺等；此外，还有专用量具，如螺纹样板、圆角规等。

零件常用的几何尺寸的测量方法见表 7-7。

表 7-7 零件常用的几何尺寸测量方法

项目	图例与说明
直线尺寸	精度较低时用钢直尺；精度较高时用游标卡尺

（续）

项目	图例与说明
直径尺寸	如结构允许,尽量使用游标卡尺、千分尺等量具直接量取,特殊情况下使用卡钳,但要正确使用,松紧适度 用内、外卡钳测量直径
内径尺寸	测量内径的特殊方法
深度及壁厚尺寸	$X=A-B$　$Y=C-D$　　$X=A-B$ 用内、外卡钳测壁厚,用直尺测深度、壁厚;用外卡钳和直尺测壁厚
孔间距和中心高	$D=D_0=D_1+d$　　　　$L=A+\dfrac{D_1}{2}+\dfrac{D_2}{2}$ 用内、外卡钳测孔距　　　用直尺测孔距

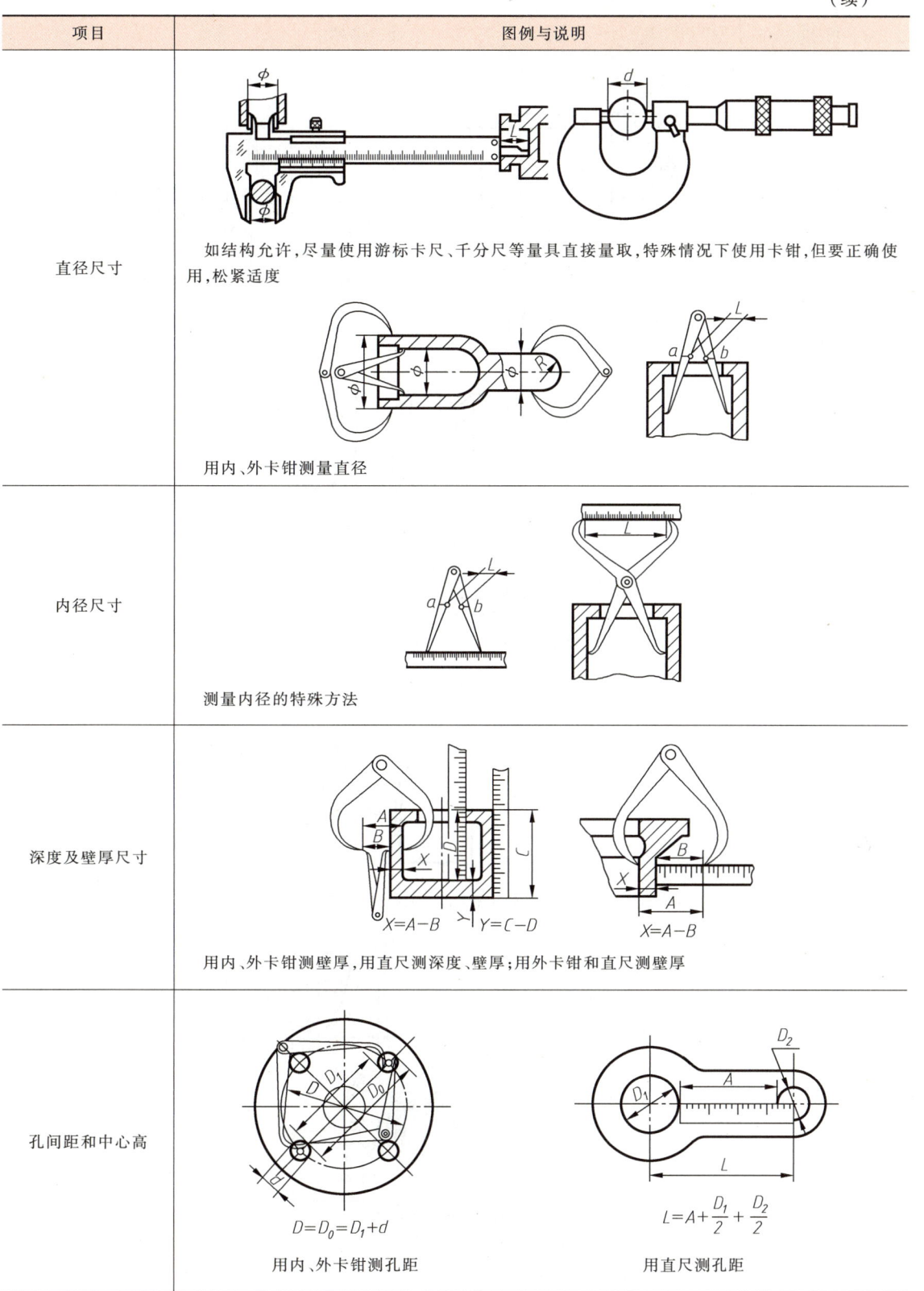

（续）

项目	图例与说明
孔间距和中心高	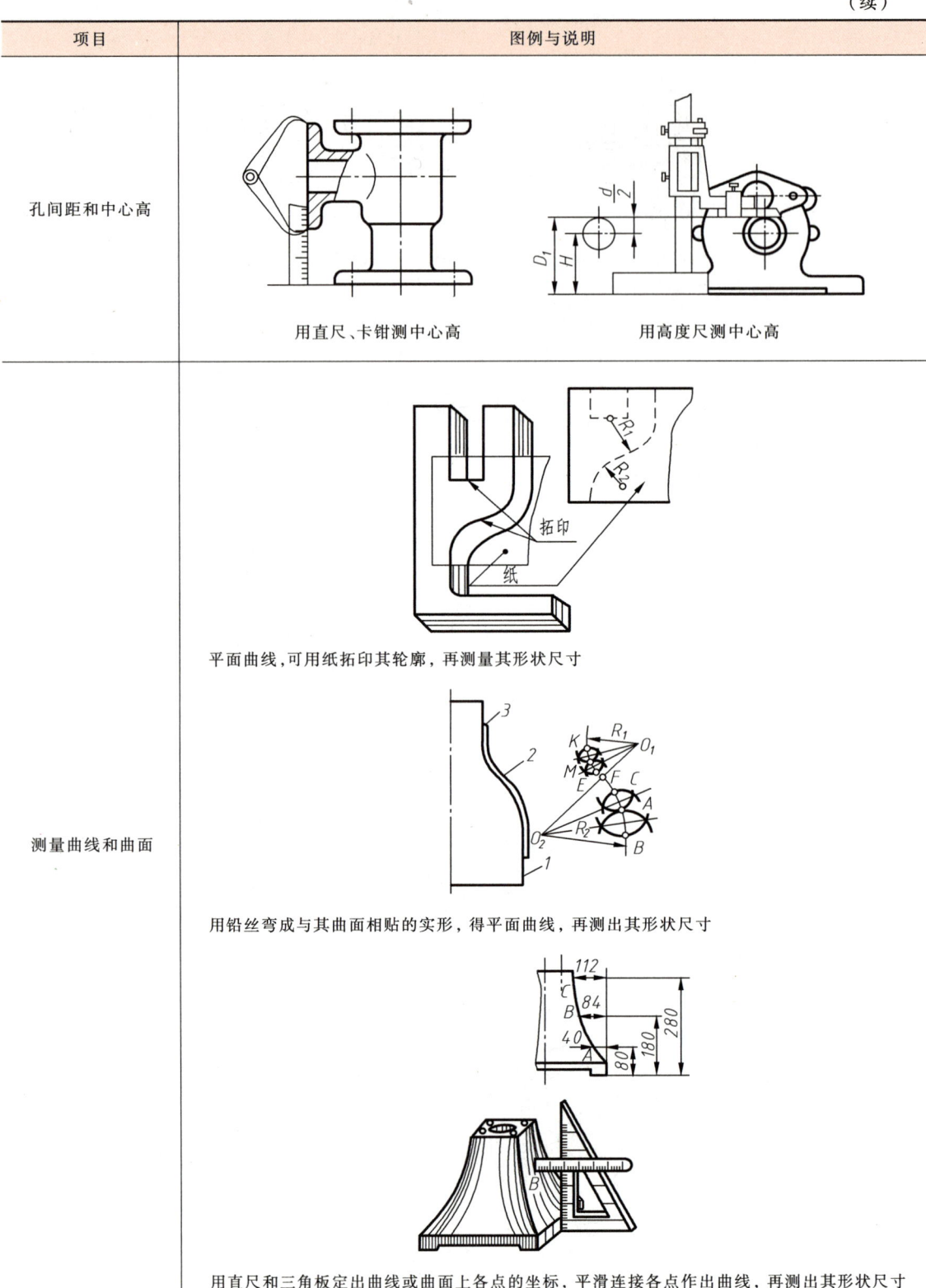 用直尺、卡钳测中心高　　　用高度尺测中心高
测量曲线和曲面	平面曲线，可用纸拓印其轮廓，再测量其形状尺寸 用铅丝弯成与其曲面相贴的实形，得平面曲线，再测出其形状尺寸 用直尺和三角板定出曲线或曲面上各点的坐标，平滑连接各点作出曲线，再测出其形状尺寸

（续）

项目	图例与说明
测量曲线和曲面	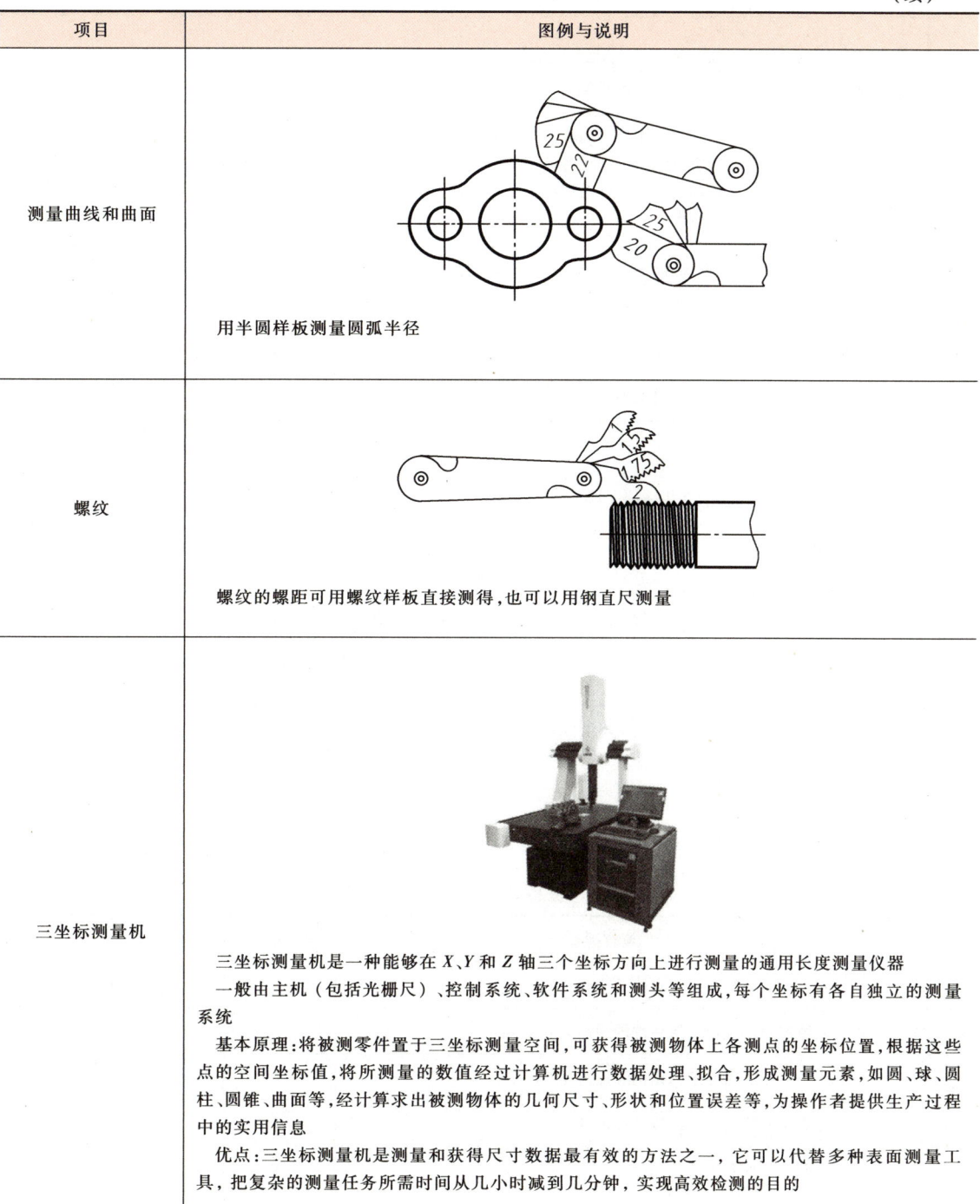 用半圆样板测量圆弧半径
螺纹	螺纹的螺距可用螺纹样板直接测得，也可以用钢直尺测量
三坐标测量机	三坐标测量机是一种能够在 X、Y 和 Z 轴三个坐标方向上进行测量的通用长度测量仪器 一般由主机（包括光栅尺）、控制系统、软件系统和测头等组成，每个坐标有各自独立的测量系统 基本原理：将被测零件置于三坐标测量空间，可获得被测物体上各测点的坐标位置，根据这些点的空间坐标值，将所测量的数值经过计算机进行数据处理、拟合，形成测量元素，如圆、球、圆柱、圆锥、曲面等，经计算求出被测物体的几何尺寸、形状和位置误差等，为操作者提供生产过程中的实用信息 优点：三坐标测量机是测量和获得尺寸数据最有效的方法之一，它可以代替多种表面测量工具，把复杂的测量任务所需时间从几小时减到几分钟，实现高效检测的目的

【任务实施】

一、测绘支架零件

支架的测绘过程见表 7-8。

表 7-8 支架的测绘过程

序号	测绘要点	说明
1	结构分析	该支架由底板、立板、肋板、安装孔等部分组成
2	表达方案的确定	按工作位置确定主视图投射方向，初步选用主、俯、左三个基本视图来表达该支架。主视图表达支架各组成部分的基本形状特征，采用局部剖视图表达圆孔；左视图采用局部剖视图，以表达加强肋板的高度和厚度；俯视图表达底板的外形和孔的位置，以及肋板
3	绘制草图	根据表达方案绘制出零件草图。取剖视图，画出剖面线。按图线标准描深图线；选定尺寸基准，绘制尺寸界限和尺寸线
4	测量尺寸	选取恰当的测量工具，测量尺寸，填写数值，并标注技术要求，填写标题栏
5	绘制零件图	根据草图绘制零件图

二、回答下列问题

1. 绘制零件图前，如何进行结构分析及确定表达方案？

2. 绘制零件图的过程中，遇到了什么问题？又是如何解决的？

绘制完成的支架零件图如图 7-50 所示。

【任务评价】

请完成表 7-9 中的学习评价。

表 7-9 任务 3 学习评价检查项目

序号	检查项目	评分标准	结果评估	自评分
1	能否准确地复述零件测绘的步骤	10		
2	能否准确地确定支架零件的视图表达方案	10		
3	能否选择适当的绘图比例和图纸幅面	10		
4	能否正确使用工具测量零件尺寸	10		
5	绘制的零件草图是否采用 1∶1 比例	10		
6	图形绘制是否正确，线型运用是否规范	20		
7	尺寸标注是否正确，技术要求是否合理	10		
8	在绘制图形过程中，是否遇到了问题；在解决问题过程中是否提升了查阅资料、沟通交流的能力	20		

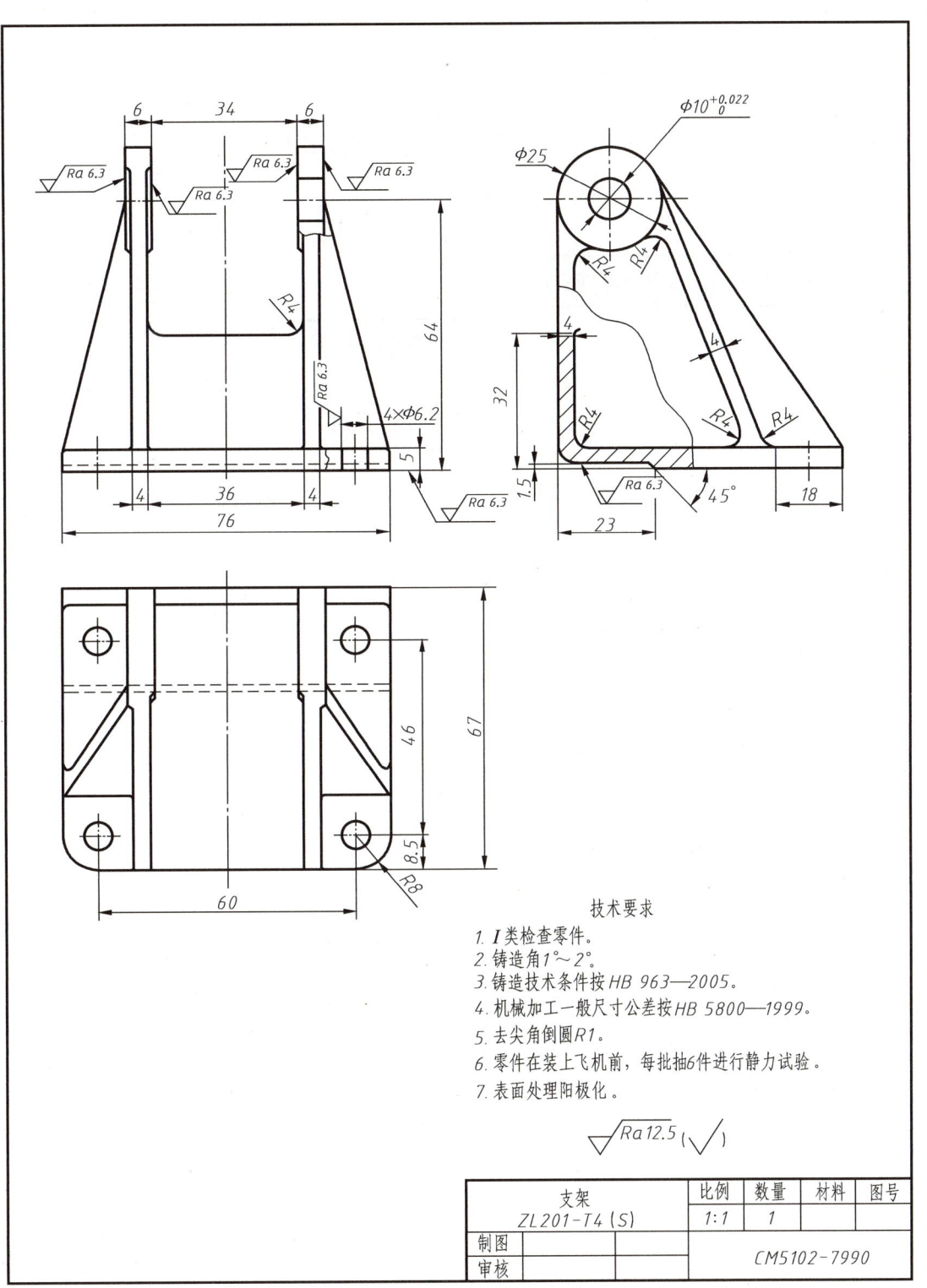

图 7-50 支架零件图

【总结回顾】

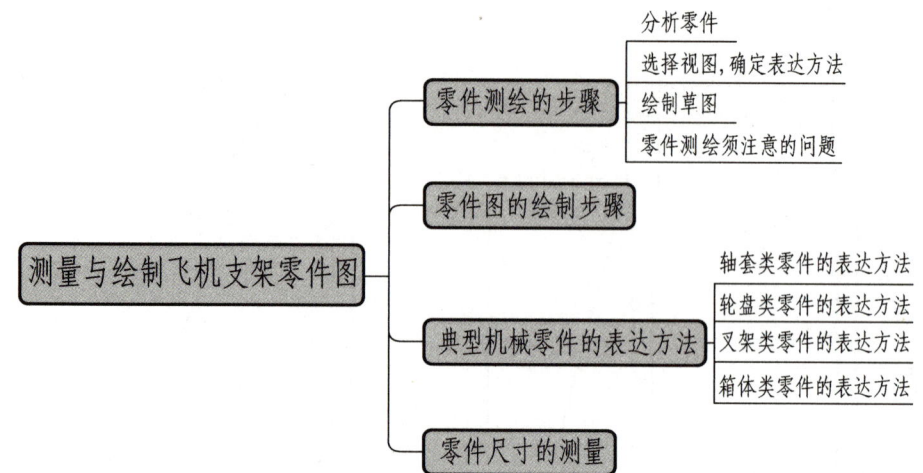

项目8　航空装配图

任务1　识读齿轮泵装配图

【任务目标】

【知识目标】
（1）了解装配图的表达方法和表达内容。
（2）掌握装配图的规定画法和特殊画法。

【能力目标】
（1）能够正确查阅标准、手册等技术资料。
（2）能够正确识读中等复杂程度的装配图。

【素质目标】
（1）养成吃苦耐劳、脚踏实地的工作作风。
（2）培养认真、细致的学习态度。

【任务描述】

液压系统是飞机工作中不可或缺的关键组成部分。通过利用液体的性质传递能量和产生力，液压系统可以实现各种机械部件的运动控制，并在飞机的各个系统中起到关键作用。图 8-1 所示为齿轮泵装配图，根据所学知识识读装配图。

【任务分析】

在工业生产中，无论是开发新产品，还是对其他产品进行仿造、改制，都要先画出装配图。开发新产品时，设计部门应首先画出整台机器的总装配图和机器各组成部分的部件装配图，然后再根据装配图画出零件图；制造部门，则首先根据零件图制造零件，然后根据装配图将零件装配成机器（或部件）；同时，装配图又是安装、调试、操作和检修机器或部件时不可缺少的标准资料。由此可见，装配图是指导生产的重要技术文件。

航空工程制图

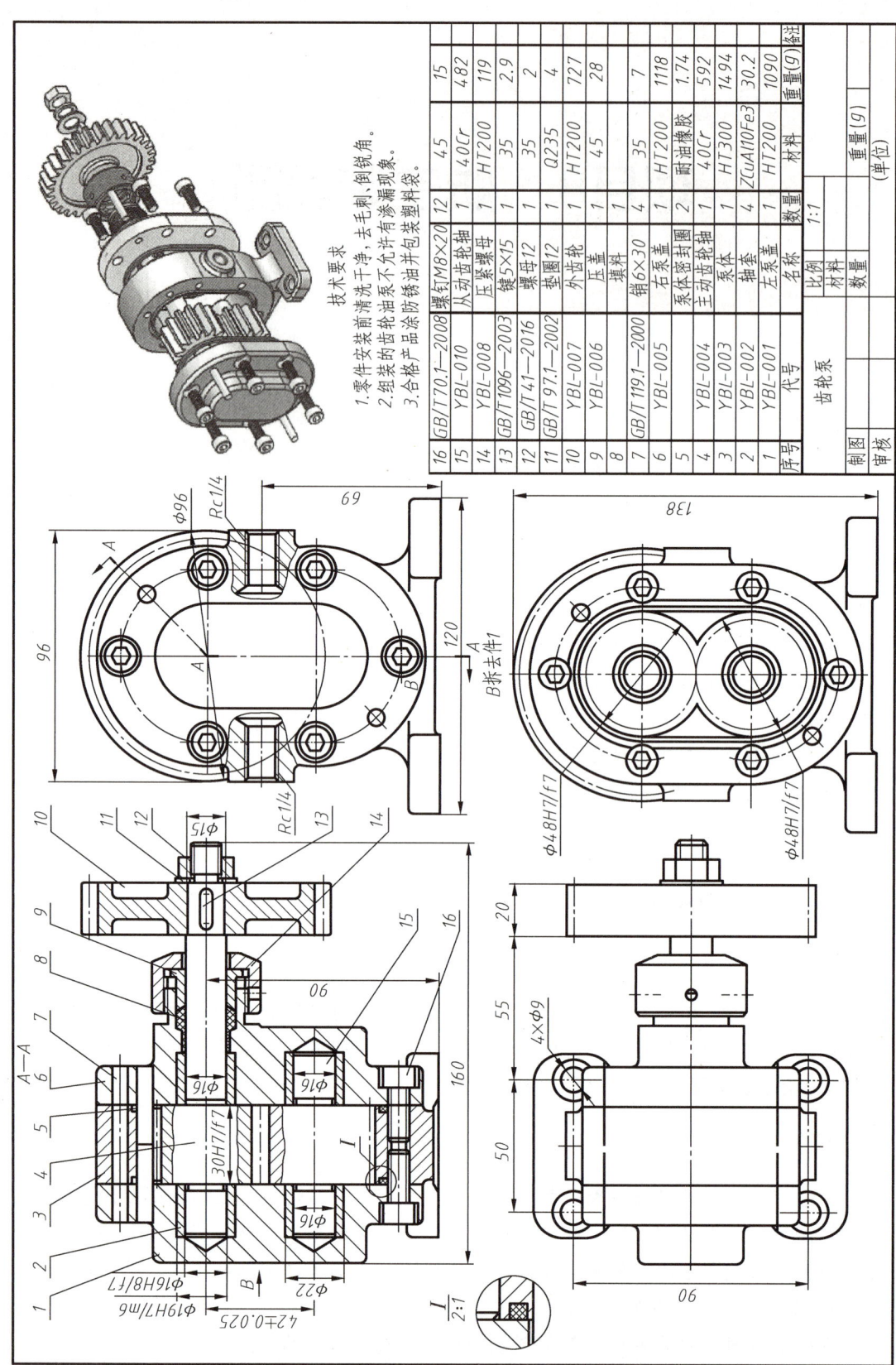

图 8-1 齿轮泵装配图

【知识储备】

知识点 1　装配图的内容

图 8-2 所示为球阀轴测图，图 8-3 所示为球阀装配图。由图 8-3 可以看出，一张完整的装配图主要包括以下四个方面的内容。

图 8-2　球阀轴测图

28. 装配图的内容

13	QF-11	扳手	1	ZG230-450	
12	QF-10	阀杆	1	40Cr	
11	QF-09	填料压紧套	1	35	
10	QF-08	上填料	1	聚四氟乙烯	
9	QF-07	中填料	2	聚四氟乙烯	
8	QF-06	填料垫片	1	40Cr	
7	GB/T 6170-2015	螺母	4	45钢	
6	GB/T 897-1988	螺柱	4	45钢	
5	QF-05	调整垫片	1	聚四氟乙烯	
4	QF-04	阀芯	1	40Cr	
3	QF-03	密封圈	2	聚四氟乙烯	
2	QF-02	阀盖	1	ZG230-450	
1	QF-01	阀体	1	ZG230-450	
序号	代号	名称	数量	材料	备注

球阀	材料		比例	1:2
	数量		图号	01-00
制图				
审核				

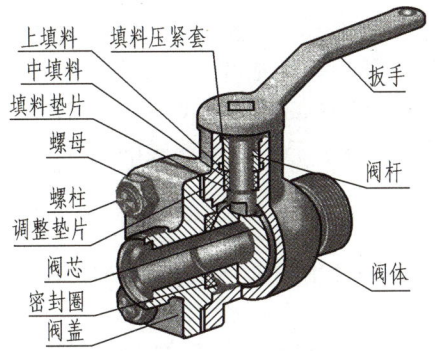

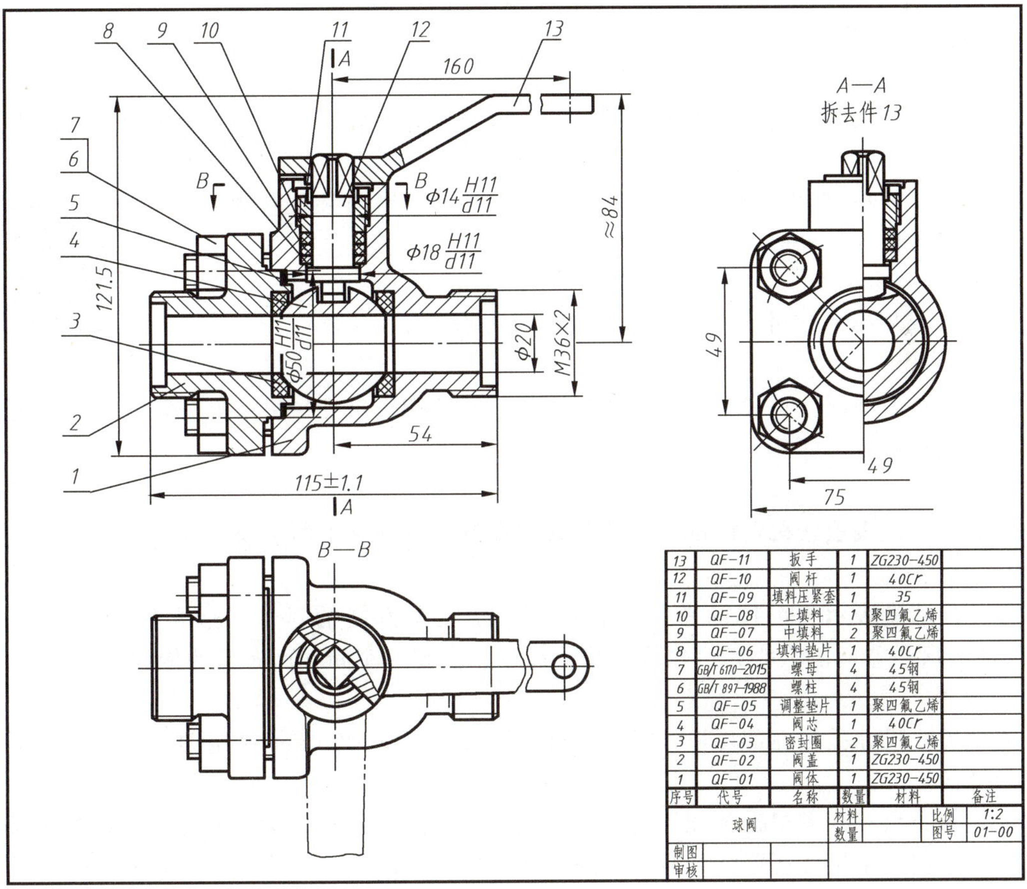

图 8-3　球阀装配图

一、一组图形

一组图形用来表达装配体（机器或部件）的构造，工作原理，零件间的装配、连接关系及主要零件的结构形状。

1. 主视图的选择

如图 8-3 所示，要清楚表达各零件之间的位置关系，需要通过阀盖 2 和阀体 1 的中心轴线，且与 V 面平行的平面将该立体图剖开，然后结合球阀在实际应用中的安放状态，很容易得出主视图的表达方案。

主视图采用全剖视图，清楚地表达了主要零件之间的装配关系和工作原理，即阀体 1 与阀盖 2 用螺柱 6 和螺母 7 连接，并用调整垫片 5 调节阀芯 4 与密封圈 3 之间的松紧；阀杆 12 下端与阀芯 4 连接，上端与扳手 13 连接；阀体 1 与阀杆 12 之间依次安装有填料垫片 8、中填料 9、上填料 10 和填料压紧套 11。于是可知球阀的工作原理为：通过转动扳手 13 控制阀芯 4 的转向，从而打开或关闭阀门。

2. 其他视图选择

其他视图是对主视图上没有表达清楚而又必须表达的部件装配关系或结构形状进行的补充表达。

图 8-3 所示的左视图是为了进一步将阀盖 2 的形状，阀杆 12、填料垫片 8、中填料 9、上填料 10 和填料压紧套 11 的安装情况表达清楚。

俯视图主要表达除扳手 13 以外的其他主要零件的外形和安装位置，用局部剖视图表示阀杆 12 的截面形状和方位。

二、一组尺寸

一组尺寸用来表示装配体的规格或性能，以及装配、安装、检验、运输等方面所需要的尺寸。

装配图不需像零件图那样注出所有尺寸，只须注出与装配体性能、装配、安装、运输等有关的尺寸。

1. 性能（或规格）尺寸

性能（或规格）尺寸表明装配体的性能或规格。

2. 装配尺寸

29. 装配图的尺寸

装配尺寸由两部分组成，一部分是各零件之间的配合尺寸；另一部分是与装配有关的零件之间的相对位置尺寸。

3. 安装尺寸

安装尺寸是表示将机器或部件安装到其他设备上或地基上所需要的尺寸。

4. 总体尺寸

总体尺寸是表示装配体的总长、总宽、总高三个方向的尺寸。这类尺寸表明了机器（或部件）所占空间的大小，可作为包装、运输、安装、车间平面布置的依据。

5. 其他重要尺寸

其他重要尺寸是指在部件设计时，经过计算或根据某种需要而确定的，但又不属于上述四类尺寸的尺寸。

以上五类尺寸，需根据装配体的构造情况进行标注，并不是所有装配体都具备这五类尺寸。有时，同一个尺寸还可能具有不同的意义，如图 8-3 所示主视图中的尺寸"121.5"，它既是总体尺寸，又是零件的主要尺寸。

三、技术要求

技术要求是指用文字或代号说明装配体在装配、检验、调试时需要达到的技术条件、要求及使用规范等。一般包括：对装配体在装配、检验时的具体要求；关于装配体性能指标方面的要求；安装、运输及使用方面的要求；有关试验项目的规定等。

由于机器或部件的性能、要求各不相同，因此其技术要求也不同。拟定技术要求时，一般可从以下几个方面来考虑。

30. 装配图的技术要求

1. 装配要求

装配要求是指机器或部件在装配过程中需注意的事项及装配后应达到的要求，如装配间隙、润滑要求等。

2. 检验要求

检验要求是指对机器或部件基本性能的检验、试验及操作时的要求。

3. 使用要求

使用要求是指对机器或部件的规格、参数及维护、保养、使用时的注意事项及要求。装配图中的技术要求，通常用文字注写在明细栏的上方或图样下方的空白处。

四、标题栏和明细栏

为了便于生产管理和看图，装配图中必须对每种零件进行编号，并在标题栏上方绘制明细栏。明细栏中要按编号填写零件的序号、代号、名称、数量、材料、质量、备注及标准件的规格尺寸等。

31. 装配图的标题栏和明细栏

1. 标题栏

标题栏用来表明装配体的名称、绘图比例、重量、图号及设计者的姓名和设计单位，如图 8-4 所示。

2. 明细栏

明细栏用来填写零件名称、序号、材料、数量及标准件的规格、标准编号等，如图 8-4 所示。

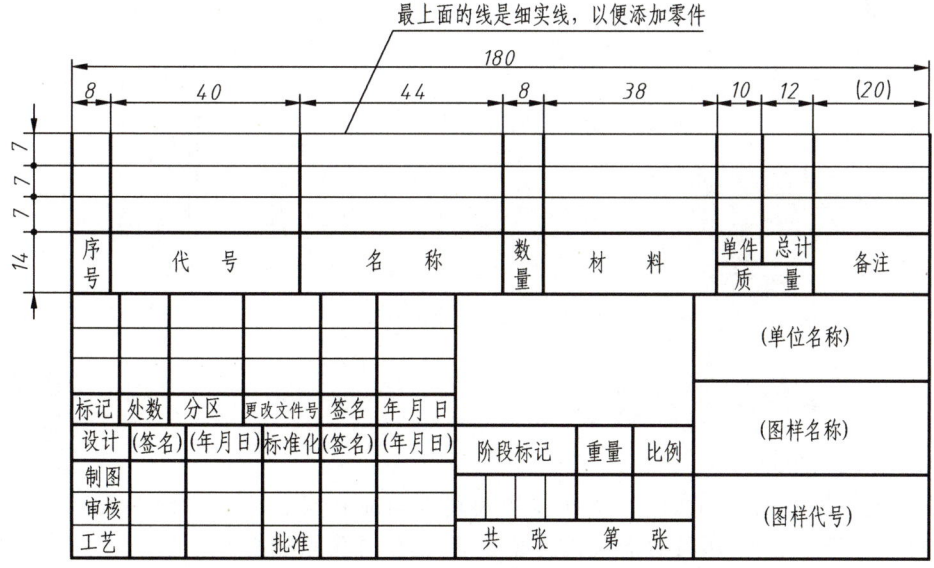

图 8-4　明细栏的格式及尺寸

明细栏一般配置在装配图中标题栏的上方，按由下而上的顺序填写。当位置不够时，可紧靠在标题栏的左方自下而上延续。

3. 装配图上的零件序号

按 GB/T 4458.2—2003《机械制图 装配图中零、部件序号及其编排方法》规定，装配图中零、部件序号的编排及标注要求如下。

1）装配图中所有的零、部件都均应编写序号，并与明细栏中的序号一致，相同零件只编写一个序号，一般只注一次。

32. 装配图上的零件序号

2）在所指零、部件的可见轮廓内画一圆点，然后从圆点开始画指引线（细实线），在指引线的另一端画一水平线或圆（细实线），在水平线上或圆内注写序号，序号的字号比该装配图中所注尺寸数字的字号大一号或两号（图 8-5）。

3）若所指部分（很薄的零件或涂黑的剖面）内不便画圆点时，可在指引线的末端画出箭头，并指向该部分的轮廓，如图 8-6 所示的零件 4，但在同一装配图中，编写序号的形式应一致。

4）指引线相互不能相交，当通过有剖面线的区域时，指引线不应与剖面线平行；必要时，指引线可以画成折线，但只可曲折一次，如图 8-6 所示的零件 5。

5）一组紧固件以及装配关系清楚的零件组，可以采用公共指引线，如图 8-7 所示。

6）序号应按顺时针或逆时针方向顺次排列整齐。

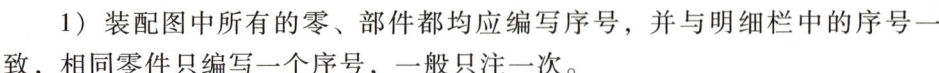

图 8-5 零、部件序号的标注形式　　图 8-6 用箭头代替小圆点

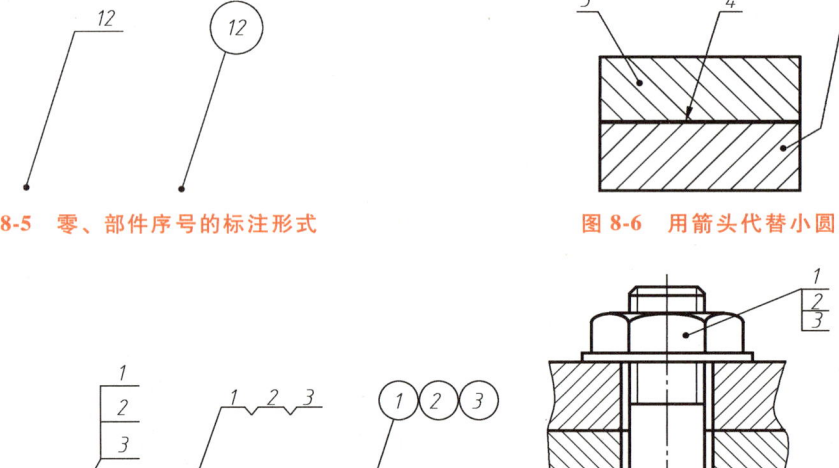

图 8-7 公共指引线的画法

知识点 2　装配图的规定画法

一、装配图中剖面线的画法

两个以上的零件相互邻接时，剖面线的倾斜方向应相反，或者方向一致但其间隔必须不等；同一零件在各视图上的剖面线方向和间隔必须一致（图 8-8）。在图形中，当零件厚度在 2mm 以下时，允许以涂黑代替剖面符号。

33. 装配图的规定画法和特殊画法

项目8 航空装配图

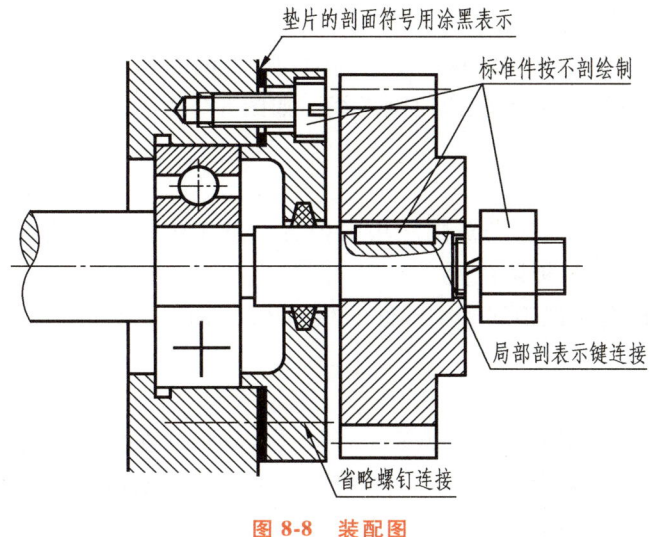

图8-8 装配图

二、标准件、实心件的画法

装配图中，对于标准件、实心的球和轴等，若剖切平面通过其对称平面或轴线，则这些零件均按不剖绘制，如图8-8所示的螺钉、轴、螺母、键和垫片等；若需要表达这些零件上的孔、槽等细节结构时，可用局部剖视图表示。

三、相邻两零件的画法

对于相接触和相配合两零件表面的接触处，只画一条线。凡是相接触、相配合的两表面，不论其间隙多大，都必须画成一条线；凡是非接触、非配合的两表面，不论其间隙多小，都必须画出两条线。图8-9所示为接触面和配合面的画法。

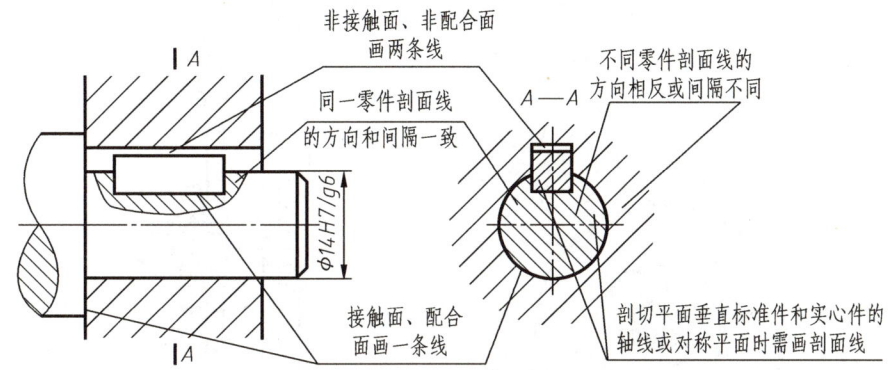

图8-9 接触面和配合面的画法

知识点3 装配图的特殊画法

一、拆卸画法

当装配体上某些常见的较大零件（如手轮等），在某个视图上的位置和基本连接关系等已表达清楚时，为了避免遮盖某些零件的投影，在其他视图上可假想将这些零件拆去不画，当需要说明时，可在其视图上方注出"拆去×××等"字样，如图8-3所示球阀装配图中的左视图。

219

二、沿零件结合面剖切画法

在装配图中，可假想沿某些零件的结合面剖切，此时在零件的结合面上不画剖面线，但被切部分（如螺栓、螺钉等）必须画出剖面线，如图 8-9 所示的左视图中轴、键的断面画出剖面线。

三、假想画法

1）对部件中某些零件的运动范围和极限位置，可用细双点画线画出其轮廓，如图 8-3 所示的俯视图中扳手的另一极限位置。

2）对于与本部件有关但不属于本部件的相邻零、部件，可用细双点画线表示其与本部件的连接关系。

四、夸大画法

对薄片零件、细丝弹簧和微小间隙等，若按其实际尺寸在装配图上很难画出或难以明显表示时，均可不按比例而采用夸大画法，即将薄处加厚，细处加粗，间隙加宽，斜度、锥度加大到较明显的程度。在图形中，厚度、直径不超过 2mm 的被剖切薄、细零件，其剖面线可以涂黑表示，如图 8-8 中垫片的画法。

五、展开画法

在传动机构中，为了表示传动关系及各轴的装配关系，可假想用剖切平面按传动顺序沿它们的轴线剖开，然后将其展开、摊平，画在同一个平面上（平行于某一投影面），如图 8-10 所示。这种展开画法，在表达机床的主轴箱、进给箱及汽车的变速器等较复杂的变速装置时经常使用。

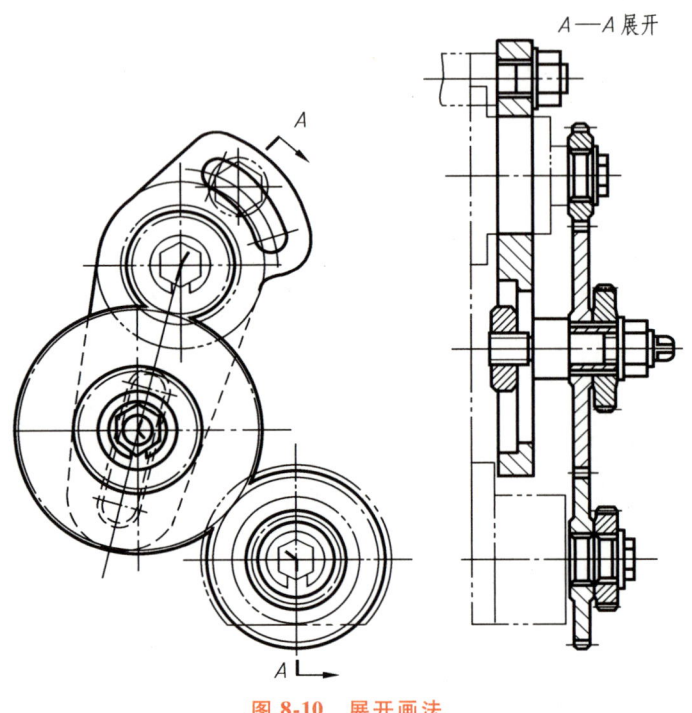

图 8-10　展开画法

六、简化画法

1）对于装配图中若干相同的零件组（如螺栓连接），可仅详细地画出一组或几组，其余只须用细点画线表示装配位置，如图 8-11a、b 所示。

2）零件的某些工艺结构，如圆角、倒角、退刀槽等允许不画。螺栓的头部和螺母也允许按简化画法画出，如图 8-11b 所示。

3）在装配图中，可用粗实线表示带传动中的带，用细点画线表示链传动中的链，如图 8-11c、d 所示。

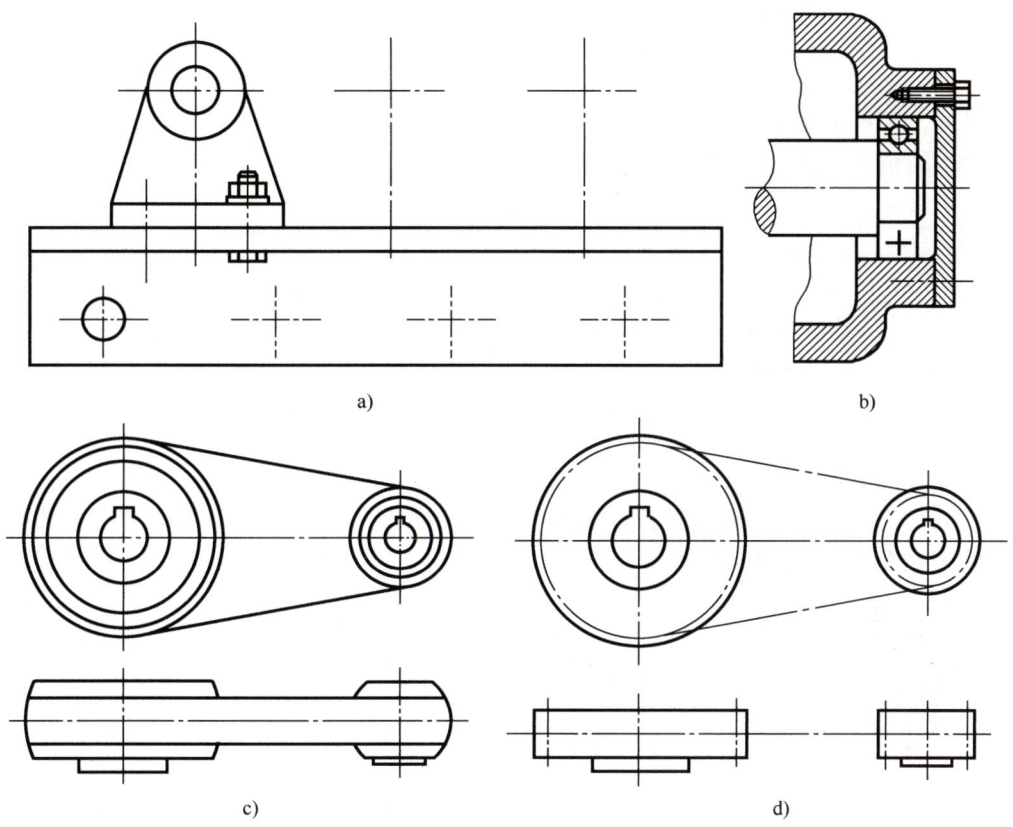

图 8-11 简化画法

七、单独表达某零件

在装配图上，可以单独画出某一零件的视图，但必须在所画视图的上方注出该零件的视图名称，在相应视图的附近用箭头指明投射方向，并注上同样的字母。

知识点 4 常见装配工艺结构

装配结构是否合理，将直接影响部件（或机器）的装配、工作性能，以及检修时拆、装是否方便。因此，下面介绍设计绘图时应考虑的几个装配结构的合理性问题。

34. 常见装配工艺结构

一、接触面的结构

1）轴肩面与孔端面接触时，应将孔边倒角或将轴的根部切槽，以保证轴肩面与孔的端面接触良好，如图 8-12 所示。

2）在同一方向上只能有一组面接触，应尽量避免两组面同时接触。这样，既可保证两

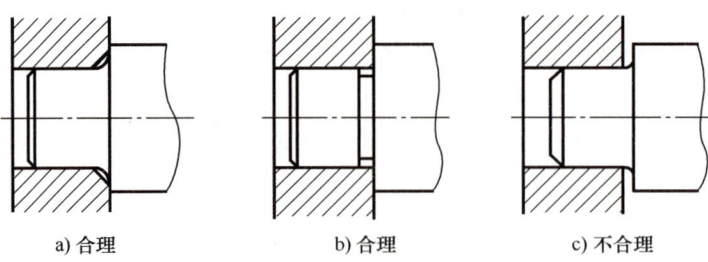

a) 合理　　　　　　b) 合理　　　　　　c) 不合理

图 8-12　孔的端面和轴肩端面的画法

面接触良好，又可降低加工要求。图 8-13a 所示为两平面接触的情况，图 8-13c、e 所示为两圆柱面接触的情况，图 8-13b、d、f 均为错误画法。

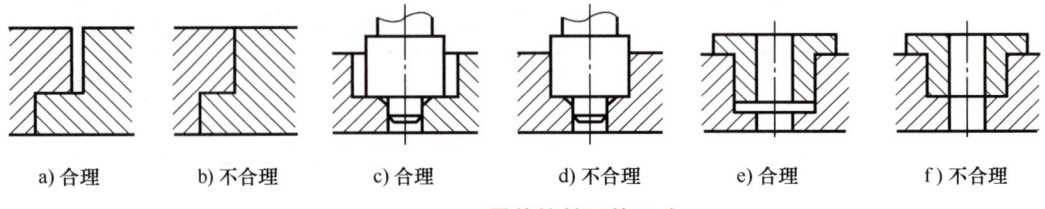

a) 合理　　b) 不合理　　c) 合理　　d) 不合理　　e) 合理　　f) 不合理

图 8-13　两零件接触面的画法

二、零件的紧固与定位

1) 为了紧固零件，可适当加长螺纹尾部，并在螺杆上加工出退刀槽，或在螺孔上加工出凹坑（或倒角），如图 8-14 所示。

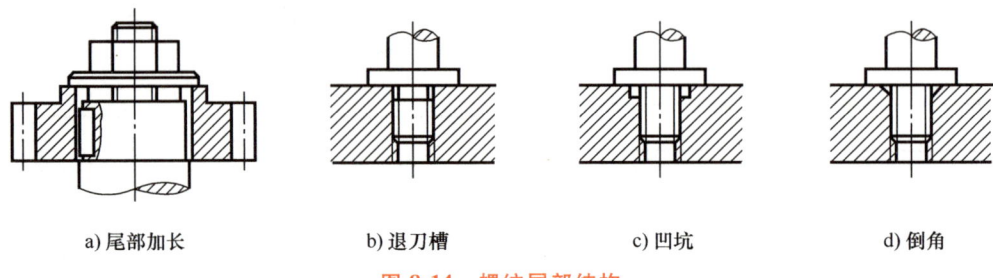

a) 尾部加长　　　　b) 退刀槽　　　　c) 凹坑　　　　d) 倒角

图 8-14　螺纹尾部结构

2) 为了防止滚动轴承在运动中产生窜动，可加工出台肩或使用金属垫片将其内、外圈沿轴向顶紧，如图 8-8 所示。

3) 在螺纹紧固件的连接中，与紧固件接触的平面应制成沉孔或凸台，这样既可以减少加工面积，又能够保证接触良好，如图 8-15 所示。

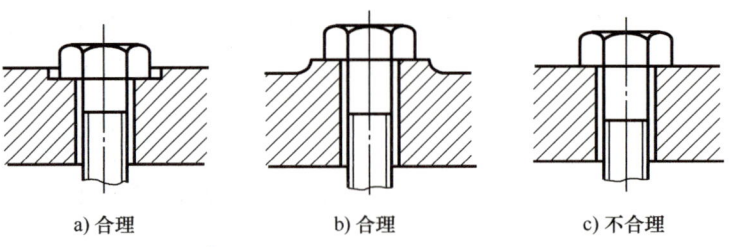

a) 合理　　　　　　b) 合理　　　　　　c) 不合理

图 8-15　螺纹紧固件连接接触面的画法

4）为了防止机器工作时因振动而使螺纹紧固件松脱，常在螺纹紧固件结构中采用双螺母、弹簧垫圈、止动垫圈和开口销等防松装置，如图 8-16 所示。

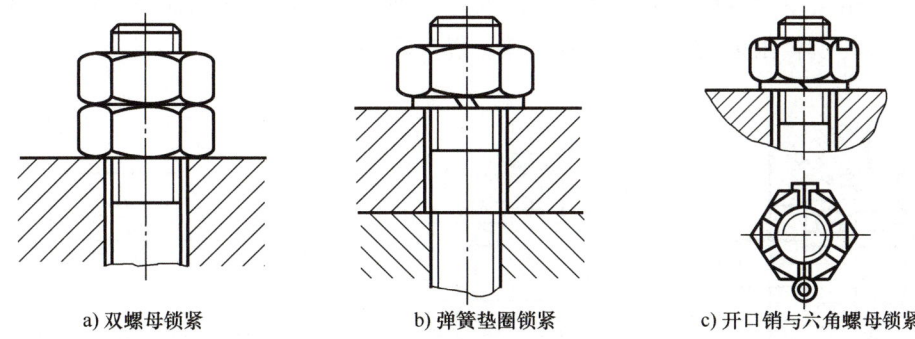

a) 双螺母锁紧　　　　b) 弹簧垫圈锁紧　　　　c) 开口销与六角螺母锁紧

图 8-16　螺纹紧固件的防松结构

5）用螺纹紧固件连接零件时，应留出能够将螺纹紧固件顺利放入螺纹孔中，并使用扳手拧紧该螺纹紧固件的足够空间，否则，零件加工后将无法装配，如图 8-17 所示。

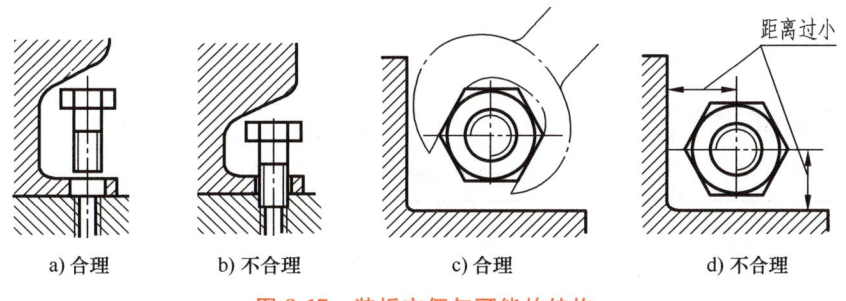

a) 合理　　　　b) 不合理　　　　c) 合理　　　　d) 不合理

图 8-17　装拆方便与可能的结构

6）为了加工销孔和拆卸销方便，在可能的条件下，销孔应钻成通孔，尽可能不要做成盲孔，如图 8-18 所示。

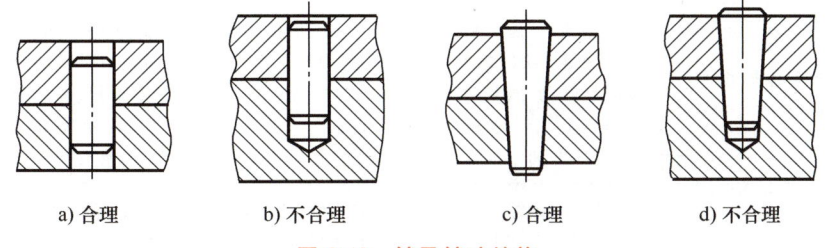

a) 合理　　　　b) 不合理　　　　c) 合理　　　　d) 不合理

图 8-18　销及销孔结构

三、密封结构

为了防止机器、设备内部的气体或液体向外渗漏，防止外界灰尘、水蒸气或其他不洁净物质侵入其内部，常需要考虑密封。密封的结构如图 8-19 所示。

图 8-19a 所示为垫片密封。为防止流体沿零件结合面向外渗漏，常在两零件之间加垫片密封，同时也改善了接触性能。

图 8-19b 所示为密封圈密封，将密封圈（胶圈或毡圈）放在槽内，受压后紧贴机体表面，从而起到密封作用。

图 8-19c 所示为阀门上常见的密封形式（填料密封）。为防止流体沿阀杆与阀体的间隙溢出，在阀体上制有一空腔，并内装有填料，当压紧填料压盖时，就起到了防漏密封作用。

画图时，填料压盖不要画成压紧的极限状态，即与阀体端面之间应留有空隙，以保证将填料压紧。轴与填料压盖之间也应留有间隙，以免转动时发生摩擦。

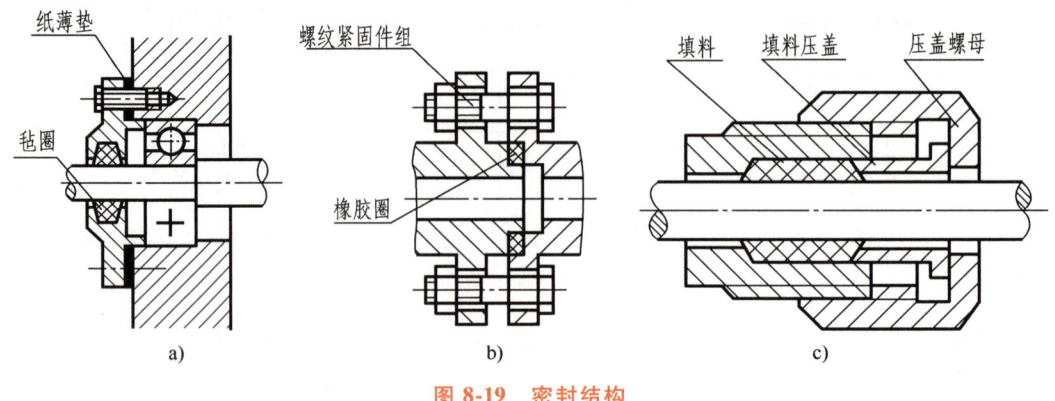

图 8-19 密封结构

【任务实施】

识读齿轮泵装配图的步骤见表 8-1。

表 8-1 识读齿轮泵装配图（图 8-1）的步骤

序号	读图步骤	读图内容
1	概括了解	从标题栏可知，装配体的名称是齿轮泵，是液压系统中不可或缺的动力元件，由 16 个零件组成，绘图比例是 1∶1，根据总体尺寸"160""120""138"大致可以确定实物的大小
2	分析视图	齿轮泵装配图由 3 个基本视图和 1 个向视图来表达。主视图采用全剖视图，反映零件间的装配关系；俯视图表达了齿轮泵的外形和安装结构；左视图采用两个相交的剖切平面剖切及局部剖视图，表达螺纹紧固件的安装位置及吸、压油口的大小；B 向视图采用拆卸画法，表达了齿轮泵的工作原理
3	分析工作原理和传动路线	传动路线为：齿轮泵的传动输入→外齿轮 10→主动齿轮轴 4→从动齿轮轴 15 B 向视图反映部件吸、压油的工作原理。当主动齿轮做逆时针转动时，带动从动齿轮做顺时针转动，随着啮合区右侧的两啮合齿轮的轮齿逐渐脱开，齿间空腔由小变大，形成局部真空，于是油箱里的低压油在大气压的作用下吸入右侧吸油口；随着齿轮的旋转，齿槽中的油液被带到啮合区的左侧，压油口压力增大，油液被挤压而出
4	分析尺寸和技术要求	吸/压油口的螺纹规格、中心高度"90"是性能（规格）尺寸；总长"160"、总宽"120"和总高"138"是外形尺寸；安装孔"4×φ9"及其孔距"90""50"是安装尺寸；两齿轮轴中心距"42±0.025"是重要相对位置尺寸，保证两齿轮轴的正确安装 为使齿轮在轴套内的运转轻便，两齿轮轴与轴套 2 内孔选用具有较大间隙的基孔制间隙配合"φ16H8/f7"；轴套外径与泵体之间选用了基孔制的过渡配合"φ22H7/m6" 在技术要求提出了装配、检验、包装时的要求
5	分析装拆顺序	齿轮泵的安装顺序：先将轴套 2 分别安装在左泵盖 1 和右泵盖 6 的内孔里；用螺钉 16 将左泵盖 1 和泵体密封圈 5 固定到泵体 3 上；分别从右侧插入主动齿轮轴 4 和从动齿轮轴 15 后，再用螺钉 16 将右泵盖 6 组件和泵体密封圈 5 固定到泵体 3 上；用销 7 使左、右端盖在泵体中准确定位；用压盖 9 将填料 8 固定在主动齿轮轴 4 上后用压紧螺母 14 将其锁紧；使用键 13 连接主动齿轮轴 4 和外齿轮 10，最后依次用垫圈 11 和螺母 12 锁紧

【任务评价】

请完成表 8-2 中的学习评价。

表 8-2　任务 1 学习评价检查项目

序号	检查项目	评分标准	结果评估	自评分
1	能否准确地说出装配图所包括的主要内容及其各自的作用	15		
2	能否准确地说出装配图画法的基本规定、特殊规定及简化画法	15		
3	能否准确地说出装配图中零件编号、明细栏及标题栏的基本规定	10		
4	能否辨析装配图中工艺结构的合理性	15		
5	是否能看懂本任务中装配图的各视图	15		
6	是否能看懂本任务中装配图的尺寸标注、技术要求和明细栏等	10		
7	在绘制图形过程中,是否遇到了问题;在解决问题过程中是否提升了查阅资料、沟通交流的能力	20		

【总结回顾】

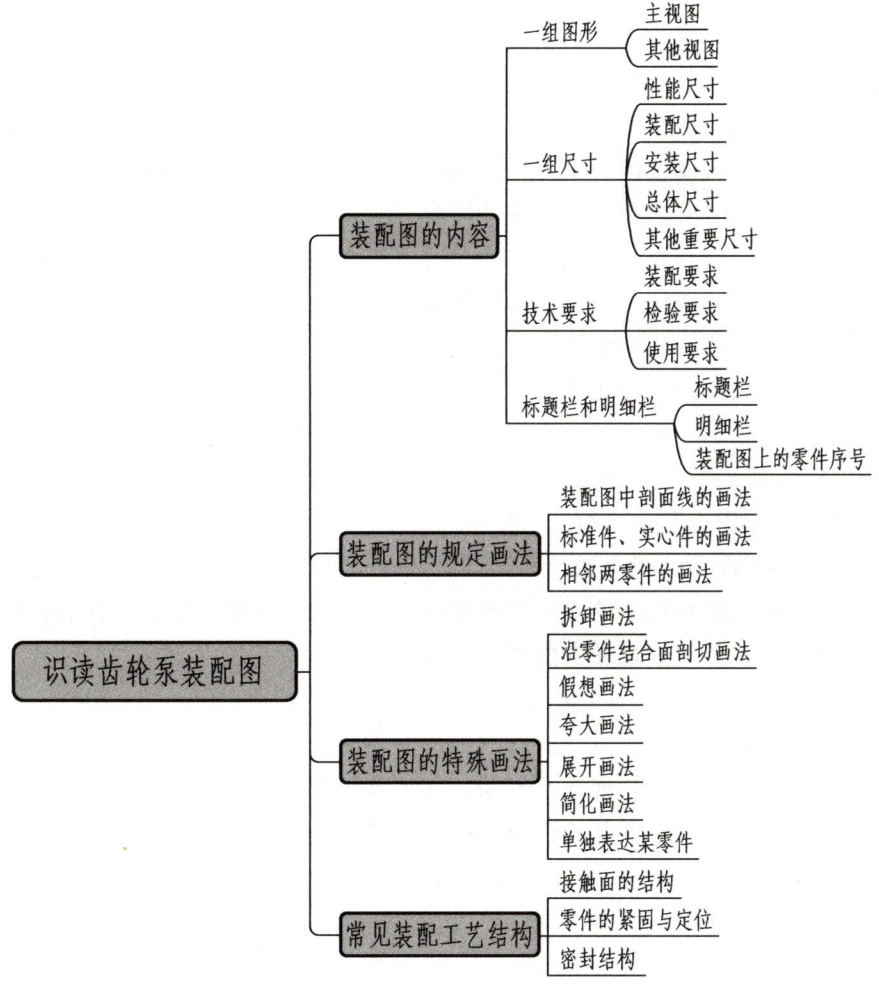

任务 2 识读飞机结构装配图

【任务目标】

【知识目标】
（1）掌握识读一般装配图的方法。
（2）掌握识读飞机结构装配图的方法。

【能力目标】
（1）能够识读一般装配体的装配图。
（2）能够识读飞机结构装配图。

【素质目标】
（1）养成多思勤练的学习习惯。
（2）培养独立思考能力和团队合作精神。

【任务描述】

飞机结构装配图（简称飞机装配图）是飞机图样中应用最广的图样之一。它表达了飞机组合件、部件的装配结构。

由两个以上的零件组成可拆与不可拆的装配件，称为组合件。必要时较大的组合件还可以适当地分成若干个较小的组合件，称为分组合件。

由一定数量的组合件和零件装配而成，具有独立结构、性能和用途的部分，称为部件。部件还可以分成若干个分部件；每个分部件按装配隶属关系还可以分成一、二级。

飞机结构装配图表达的是钣金薄壁结构，这类结构有外形流线、内部紧凑、重量轻而刚度大等特点，所以在图样上的表达方法、技术要求和图样编号等与一般机械装配图样有许多不同的地方。

通过本任务学习，回答下列问题。
1）飞机结构装配图有哪些内容？
2）飞机结构装配图与一般机械装配图样的区别是什么？

识读飞机装配图应具备初步的专业实践基础，对飞机产品的制造、零件和部件有一定的感性认识，同时还应具备识读机械装配图的基础。

【任务分析】

在生产工作中，经常要看装配图。例如，在设计过程中，要按照装配图来设计零件；在装配机器时，要按照装配图来安装零件或部件；在技术交流时，则需要参阅装配图来了解具体结构等。

看装配图的目的是搞清该机器（或部件）的性能、工作原理、装配关系、各零件的主要结构及装拆顺序。

【知识储备】

知识点 1　飞机图样的编号

一、图样的格式和含义

依据 HB 5612.2—1988《基本产品图样管理制度（飞机专业）编号制度》，飞机图样的基本图号由机型代号和组成部分的隶属编号两部分组成。

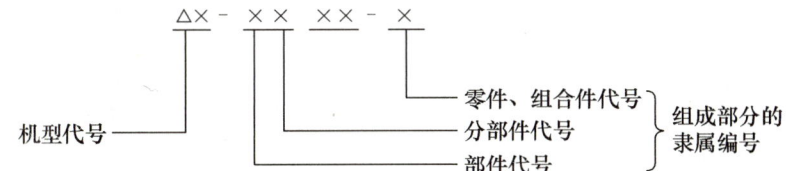

注：△——表示汉语拼音字母。
　　×——表示阿拉伯数字。

例如，教练 8 型飞机一组部件、分部件、组合件和零件的图号：

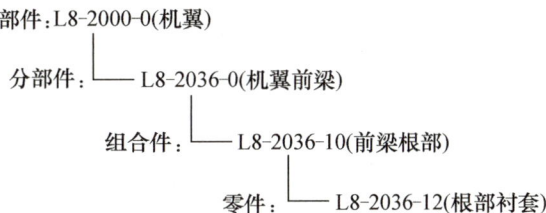

1. 机型代号

表示某一独立机型的代号，由标准统一给定，其中包括机种代号、机种序号和改进、改型代号。

（1）机种代号　按飞机的用途分若干基本机种，见表 8-3。

表 8-3　机种代号

机种	歼击机	强击机	运输机	轰炸机	教练机	直升机	客运机
代号	J	Q	Y	H	L	Z	K

（2）机种序号　机种序号以数字 1、2、3……表示。任一独立机种都用数字编排机种代号，如教练机 L1、L2。

（3）改进、改型代号　改进代号用大写汉语拼音首字母 A、B、C、D、……表示（其中 I、O、X 不用）。改型代号用相应的产品型别代号表示，详情可查询标准 HB 6126—1987《航空主机产品型号命名》。

2. 部件代号

部件代号在产品范围内编定，用航空工业标准统一排定的两位数字表示飞机各组成部分的部件，见表 8-4。其中各部件第一个组号（如 01、10、20、30……）用于该部件的总图。在组成部分的隶属序号中，部件代号以后各数字均必须为 0，以表示其为部件，如 L8—2000—0。

表 8-4　部件代号摘录

部分	部件代号	部件名称	部分	部件代号	部件名称
总体	00	三面图、总体布置图、机外喷漆标记图、水平测量图	操纵系统	58	液压冷气附件
				59	其他
机身	01	总图、机身机翼结合	动力装置	60	总图
	02	机身前段		61	燃油系统
	04	机身中段		62	滑油系统
	06	机身后段		63	冷却、进排气、吸附
	08	机身尾段		64	发动机安装
	09	其他		65	发动机操纵
中翼	10	中翼总图		66	防火、灭火系统
	16	机身机翼整流罩		67	起动助推器
	17	襟翼舱		68	发动机短舱整流罩
	19	其他		69	其他
机翼	20	机翼总图	特设	71~73	电气系统
	25	副翼舱		74	无线电通信
	27	襟翼舱		75	无线电导航、着陆
	28	翼尖		79	其他
	29	其他	军械	80	总图
尾翼	30	尾翼总图		89	其他（信号舱等）
	31	水平安定面	高空防护、地面设备	90	舱内设备
	32	升降舵		91	座椅
	33	方向舵		92	救护设备
	34	垂直安定面		93	座舱盖
	35	副翼		94	空调系统
	36	前缘襟翼		95	防冻、防水系统
	37	后缘襟翼		96	氧气系统
	38	前翼		97	地面设备
	39	其他		98	地面设备
起落装置	40	总图		99	随机工具
	41	主起落架			
	42	前起落架			
	47	尾撑			
	48	起落架舱门、护板			
	49	其他			

注：直升机除外。

3. 分部件代号

分部件代号在所属的部件范围内编定，用两位阿拉伯数字表示，编法有以下两种。

1）一级分部件：从 01~99 连续编排，它们在装配关系上是互相平行的。这种编法适用于同一部件内互相平行的分部件较多且装配层次较少的部分，如飞机的结构部分。

2）二级分部件：即在所属部件范围内，有两级分部件。第一级是用"10"及其整倍数 20……90 编排的分部件号；第二级是在第一级分部件号的个位上用 1~9 编排而得的分部件号，如 11~19，…91~99。第二级分部件隶属于第一级分部件。这种编法适用于同一部件内互相平行的分部件较少且装配层次较多的部分，如飞机的燃油系统、液压系统等。

4. 组合件代号

组合件代号在所属部件或分部件范围内用"10"及其整倍数 20……90 顺序编定，如

L8-2036-10。当组合件范围内又有分组合件时，组合件代号用"100"及其整倍数100，200……900顺序编定，分组合件代号按110，120，……；210，220……顺序编定，分别隶属于组合件代号100和200。组合件代号也都以0结尾。

由上可知，凡属装配件，不论其为部件、分部件或组合件，其代号或序号均应以0结尾。

5. 零件代号

零件代号在所属部件、分部件、组合件或分组合件范围内按顺序编定，不得以0结尾，如L8-2036-12；当代号超过9、19、29……时，应跳过10、20、30……再按顺序编定。

6. 编号示例

一级分部件图样编号示例如图8-20所示。

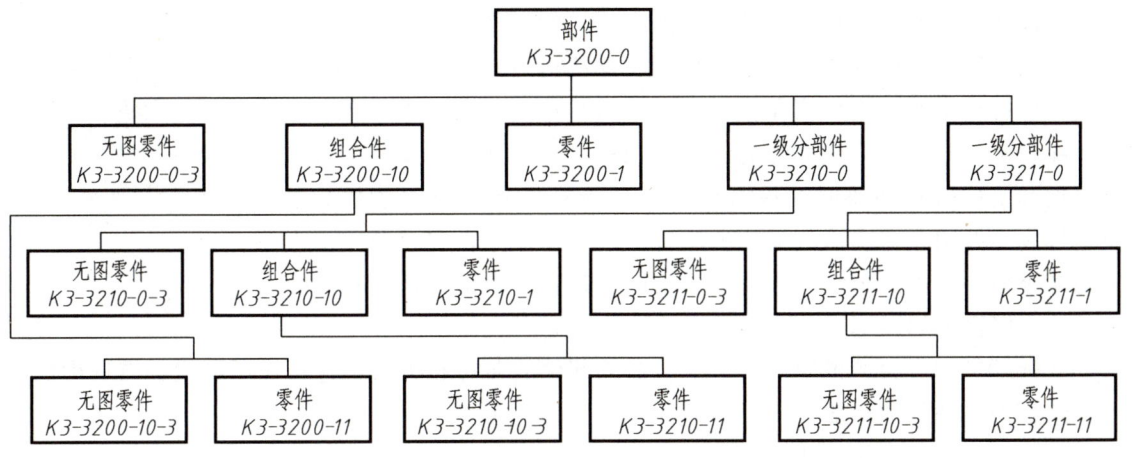

图8-20　一级分部件图样编号

二、表格件代号、无图零件代号与左右件代号

1. 表格件的编号

在基本图号后加斜线和数字代号组成。从"/3"开始，奇数表示右件或不分左右的单件，偶数表示左件。亦允许用文字（左或右字）注明。

示例：表格装配件：△×-0206-10/3（右）；△×-0206-10/4（左）。

　　　表格零件：△×-0206-11/3（右）；△×-0206-11/4（左）。

　　　表格无图零件：△×-0206-10-3/3（右）；△×-0206-10-3/4（左）。

注：在表格件标题栏的"图号"栏内，只标注带斜线的基本图号，而在图上的表格及明细栏中，则应注全编号。

2. 无图零件的编号

在基本图号后加附属序号组成。从"-3"开始，奇数表示右件或不分左右的单件，偶数表示左件。亦允许按顺序编排，用文字注明左右件。

注意：在装配图中标注无图零件时，可省略基本图号，仅将附属序号注在直径为10mm的圆圈内，与之相对称的件号写在圆圈外的右下方，如图8-21所示。

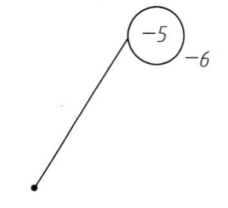

图8-21　标注无图零件示例

3. 对称件的编号

基本图号加附属序号"-1"表示右（上，前）件；"-2"表示左（下，后）件（以顺航向视图判断）。亦允许用文字区分对称件的编号。

示例：△×-0206-10-1 表示右件，或 △×-0206-10（右）；
△×-0206-10-2 表示左件，或 △×-0206-10（左）。

注意：①只有当需要区别对称件否则会引起误解时，才标注附属序号"-1"或"-2"，通常允许省略标注附属序号。

②对称件的编号采用附属序号或用文字区分，在一个单位内只能采用一种方法。

知识点 2　识读装配图的方法和步骤

识读装配图的主要目的是了解机器或部件的工作原理、装配关系及主要零件的结构形状。识读装配图时应特别注意从机器或部件中分离出每一个零件，并分析其主要结构形状和作用，以及同其他零件的关系；然后将各个零件合在一起，分析机器或部件的作用、工作原理及防松、润滑、密封等系统的原理和结构等；必要时还应查阅有关的专业资料，直到读懂该装配体为止。拆画零件图是在读懂装配图的基础上，运用制图的基本知识，将装配体中的某个零件分离后画出，并补充详细结构和有关数据，画成零件图。

35. 识读装配图的方法和步骤

一、概括了解

从标题栏和有关的说明书中了解机器或部件的名称和大致用途；从明细栏和图样中的编号了解机器或部件的组成。

二、对视图进行初步分析

明确装配图的表达方法、投影关系和剖切位置，并结合标注的尺寸，想象主要零件的主要结构形状。

三、分析工作原理和装配关系

在概括了解的基础上，应对照各视图进一步研究机器或部件的工作原理、装配关系，这是看懂装配图的一个重要环节。看图时应先从反映工作原理的视图入手，分析机器或部件中零件的运动情况，从而了解工作原理；然后根据投影规律，从反映装配关系的视图着手，分析各条装配线，弄清零件相互间的配合要求、定位和连接方式等。

四、分析零件结构

对主要的复杂零件要进行投影分析，想象其主要形状及结构，必要时绘制其零件图。

【任务实施】

识读飞机结构装配图的步骤见表 8-5。

表 8-5　识读飞机结构装配图的步骤

序号	读图步骤	读图内容
1	概括了解	飞机组合件、部件的相对位置由飞机上规定的主要基准线和基准面确定,因而研究飞机装配图的视图和尺寸时,必须了解这些基准的位置

（续）

序号	读图步骤	读图内容
1	概括了解	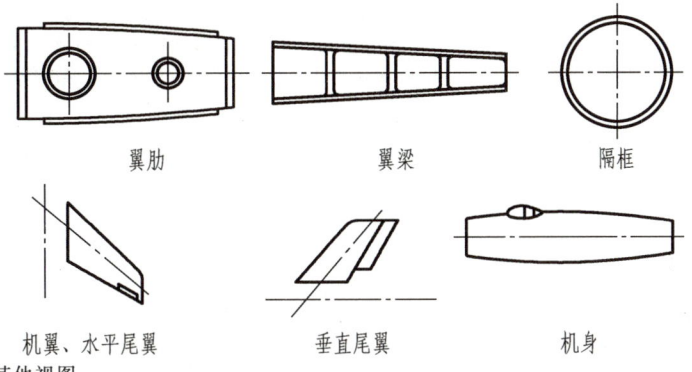
2	分析视图	1）主视图选择 与机械装配图一样，在飞机装配图中主视图应能最清楚地表达装配件的装配关系。主视图的方位应尽量符合有关航向的规定。下图所示为部件和组合件主视图在图样上摆放的位置。为了绘图方便，对后掠机翼和尾翼等部件，允许把梁的轴线沿图长的方向摆放，但应用箭头标明航向 翼肋　　　　翼梁　　　　隔框 机翼、水平尾翼　　垂直尾翼　　机身 2）其他视图 飞机装配件一般装配层次较多（即由两层或多层钣金件装配在一起），重复的结构形状和装配关系也较多，针对这一特点，飞机装配图大量采用局部剖视图和移出剖面图来表达零件的装配层次，并且经常采用局部视图来表达典型的结构形状和装配关系 部件装配图应合理选择视图，布置匀称，排列整齐，格式统一。一般应将基本视图放在首页（当有数页时）的左上部；将向视图、剖视（断面）图、局部放大图等辅助视图按代号顺序从左到右、从上到下依次排列 部件装配图的基本视图应表示出其装配关系。图中应画出必要的结构轴线和各装配件的外廓线。其中蒙皮可用一条粗实线表示，夹层结构用两条粗实线表示，中间衬托的各种型材、板弯件剖面允许不按比例，用简化的示意性画法，如 ⊓⊔ 、 ⌐⌐ 、⎾⎿ 、 ⏋⏌等表示 对于机身侧壁上的构件，如壁板、门、窗框、各种口框（盖）等，其主视图按由内向外投影或展开后形状画出，并标注真实尺寸。如须标注投影尺寸，则应在图中注明 对于机翼、水平尾翼、升降舵等，其主视图按翼弦面的投影画出并标注尺寸。一般为真实尺寸，如须标注投影尺寸，则应在图中注明 同类型的零件和长桁及梁等的位置尺寸，应在部件的基本视图上集中标注，或单独绘制全机或部件的长桁分布图

（续）

序号	读图步骤	读图内容
3	表达特点	飞机装配图在视图表达上，除上述有关主视图和其他视图的特点外，还具有如下特点 1）基准线和相邻部分假想线。在飞机装配图上必须明确画出基准线和基准轴线，而且凡与所示装配件有装配或安装关系的其他相邻部件或组合件，根据需要应用双点画线画出它们的位置并注明相应图号供参考 2）对于机身、机翼等曲面，需要时可按展平后的形状表示和标注尺寸，而在能准确表达的视图上才如实示出 3）互相对称的两装配件按规定允许只画出其中一件的装配图，通常画出右件并注明"右件如图、左件对称"的字样 4）无图零件。飞机装配图中一般包括有图零件和无图零件，对于二者的表达则详略有别。对有图零件，着重表示它们与相邻零件的装配关系。而对无图零件，除表示与相邻零件的装配关系，还应详尽表达其形状、尺寸 5）虚线多。这是飞机装配图的一个显著特点，主要因为飞机装配图中层次多，无图零件多，要表达清楚零件的轮廓范围，不可避免地要用虚线表示被遮挡的轮廓和结构。另外，飞机结构中大量采用标准和非标准型材结构，如各种桁条、支柱、缘条等。为了指出这种零件的弯边方向，画上虚线表达显得清楚，所以在飞机装配图中，即使采用了剖视图、断面图，一般并不略去虚线
4	分析尺寸	飞机装配图必须反映零件装配时的相互尺寸要求，通常应标注如下几种尺寸 1）装配协调尺寸 这类尺寸主要是供装配过程中使用的。它是根据主要基准轴线确定的装配位置。另外，应注出零件间的装配间隙，保证零件的协调尺寸 2）铆接、螺纹连接的定位尺寸 这类尺寸主要表明在装配件上的铆钉、螺钉或螺栓的位置，如边距、中心距、排距等 3）无图零件尺寸 装配图上的无图零件一般按样板制造（在附注中说明），否则应注出全部尺寸，如形状尺寸、总体尺寸。标注时，应尽量从主要基准线注起，以保证协调 4）参考尺寸 这是为了便于生产或工人参考而在图上注出的尺寸。标注时，尺寸数字加括号区别
5	标准代号、零件的代号	1）标准代号 在飞机装配件中采用大量的标准件，如铆钉、螺钉、螺栓、耳片、承力锁等，它们的规格、数量、标准代号等应按规定在装配图上用指引线引出后标注 2. 零件代号 装配图上各个组成部分（零件、组合件）通常不编它们的次序号，而是把它们的代号（图号）用指引线引注在图形的轮廓之外，代号的位置应排列整齐 指引线均用细实线画出，指引线引指部分用黑点作为引出点，如果指引部分是涂黑部分或位置很小时，也可用箭头指向指引部分，指引线尽可能不用折线，如必须曲折，允许曲折一次。指引线一般应指在零件的可见投影上，如因层次过多，必须指在不可见投影上时，允许画出局部封闭的波浪线，露出表示的零件即第二层零件
6	技术要求	飞机装配图的技术要求除了具有机械装配图上的有关内容，还包括关于航向的说明；零件外形、斜角的制造依据；关于无图零件的热处理、表面处理等要求，以及对某些标准结构（下陷、长桁缺口等）的统一规定等
7	标题栏和明细栏	1）标题栏 按规定格式、内容填写，应注意的是：飞机装配图的标题栏内应注明两个代号，一个是本装配件的代号，另一个是本装配件所隶属的装配件的代号，前者隶属于后者 2）明细栏 明细栏一般位于标题栏上方。有图上明细栏和图下明细栏之分，明细栏列在图上的称为图上明细栏；当零件较多或有必要时，亦可按规定格式另附专页列在图下，称为图下明细栏。图上明细栏的顺序应按装配件中零件的类别一律由下往上分类填写；而图下明细栏的顺序则反之，由上往下填写

【任务评价】

请完成表 8-6 中的学习评价。

表 8-6 任务 2 学习评价检查项目

序号	检查项目	评分标准	结果评估	自评分
1	能否准确地说出飞机结构装配图所包括的主要内容及其各自的作用	15		
2	能否准确地说出飞机结构装配图视图的选择方法	15		
3	能否准确地说出飞机结构装配图中的部件代号	10		
4	能否辨析飞机结构装配图左、右件代号	15		
5	是否能看懂飞机结构装配图中的各类代号	15		
6	是否了解飞机结构装配图的尺寸标注、技术要求和明细栏等	10		
7	在绘制图形过程中,是否遇到了问题;在解决问题过程中是否提升了查阅资料、沟通交流的能力	20		

【总结回顾】

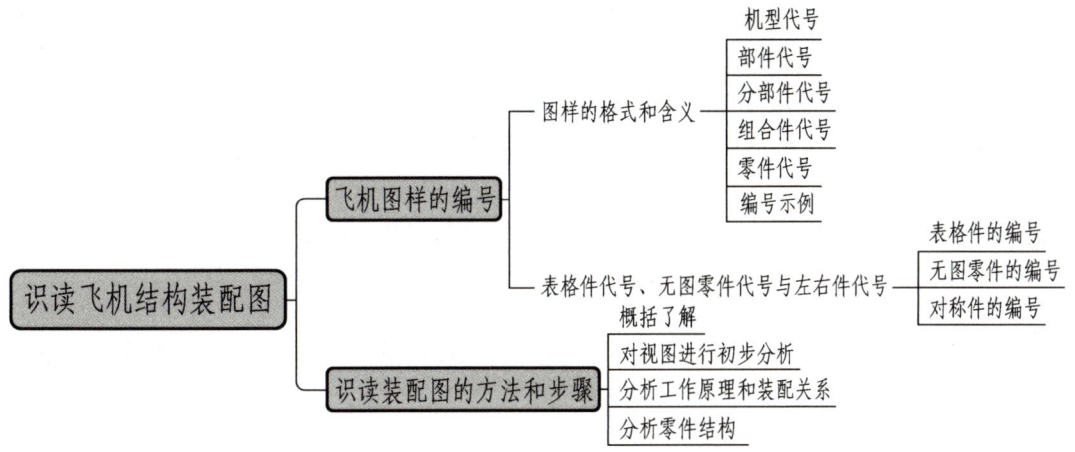

任务 3　拆画齿轮泵零件图

【任务目标】

【知识目标】
(1) 掌握拆画零件图的方法。
(2) 掌握绘制装配图的方法。

【能力目标】
(1) 具备一般装配体的装配图识读能力。
(2) 能够拆画装配图。

【素质目标】
(1) 养成多思勤练的学习作风。
(2) 培养独立思考能力和团队合作精神。

【任务描述】

根据图 8-1 所示齿轮泵装配图,拆画件 3 泵体的零件图。

【任务分析】

在设计新机器时，通常根据使用要求先画出装配图，确定实现其工作性能的主要结构，然后根据装配图再来画零件图。由装配图拆画零件图，简称"拆图"。拆图的过程，也是继续设计零件的过程。

拆画零件图是在读懂装配图的基础上，运用制图的基本知识，将装配体中的某个零件分离后画出，并补充详细结构和有关数据，画成零件图。

【知识储备】

知识点1　由装配图拆画零件图

为了看懂某一零件的结构形状，必须先把这个零件的视图从整个装配图中分离出来，然后想象其结构形状。对于表达不清的地方，要根据整个机器或部件的工作原理进行补充，然后画出其零件图。这种由装配图画出零件图的过程称为拆画零件图。拆画零件图的方法和步骤如下。

36. 由装配图拆画零件图

一、看懂装配图

看懂装配图，将要拆画的零件从整个装配图中分离出来。

二、确定视图表达方案

看懂零件的形状后，要根据零件的结构形状及在装配图中的工作位置或零件的加工位置，重新选择视图，确定表达方案。此时可以参考装配图的表达方案，但要注意不受原装配图的限制。

三、标注尺寸

由于装配图中给出的尺寸较少，而在零件图上则需注出零件各组成部分的全部尺寸，所以很多尺寸是在拆画零件图时才确定的，此时应注意以下几点。

1) 凡是在装配图上已给出的尺寸，在零件图上可直接注出。

2) 某些设计时计算的尺寸（如齿轮啮合的中心距）及查阅标准手册而确定的尺寸（如键槽等尺寸），应按计算所得数据及查表值准确标注，不得圆整。

3) 除上述尺寸外，零件的一般结构尺寸，可按比例从装配图上直接量取，并进行适当圆整。

四、注写技术要求

标注零件各表面粗糙度、几何公差及技术要求时，应结合零件各部分的功能、作用及要求，合理选择精度要求，同时还应使标注数据符合有关标准。有时还可以采用类比法，从其他类似零件的零件图中参照获取。

拆画零件图是一种综合能力训练，它不仅要能看懂装配图，而且还应具备有关的专业知识。随着计算机绘图技术的普及，拆画零件图变得更容易。如果已由计算机绘出机器或部件的装配图，可对被拆画的零件进行复制，然后加以整理，并标注尺寸，即可画出零件图。

【任务实施】

运用制图的基础知识，读懂齿轮泵装配图并拆画泵体零件图，见表8-7。

表 8-7 拆画齿轮泵装配图中的泵体步骤

序号	拆画步骤	拆画内容
1	确定零件的结构形状	根据零件序号 3 和剖面符号可以看出，泵体的投影轮廓分明。从主视图上看，左、右端盖的销孔、螺孔均与泵体贯通；从左视图上看，销孔、螺孔的分布情况很清楚；两个端盖上的连接板、支承板的内部结构和作用又基本相同，据此，可确定泵体的左右端面形状完全相同
2	选择表达方案	经过分析、比较确定，主视图的投射方向应与装配图一致。它既符合该零件的安装位置、工作位置和加工位置，又突出了零件的结构形状特征。主视图采用全剖视，泵体宽度可表达出来；左视图采用局部剖，画出吸/压（进/出）油口结构、外部结构及其内部结构，如阶梯孔、销孔、沉孔等表达得很清楚；俯视图将泵体的对称结构表达出来
3	尺寸标注	除了标注装配图上已给出的尺寸和可直接从装配图上量取的一般尺寸，又确定了几个特殊尺寸 为了保证圆柱销定位的准确性，确定销孔应与泵体同钻铰；确定了螺纹孔、销孔的定位尺寸"R28"和"45°"
4	确定技术要求	有钻铰的孔和有相对运动的孔的表面粗糙度值要求都低，故给出的 Ra 为 1.6mm；其他表面的表面粗糙度值则是按常规给出的 其他技术要求可参考有关同类产品的资料进行注写，并根据装配图上给出的公差带代号查出相应的公差值

拆画完成的泵体零件图如图 8-22 所示。

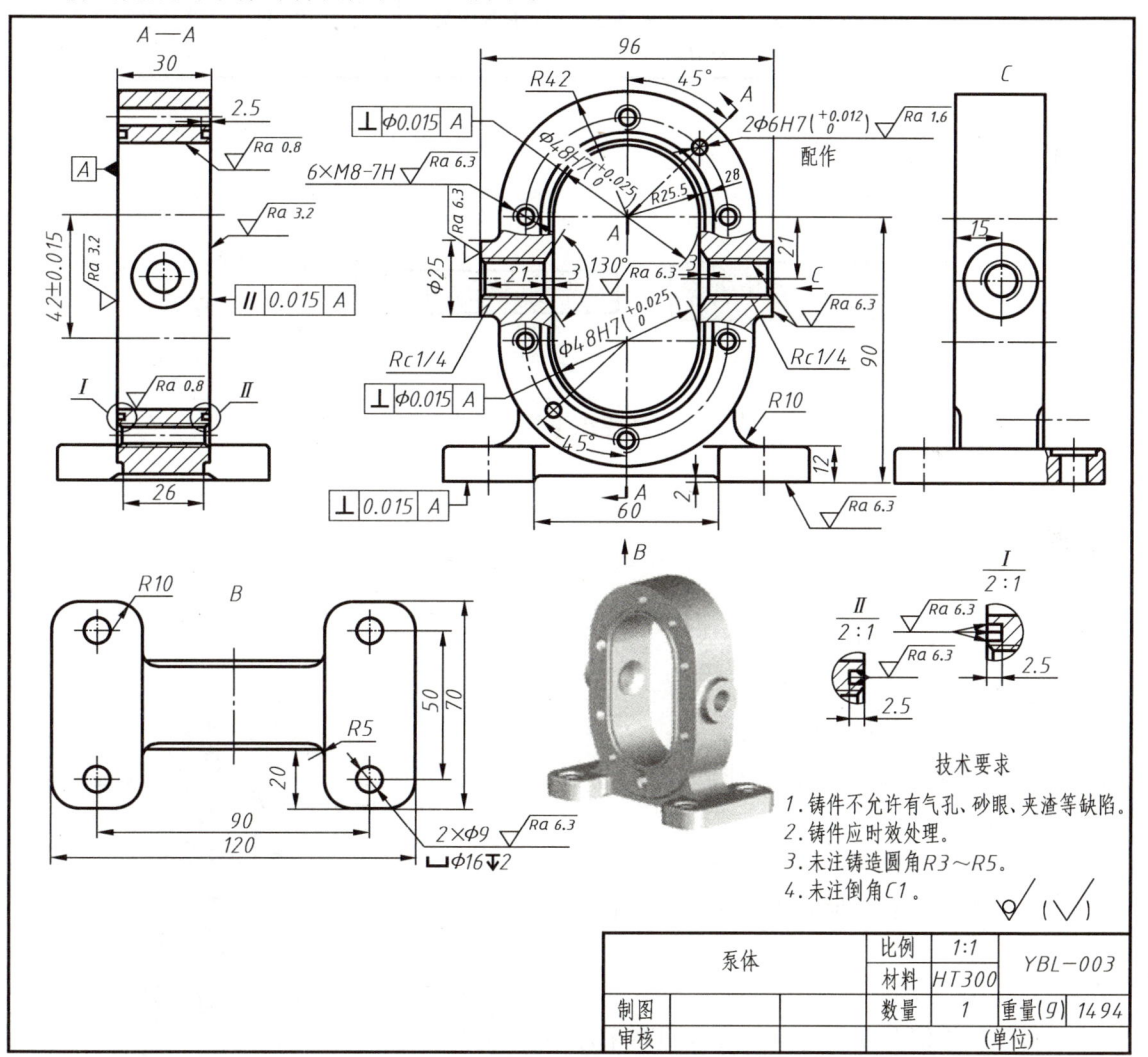

图 8-22 泵体零件图

【任务评价】

请完成表 8-8 中的学习评价。

表 8-8　任务 3 学习评价检查项目

序号	检查项目	评分标准	结果评估	自评分
1	能否准确地说出由装配图拆画零件图的步骤	15		
2	能否根据本任务中的装配图准确说出其各组成零件	15		
3	能否准确地说出各零件在装配图中的装配关系及工作原理	10		
4	在绘制泵体零件图时，图形布局是否合理	15		
5	泵体零件图的绘制是否正确	15		
6	在绘制零件图的过程中，尺寸、表面粗糙度、几何公差等标注是否正确；技术要求是否合理	10		
7	在绘制图形过程中，是否遇到了问题；在解决问题过程中是否提升了查阅资料、沟通交流的能力	20		

【总结回顾】

任务 4　绘制千斤顶装配图

【任务目标】

【知识目标】

掌握装配图的绘制方法。

【能力目标】

（1）具备一般装配图的绘制能力。

（2）能够绘制飞机结构装配图。

【素质目标】

（1）养成多思勤练的学习作风。

（2）培养独立思考能力和团队合作精神。

【任务描述】

在制造和装配大飞机时，工人常用到千斤顶将部件顶起。图 8-23 所示为千斤顶的立体图，请对其零件进行测

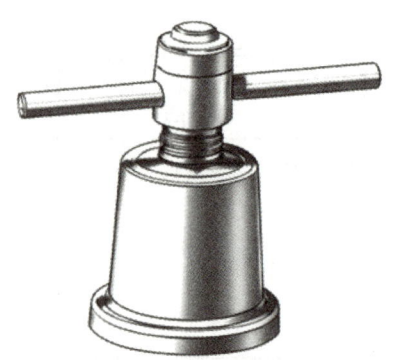

图 8-23　千斤顶立体图

绘，并完成装配图的绘制。

【任务分析】

装配图表达的重点是机器或部件的工作原理、装配关系及主要零件的结构形状，因此，画装配图之前，应对所画部件的功用、工作原理、结构特点、零件之间的装配连接关系有一个充分的了解。

【知识储备】

知识点 1 装配图的视图选择

视图选择的目的是以最少的视图，完整、清晰地表达出机器或部件的装配关系和工作原理。视图选择的一般步骤如下。

一、分析部件

对要绘制的机器或部件的工作原理、装配关系及主要零件的形状、零件与零件之间的相对位置、定位方式等进行深入、细致的分析，从而明确表达内容。

二、确定主视图

主视图的选择应能较好地表达部件的工作原理和主要装配关系，并尽可能按工作位置放置，使主要装配轴线处于水平或垂直位置。

三、确定其他视图

针对主视图还没有表达清楚的装配关系和零件间的相对位置，选用其他视图给予补充（剖视、断面、拆去某些零件等方法均可），其目的是将装配关系表达清楚。

确定机器或部件的表达方案时，可以多设计几套方案，每套方案一般均有优缺点，通过对比分析再选择比较理想的表达方案。

知识点 2 装配图的画图步骤

确定表达方案后就可着手画图，画图时必须遵循以下步骤。

一、选比例、定图幅、布图、绘制零件主体的轮廓线

应尽可能采用 1∶1 的比例，这样有利于想象物体的形状和大小。需要采用放大或缩小的比例时，必须采用国家标准 GB/T 14690—1993《技术制图 比例》推荐的比例。确定比例后，根据表达方案确定图幅。确定图幅和布图时要考虑标题栏和明细栏的大小和位置，然后从零件主体的轮廓线入手绘制。

二、绘制主要零件的轮廓线

把机器或部件中的主要零件的基本轮廓线依次画出。

三、绘制详细结构及其他零件

画完机器主要零件的基本轮廓线之后，可继续绘制详细部件、零件的结构，如螺钉连接、填料、压盖、压紧螺母等。

四、整理图线与填写文本信息

整理加深图线，标注尺寸、编号，填写明细栏和标题栏，写出技术要求，完成全图。

知识点 3　零件的测绘方法

根据现有部件（或机器）画出其装配图和零件图的过程称为部件（或机器）测绘。在新产品设计、引进先进技术及对原有设备进行技术改造和维修时，有时需要对现有的机器或零件、部件进行测绘，画出其装配图、零件图。因此，掌握测绘技术对工程技术人员具有重要意义。

一、零件测绘的方法和步骤

1. 了解和分析零件

了解零件的名称、用途、材料及其在机器或部件中的位置和作用。对零件的结构形状和制造方法进行分析，以便考虑选择零件表达方案和标注尺寸。

2. 确定表达方案

先根据零件的形状特征、加工位置、工作位置等情况选择主视图；再按零件内外结构特点选择其他视图、剖视图、断面图等表达方法。

3. 画零件草图

目测比例，徒手画成的图，称为草图。零件草图是绘制零件图的依据，必要时还可以直接指导生产，因此它必须包括零件图的全部内容。绘制零件草图的步骤如下。

1）布置视图，画出视图的定位线。
2）以目测比例，徒手画出各视图。
3）画剖面线，测量并填写全部尺寸。
4）标注各表面的表面粗糙度代号，确定尺寸公差，填写技术要求和标题栏。

4. 审核草图，根据草图画零件图

零件草图一般是在现场绘制的，受时间和条件所限，有些部分只要表达清楚就可以了，不一定是完善的。因此，画零件图前需对草图的视图表达方案、尺寸标注、技术要求等进行审核，经过补充、修改后，即可根据草图绘制零件图。

二、零件测绘注意事项

零件测绘是一项比较复杂的工作，要认真对待每个环节，测绘时应注意以下几点。

1）对于零件制造过程中产生的缺陷（如铸造时产生的缩孔、裂纹，以及该对称的结构不对称等）和使用过程中造成的磨损、变形等，画草图时应予以纠正。
2）零件上的工艺结构，如倒角、圆角、退刀槽等，虽尺寸小也应完整表达，不可忽略。
3）严格检查尺寸是否遗漏或重复，相关零件尺寸是否协调，以保证零件图、装配图的顺利绘制。
4）对于零件上的标准结构要素（如螺纹、键槽、轮齿等）尺寸，以及与标准件配合或相关联结构（如轴承孔、螺栓孔、销孔等）的尺寸，应将测量结果与标准进行核对，并圆整成标准数值。

【任务实施】

1）测绘各部分零件并绘制零件图，零件图绘制结果如图 8-24 所示。
2）绘制千斤顶装配图，过程见表 8-9。

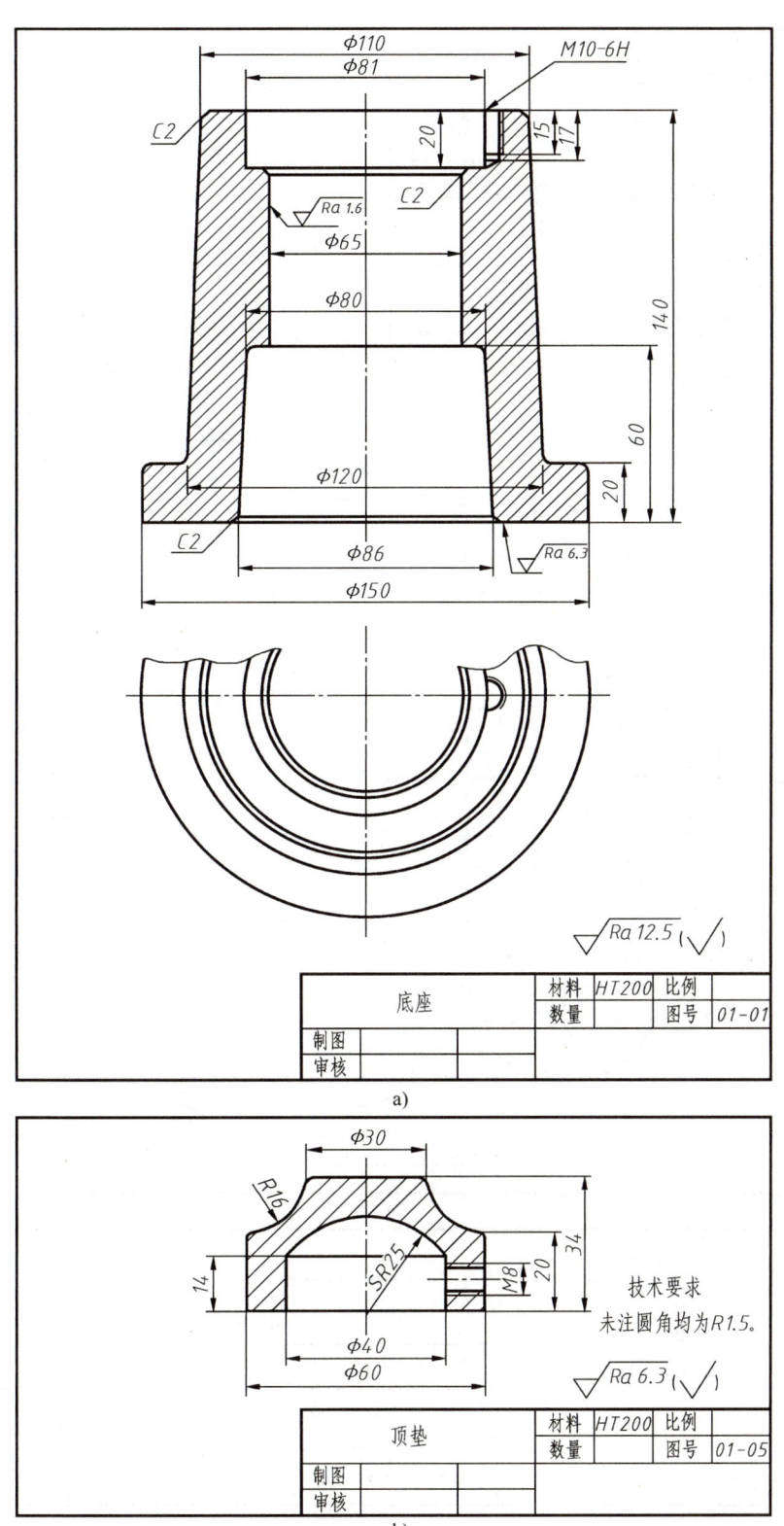

图 8-24 千斤顶各部分零件图

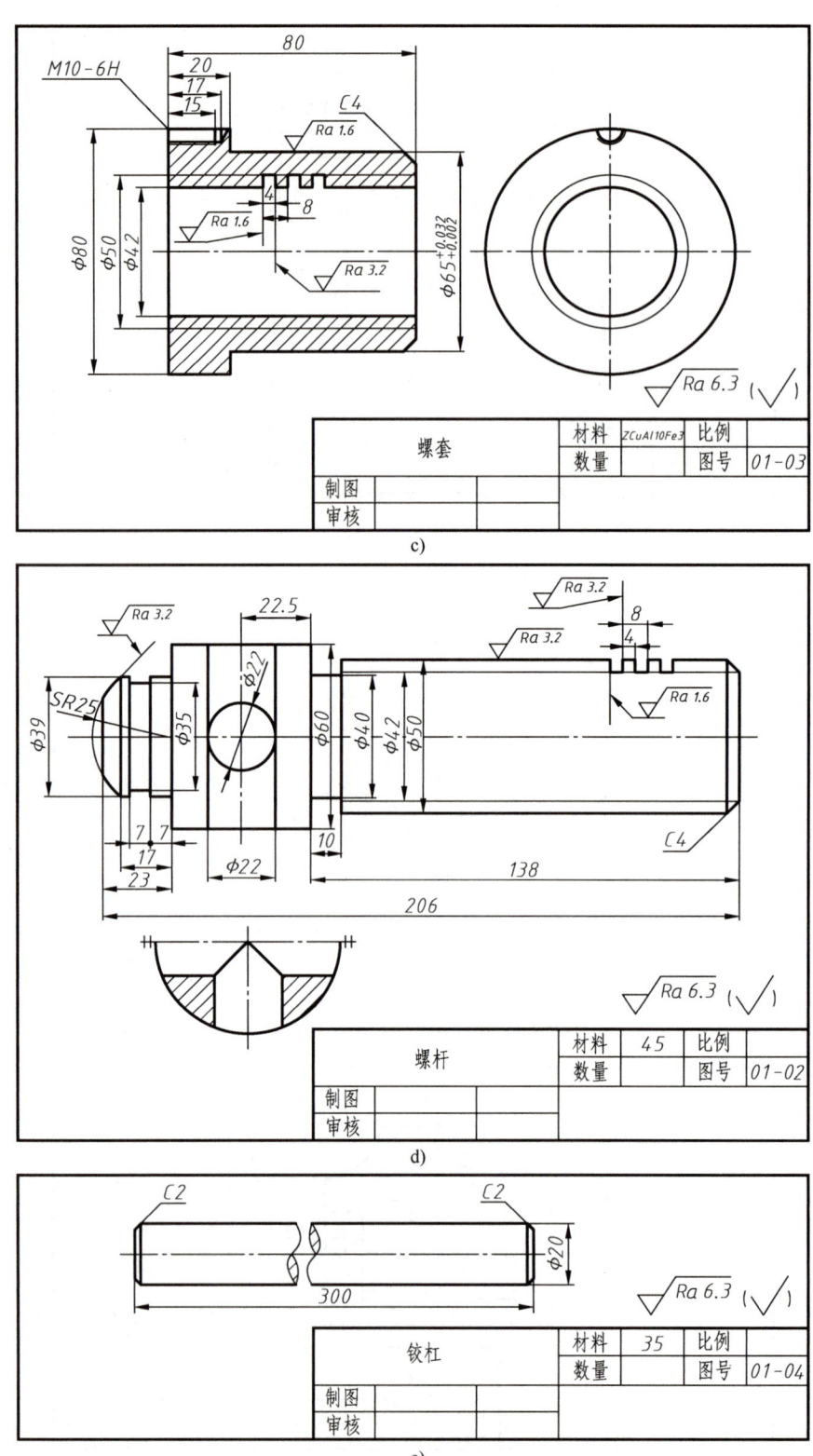

图 8-24 千斤顶各部分零件图（续）

项目8 航空装配图

表 8-9 千斤顶装配图绘制过程

序号	绘制要点	图示
1	定位布局	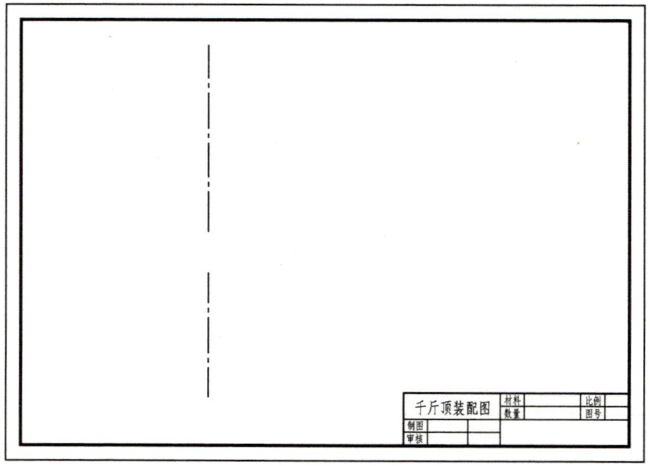
2	逐层画出图形	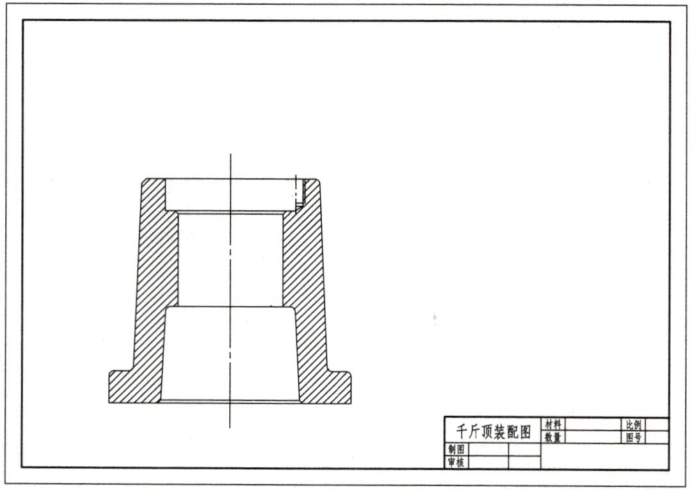 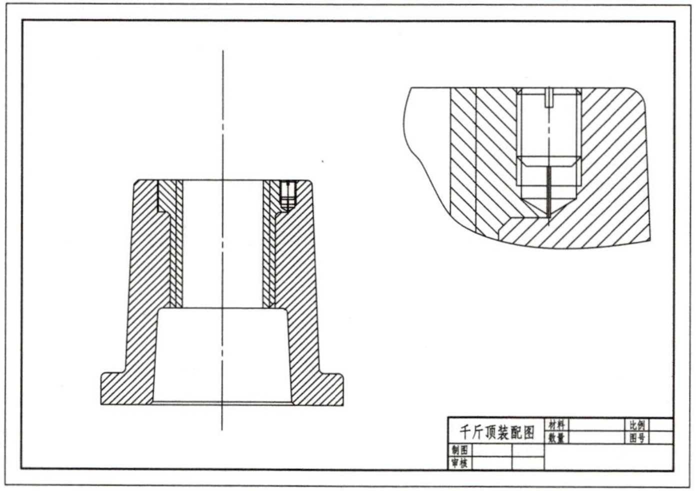

241

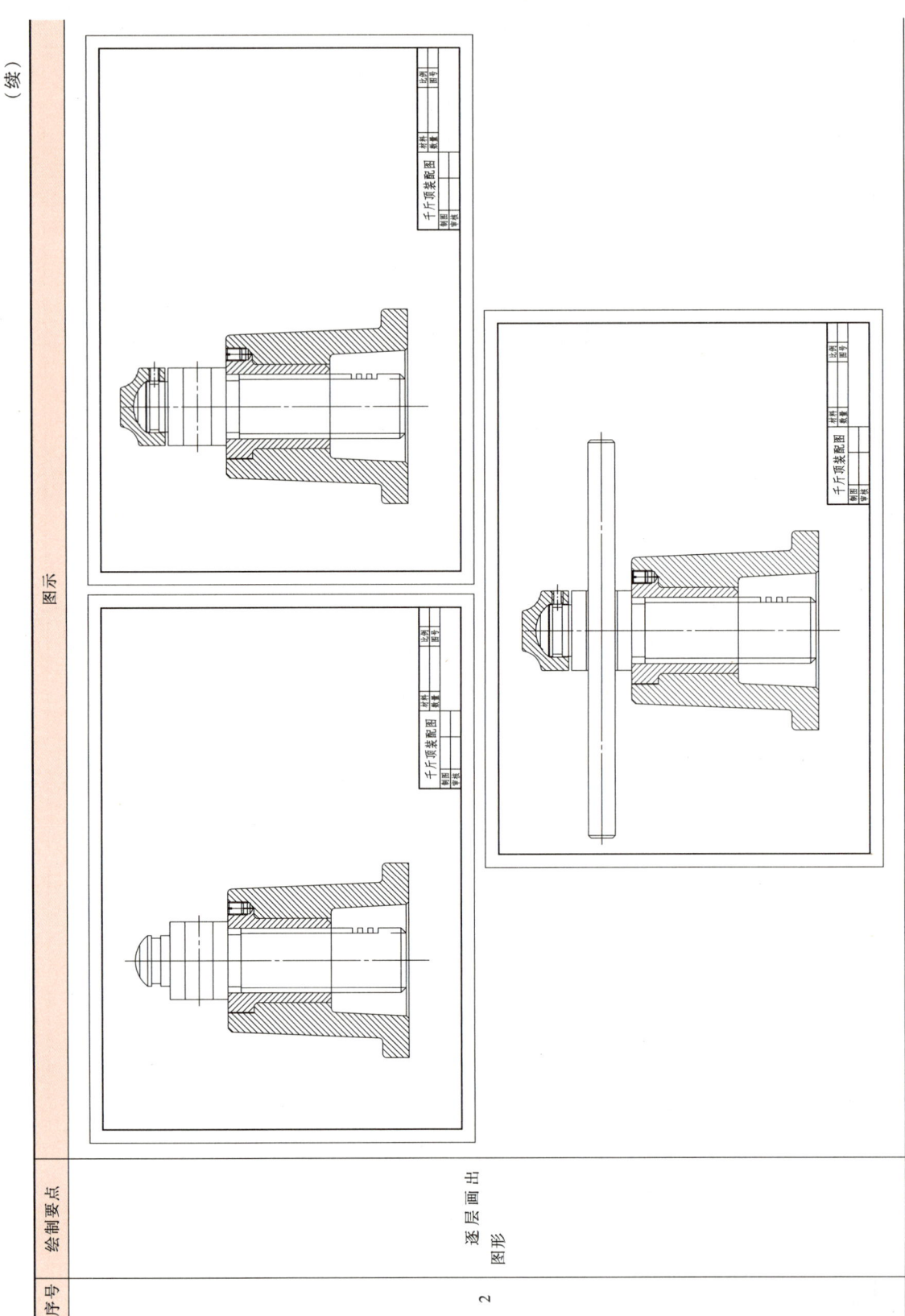

序号	绘制要点	图示
3	标注必要尺寸、编序号，填写标题栏和明细栏	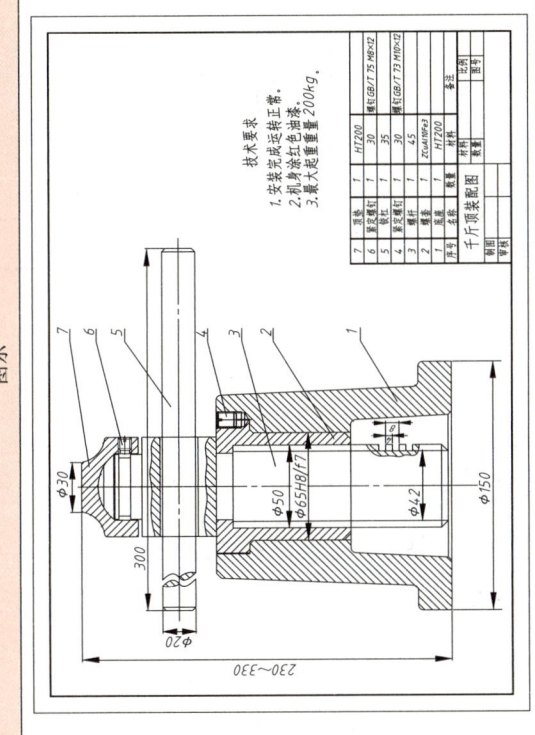
4	检查全图，描粗、清洁，修饰图画	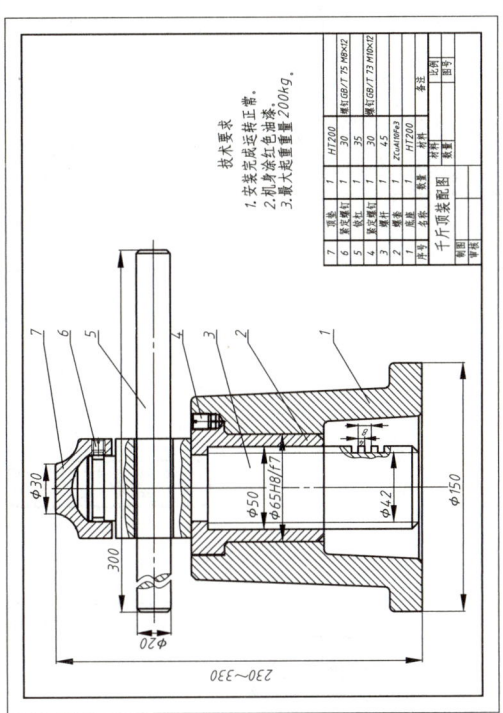

【任务评价】

请完成表 8-10 中的学习评价。

表 8-10　任务 4 学习评价检查项目

序号	检查项目	评分标准	结果评估	自评分
1	能否准确地对千斤顶各零件进行测绘	20		
2	千斤顶各零件图的绘制是否准确	10		
3	能否为千斤顶装配图确定合理的表达方案	10		
4	千斤顶装配图图幅、比例选取是否合理；标题栏、明细栏位置是否合正确	10		
5	千斤顶装配图绘制是否正确	20		
6	千斤顶装配图中零件序号是否规范；尺寸标注是否正确；技术要求是否合理	10		
7	在绘制图形过程中，是否遇到了问题；在解决问题过程中是否提升了查阅资料、沟通交流的能力	20		

【总结回顾】

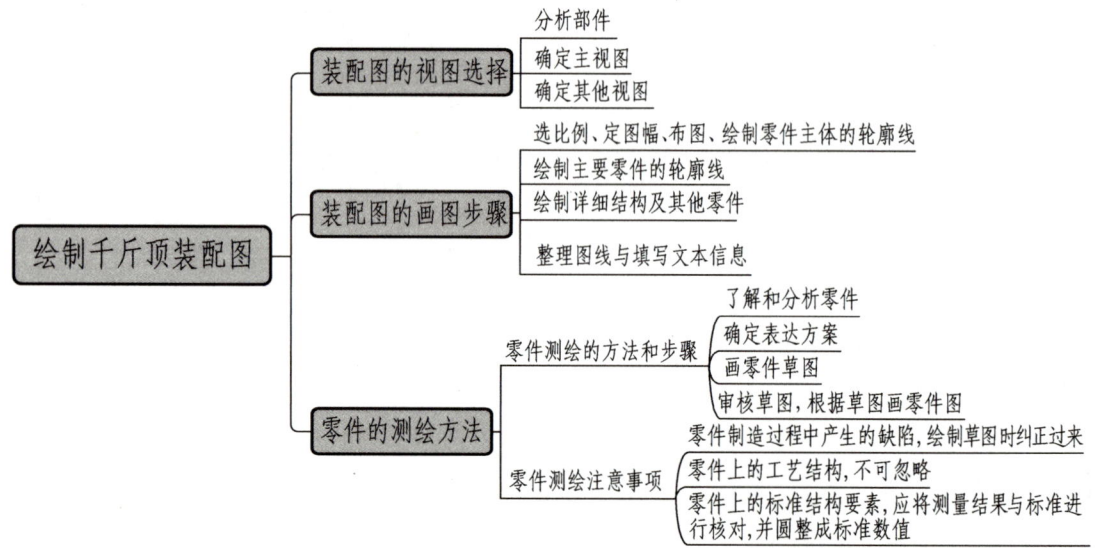

附 录

附录A 普通螺纹直径与螺距（摘自 GB/T 193—2003、GB/T 196—2003）

（单位：mm）

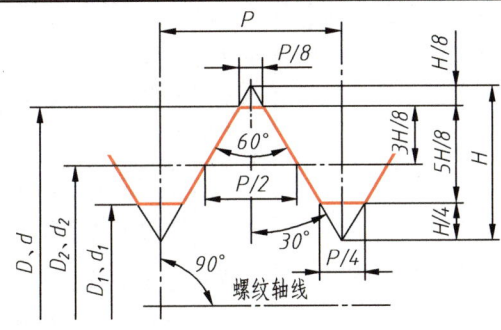

D ——内螺纹的基本大径（公称直径）
d ——外螺纹的基本大径（公称直径）
D_2 ——内螺纹的基本中径
d_2 ——外螺纹的基本中径
D_1 ——内螺纹的基本小径
d_1 ——外螺纹的基本小径
P ——螺距
H ——原始三角形的高度

标注示例：
M24（公称直径为24mm、螺距为3mm的粗牙右旋普通螺纹）
M24×1.5—LH（公称直径为24mm、螺距为1.5mm的细牙左旋普通螺旋）

公称直径 D、d		螺距 P		粗牙中径	粗牙小径
第1系列	第2系列	粗牙	细牙	D_2、d_2	D_1、d_1
3		0.5	0.35	2.675	2.459
	3.5	0.6		3.110	2.850
4		0.7	0.5	3.545	3.242
	4.5	0.75		4.013	3.688
5		0.8		4.480	4.134
6		1	0.75	5.350	4.917
	7			6.350	5.917
8		1.25	1,0.75	7.188	6.647
10		1.5	1.25,1,0.75	9.026	8.376
12		1.75	1.25,1	10.863	10.106
	14	2	1.5,1.25,1	12.701	11.835
16			1.5,1	14.701	13.835
	18	2.5		16.376	15.294
20			2,1.5,1	18.376	17.294
	22			20.376	19.294
24		3		22.051	20.752
	27			25.051	23.752
30		3.5	(3),2,1.5,1	27.727	26.211

注：1. 优先选用第1系列，括号内尺寸尽可能不用，第3系列未列入。
2. M14×1.25仅用于发动机的火花塞。

附录 B 梯形螺纹（摘自 GB/T 5796.3—2022）　　　　　（单位：mm）

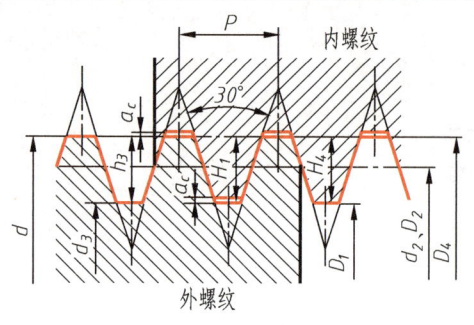

d ——外螺纹基本大径（公称直径）　　H_1 ——螺纹接触高度
d_3 ——外螺纹基本大径　　　　　　　H_4 ——内螺纹牙高
D_4 ——内螺纹基本大径　　　　　　　h_3 ——外螺纹牙高
D_1 ——内螺纹基本小径　　　　　　　$H_4 = h_3 = H_1 + a_c$
d_2 ——外螺纹基本中径
D_2 ——内螺纹基本中径
P ——螺距
a_c ——在大径和小径处的间隙

标记示例：
Tr40×7—7H（单线梯形内螺纹、公称直径 d = 40mm、螺距 P = 7mm、右旋、中径公差带为 7H、中等旋合长度）
Tr60×18(P9)LH—8c—L（双线梯形外螺纹、公称直径 d = 60mm、导程 P_h = 18mm、螺距 P = 9mm、左旋、中径公差带为 8c、长旋合长度）

梯形螺纹的基本尺寸

公称直径(d)			螺距 P	中径 $d_2=D_2$	大径 D_4	小径		公称直径(d)			螺距 P	中径 $d_2=D_2$	大径 D_4	小径	
第1系列	第2系列	第3系列				d_3	D_1	第1系列	第2系列	第3系列				d_3	D_1
8			1.5	7.250	8.300	6.200	6.500	24			3	22.500	24.500	20.500	21.000
											5	21.500	24.500	18.500	19.000
											8	20.000	25.000	15.000	16.000
	9		1.5	8.250	9.300	7.200	7.500		26		3	24.500	26.500	22.500	23.000
			2	8.000	9.500	6.500	7.000				5	23.500	26.500	20.500	21.000
											8	22.000	27.000	17.000	18.000
10			1.5	9.250	10.300	8.200	8.500	28			3	26.500	28.500	24.500	25.000
			2	9.000	10.500	7.500	8.000				5	25.500	28.500	22.500	23.000
											8	24.000	29.000	19.000	20.000
	11		2	10.000	11.500	8.500	9.000		30		3	28.500	30.500	26.500	27.000
			3	9.500	11.500	7.500	8.000				6	27.000	31.000	23.000	24.000
											10	25.000	31.000	19.000	20.000
12			2	11.000	12.500	9.500	10.000	32			3	30.500	32.500	28.500	29.000
			3	10.500	12.500	8.500	9.000				6	29.000	33.000	25.000	26.000
											10	27.000	33.000	21.000	22.000
	14		2	13.000	14.500	11.500	12.000		34		3	32.500	34.500	30.500	31.000
			3	12.500	14.500	10.500	11.000				6	31.000	35.000	27.000	28.000
											10	29.000	35.000	23.000	24.000
16			2	15.000	16.500	13.500	14.000	36			3	34.500	36.500	32.500	33.000
			4	14.000	16.500	11.500	12.000				6	33.000	37.000	29.000	30.000
											10	31.000	37.000	25.000	26.000
	18		2	17.000	18.500	15.500	16.000		38		3	36.500	38.500	34.500	35.000
			4	16.000	18.500	13.500	14.000				7	34.500	39.000	30.000	31.000
											10	33.000	39.000	27.000	28.000
20			2	19.000	20.500	17.500	18.000	40			3	38.500	40.500	36.500	37.000
			4	18.000	20.500	15.500	16.000				7	36.500	41.000	32.000	33.000
											10	35.000	41.000	29.000	30.000
	22		3	20.500	22.500	18.500	19.000		42		3	40.500	42.500	38.500	39.000
			5	19.500	22.500	16.500	17.000				7	38.500	43.000	34.000	35.000
			8	18.000	23.000	13.500	14.000				10	37.000	43.000	31.000	32.000

注：1. 优先选用第 1 系列的直径。
　　2. 表中所列的螺距和直径，是优先选择的螺距及与之对应的直径。

附录 C 六角头螺栓　　　　　　　　　　　　　（单位：mm）

六角头螺栓—A 级和 B 级（摘自 GB/T 5782—2016）
六角头螺栓　细牙—A 级和 B 级（摘自 GB/T 5785—2016）

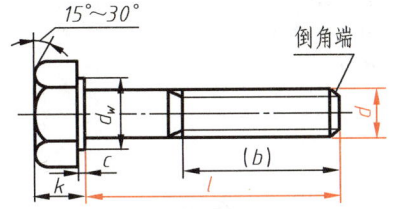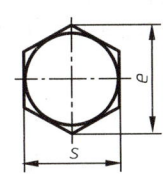

标记示例：
螺栓　GB/T 5782　M12×100
（螺纹规格为 M12、公称长度 l = 100mm、性能等级为 8.8 级、表面不经处理、产品等级为 A 级的六角头螺栓）

六角头螺栓　全螺纹—A 级和 B 级（摘自 GB/T 5783—2016）
六角头螺栓　细牙　全螺纹—A 级和 B 级（摘自 GB/T 5786—2016）

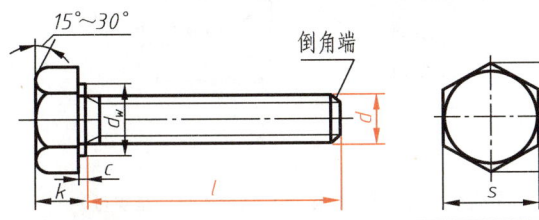

标记示例：
螺栓　GB/T 5786　M12×1.5×80
（螺纹规格为 M12×1.5、公称长度 l = 80mm、细牙螺纹、全螺纹、性能等级为 8.8 级、表面不经处理、产品等级为 A 级的六角头螺栓）

	d	M4	M5	M6	M8	M10	M12	M16	M20	M24	M30	M36	M42	M48
P	GB/T 5782 GB/T 5783	0.7	0.8	1	1.25	1.5	1.75	2	2.5	3	3.5	4	4.5	5
	GB/T 5785 GB/T 5786	—	—	1	1	1.5	1.5	1.5	2	2	3	3	3	3
b 参考	l≤125	14	16	18	22	26	30	38	46	54	66	—	—	—
	125<l≤200	20	22	24	28	32	36	44	52	60	72	84	96	108
	l>200	33	35	37	41	45	49	57	65	73	85	97	109	121
c_{max}		0.4		0.5			0.6			0.8			1.0	
k 公称		2.8	3.5	4	5.3	6.4	7.5	10	12.5	15	18.7	22.5	26	30
s_{max}		7	8	10	13	16	18	24	30	36	46	55	65	75
e_{min}	A	7.66	8.79	11.05	14.38	17.77	20.03	26.75	33.53	39.98	—	—	—	—
	B	7.50	8.63	10.89	14.20	17.59	19.85	26.17	32.95	39.55	50.85	60.79	71.3	82.6
d_{wmin}	A	5.88	6.88	8.88	11.63	14.63	16.63	22.49	28.19	33.61	—	—	—	—
	B	5.74	6.74	8.74	11.47	14.47	16.47	22	27.7	33.25	42.75	51.11	59.95	69.45
l 范围	GB/T 5782	25~40	25~50	30~60	40~80	45~100	50~120	65~160	80~200	90~240	110~300	140~360	160~440	180~480
	GB/T 5785	—	—	—						100~240	120~300			200~480
	GB/T 5783	8~40	10~50	12~60	16~80	20~100	25~120	30~150	40~150	50~150	60~200	70~200	80~200	100~200
	GB/T 5786	—	—	—				35~160		40~200			90~420	100~480
l 系列	GB/T 5782 GB/T 5785	25~65(5 进位),70~160(10 进位),180~480(20 进位)												
	GB/T 5783 GB/T 5786	8,10,12,16,20~65(5 进位),70~160(10 进位),180~480(20 进位)												

注：1. P——螺距。末端按 GB/T 2—2016 规定。
2. 螺纹公差：6g；机械性能等级：8.8。
3. 产品等级：A 级用于 d = 1.6~24mm 和 l≤10d 或 l≤150mm（按较小值）的螺栓；B 级用于 d>24mm 和 l>10d 或 l>150mm（按较小值）的螺栓。

附录 D 六角螺母 （单位：mm）

1 型六角螺母—A 级和 B 级（摘自 GB/T 6170—2015）
1 型六角螺母　细牙—A 级和 B 级（摘自 GB/T 6171—2016）
1 型六角螺母—C 级（摘自 GB/T 41—2016）

允许制造的形式

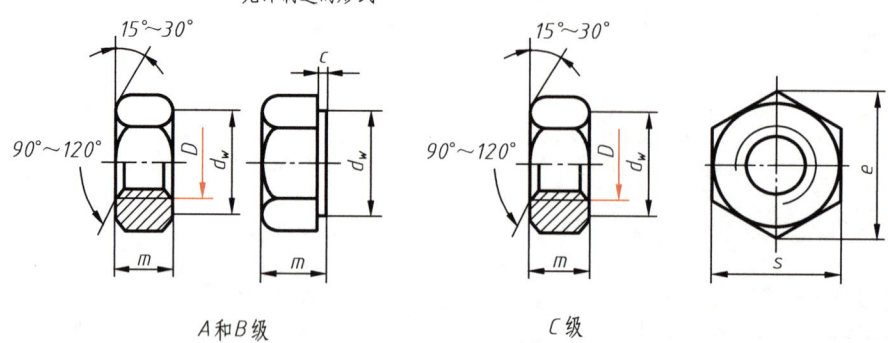

A和B级　　　　C级

标记示例：
螺母　GB/T 41　M12（螺纹规格为 M12、性能等级为 5 级、不经表面处理、产品等级为 C 级的 1 型六角螺母）
螺母　GB/T 6171　M24×2　（螺纹规格为 M24×2、性能等级为 8 级、不经表面处理、产品等级为 B 级的 1 型细牙六角螺母）

D		M5	M6	M8	M10	M12	M16	M20	M24	M30	M36	M42	M48
P	GB/T 6170 GB/T 41	0.8	1	1.25	1.5	1.75	2	2.5	3	3.5	4	4.5	5
	GB/T 6171	—	—	1	1	1.5	1.5	1.5	2	2	3	3	3
c_{max}		0.5	0.5	0.6	0.6	0.6	0.8	0.8	0.8	0.8	0.8	1.0	1.0
s_{min}	A 级和 B 级	7.78	9.78	12.73	15.73	17.73	23.67	29.16	35	45	53.8	63.1	73.1
	C 级	7.64	9.64	12.57	15.57	17.57	23.16	29.16	35	45	53.8	63.1	73.1
e_{min}	A 级和 B 级	8.79	11.05	14.38	17.77	20.03	26.75	32.95	39.55	50.85	60.79	71.3	82.6
	C 级	8.63	10.89	14.2	17.59	19.85	26.17	32.95	39.55	50.85	60.79	71.3	82.6
m_{max}	A 级和 B 级	4.7	5.2	6.8	8.4	10.8	14.8	18	21.5	25.6	31	34	38
	C 级	5.6	6.4	7.9	9.5	12.2	15.9	19	22.3	26.4	31.9	34.9	38.9
d_{wmin}	A 级和 B 级	6.9	8.9	11.6	14.6	16.6	22.5	27.7	33.3	42.8	51.1	60	69.5
	C 级	6.7	8.7	11.5	14.5	16.5	22	27.7	33.3	42.8	51.1	60	69.5

注：1. P——螺距。
2. A 级用于 $D \leqslant 16mm$ 的螺母；B 级用于 $D > 16mm$ 的螺母；C 级用于螺纹规格 M5~M64 的螺母。
3. 螺纹公差：A 级和 B 级为 6H，C 级为 7H，性能等级：A 级和 B 级为 6、8、10 级，C 级为 5 级。
4. A 级和 B 级细牙六角螺母无 M4~M6。

附录 E 双头螺柱（摘自 GB/T 897~900—1988） （单位：mm）

双头螺柱 $b_m = 1d$（GB/T 897—1988）；双头螺柱 $b_m = 1.25d$（GB/T 898—1988）；
双头螺柱 $b_m = 1.5d$（GB/T 899—1988）；双头螺柱 $b_m = 2d$（GB/T 900—1988）；

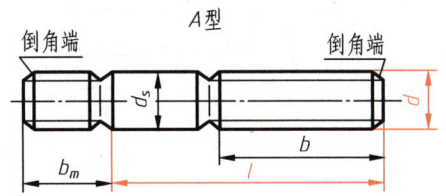
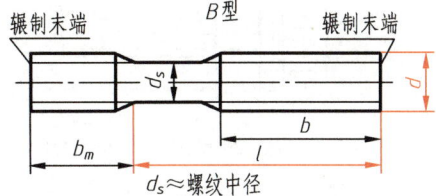

$d_s ≈$ 螺纹中径

标记示例：

螺柱 GB/T 900 M10×50（两端均为粗牙普通螺纹，d = 10mm、l = 50mm、性能等级为 4.8 级、不经表面处理、B 型、$b_m = 2d$ 的双头螺柱）

螺柱 GB/T 900 AM10—M10×1×50（旋入机体一端为粗牙普通螺纹，旋螺母一端为 P = 1mm 的细牙普通螺纹，d = 10mm、l = 50mm、性能等级为 4.8 级、不经表面处理、A 型、$b_m = 2d$ 的双头螺栓）

螺纹规格 d	b_m（旋入机体端长度）				l/b（螺柱长度/旋螺母端长度）*
	GB/T 897	GB/T 898	GB/T 899	GB/T 900	
M4	—	—	6	8	$\frac{16~22}{8}$、$\frac{25~40}{14}$
M5	5	6	8	10	$\frac{16~22}{10}$、$\frac{25~50}{16}$
M6	6	8	10	12	$\frac{20~22}{10}$、$\frac{25~30}{14}$、$\frac{32~75}{18}$
M8	8	10	12	16	$\frac{20~22}{12}$、$\frac{25~30}{16}$、$\frac{32~90}{22}$
M10	10	12	15	20	$\frac{25~28}{14}$、$\frac{30~38}{16}$、$\frac{40~120}{26}$、$\frac{130}{32}$
M12	12	15	18	24	$\frac{25~30}{16}$、$\frac{32~40}{20}$、$\frac{45~120}{30}$、$\frac{130~180}{36}$
M16	16	20	24	32	$\frac{30~38}{20}$、$\frac{40~55}{30}$、$\frac{60~120}{38}$、$\frac{130~200}{44}$
M20	20	25	30	40	$\frac{35~40}{25}$、$\frac{45~65}{35}$、$\frac{70~120}{46}$、$\frac{130~200}{52}$
M24	24	30	36	48	$\frac{45~50}{30}$、$\frac{55~75}{45}$、$\frac{80~120}{54}$、$\frac{130~200}{60}$
M30	30	38	45	60	$\frac{60~65}{40}$、$\frac{70~90}{50}$、$\frac{95~120}{66}$、$\frac{130~200}{72}$、$\frac{210~250}{85}$
M36	36	45	54	72	$\frac{65~75}{45}$、$\frac{80~110}{60}$、$\frac{120}{78}$、$\frac{130~200}{84}$、$\frac{210~300}{97}$
M42	42	52	63	84	$\frac{70~80}{50}$、$\frac{85~110}{70}$、$\frac{120}{90}$、$\frac{130~200}{96}$、$\frac{210~300}{109}$
M48	48	60	72	96	$\frac{80~90}{60}$、$\frac{95~110}{80}$、$\frac{120}{102}$、$\frac{130~200}{108}$、$\frac{210~300}{121}$
l 系列	12,(14),16,(18),20,(22),25,(28),30,(32),35,(38),40,45,50,(55),60,(65),70,(75),80,(85),90,(95),100~260(10 进位),280,300				

注：1. 尽可能不采用括号内的规格。

2. $b_m = 1d$，一般用于钢对钢；$b_m = (1.25~1.5)d$，一般用于钢对铸铁；$b_m = 2d$，一般用于钢对铝合金。

3. *表示 l/b 数据摘自 GB/T 899—1988，其他 l/b 数据请参考 GB/T 897—1988、GB/T 898—1988、GB/T 900—1988。

附录 F　螺钉（一）　　　　　　　　　　（单位：mm）

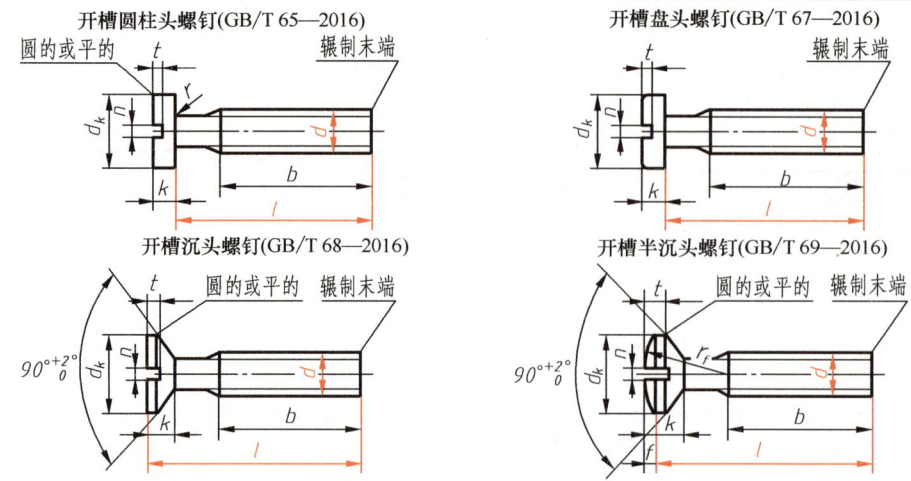

（无螺纹部分杆径约等于中径或允许等于螺纹大径）

标记示例：
螺钉 GB/T 67　M5×20（螺纹规格为 M5、公称长度 $l=20$mm、性能等级为 4.8 级、表面不经处理的 A 级开槽盘头螺钉）

螺钉规格 d	P	b_{min}	$n_{公称}$	k_{max}			$d_{k\,max}$			t_{min}				l 范围				全螺纹时最大长度		
				Ⅰ	Ⅱ	Ⅲ Ⅳ	Ⅰ	Ⅱ	Ⅲ Ⅳ	Ⅰ	Ⅱ	Ⅲ	Ⅳ	Ⅰ	Ⅱ	Ⅲ	Ⅳ	Ⅰ	Ⅱ	Ⅲ Ⅳ
M2	0.4	25	0.5	1.4	1.3	1.2	3.8	4	3.8	0.6	0.5	0.4	0.8	3~20	2.5~20	3~20		30		
M3	0.5		0.8	2	1.8	1.65	5.5	5.6	5.5	0.85	0.7	0.6	1.2	4~30	4~30	5~30				
M4	0.7		1.2	2.6	2.4	2.7	7	8	8.4	1.1	1	1	1.6	5~40	5~40	6~40				
M5	0.8			3.3	3		8.5	9.5	9.3	1.3	1.2	1.1	2	6~50	6~50	8~50				
M6	1	38	1.6	3.9	3.6	3.3	10	12	11.3	1.6	1.4	1.2	2.4	8~60				40	40	45
M8	1.25		2	5	4.8	4.65	13	16	15.8	2	1.9	1.8	3.2	10~80						
M10	1.5		2.5	6	6	5	16	20	18.3	2.4	2.4	2	3.8	12~80						
l 系列	2,2.5,3,4,5,6,8,10,12,(14),16,20~50(5 进位),(55),60,(65),70,(75),80																			

注：1. 螺纹公差：6g；机械性能等级：4.8、5.8；产品等级：A。
　　2. Ⅰ表示 GB/T 65—2016，Ⅱ表示 GB/T 67—2016，Ⅲ表示 GB/T 68—2016，Ⅳ表示 GB/T 69—2016。

附录 G　螺钉（二）　　　　　　　　　　（单位：mm）

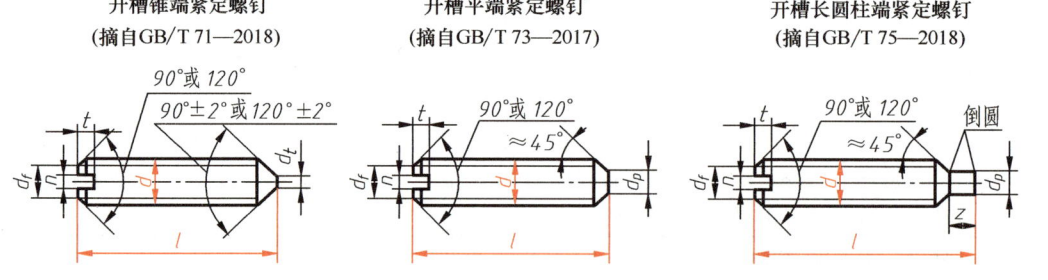

标记示例：螺钉　GB/T 71　M5×12（螺纹规格为 M5、公称长度 $l=12$mm、钢制、硬度等级为 14H 级、表面不经处理、产品等级 A 级的开槽锥端紧定螺钉）

(续)

螺纹规格 d	P	$d_f \approx$	$d_{t\,max}$	$d_{p\,max}$	公称 n	t_{max}	l 范围 GB/T 71	l 范围 GB/T 73	l 范围 GB/T 75
M2	0.4	螺纹小径	0.2	1	0.25	0.84	3~10	2~10	3~10
M3	0.5		0.3	2	0.4	1.05	4~16	3~16	5~16
M4	0.7		0.4	2.5	0.6	1.42	6~20	4~20	6~20
M5	0.8		0.5	3.5	0.8	1.63	8~25	5~25	8~25
M6	1		1.5	4	1	2	8~30	6~30	8~30
M8	1.25		2	5.5	1.2	2.5	10~40	8~40	10~40
M10	1.5		2.5	7	1.6	3	12~50	10~50	12~50
M12	1.75		3	8.5	2	3.6	14~60	12~60	14~60
l 系列	2,2.5,3,4,5,6,8,10,12,(14),16,20,25,30,35,40,45,50,55,60									

注：螺纹公差为 6g，机械性能等级为 14H、22H，产品等级为 A 级。

附录 H 垫圈

（单位：mm）

小垫圈—A 级（摘自 GB/T 848—2002），平垫圈—A 级（摘自 GB/T 97.1—2002）
平垫圈 倒角型—A 级（摘自 GB/T 97.2—2002），平垫圈—C 级（摘自 GB/T 95—2002）
大垫圈—A 级（摘自 GB/T 96.1—2002），特大垫圈—C 级（摘自 GB/T 5287—2002）

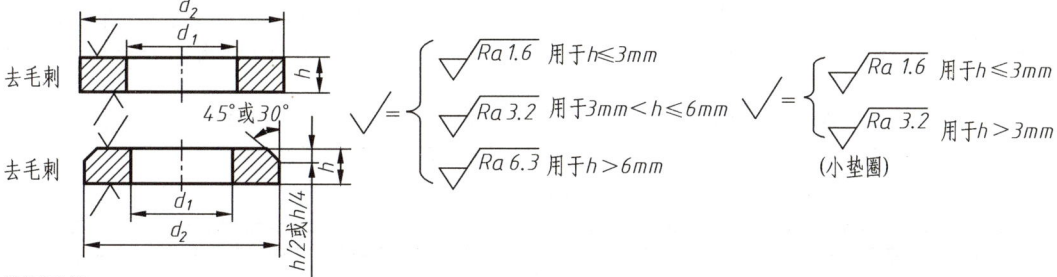

标记示例：
垫圈 GB/T 97.1 8（标准系列、公称规格为 8mm、由钢制造的硬度等级为 200HV 级、不经表面处理、产品等级为 A 级的平垫圈）

	公称规格（螺纹大径）d	1.6	2	2.5	3	4	5	6	8	10	12	16	20	24	30	36
d_{1min}	GB/T 848	1.7	2.2	2.7	3.2	4.3	5.3	6.4	8.4	10.5	13	17	21	25	31	37
	GB/T 97.1						5.3	6.4	8.4	10.5	13	17	21	25	31	37
	GB/T 97.2	—	—	—	—	—	5.3	6.4	8.4	10.5	13	17	21	25	31	37
	GB/T 95	1.8	2.4	2.9	3.4	4.5	5.5	6.6	9	11	13.5	17.5	22	26	33	39
	GB/T 96.1	—	—	—	3.2	4.3	5.3	6.4	8.4	10.5	13	17	21	25	33	39
	GB/T 5287	—	—	—	—	—	5.5	6.6	9	11	13.5	17.5	22	26	33	39
d_{2max}	GB/T 848	3.5	4.5	5	6	8	9	11	15	18	20	28	34	39	50	60
	GB/T 97.1	4	5	6	7	9	10	12	16	20	24	30	37	44	56	66
	GB/T 97.2	—	—	—	—	—	10	12	16	20	24	30	37	44	56	66
	GB/T 95	4	5	6	7	9	10	12	16	20	24	30	37	44	56	66
	GB/T 96.1	—	—	—	9	12	15	18	24	30	37	50	60	72	92	110
	GB/T 5287	—	—	—	—	—	18	22	28	34	44	56	72	85	105	125
h	GB/T 848	0.3	0.3	0.5	0.5	0.5	1	1.6	1.6	1.6	2	2.5	3	4	4	5
	GB/T 97.1					0.8	1	1.6	1.6	2	2.5	3	3	4	4	5
	GB/T 97.2	—	—	—	—	—	1	1.6	1.6	2	2.5	3	3	4	4	5
	GB/T 95	0.3	0.3	0.5	0.5	0.8	1	1.6	1.6	2	2.5	3	3	4	4	5
	GB/T 96.1	—	—	—	0.8	1	1	1.6	2	2.5	3	3	4	4	6	8
	GB/T 5287	—	—	—	—	—	2	2	3	3	4	5	6	6	6	8

注：1. A 级适用于精装配系列，C 级适用于中等装配系列。
2. C 级垫圈没有 $Ra3.2\mu m$、$Ra1.6\mu m$、$Ra6.3\mu m$ 的表面粗糙度要求。
3. GB/T 848—2002 主要用于圆柱头螺钉，其他用于标准的六角螺栓、螺母和螺钉。

附录 I 弹簧垫圈 （单位：mm）

标准型弹簧垫圈
（摘自GB/T 93—1987）

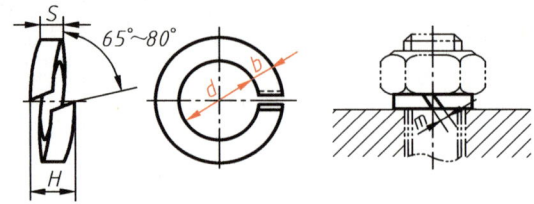

标记示例：
垫圈 GB/T 93 10（规格 10mm、材料为 65Mn、表面氧化的标准型弹簧垫圈）

规格（螺纹大径）	4	5	6	8	10	12	16	20	24	30	36	42	48
d_{min}	4.1	5.1	6.1	8.1	10.2	12.2	16.2	20.2	24.5	30.5	36.5	42.5	48.5
$S(b)$ 公称	1.1	1.3	1.6	2.1	2.6	3.1	4.1	5	6	7.5	9	10.5	12
$m \leq$	0.55	0.65	0.8	1.05	1.3	1.55	2.05	2.5	3	3.75	4.5	5.25	6
H_{max}	2.75	3.25	4	5.25	6.5	7.75	10.25	12.5	15	18.75	22.5	26.25	30

注：m 应大于零。

附录 J 普通平键的尺寸与公差（摘自 GB/T 1096—2003） （单位：mm）

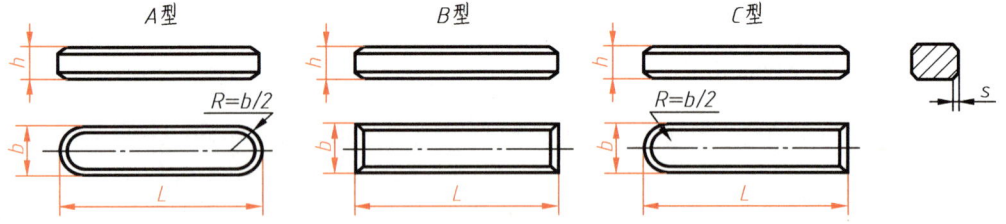

标记示例：
GB/T 1096 键 16×10×100（宽度 b = 16mm、高度 h = 10mm、长度 L = 100mm 的 A 型圆头普通平键）
GB/T 1096 键 B 16×10×100（宽度 b = 16mm、高度 h = 10mm、长度 L = 100mm 的 B 型平头普通平键）
GB/T 1096 键 C 16×10×100（宽度 b = 16mm、高度 h = 10mm、长度 L = 100mm 的 C 型单圆头普通平键）

宽度 b		基本尺寸	2	3	4	5	6	8	10	12	14	16	18	20	22
		极限偏差（h8）	0 -0.014		0 -0.018			0 -0.022			0 -0.027			0 -0.033	
高度 h		基本尺寸	2	3	4	5	6	7	8	8	9	10	11	12	14
	极限偏差	矩形（h11）							0 -0.090				0 -0.110		
		方形（h8）	0 -0.014		0 -0.018			—							
倒角或圆角 s			0.16~0.25			0.25~0.40				0.40~0.60			0.60~0.80		
L 的基本尺寸范围			6~20	6~36	8~45	10~56	14~70	18~90	22~110	28~140	36~160	45~180	50~200	56~220	63~250

注：L 系列包括 6~22（2 进位），25，28，32，36，40，45，50，56，63，70，80，90，100，110，125，140，160，180，200，220，250。

附录 K 平键键槽的剖面尺寸（摘自 GB/T 1095—2003） （单位：mm）

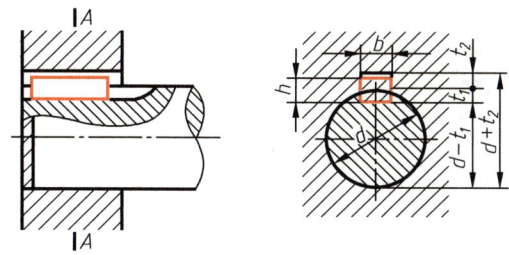

轴的公称直径 d（推荐值）	键尺寸 $b \times h$	键槽									
		宽度 b						深度			
		基本尺寸	极限偏差					轴 t_1		毂 t_2	
			正常连接		紧密连接	松连接		基本尺寸	极限偏差	基本尺寸	极限偏差
			轴 N9	毂 JS9	轴和毂 P9	轴 H9	毂 D10				
>6~8	2×2	2	−0.004 −0.029	±0.0125	−0.006 −0.031	+0.025 0	+0.060 +0.020	1.2	+0.1 0	1.0	+0.1 0
>8~10	3×3	3						1.8		1.4	
>10~12	4×4	4	0 −0.030	±0.015	−0.012 −0.042	+0.030 0	+0.078 +0.030	2.5		1.8	
>12~17	5×5	5						3.0		2.3	
>17~22	6×6	6						3.5		2.8	
>22~30	8×7	8	0 −0.036	±0.018	−0.015 −0.051	+0.036 0	+0.098 +0.040	4.0		3.3	
>30~38	10×8	10						5.0		3.3	
>38~44	12×8	12	0 −0.043	±0.0215	−0.018 −0.061	+0.043 0	+0.120 +0.050	5.0		3.3	
>44~50	14×9	14						5.5		3.8	
>50~58	16×10	16						6.0	+0.2 0	4.3	+0.2 0
>58~65	18×11	18						7.0		4.4	
>65~75	20×12	20	0 −0.052	±0.026	−0.022 −0.074	+0.052 0	+0.149 +0.065	7.5		4.9	
>75~85	22×14	22						9.0		5.4	
>85~95	25×14	25						9.0		5.4	
>95~110	28×16	28						10.0		6.4	
>110~130	32×18	32						11.0		7.4	
>130~150	36×20	36	0 −0.062	±0.031	−0.026 −0.088	+0.062 0	+0.180 +0.080	12.0	+0.3 0	8.4	+0.3 0
>150~170	40×22	40						13.0		9.4	
>170~200	45×25	45						15.0		10.4	
>200~230	50×28	50						17.0		11.4	

附录 L 圆柱销（摘自 GB/T 119.1—2000） （单位：mm）

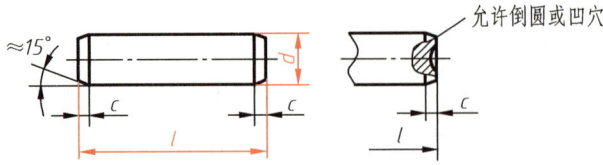

标记示例

销 GB/T 119.1 6 m6×30（公称直径 d=6mm、公差为 m6、公称长度 l=30mm、材料为钢、不经淬火、不经表面处理的圆柱销）

销 GB/T 119.1 6 m6×30-Al（公称直径 d=6mm、公差为 m6、公称长度 l=30 mm、材料为 A1 组奥氏体不锈钢、表面简单处理的圆柱销）

d（公称）m6/h8	2	3	4	5	6	8	10	12	16	20	25
c≈	0.35	0.5	0.63	0.8	1.2	1.6	2	2.5	3	3.5	4
l 范围	6~20	8~30	8~40	10~50	12~60	14~80	18~95	22~140	26~180	35~200	50~200
l 系列（公称）	2,3,4,5,6~32(2 进位),35~100(5 进位),120~200(20 进位)										

附录 M 圆锥销（摘自 GB/T 117—2000） （单位：mm）

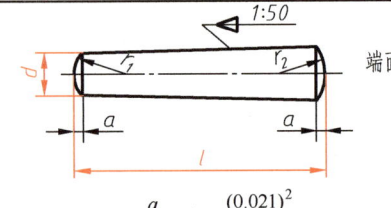

A 型（磨削）：锥面表面粗糙度 Ra 0.8μm

B 型（切削或冷镦）：锥面表面粗糙度 Ra 3.2μm

$r_1 \approx d$，$r_2 \approx \dfrac{a}{2} + d + \dfrac{(0.021)^2}{8a}$

标记示例：

销 GB/T 117 10×60（公称直径 d=10mm、长度 l=60mm、材料为 35 钢、热处理硬度 28~38HRC、表面氧化处理的 A 型圆锥销）

d 公称 h10	2	2.5	3	4	5	6	8	10	12	16	20	25
a≈	0.25	0.3	0.4	0.5	0.63	0.8	1.0	1.2	1.6	2.0	2.5	3.0
l 范围	10~35	10~35	12~45	14~55	18~60	22~90	22~120	26~160	32~180	40~200	45~200	50~200
l 系列	2,3,4,5,6~32(2 进位),35~100(5 进位),120~200(20 进位)											

附录 N 开口销（摘自 GB/T 91—2000） （单位：mm）

标记示例：

销 GB/T 91 5×50（公称规格为 5mm、公称长度 l=50mm、材料为 Q215 或 Q235、不经表面处理的开口销）

d	公称	0.8	1	1.2	1.6	2	2.5	3.2	4	5	6.3	8	10
	max	0.7	0.9	1	1.4	1.8	2.3	2.9	3.7	4.6	5.9	7.5	9.5
	min	0.6	0.8	0.9	1.3	1.7	2.1	2.7	3.5	4.4	5.7	7.3	9.3
c_{max}		1.4	1.8	2	2.8	3.6	4.6	5.8	7.4	9.2	11.8	15	19
b≈		2.4	3	3	3.2	4	5	6.4	8	10	12.6	16	20
a_{max}		1.6				2.5			3.2		4		6.3
l 范围		5~16	6~20	8~25	8~32	10~40	12~50	14~63	18~80	22~100	32~125	40~160	45~200
l 系列		4,5,6~22(2 进位),25,28,32,36,40,45,50,56,63,71,80,90,100,112,125,140~200(20 进位)											

附录 O 滚动轴承

（单位：mm）

深沟球轴承
（摘自 GB/T 276—2013）

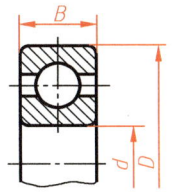

标记示例：
滚动轴承 6308 GB/T 276—2013

圆锥滚子轴承
（摘自 GB/T 297—2015）

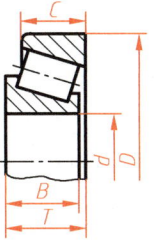

标记示例：
滚动轴承 30209 GB/T 297—2015

推力球轴承
（摘自 GB/T 301—2015）

标记示例：
滚动轴承 51205 GB/T 301—2015

轴承型号	尺寸/mm			轴承型号	尺寸/mm					轴承型号	尺寸/mm			
	d	D	B		d	D	B	C	T		d	D	T	$D_{1\min}$
尺寸系列(02)				尺寸系列(02)						尺寸系列(12)				
6202	15	35	11	30203	17	40	12	11	13.25	51202	15	32	12	17
6203	17	40	12	30204	20	47	14	12	15.25	51203	17	35	12	19
6204	20	47	14	30205	25	52	15	13	16.25	51204	20	40	14	22
6205	25	52	15	30206	30	62	16	14	17.25	51205	25	47	15	27
6206	30	62	16	30207	35	72	17	15	18.25	51206	30	52	16	32
6207	35	72	17	30208	40	80	18	16	19.75	51207	35	62	18	37
6208	40	80	18	30209	45	85	19	16	20.75	51208	40	68	19	42
6209	45	85	19	30210	50	90	20	17	21.75	51209	45	73	20	47
6210	50	90	20	30211	55	100	21	18	22.75	51210	50	78	22	52
6211	55	100	21	30212	60	110	22	19	23.75	51211	55	90	25	57
6212	60	110	22	30213	65	120	23	20	24.75	51212	60	95	26	62
尺寸系列(03)				尺寸系列(03)						尺寸系列(13)				
6302	15	42	13	30302	15	42	13	11	14.25	51304	20	47	18	22
6303	17	47	14	30303	17	47	14	12	15.25	51305	25	52	18	27
6304	20	52	15	30304	20	52	15	13	16.25	51306	30	60	21	32
6305	25	62	17	30305	25	62	17	15	18.25	51307	35	68	24	37
6306	30	72	19	30306	30	72	19	16	20.75	51308	40	78	26	42
6307	35	80	21	30307	35	80	21	18	22.75	51309	45	85	28	47
6308	40	90	23	30308	40	90	23	20	25.25	51310	50	95	31	52
6309	45	100	25	30309	45	100	25	22	27.25	51311	55	105	35	57
6310	50	110	27	30310	50	110	27	23	29.25	51312	60	110	35	62
6311	55	120	29	30311	55	120	29	25	31.50	51313	65	115	36	67
6312	60	130	31	30312	60	130	31	26	33.50	51314	70	125	40	72

附录 P 孔的基本偏差数值

公称尺寸 /mm														基本偏差							
		下极限偏差 EI																			
		所有公差等级													IT6	IT7	IT8	≤IT8	>IT8	≤IT8	>IT8	≤IT8	>IT8
																	JS	J		K		M		N
大于	至	A	B	C	CD	D	E	EF	F	FG	G	H							
–	3	+270	+140	+60	+34	+20	+14	+10	+6	+4	+2	0		+2	+4	+6	0	0	−2	−2	−4	−4
3	6	+270	+140	+70	+46	+30	+20	+14	+10	+6	+4	0		+5	+6	+10	−1+Δ		−4+Δ	−4	−8+Δ	0
6	10	+280	+150	+80	+56	+40	+25	+18	+13	+8	+5	0		+5	+8	+12	−1+Δ		−6+Δ	−6	−10+Δ	0
10	14	+290	+150	+95	+70	+50	+32	+23	+16	+10	+6	0		+6	+10	+15	−1+Δ		−7+Δ	−7	−12+Δ	0
14	18	+290	+150	+95	+70	+50	+32	+23	+16	+10	+6	0		+6	+10	+15	−1+Δ		−7+Δ	−7	−12+Δ	0
18	24	+300	+160	+110	+85	+65	+40	+28	+20	+12	+7	0		+8	+12	+20	−2+Δ		−8+Δ	−8	−15+Δ	0
24	30	+300	+160	+110	+85	+65	+40	+28	+20	+12	+7	0		+8	+12	+20	−2+Δ		−8+Δ	−8	−15+Δ	0
30	40	+310	+170	+120	+100	+80	+50	+35	+25	+15	+9	0		+10	+14	+24	−2+Δ		−9+Δ	−9	−17+Δ	0
40	50	+320	+180	+130	+100	+80	+50	+35	+25	+15	+9	0		+10	+14	+24	−2+Δ		−9+Δ	−9	−17+Δ	0
50	65	+340	+190	+140		+100	+60		+30		+10	0		+13	+18	+28	−2+Δ		−11+Δ	−11	−20+Δ	0
65	80	+360	+200	+150		+100	+60		+30		+10	0		+13	+18	+28	−2+Δ		−11+Δ	−11	−20+Δ	0
80	100	+380	+220	+170		+120	+72		+36		+12	0		+16	+22	+34	−3+Δ		−13+Δ	−13	−23+Δ	0
100	120	+410	+240	+180		+120	+72		+36		+12	0		+16	+22	+34	−3+Δ		−13+Δ	−13	−23+Δ	0
120	140	+460	+260	+200		+145	+85		+43		+14	0	偏差 = ±ITn/2, 式中 n 为标准公差等级数	+18	+26	+41	−3+Δ		−15+Δ	−15	−27+Δ	0
140	160	+520	+280	+210		+145	+85		+43		+14	0		+18	+26	+41	−3+Δ		−15+Δ	−15	−27+Δ	0
160	180	+580	+310	+230		+145	+85		+43		+14	0		+18	+26	+41	−3+Δ		−15+Δ	−15	−27+Δ	0
180	200	+660	+340	+240		+170	+100		+50		+15	0		+22	+30	+47	−4+Δ		−17+Δ	−17	−31+Δ	0
200	225	+740	+380	+260		+170	+100		+50		+15	0		+22	+30	+47	−4+Δ		−17+Δ	−17	−31+Δ	0
225	250	+820	+420	+280		+170	+100		+50		+15	0		+22	+30	+47	−4+Δ		−17+Δ	−17	−31+Δ	0
250	280	+920	+480	+300		+190	+110		+56		+17	0		+25	+36	+55	−4+Δ		−20+Δ	−20	−34+Δ	0
280	315	+1050	+540	+330		+190	+110		+56		+17	0		+25	+36	+55	−4+Δ		−20+Δ	−20	−34+Δ	0
315	355	+1200	+600	+360		+210	+125		+62		+18	0		+29	+39	+60	−4+Δ		−21+Δ	−21	−37+Δ	0
355	400	+1350	+680	+400		+210	+125		+62		+18	0		+29	+39	+60	−4+Δ		−21+Δ	−21	−37+Δ	0
400	450	+1500	+760	+440		+230	+135		+68		+20	0		+33	+43	+66	−5+Δ		−23+Δ	−23	−40+Δ	0
450	500	+1650	+840	+480		+230	+135		+68		+20	0		+33	+43	+66	−5+Δ		−23+Δ	−23	−40+Δ	0
500	560					+260	+145		+76		+22	0				0			−26		−44	
560	630					+260	+145		+76		+22	0				0			−26		−44	
630	710					+290	+160		+80		+24	0				0			−30		−50	
710	800					+290	+160		+80		+24	0				0			−30		−50	
800	900					+320	+170		+86		+26	0				0			−34		−56	
900	1000					+320	+170		+86		+26	0				0			−34		−56	
1000	1120					+350	+195		+98		+28	0				0			−40		−66	
1120	1250					+350	+195		+98		+28	0				0			−40		−66	
1250	1400					+390	+220		+110		+30	0				0			−48		−78	
1400	1600					+390	+220		+110		+30	0				0			−48		−78	
1600	1800					+430	+240		+120		+32	0				0			−58		−92	
1800	2000					+430	+240		+120		+32	0				0			−58		−92	
2000	2240					+480	+260		+130		+34	0				0			−68		−110	
2240	2500					+480	+260		+130		+34	0				0			−68		−110	
2500	2800					+520	+290		+145		+38	0				0			−76		−135	
2800	3150					+520	+290		+145		+38	0				0			−76		−135	

注：1. 公称尺寸≤1mm 时，不使用基本偏差 A 和 B 及标准公差等级>IT8 的基本偏差 N。
2. 特例：对于公称尺寸大于 250~315mm 的公差带代号 M6，$ES=-9\mu m$（计算结果不是 $-11\mu m$）。
3. 对于标准公差等级至 IT8 的 K、M、N 和标准公差等级至 IT7 的 P~ZC 的基本偏差的确定，应考虑表格最右侧

(摘自 GB/T 1800.1—2020) （单位：μm）

数　　值												Δ 值				
上极限偏差 ES																
≤IT7			>IT7 的标准公差等级									标准公差等级				
P 至 ZC	P	R	S	T	U	V	X	Y	Z	ZA	ZB	ZC	IT3	IT4	IT5	IT6	IT7	IT8
在>IT7 的标准公差等级的基本偏差数值上增加一个 Δ 值	−6	−10	−14		−18		−20		−26	−32	−40	−60	0	0	0	0	0	0
	−12	−15	−19		−23		−28		−35	−42	−50	−80	1	1.5	1	3	4	6
	−15	−19	−23		−28		−34		−42	−52	−67	−97	1	1.5	2	3	6	7
	−18	−23	−28		−33	−40	−45	−50	−60	−64	−77	−90	−108	−130	−150			
						−39							1	2	3	3	7	9
	−22	−28	−35		−41	−47	−54	−63	−73	−98	−136	−188						
				−41	−48	−55	−64	−75	−88	−118	−160	−218	1.5	2	3	4	8	12
	−26	−34	−43	−48	−60	−68	−80	−94	−112	−148	−200	−274						
				−54	−70	−81	−97	−114	−136	−180	−242	−325	1.5	3	4	5	9	14
	−32	−41	−53	−66	−87	−102	−122	−144	−172	−226	−300	−405						
		−43	−59	−75	−102	−120	−146	−174	−210	−274	−360	−480	2	3	5	6	11	16
	−37	−51	−71	−91	−124	−146	−178	−214	−258	−335	−445	−585						
		−54	−79	−104	−144	−172	−210	−254	−310	−400	−525	−690	2	4	5	7	13	19
	−43	−63	−92	−122	−170	−202	−248	−300	−365	−470	−620	−800						
		−65	−100	−134	−190	−228	−280	−340	−415	−535	−700	−900	3	4	6	7	15	23
		−68	−108	−146	−210	−252	−310	−380	−465	−600	−780	−1000						
	−50	−77	−122	−166	−236	−284	−350	−425	−520	−670	−880	−1150						
		−80	−130	−180	−258	−310	−385	−470	−575	−740	−960	−1250	3	4	6	9	17	26
		−84	−140	−196	−284	−340	−425	−520	−640	−820	−1050	−1350						
	−56	−94	−158	−218	−315	−385	−475	−580	−710	−920	−1200	−1550						
		−98	−170	−240	−350	−425	−525	−650	−790	−1000	−1300	−1700	4	4	7	9	20	29
	−62	−108	−190	−268	−390	−475	−590	−730	−900	−1150	−1500	−1900						
		−114	−208	−294	−435	−530	−660	−820	−1000	−1300	−1650	−2100	4	5	7	11	21	32
	−68	−126	−232	−330	−490	−595	−740	−920	−1100	−1450	−1850	−2400						
		−132	−252	−360	−540	−660	−820	−1000	−1250	−1600	−2100	−2600	5	5	7	13	23	34
	−78	−150	−280	−400	−600													
		−155	−310	−450	−660													
	−88	−175	−340	−500	−740													
		−185	−380	−560	−840													
	−100	−210	−430	−620	−940													
		−220	−470	−680	−1050													
	−120	−250	−520	−780	−1150													
		−260	−580	−840	−1300													
	−140	−300	−640	−960	−1450													
		−330	−720	−1050	−1600													
	−170	−370	−820	−1200	−1850													
		−400	−920	−1350	−2000													
	−195	−440	−1000	−1500	−2300													
		−460	−1100	−1650	−2500													
	−240	−550	−1250	−1900	−2900													
		−580	−1400	−2100	−3200													

的 Δ 值。例如，对于公称尺寸>18～30mm 的 K7，Δ=8μm，所以 ES=−2+8=+6（μm）。

附录 Q 轴的基本偏差数值

公称尺寸 /mm		基本偏差													
		上极限偏差 es													
		所有标准公差等级										IT5 和 IT6	IT7	IT8	IT4~IT7
大于	至	a	b	c	cd	d	e	ef	f	fg	g	h	js	j		k
—	3	−270	−140	−60	−34	−20	−14	−10	−6	−4	−2	0		−2	−4	−6	0
3	6	−270	−140	−70	−46	−30	−20	−14	−10	−6	−4	0		−2	−4		+1
6	10	−280	−150	−80	−56	−40	−25	−18	−13	−8	−5	0		−2	−5		+1
10	14	−290	−150	−95	−70	−50	−32	−23	−16	−10	−6	0		−3	−6		+1
14	18																
18	24	−300	−160	−110	−85	−65	−40	−25	−20	−12	−7	0		−4	−8		+2
24	30																
30	40	−310	−170	−120	−100	−80	−50	−35	−25	−15	−9	0		−5	−10		+2
40	50	−320	−180	−130													
50	65	−340	−190	−140		−100	−60		−30		−10	0		−7	−12		+2
65	80	−360	−200	−150													
80	100	−380	−220	−170		−120	−72		−36		−12	0		−9	−15		+3
100	120	−410	−240	−180													
120	140	−460	−260	−200		−145	−85		−43		−14	0		−11	−18		+3
140	160	−520	−280	−210													
160	180	−580	−310	−230													
180	200	−660	−340	−240		−170	−100		−50		−15	0	偏差 = $\pm\dfrac{ITn}{2}$，式中 n 是标准公差等级数	−13	−21		+4
200	225	−740	−380	−260													
225	250	−820	−420	−280													
250	280	−920	−480	−300		−190	−110		−56		−17	0		−16	−26		+4
280	315	−1050	−540	−330													
315	355	−1200	−600	−360		−210	−125		−62		−18	0		−18	−28		+4
355	400	−1350	−680	−400													
400	450	−1500	−760	−440		−230	−135		−68		−20	0		−20	−32		+5
450	500	−1650	−840	−480													
500	560					−260	−145		−76		−22	0					0
560	630																
630	710					−290	−160		−80		−24	0					0
710	800																
800	900					−320	−170		−86		−26	0					0
900	1000																
1000	1120					−350	−195		−98		−28	0					0
1120	1250																
1250	1400					−390	−220		−110		−30	0					0
1400	1600																
1600	1800					−430	−240		−120		−32	0					0
1800	2000																
2000	2240					−480	−260		−130		−34	0					0
2240	2500																
2500	2800					−520	−290		−145		−38	0					0
2800	3150																

注：公称尺寸≤1mm 时，不使用基本偏差 A 和 B。

（摘自 GB/T 1800.1—2020） （单位：μm）

差数值

≤IT3, >IT7	下极限偏差 ei													
	所有标准公差等级													
k	m	n	p	r	s	t	u	v	x	y	z	za	zb	zc
0	+2	+4	+6	+10	+14		+18		+20		+26	+32	+40	+60
0	+4	+8	+12	+15	+19		+23		+28		+35	+42	+50	+80
0	+6	+10	+15	+19	+23		+28		+34		+42	+52	+67	+97
0	+7	+12	+18	+23	+28		+33		+40		+50	+64	+90	+130
								+39	+45		+60	+77	+108	+150
0	+8	+15	+22	+28	+35		+41	+47	+54	+63	+73	+98	+136	+188
						+41	+48	+55	+64	+75	+88	+118	+160	+218
0	+9	+17	+26	+34	+43	+48	+60	+68	+80	+94	+112	+148	+200	+274
						+54	+70	+81	+97	+114	+136	+180	+242	+325
0	+11	+20	+32	+41	+53	+66	+87	+102	+122	+144	+172	+226	+300	+405
				+43	+59	+75	+102	+120	+146	+174	+210	+274	+360	+480
0	+13	+23	+37	+51	+71	+91	+124	+146	+178	+214	+258	+335	+445	+585
				+54	+79	+104	+144	+172	+210	+254	+310	+400	+525	+690
0	+15	+27	+43	+63	+92	+122	+170	+202	+248	+300	+365	+470	+620	+800
				+65	+100	+134	+190	+228	+280	+340	+415	+535	+700	+900
				+68	+108	+146	+210	+252	+310	+380	+465	+600	+780	+1000
0	+17	+31	+50	+77	+122	+166	+236	+284	+350	+425	+520	+670	+880	+1150
				+80	+130	+180	+258	+310	+385	+470	+575	+740	+960	+1250
				+84	+140	+196	+284	+340	+425	+520	+640	+820	+1050	+1350
0	+20	+34	+56	+94	+158	+218	+315	+385	+475	+580	+710	+920	+1200	+1550
				+98	+170	+240	+350	+425	+525	+650	+790	+1000	+1300	+1700
0	+21	+37	+62	+108	+190	+268	+390	+475	+590	+730	+900	+1150	+1500	+1900
				+114	+208	+294	+435	+530	+660	+820	+1000	+1300	+1650	+2100
0	+23	+40	+68	+126	+232	+330	+490	+595	+740	+920	+1100	+1450	+1850	+2400
				+132	+252	+360	+540	+660	+820	+1000	+1250	+1600	+2100	+2600
0	+26	+44	+78	+150	+280	+400	+600							
				+155	+310	+450	+660							
0	+30	+50	+88	+175	+340	+500	+740							
				+185	+380	+560	+840							
0	+34	+56	+100	+210	+430	+620	+940							
				+220	+470	+680	+1050							
0	+40	+66	+120	+250	+520	+780	+1150							
				+260	+580	+840	+1300							
0	+48	+78	+140	+300	+640	+960	+1450							
				+330	+720	+1050	+1600							
0	+58	+92	+170	+370	+820	+1200	+1850							
				+400	+920	+1350	+2000							
0	+68	+110	+195	+440	+1000	+1500	+2300							
				+460	+1100	+1650	+2500							
0	+76	+135	+240	+550	+1250	+1900	+2900							
				+580	+1400	+2100	+3200							

附录 R 孔的极限偏差

公称尺寸/mm	A11	B11	B12	C11	D9	D10	E8	E9	F8	F9	G6	G7	H6	H7	H8	H9	H10	H11	H12
>0~3	+330/+270	+200/+140	+240/+140	+120/+60	+45/+20	+60/+20	+28/+14	+39/+14	+20/+6	+31/+6	+8/+2	+12/+2	+6/0	+10/0	+14/0	+25/0	+40/0	+60/0	+100/0
>3~6	+345/+270	+215/+140	+260/+140	+145/+70	+60/+30	+78/+30	+38/+20	+50/+20	+28/+10	+40/+10	+12/+4	+16/+4	+8/0	+12/0	+18/0	+30/0	+48/0	+75/0	+120/0
>6~10	+370/+280	+240/+150	+300/+150	+170/+80	+76/+40	+98/+40	+47/+25	+61/+25	+35/+13	+49/+13	+14/+5	+20/+5	+9/0	+15/0	+22/0	+36/0	+58/0	+90/0	+150/0
>10~18	+400/+290	+260/+150	+330/+150	+205/+95	+93/+50	+120/+50	+59/+32	+75/+32	+43/+16	+59/+16	+17/+6	+24/+6	+11/0	+18/0	+27/0	+43/0	+70/0	+110/0	+180/0
>18~24	+430/+300	+290/+160	+370/+160	+240/+110	+117/+65	+149/+65	+73/+40	+92/+40	+53/+20	+72/+20	+20/+7	+28/+7	+13/0	+21/0	+33/0	+52/0	+84/0	+130/0	+210/0
>24~30	+430/+300	+290/+160	+370/+160	+240/+110	+117/+65	+149/+65	+73/+40	+92/+40	+53/+20	+72/+20	+20/+7	+28/+7	+13/0	+21/0	+33/0	+52/0	+84/0	+130/0	+210/0
>30~40	+470/+310	+330/+170	+420/+170	+280/+120	+142/+80	+180/+80	+89/+50	+112/+50	+64/+25	+87/+25	+25/+9	+34/+9	+16/0	+25/0	+39/0	+62/0	+100/0	+160/0	+250/0
>40~50	+480/+320	+340/+180	+430/+180	+290/+130	+142/+80	+180/+80	+89/+50	+112/+50	+64/+25	+87/+25	+25/+9	+34/+9	+16/0	+25/0	+39/0	+62/0	+100/0	+160/0	+250/0
>50~65	+530/+340	+380/+190	+490/+190	+330/+140	+174/+100	+220/+100	+106/+60	+134/+60	+76/+30	+104/+30	+29/+10	+40/+10	+19/0	+30/0	+46/0	+74/0	+120/0	+190/0	+300/0
>65~80	+550/+360	+390/+200	+500/+200	+340/+150	+174/+100	+220/+100	+106/+60	+134/+60	+76/+30	+104/+30	+29/+10	+40/+10	+19/0	+30/0	+46/0	+74/0	+120/0	+190/0	+300/0
>80~100	+600/+380	+440/+220	+570/+220	+390/+170	+270/+120	+260/+120	+126/+72	+159/+72	+90/+36	+123/+36	+34/+12	+47/+12	+22/0	+35/0	+54/0	+87/0	+140/0	+220/0	+350/0
>100~120	+630/+410	+460/+240	+590/+240	+400/+180	+270/+120	+260/+120	+126/+72	+159/+72	+90/+36	+123/+36	+34/+12	+47/+12	+22/0	+35/0	+54/0	+87/0	+140/0	+220/0	+350/0
>120~140	+710/+460	+510/+260	+660/+260	+450/+200	+245/+145	+305/+145	+148/+85	+185/+85	+106/+43	+143/+43	+39/+14	+54/+14	+25/0	+40/0	+63/0	+100/0	+160/0	+250/0	+400/0
>140~160	+770/+520	+530/+280	+680/+280	+460/+210	+245/+145	+305/+145	+148/+85	+185/+85	+106/+43	+143/+43	+39/+14	+54/+14	+25/0	+40/0	+63/0	+100/0	+160/0	+250/0	+400/0
>160~180	+830/+580	+560/+310	+710/+310	+480/+230	+245/+145	+305/+145	+148/+85	+185/+85	+106/+43	+143/+43	+39/+14	+54/+14	+25/0	+40/0	+63/0	+100/0	+160/0	+250/0	+400/0
>180~200	+950/+660	+630/+340	+800/+340	+530/+240	+285/+170	+355/+170	+172/+100	+215/+100	+122/+50	+165/+50	+44/+15	+61/+15	+29/0	+46/0	+72/0	+115/0	+185/0	+290/0	+460/0
>200~225	+1030/+740	+670/+380	+840/+380	+550/+260	+285/+170	+355/+170	+172/+100	+215/+100	+122/+50	+165/+50	+44/+15	+61/+15	+29/0	+46/0	+72/0	+115/0	+185/0	+290/0	+460/0
>225~250	+1110/+820	+710/+420	+880/+420	+570/+280	+285/+170	+355/+170	+172/+100	+215/+100	+122/+50	+165/+50	+44/+15	+61/+15	+29/0	+46/0	+72/0	+115/0	+185/0	+290/0	+460/0
>250~280	+1240/+920	+800/+480	+1000/+480	+620/+300	+320/+190	+400/+190	+191/+110	+240/+110	+137/+56	+186/+56	+49/+17	+69/+17	+32/0	+52/0	+81/0	+130/0	+210/0	+320/0	+520/0
>280~315	+1370/+1050	+860/+540	+1060/+540	+650/+330	+320/+190	+400/+190	+191/+110	+240/+110	+137/+56	+186/+56	+49/+17	+69/+17	+32/0	+52/0	+81/0	+130/0	+210/0	+320/0	+520/0
>315~355	+1560/+1200	+960/+600	+1170/+600	+720/+360	+350/+210	+440/+210	+214/+125	+265/+125	+151/+62	+202/+62	+54/+18	+75/+18	+36/0	+57/0	+89/0	+140/0	+230/0	+360/0	+570/0
>355~400	+1710/+1350	+1040/+680	+1250/+680	+760/+400	+350/+210	+440/+210	+214/+125	+265/+125	+151/+62	+202/+62	+54/+18	+75/+18	+36/0	+57/0	+89/0	+140/0	+230/0	+360/0	+570/0
>400~450	+1900/+1500	+1160/+760	+1390/+760	+840/+440	+385/+230	+480/+230	+232/+135	+290/+135	+165/+68	+223/+68	+60/+20	+83/+20	+40/0	+63/0	+97/0	+155/0	+250/0	+400/0	+630/0
>450~500	+2050/+1650	+1240/+840	+1470/+840	+880/+480	+385/+230	+480/+230	+232/+135	+290/+135	+165/+68	+223/+68	+60/+20	+83/+20	+40/0	+63/0	+97/0	+155/0	+250/0	+400/0	+630/0

附录

（摘自 GB/T 1800.2—2020）　　　　　　　　　　　　　　　　　　　　　　　　　　　（单位：μm）

JS		K		M		N		P		R		S		T		U
等级																
7	8	6	7	7	8	6	7	6	7	6	7	6	7	6	7	7
±5	±7	0 −6	0 −10	−2 −12	−2 −16	−4 −10	−4 −14	−6 −12	−6 −16	−10 −16	−10 −20	−14 −20	−14 −24			−18 −28
±6	±9	+2 −6	+3 −9	0 −12	+2 −16	−5 −13	−4 −16	−9 −17	−8 −20	−12 −20	−11 −23	−16 −24	−15 −27			−19 −31
±7.5	±11	+2 −7	+5 −10	0 −15	+1 −21	−7 −16	−4 −19	−12 −21	−9 −24	−16 −25	−13 −28	−20 −29	−17 −32			−22 −37
±9	±13.5	+2 −9	+6 −12	0 −18	+2 −25	−9 −20	−5 −23	−15 −26	−11 −29	−20 −31	−16 −34	−25 −36	−21 −39			−26 −44
±10.5	±16.5	+2 −11	+6 −15	0 −21	+4 −29	−11 −24	−7 −28	−18 −31	−14 −35	−24 −37	−20 −41	−31 −44	−27 −48	−37 −50	−33 −54	−33 −54 −40 −61
±12.5	±19.5	+3 −13	+7 −18	0 −25	+5 −34	−12 −28	−8 −33	−21 −37	−17 −42	−29 −45	−25 −50	−38 −54	−34 −59	−43 −59 −49 −65	−39 −64 −45 −70	−51 −76 −61 −86
±15	±23	+4 −15	+9 −21	0 −30	+5 −41	−14 −33	−9 −39	−26 −45	−21 −51	−35 −54 −37 −56	−30 −60 −32 −62	−47 −66 −53 −72	−42 −72 −48 −78	−60 −79 −69 −88	−55 −85 −64 −94	−76 −106 −91 −121
±17.5	±27	+4 −18	+10 −25	0 −35	+6 −48	−16 −38	−10 −45	−30 −52	−24 −59	−44 −66 −47 −69	−38 −73 −41 −76	−64 −86 −72 −94	−58 −93 −66 −101	−84 −106 −97 −119	−78 −113 −91 −126	−111 −146 −131 −166
±20	±31.5	+4 −21	+12 −28	0 −40	+8 −55	−20 −45	−12 −52	−36 −61	−28 −68	−56 −81 −58 −83 −61 −86	−48 −88 −50 −90 −53 −93	−85 −110 −93 −118 −101 −126	−77 −117 −85 −125 −93 −133	−115 −140 −127 −152 −139 −164	−107 −147 −119 −159 −131 −171	−155 −195 −175 −215 −195 −235
±23	±36	+5 −24	+13 −33	0 −46	+9 −63	−22 −51	−14 −60	−41 −70	−33 −79	−68 −97 −71 −100 −75 −104	−60 −106 −63 −109 −67 −113	−113 −142 −121 −150 −131 −160	−105 −151 −113 −159 −123 −169	−157 −186 −171 −200 −187 −216	−149 −195 −163 −209 −179 −225	−219 −265 −241 −287 −267 −313
±26	±40.5	+5 −27	+16 −36	0 −52	+9 −72	−25 −57	−14 −66	−47 −79	−36 −88	−85 −117 −89 −121	−74 −126 −78 −130	−149 −181 −161 −193	−138 −190 −150 −202	−209 −241 −231 −263	−198 −250 −220 −272	−295 −347 −330 −382
±28.5	±44.5	+7 −29	+17 −40	0 −57	+11 −78	−26 −62	−16 −73	−51 −87	−41 −98	−97 −133 −103 −139	−87 −144 −93 −150	−179 −215 −197 −233	−169 −226 −187 −244	−257 −293 −283 −319	−247 −304 −273 −330	−369 −426 −414 −471
±31.5	±48.5	+8 −32	+18 −45	0 −63	+11 −86	−27 −67	−17 −80	−55 −95	−45 −108	−113 −153 −119 −159	−103 −166 −109 −172	−219 −259 −239 −279	−209 −272 −229 −292	−317 −357 −347 −387	−307 −370 −337 −400	−467 −530 −517 −580

附录 S 轴的极限偏差（摘自

公称尺寸/mm	a	b	c	d	e		f		g		h						js	k	
																	公差		
	11	11	11	9	7	8	7	8	6	7	5	6	7	8	9	10	11	6	6	7
>0~3	−270 −330	−140 −200	−60 −120	−20 −45	−14 −24	−14 −28	−6 −16	−6 −20	−2 −8	−2 −12	0 −4	0 −6	0 −10	0 −14	0 −25	0 −40	0 −60	±3	+6 0	+10 0
>3~6	−270 −345	−140 −215	−70 −145	−30 −60	−20 −32	−20 −38	−10 −22	−10 −28	−4 −12	−4 −16	0 −5	0 −8	0 −12	0 −18	0 −30	0 −48	0 −75	±4	+9 +1	+13 +1
>6~10	−280 −370	−150 −240	−80 −170	−40 −76	−25 −40	−25 −47	−13 −28	−13 −35	−5 −14	−5 −20	0 −6	0 −9	0 −15	0 −22	0 −36	0 −58	0 −90	±4.5	+10 +1	+16 +1
>10~14	−290 −400	−150 −260	−95 −205	−50 −93	−32 −50	−32 −59	−16 −34	−16 −43	−6 −17	−6 −24	0 −8	0 −11	0 −18	0 −27	0 −43	0 −70	0 −110	±5.5	+12 +1	+19 +1
>14~18																				
>18~24	−300 −430	−160 −290	−110 −240	−65 −117	−40 −61	−40 −73	−20 −41	−20 −53	−7 −20	−7 −28	0 −9	0 −13	0 −21	0 −33	0 −52	0 −84	0 −130	±6.5	+15 +2	+23 +2
>24~30																				
>30~40	−310 −470	−170 −330	−120 −280	−80 −142	−50 −75	−50 −89	−25 −50	−25 −64	−9 −25	−9 −34	0 −11	0 −16	0 −25	0 −39	0 −62	0 −100	0 −160	±8	+18 +2	+27 +2
>40~50	−320 −480	−180 −340	−130 −290																	
>50~65	−340 −530	−190 −380	−140 −330	−100 −174	−60 −90	−60 −106	−30 −60	−30 −76	−10 −29	−10 −40	0 −13	0 −19	0 −30	0 −46	0 −74	0 −120	0 −190	±9.5	+21 +2	+32 +2
>65~80	−360 −550	−200 −390	−150 −340																	
>80~100	−380 −600	−220 −440	−170 −390	−120 −207	−72 −107	−72 −126	−36 −71	−36 −90	−12 −34	−12 −47	0 −15	0 −22	0 −35	0 −54	0 −87	0 −140	0 −220	±11	+25 +3	+38 +3
>100~120	−410 −630	−240 −460	−180 −400																	
>120~140	−460 −710	−260 −510	−200 −450	−145 −245	−85 −125	−85 −148	−43 −83	−43 −106	−14 −39	−14 −54	0 −18	0 −25	0 −40	0 −63	0 −100	0 −160	0 −250	±12.5	+28 +3	+43 +3
>140~160	−520 −770	−280 −530	−210 −460																	
>160~180	−580 −830	−310 −560	−230 −480																	
>180~200	−660 −950	−340 −630	−240 −530	−170 −285	−100 −146	−100 −172	−50 −96	−50 −122	−15 −44	−15 −61	0 −20	0 −29	0 −46	0 −72	0 −115	0 −185	0 −290	±14.5	+33 +4	+50 +4
>200~225	−740 −1030	−380 −670	−260 −550																	
>225~250	−820 −1110	−420 −710	−280 −570																	
>250~280	−920 −1240	−480 −800	−300 −620	−190 −320	−110 −162	−110 −191	−56 −108	−56 −137	−17 −49	−17 −69	0 −23	0 −32	0 −52	0 −81	0 −130	0 −210	0 −320	±16	+36 +4	+56 +4
>280~315	−1050 −1370	−540 −860	−330 −650																	
>315~355	−1200 −1560	−600 −960	−360 −720	−210 −350	−125 −182	−125 −214	−62 −119	−62 −151	−18 −54	−18 −75	0 −25	0 −36	0 −57	0 −89	0 −140	0 −230	0 −360	±18	+40 +4	+61 +4
>355~400	−1350 −1710	−680 −1040	−400 −760																	
>400~450	−1500 −1900	−760 −1160	−440 −840	−230 −385	−135 −198	−132 −232	−68 −131	−68 −165	−20 −60	−20 −83	0 −27	0 −40	0 −63	0 −97	0 −155	0 −250	0 −400	±20	+45 +5	+68 +5
>450~500	−1650 −2050	−840 −1240	−480 −880																	

GB/T 1800.2—2020）

（单位：μm）

m		n		p		r		s		t		u	v	x	y	z
6	7	5	6	6	7	6	7	5	6	6	7	6	6	6	6	6
+8 +2	+12 +2	+8 +4	+10 +4	+12 +6	+16 +6	+16 +10	+20 +10	+18 +14	+20 +14			+24 +18		+26 +20		+32 +26
+12 +4	+16 +4	+13 +8	+16 +8	+20 +12	+24 +12	+23 +15	+27 +15	+24 +19	+27 +19			+31 +23		+36 +28		+43 +35
+15 +6	+21 +6	+16 +10	+19 +10	+24 +15	+30 +15	+28 +19	+34 +19	+29 +23	+32 +23			+37 +28		+43 +34		+51 +42
+18 +7	+25 +7	+20 +12	+23 +12	+29 +18	+36 +18	+34 +23	+41 +23	+36 +28	+39 +28			+44 +33		+51 +40		+61 +50
													+50 +39	+56 +45		+71 +60
+21 +8	+29 +8	+24 +15	+28 +15	+35 +22	+43 +22	+41 +28	+49 +28	+44 +35	+48 +35			+54 +41	+60 +47	+67 +54	+76 +63	+86 +73
										+54 +41	+62 +41	+61 +48	+68 +55	+77 +64	+88 +75	+101 +88
+25 +9	+34 +9	+28 +17	+33 +17	+42 +26	+51 +26	+50 +34	+59 +34	+54 +43	+59 +43	+64 +48	+73 +48	+76 +60	+84 +68	+96 +80	+110 +94	+128 +112
										+70 +54	+79 +54	+86 +70	+97 +81	+113 +97	+130 +114	+152 +136
+30 +11	+41 +11	+33 +20	+39 +20	+51 +32	+62 +32	+60 +41	+71 +41	+66 +53	+72 +53	+85 +66	+96 +66	+106 +87	+121 +102	+141 +122	+163 +144	+191 +172
						+62 +43	+73 +43	+72 +59	+78 +59	+94 +75	+105 +75	+121 +102	+139 +120	+165 +146	+193 +174	+229 +210
+35 +13	+48 +13	+38 +23	+45 +23	+59 +37	+72 +37	+73 +51	+86 +51	+86 +71	+93 +71	+113 +91	+126 +91	+146 +124	+168 +146	+200 +178	+236 +214	+280 +258
						+76 +54	+89 +54	+94 +79	+101 +79	+126 +104	+139 +104	+166 +144	+194 +172	+232 +210	+276 +254	+332 +310
+40 +15	+55 +15	+45 +27	+52 +27	+68 +43	+83 +43	+88 +63	+103 +63	+110 +92	+117 +92	+147 +122	+162 +122	+195 +170	+227 +202	+273 +248	+325 +300	+390 +365
						+90 +65	+105 +65	+118 +100	+125 +100	+159 +134	+174 +134	+215 +190	+253 +228	+305 +280	+365 +340	+440 +415
						+93 +68	+108 +68	+126 +108	+133 +108	+171 +146	+186 +146	+235 +210	+277 +252	+335 +310	+405 +380	+490 +465
+46 +17	+63 +17	+51 +31	+60 +31	+79 +50	+96 +50	+106 +77	+123 +77	+142 +122	+151 +122	+195 +166	+212 +166	+265 +236	+313 +284	+379 +350	+454 +425	+549 +520
						+109 +80	+126 +80	+150 +130	+159 +130	+209 +180	+226 +180	+287 +258	+339 +310	+414 +385	+499 +470	+604 +575
						+113 +84	+130 +84	+160 +140	+169 +140	+225 +196	+242 +196	+313 +284	+369 +340	+454 +425	+549 +520	+669 +640
+52 +20	+72 +20	+57 +34	+66 +34	+88 +56	+108 +56	+126 +94	+146 +94	+181 +158	+190 +158	+250 +218	+270 +218	+347 +315	+417 +385	+507 +475	+612 +580	+742 +710
						+130 +98	+150 +98	+193 +170	+202 +170	+272 +240	+292 +240	+382 +350	+457 +425	+557 +525	+682 +650	+822 +790
+57 +21	+78 +21	+62 +37	+73 +37	+98 +62	+119 +62	+144 +108	+165 +108	+215 +190	+226 +190	+304 +268	+325 +268	+426 +390	+511 +475	+626 +590	+766 +730	+936 +900
						+150 +114	+171 +114	+233 +208	+244 +208	+330 +294	+351 +294	+471 +435	+566 +530	+696 +660	+856 +820	+1036 +1000
+63 +23	+86 +23	+67 +40	+80 +40	+108 +68	+131 +68	+166 +126	+189 +126	+259 +232	+272 +232	+370 +330	+393 +330	+530 +490	+635 +595	+780 +740	+960 +920	+1140 +1100
						+172 +132	+195 +132	+279 +252	+292 +252	+400 +360	+423 +360	+580 +540	+700 +660	+860 +820	+1040 +1000	+1290 +1250

附录 T　铆钉孔径及极限偏差

（单位：mm）

铆钉直径	铆钉孔直径	铆钉孔极限偏差	更换同直径铆钉时孔极限偏差	端面窝直径 D	转接半径 r	镦头直径 D	镦头直径极限偏差	镦头最小高度 h_{min}	镦头对钉杆轴线同轴度公差	镦头圆度公差
2.0	2.1	+0.1 0	+0.2 0	8	1.5	3.0	±0.2	0.8	φ0.4	在铆钉镦头直径极限偏差内
2.5	2.6			12		3.8	±0.25	1.0		
3.0	3.1					3.9		1.1		
3.5	3.6					4.5	±0.3	1.2		
4.0	4.1	+0.15 0		14		5.2		1.4	φ0.6	
5.0	5.1					6.0	±0.4	1.6		
6.0	6.1			18		7.5	±0.5	2.0	φ0.8	
8.0	8.1	+0.2 0	+0.3 0	20	2.0	8.7	±0.6	2.4	φ1.0	
10.0	10.1			22		10.2	±0.7	2.8	φ1.2	
						11.6	±0.8	3.2		
						14.5	±1.0	4.0	φ1.4	

附录 U　普通铆钉标准号及材料

名称	示意图	标准号	材料	限用直径/mm
半圆头铆钉		HB 6229	1035（L4）	1～6
		HB 6230	2A01（LY1）	2～6
		HB 6231	2A10（LY10）	2.5～10
		HB 6232	5B05（LF10）	2～10
		HB 6233	3A21（LF21）	2～6
		HB 6234	ML18	2～10
		HB 6235	ML20MnA	3～10
		HB 6236	（1Cr18Ni9Ti）	2～6
		HB 6237	H62	1～4
		HB 6238	H62 防磁	1～4
		HB 6239	T3	1～4
平锥头铆钉		HB 6297	2A01（LY1）	2～6
		HB 6298	2A10（LY10）	2.5～10
		HB 6299	5B05（LF10）	2～10
		HB 6300	3A21（LF21）	1～6
		HB 6301	ML18	1～10
		HB 6302	ML20MnA	3～10
		HB 6303	（1Cr18Ni9Ti）	2～6
90°沉头铆钉		HB 6304	1035（L4）	1～6
		HB 6305	2A01（LY1）	1.4～6
		HB 6306	2A10（LY10）	2.5～10

（续）

名称	示意图	标准号	材料	限用直径/mm
90°沉头铆钉		HB 6307	5B05(LF10)	2~8
		HB 6308	3A21(LF21)	2~6
		HB 6309	ML18	1~10
		HB 6310	ML20MnA	3~10
		HB 6311	(1Cr18Ni9Ti)	2~6
		HB 6312	H62	1~4
		HB 6313	H62 防磁	1~4
		HB 6314	T3	1~4
120°沉头铆钉		HB 6315	2A01(LY1)	2.5~6
		HB 6316	2A10(LY10)	2~8
		HB 6317	5B05(LF10)	2.5~4
		HB 6318	ML18	2~8
		HB 6319	(1Cr18Ni9Ti)	2~6
大扁圆头铆钉		HB 6323	2A01(LY1)	2~6
		HB 6324	2A10(LY10)	2.5~8
		HB 6325	5B05(LF10)	2~8
		HB 6326	3A21(LF21)	2~6
		HB 6327	ML18	2~8
		HB 6328	(1Cr18Ni9Ti)	2~6

参 考 文 献

［1］ 胡建生．机械制图（多学时）［M］．5版．北京：机械工业出版社，2023．
［2］ 薛建海，李家宇，陆轶．航空工程制图［M］．2版．北京：航空工业出版社，2024．
［3］ 陈静，刘军．机械制图［M］．北京：机械工业出版社，2023．
［4］ 丁一，梁宁．机械制图［M］．2版．重庆：重庆大学出版社，2016．